Hans-D. Litke

Projektmanagement

Hans-D. Litke

Projektmanagement

Methoden, Techniken, Verhaltensweisen

4., überarbeitete und erweiterte Auflage

HANSER

Bibliografische Information Der Deutschen Bibliothek
Die Deutsche Bibliothek verzeichnet diese Publikation in der Deutschen Nationalbibliografie; detaillierte bibliografische Daten sind im Internet über http://dnb.ddb.de abrufbar.

Internet: http://www.hanser.de
Lektorat: Martin Janik/Lisa Hoffmann-Bäuml
Herstellung: Ursula Barche
Umschlaggestaltung: Wolfgang Perez, Büro plan.it
Gesamtherstellung: Kösel, Kempten
Printed in Germany

ISBN 3-446-22699-0

Vorwort

Daß komplexe, interdisziplinäre Probleme nicht intuitiv gelöst werden können, dürfte heute jedem Unternehmer klar sein. Eine systematische Planung beinhaltet die Abstimmung aller erforderlichen Systemelemente, die zur Erfüllung einer definierten Aufgabenstellung notwendig sind; sie verringert das Risiko einer Fehlentscheidung.

Projektplanungen führen häufig zu einer nachhaltigen Kapitalbindung und ggf. zu einer Vielzahl aufeinanderfolgender, scheinbar isolierter Teilentscheidungen, wie z. B. Personaleinsatz, Hardware- und Softwareeinkauf sowie Arbeitsplatzdispositionen mit zum Teil gravierenden Auswirkungen auf den Arbeitsablauf im Unternehmen. Diese Veränderungen sind in der Regel nur mit einem erheblichen Aufwand rückgängig zu machen, wenn sich die Versprechungen oder optimistischen Nutzenaussagen und Wirtschaftlichkeitsrechnungen im nachhinein als falsch erweisen sollten.

Die Planungsverantwortlichen reagieren mit Versuchen, nachträglich den Nutzen der Projektplanung nachzuweisen, obwohl solche Aussagen nur fiktiv möglich sind. Ein Vergleichsprojekt, zu dem ein Nutzen errechnet werden könnte, fehlt. Unabhängig davon ist es fraglich, ob solche Überlegungen zur Vergangenheit überhaupt als Maßstab für die heutigen Entscheidungen geeignet sind. Bei Ihnen geht es nicht um die Vergangenheit, sondern um die Zukunft, für die andere organisatorische und absatzstrategische Zielsetzungen sowie andere technische Rahmenbedingungen maßgebend sind. Wichtig für die Planungen ist also die derzeitige Situation, unabhängig davon, ob die Entscheidungen in der Vergangenheit richtig oder falsch waren.

Dem Management fehlt jedoch für Entscheidungen (z. B. Technologieeinsatz) häufig die Durchschaubarkeit der Auswirkungen. Gerade heute sind in beträchtlichem Umfang technische Einflüsse ausschlaggebend. Vordergründige technische Zwänge drängen die Überzeugung, daß es sich um ein Managementproblem handelt, für das die allgemeinen unternehmerischen Entscheidungsprinzipien gelten, in den Hintergrund.

Die Planung von Projekten ist in der bisherigen Praxis überwiegend nicht formalisiert und von Unternehmen zu Unternehmen werden lediglich unterschiedliche Zweckmäßigkeits- und Wirtschaftlichkeitsbetrachtungen auf Fachebene angestellt. Ergebnis: Die meisten Projekte dauern länger und kosten mehr, als vorgesehen war. Selbst Spezialisten mit langjähriger Erfahrung schätzen Projektdauer und -kosten nicht selten zu niedrig ein. Der Grund liegt nicht nur in unzureichenden Schätzverfahren, sondern mehr noch im fehlenden oder unzureichenden Projektmanagement.

Daher wurde das Projektmanagement als Führungskonzept entwickelt, welches auf die Lösung temporärer, interdisziplinärer Aufgaben ausgerichtet ist, die einen hohen Grad an Neuartigkeit und Komplexität aufweisen.

Das Buch vermittelt ein Grundlagenwissen zur verantwortlichen Projektführung. Es werden die Möglichkeiten, Voraussetzungen, Methoden und Techniken für ein gezieltes Projektmanagement behandelt. Der verhaltenstheoretische Ansatz des Projektmanagements bildet einen weiteren Schwerpunkt dieses Werkes.

Konstanz, im April 1991
Dr. Hans-Dieter Litke

Vorwort zur 4. Auflage

Erste Erfahrungen mit dem evolutionären Projektmanagement zeigen, daß diese Art des Vorgehens den Projekterfolg entscheidend fördert. Ein Projekt ist letztendlich dann erfolgreich, wenn es gelingt, stetig die Veränderungen des Projektumfeldes und ebenso die sich bietenden Gelegenheiten kontinuierlich und proaktiv aufzunehmen. Die Entwicklung der Märkte, neue Technologien, neue gesetzliche Regelungen sowie veränderte wirtschaftliche Strukturen und gesellschaftliche Werte schaffen ständig neue Herausforderungen für die Unternehmen. Projektmanagement muß die Anforderungen von heute umsetzen und darf sich nicht an überalterten Zielen oder überflüssigen Planungen orientieren. Erfolgreiche Projektarbeit bietet Lösungen für die Gegenwart.

Evolutionäres Projektmanagement ist ein effektives Mittel für die Umsetzung dieser Forderungen. Mit Hilfe der iterativen, inkrementellen Vorgehensmodelle und in Verbindung mit Change-, Konfigurations- und Wissensmanagement sowie einer gut entwickelten Projektkultur lassen sich künftige komplexe Probleme erfolgreich bewältigen. Gerade bei der IT-Entwicklung werden inkrementelle und iterative Vorgehensweisen bereits erfolgreich praktiziert, beispielsweise beim Vorgehen nach dem „Rational Unified Process“ (RUP) oder dem „eXtreme Programming“ (XP).

Evolutionäres Projektmanagement sollte aber auch über den IT-Bereich hinaus in der Projektarbeit Anwendung finden. Vor allem die weiteren Ansätze des evolutionären Projektmanagements gehören heutzutage zu jedem Projektmanagement. Evolutionäres Projektmanagement ist das fehlende Bindeglied zwischen den Projektmanagementaufgaben und der fachlichen Prozeßgestaltung, zwischen der betriebswirtschaftlichen Betrachtung und den Umsetzungsprozessen und kann somit entscheidend zum Erfolg, also zum termin- und kostengerechten Abschluß eines Projektes beitragen.

Das Ziel der 4. Auflage ist es, neben den klassischen Verfahren interessante neue Ansätze, so, wie im Kapitel 8 „Evolutionäres Projektmanagement“ beschrieben, dem Leser aufzuzeigen. Außerdem wurden die Kapitel 1.6 „Projektmanagement in der Forschung und Entwicklung“ und Kapitel 6 „EDV-Unterstützung für das Projektmanagement“ überarbeitet.

Konstanz, im September 2003
Dr. Hans-Dieter Litke

Inhaltsverzeichnis

1 Übersicht über das Projektmanagement

1.1 Projektmanagement nicht nur als administratives Problem

Nur wer den Wandel aktiv mitgestaltet, wird nicht von ihm überrollt! Ein Werkzeug dieses hohen Veränderungstempos in unserer Welt ist das Projektmanagement.

Der Zweck von Wirtschaftsunternehmen ist die Leistungserstellung und -vermarktung. In der Regel erfolgt dies in sich wiederholenden, standardisierten Routineprozessen. Die Linienorganisation und die Durchführung der Linienaufgaben in einem Unternehmen sind auf diese Arbeiten zugeschnitten.

Neben den Routinearbeiten sind jedoch Innovationsprozesse für die langfristige Existenz eines Unternehmens unabdingbar. Für immer mehr Firmen sind innovative Vorhaben sogar ein Alltagsgeschäft.

Innovationsaufgaben können als Sonderaufgaben in den Strukturen und mit den Verfahrensweisen der Linienorganisation oder nach dem Arbeitsprogramm „Projektmanagement" abgewickelt werden.

Innovation bedeutet, neue Wege zu finden.

Innovation beinhaltet daher auch immer einen Problemlösungsprozeß, d. h. ein Handlungsprogramm zur Überwindung eines Problems, einer Abweichung des Ist-Zustandes von einem Soll-Zustand.

Dieses Handlungs- oder Arbeitsprogramm des Projektmanagements umfaßt eine:

1. Makroebene
   Organisatorische Bausteine, Zielsetzungs-/Weisungs-/Entscheidungsbefugnisse

und

2. Mikroebene
   Probleme lösen, Arbeit organisieren/steuern, psychologische Einflüsse.

Vor allem in mittleren und großen Unternehmen wird die Projektarbeit bevorzugt eingesetzt, um das Risiko für die Investitionen in Informationsverarbeitung und Kommunikationstechnik zu minimieren und die bereichsübergreifende Zusammenarbeit zu organisieren. Die Eigenschaften von Projekten stellen besondere Anforderungen an die Organisation, Planung, Überwachung und Steuerung. Wie in der Praxis häufig zu beobachten ist, wird die traditionelle Linienorganisation mit ihrer auf Dauer ausgerichteten Zielsetzung, Aufgabenstellung, Organisationsstruktur, Personal- und Sachmittelplanung diesen Anforderungen nicht oder nur unzureichend gerecht.

Aus diesem Grund wurde das Projektmanagement als Führungskonzept entwickelt, welches auf die Lösung temporärer, interdisziplinärer Aufgaben ausgerichtet ist, die einen hohen Grad an Neuartigkeit und Komplexität aufweisen.

Projektmanagement erleichtert, richtig angewandt, die Führungsaufgabe zur Bewältigung von Projekten. Es ermöglicht, Entwicklungen überschaubarer zu machen, Problemsituationen rechtzeitig zu erkennen und den frühzeitigen steuernden Eingriff.

Dies darf aber nicht darüber hinwegtäuschen, daß die Projektarbeit nicht nur ein administratives Problem ist und die Anwendung administrativer Projektplanungs- und Überwachungstechniken den Projekterfolg garantieren. Selten sind die mangelnden Planungs- und Kontrolltechniken die Hauptursache für schlecht laufende Projekte, vielmehr führen eine ungeeignete Projektorganisation sowie Störungen in der Beziehungsebene der Beteiligten und andere im menschlichen (sozialpsychologischen) Bereich angesiedelte Probleme zum Mißerfolg der Projekte.

1.2 Begriffsbestimmung

1.2.1 Definition des Begriffes Projekt

In der Literatur wird der Begriff Projekt auf sehr unterschiedliche Weise definiert. Eine allgemeingültige Definition hat sich somit bis heute noch nicht durchgesetzt und bedarf daher der Abgrenzung.

Was also ist ein Projekt?[1]

Zur Annäherung an den Projektbegriff seien zunächst einige Beispiele von Projekten aus unterschiedlichen Bereichen angeführt:
- Entwicklung neuer Produkte
  (Airbus, Pharmazeutikum, Raumfähre)
- Planung, Bau und Inbetriebnahme von Anlagen
  (Kraftwerk, flexibles Fertigungssystem, S-Bahn)
- Neu- und Anpassungskonstruktion von Maschinen oder Geräten
  (Verpackungsmaschine, Wasserturbine)
- Hochbau- und Tiefbauvorhaben
  (Fabrikgebäude, Hochregallager, Klinik, Autobahn, Brücke)
- Konzeption und Einführung von Organisationsänderungen
  (Aufbauorganisation, Qualitätssicherung, Funktionsbewertung, Mitarbeiterbeurteilung)
- Entwicklung und Einführung neuer Informationssysteme
  (PPS, CAD, CIM).

[1] Vgl. Dülfer, E.: Projekte und Projektmanagement im internationalen Kontext. Eine Einführung, in: Dülfer, Eberhard (Hrsg.): Projektmanagement International, Stuttgart 1982.

Werden diese Beispiele auf mögliche Gemeinsamkeiten untersucht, so können Projekte folgendermaßen charakterisiert werden:

- Abgrenzbare Einzelvorhaben mit definiertem Anfang und Ende (Ziel)
- Neuartig: Vorstoß an Grenzen des technologisch Machbaren
- Risikoreich (technisch, wirtschaftlich, terminlich)
- Komplex:
  - Viele Beteiligte verschiedenster Disziplinen, eventuell mehrere Organisationen
  - Wechselbeziehungen nicht standardisierbar (keine vorgegebene Ablauforganisation)
- Im Laufe der Abwicklung sich ändernde organisatorische Bedürfnisse
- Große Bedeutung für Unternehmung beziehungsweise Staat
- Termindruck.

Zur weiteren Einführung sollen noch einige Definitionen genannt werden. Eine sehr oft zitierte solche Definition stammt von R. L. Martino: „A project is any task which has a definable beginning and a definable end and requires the expenditure of one or more resources in each of the separate but interrelated and interdependent activities which must be completed to achieve the objectives for which the task was instituted.“[2]

Diese Definition wurde von Schröder wie folgt übersetzt: „Als Projekt kann jede Aufgabe bezeichnet werden, die einen definierbaren Anfang und ein definierbares Ende besitzt, die den Einsatz mehrerer Produktionsfaktoren für jeden der einzelnen, miteinander verbundenen und wechselseitig voneinander abhängigen Teilvorgänge erfordert, die ausgeführt werden müssen, um das dieser Aufgabe vorgegebene Ziel zu erreichen.“[3]

Nach DIN 69 901 ist ein Projekt „ein Vorhaben, das im wesentlichen durch eine Einmaligkeit der Bedingungen in ihrer Gesamtheit gekennzeichnet ist“[4], wie zum Beispiel:

- Zielvorgabe
- zeitliche, finanzielle und personelle oder andere Bedingungen
- Abgrenzung gegenüber anderen Vorhaben
- projektspezifische Organisation.

Bei dieser Definition ist es interessant, festzustellen, daß in der 1980 herausgegebenen Version dieser Norm das in früheren Fassungen benutzte Beurteilungsmerkmal „Komplexität“ nicht mehr erwähnt wird. Daraus könnte die Erkenntnis abgeleitet werden, daß nicht nur Riesenprojekte der Luft- und Raumfahrt, sondern auch kleinere Projekte in der Wirtschaft besondere Methoden für eine erfolgreiche Abwicklung benötigen.

Aus der Gesamtheit der Definitionen ergibt sich eine Fülle von Anforderungen an die Unternehmensführung, an das Management und an die Projektleitung.

Projekte unterscheiden sich von der täglichen Routinearbeit und müssen dementsprechend nach anderen Gesetzmäßigkeiten behandelt werden.

[2] Martino, R. L.: Project Management and Control, Vol. 1, Finding the Critical Path, New York 1964, S. 17.
[3] Schröder, H.: Projekt-Management, Wiesbaden 1970, S. 17.
[4] DIN: DIN 69 901, Projektmanagement, Berlin 1980.

1.2.2 Definition des Begriffes Management

Der Management-Begriff gehört zu jenen Termini, die jeder versteht und genau zu kennen glaubt, deren präzise, merkmalmäßige Festlegung jedoch unerwartete Schwierigkeiten bereitet. Dieser Begriff hat sich so in unseren Sprachgebrauch eingeschlichen, daß wir gar nicht mehr hinterfragen, was er eigentlich bedeutet.

Um Klarheit zu finden, sollen wieder einige Definitionen folgen. Im Duden Fremdwörterbuch findet sich nachstehende Übersetzung unter dem Stichwort „managen": „ugs. für: leiten, zustande bringen, geschickt bewerkstelligen, deichseln".[5]

„Management ist die Leitung soziotechnischer Systeme in personen- und sachbezogener Hinsicht mit Hilfe von professionellen Methoden. In der sachbezogenen Dimension des Managements geht es um die Bewältigung der Aufgaben, die sich aus den obersten Zielen des Systems ableiten, in der personenbezogenen Dimension um den richtigen Umgang mit allen Menschen, auf deren Kooperation das Management zur Aufgabenerfüllung angewiesen ist."[6]

Management ist ein eindeutig identifizierbarer Prozeß, bestehend aus den Phasen Planung, Organisation, Durchführung, Kontrolle, der über den Einsatz von Menschen zur Formulierung und Erreichung von Zielen führt.

1.2.3 Definition des Begriffes Projektmanagement

Die Neu- oder Umgestaltung komplexer Systeme bedingt auch einen komplexen Ablauf und ein Ineinandergreifen vieler Tätigkeiten in der Entwicklung und Realisierung solcher Systeme. Einerseits überträgt sich die Komplexität des Objekts in allen Lebensphasen auf die durchzuführenden Aktivitäten, andererseits wird sie durch die Tatsache erhöht, daß sehr viele Personen mit sehr unterschiedlichen Denkweisen, Fachausbildungen und Interessen beteiligt sind.

Diese Komplexität stellt besondere Anforderungen an die Organisation, Planung, Überwachung und Steuerung derartiger Vorhaben.

Das Projektmanagement ist ein Konzept für die Führung solcher Vorhaben und die Institution, die dieses Vorhaben leitet.

Nach Rinza geht das Projektmanagement von zwei Konzepten aus:

„– einmal das Leitungskonzept, das die zur Projektdurchführung notwendigen Aufgaben definieren hilft und die zur Lösung dieser Aufgaben notwendigen Methoden zur Verfügung stellt,

[5] DER GROSSE DUDEN: Fremdwörterbuch, Band 5, Mannheim 1971.
[6] Ulrich, P.; Fluri, E.: Management. Eine konzentrierte Einführung, Bern/Stuttgart 1984, S. 36.

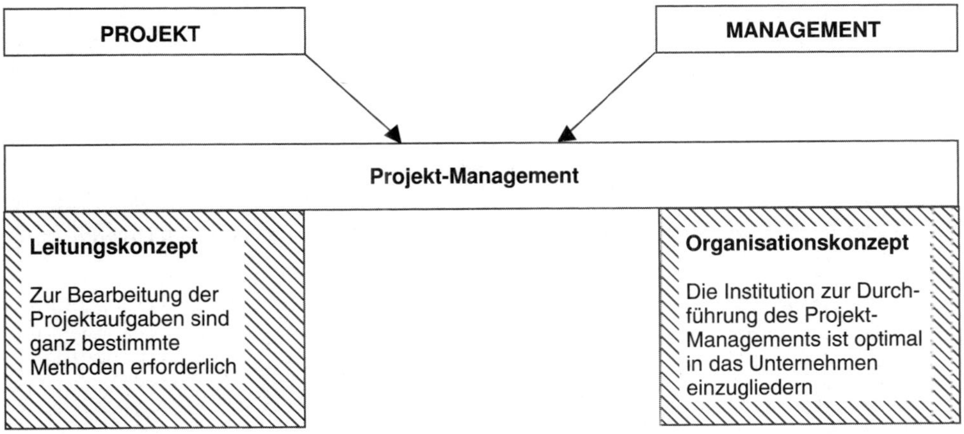

Abb. 1.1: Leitungs- und Organisationskonzept des Projektmanagements

– zum anderen das Konzept für die Institution, von der die Aufgaben durchgeführt werden, sowie die erforderliche Organisationsform, durch die die Institution in das Unternehmen optimal eingegliedert ist.“[7]

Das Projektmanagement ist demnach als Leitungs- und Organisationskonzept zu verstehen, mit dem versucht wird, die vielen, sich teilweise gegenseitig beeinflussenden Projektelemente und -geschehen nicht dem Zufall oder der Genialität einzelner Personen zu überlassen, sondern sie ganz gezielt zu einem festen Zeitpunkt herbeizuführen.
Daenzer sieht das Projektmanagement als einen Bestandteil des Systems Engineering.

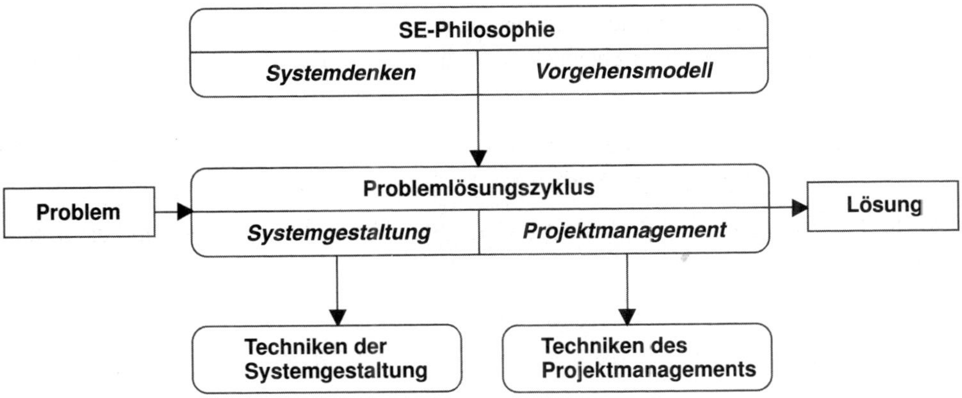

Abb. 1.2: Projektmanagement im Rahmen des Systems Engineering-Konzepts

[7] Rinza, P.: Projektmanagement, Planung, Überwachung und Steuerung von technischen und nichttechnischen Vorhaben, Düsseldorf 1985, S. 5.

Hierbei dient als geistiger Überbau die Systems Engineering-Philosophie (SE-Philosophie) mit dem Systemdenken und einem generellen Vorgehensmodell als Leitfaden zur Problemlösung.

Im Zentrum der Systems Engineering-Methodik steht der Problemlösungsprozeß, der zwei voneinander abgrenzbare Komponenten enthält:

- Die Systemgestaltung als eigentliche konstruktive Arbeit an der neuen Lösung. Hier stehen das zu gestaltende Objekt und dessen Umwelt im Vordergrund (Bedürfnisabklärung, Problemabgrenzung, Zielsuche, Lösungssuche, Auswahl).
- Das Projektmanagement, das heißt die Fragen der Organisation und Koordination des Problemlösungsprozesses. Im Vordergrund stehen hier die Zuteilung von Aufgaben, Kompetenzen und Verantwortung an die am Projekt beteiligten Personen oder Gruppen, deren organisatorische Verankerung, die Organisation der Entscheidungsprozesse, die Durchsetzung der getroffenen Entscheidungen und ähnliches.

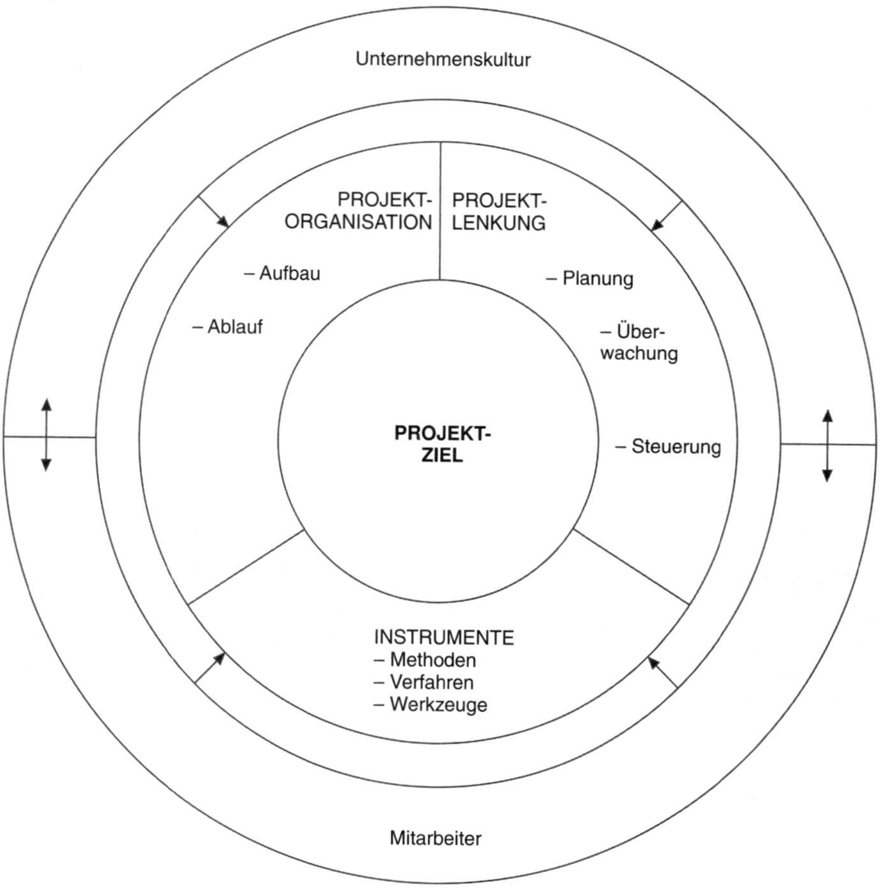

Abb. 1.3: System des Projektmanagements

Sowohl die Systemgestaltung als auch das Projektmanagement stützen sich dabei auf bewährte Techniken, Hilfsmittel und Verfahren ab.[8]

1.3 Entwicklung des Projektmanagements

Als einer der Anfänge des modernen Projektmanagements gilt das Manhattan Engineering District Project von 1941, dessen Zielsetzung die Entwicklung der ersten Atombombe war, und das Apollo Project der NASA zu Beginn der 60er Jahre. Hier mußten erstmals unter enormem Zeitdruck Aktivitäten koordiniert werden, die mit bisherigen Organisationsmethoden als undurchführbar galten.

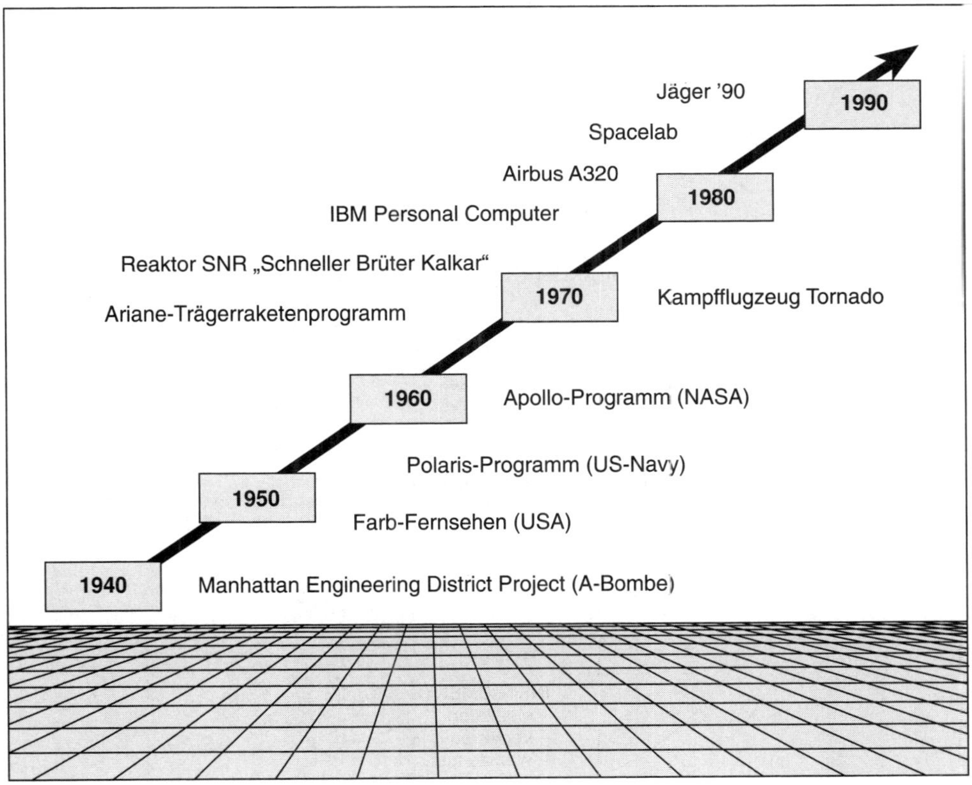

Abb. 1.4: Entwicklung des Projektmanagements am Beispiel wichtiger FuE-Projekte

[8] Vgl. Daenzer, W.-F. (Hrsg.): Systems Engineering. Ein Leitfaden zur methodischen Durchführung umfangreicher Planungsvorhaben, 3. Aufl., Zürich 1982, S. 8.

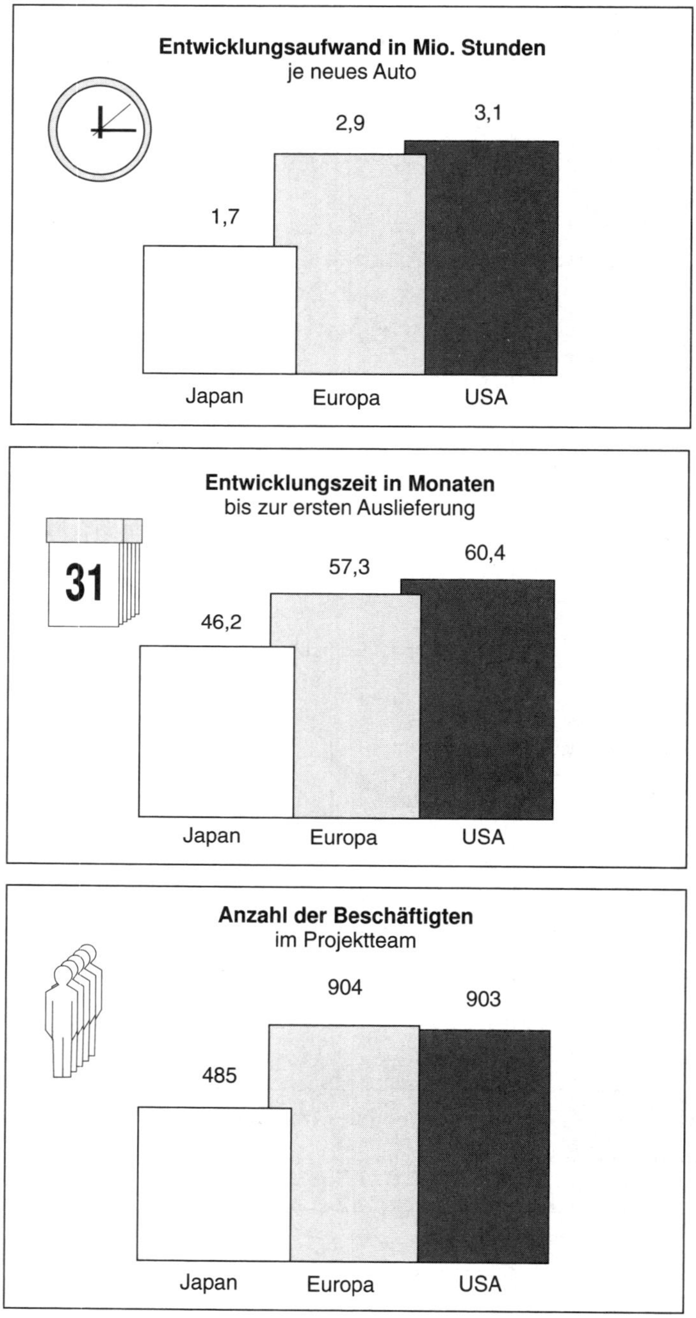

Abb. 1.5: Internationaler Vergleich der Effektivität des FuE-Projektmanagements am Beispiel der Autoindustrie.

Neben Anforderungen an die Logistik waren dabei erstmalig Probleme der Forschung und Entwicklung hinsichtlich der enorm gestiegenen Komplexität und der Interdisziplinarität der Aufgabenstellung zu bewältigen, die in Grenzbereiche der Wissenschaft vorstießen. Dies erforderte aufgrund der enormen Verflechtung von Wissenschaftlern, Ingenieuren und unterschiedlichsten Institutionen völlig neue Organisationsstrukturen. Dieses Projektmanagement war geprägt von innovativer Forschung und Entwicklung, diente aber vorwiegend militärischen und politischen Zielsetzungen.

Der Erfolg dieser Projekte trug nicht zuletzt dazu bei, daß Projektmanagement mehr und mehr auch in der Wirtschaft Anwendung fand.

Festzuhalten bleibt, das Projektmanagement entstand aus der Forschung und Entwicklung heraus und ist bis heute zu einem unverzichtbaren Instrumentarium in diesem Bereich geworden.

Die Anwendung des Projektmanagements zur Abwicklung von Einzelvorhaben im Unternehmen hat sich weitgehend bewährt. In diesem Sinne stellt Projektmanagement heute ein in der Praxis erprobtes Führungsinstrumentarium dar. Neue Herausforderungen liegen einmal im sogenannten „Multiprojektmanagement“[9], d.h. der gleichzeitigen Abwicklung mehrerer Projekte nebeneinander, und zweitens in der zunehmenden Internationalisierung der Projekte.

Wie groß aber die Unterschiede in der Anwendung des Projektmanagements sind, wird am Beispiel der Entwicklung eines Kraftfahrzeugmodells im internationalen Vergleich zwischen Japan, Europa und den USA deutlich (siehe Abb. 1.5).[10]

Die Japaner entwickeln mit weniger Aufwand an Beschäftigten und Entwicklungsstunden in kürzerer Zeit qualitativ hochwertigere Produkte. Wenn dies keine Demonstration für ein effektives FuE-Projektmanagement ist!

1.4 Inhalt des Projektmanagements

Das Projektmanagement soll sicherstellen, daß vereinbarte System- und Projektziele im Rahmen der personellen, technischen, terminlichen und finanziellen Randbedingungen erreicht werden. Abb. 1.3 gibt einen Überblick über die wesentlichen Bestandteile des Projektmanagements und dessen Umfeld.

Das im Zentrum stehende Projektziel umfaßt zum einen die Systemziele (das heißt die zu erbringende Systemleistung) und zum anderen projektbezogene Zielkomponenten wie Termine, Kosten usw.

[9] Der in DIN 69 901 verwendete Begriff Mehrprojekttechnik wird in der Praxis nicht verwendet. Vgl. DIN: DIN 69 901, Projektmanagement, Begriffe, Deutsches Institut für Normung, Frankfurt 1987.

[10] Vgl. Womack, James P.; Jones, Daniel T.; Roos, Daniel: Die zweite Revolution in der Autoindustrie, Konsequenzen aus der weltweiten Studie aus dem Massachusetts Institute of Technology, 5. Aufl., Frankfurt/New York 1992.

Zur Projektorganisation gehört die Gestaltung der Aufbau- und Ablauforganisation des Projektes. Die Projektlenkung beinhaltet die Planung, Steuerung und Kontrolle der Projektaktivitäten im Hinblick auf die Zielerreichung (Sachergebnisse, Termine, Kosten usw.).

Zu den Instrumenten, welche die Lenkung und Organisation unterstützen, gehören einmal die Methoden und Techniken der Systemgestaltung, aber auch spezifische Verfahren und Techniken des Projektmanagements. Das Systemdenken und das Vorgehen „vom Groben zum Detail“ dienen in erster Linie der Strukturierung des zu gestaltenden Objekts. Diese Objektstruktur ist aber auch Ausgangspunkt für die Planung der Projektaktivitäten.

Im äußeren Ring befinden sich die am Projekt Beteiligten, das heißt jene Personen, die in irgendeiner Form an der Um- oder Neugestaltung eines Systems mitwirken. Die Beteiligten sind entscheidend für den Projekterfolg. Um Projekte im unternehmerischen oder politischen Umfeld erfolgreich abwickeln zu können, müssen auch die passiv Betroffenen, wie Mitarbeiter und Außenstehende, frühzeitig in das Blickfeld des Projektmanagements mit einbezogen werden, da sonst mit Akzeptanzproblemen und daraus resultierenden Widerständen zu rechnen ist.

Wichtig für den Erfolg von Projekten ist auch das im Projektteam und im Umfeld herrschende Klima. Im Bereich des Unternehmens spricht man in diesem Zusammenhang von der sogenannten „Unternehmenskultur“. Unter diesem Begriff ist die Gesamtheit der Wertvorstellungen, Leitmotive, Denkhaltungen und Normen in einer Organisation zu verstehen. Sie beeinflußt im wesentlichen das Verhalten der Mitarbeiter, ihre Identifikation mit den Unternehmens- und Projektzielen, die Atmosphäre und den Führungsstil in einem Unternehmen. Die Unternehmenskultur bestimmt unter anderem, welchen Stellenwert das Projektmanagement hat, wie über Projektmanagement gedacht wird und wie man es praktiziert.

Eine entscheidende Rolle spielt auch, wie das Management Führungsgrundsätze vorlebt und den Mitarbeiter damit „durchdringen“ kann. Besondere Aufmerksamkeit ist auch den zwischenmenschlichen Beziehungen zu schenken.

1.5 Projektmanagement und Vorgehensmodell

1.5.1 Projektmanagement und phasenweiser Projektablauf

Der Projektablauf mit seinen Lebensphasen wird als eine auf „Lernen“ ausgerichtete sequentielle Entscheidungsprozedur aufgefaßt. Gemäß den unterschiedlichen Lebensphasen eines Projektes ist es von Vorteil, sich an die Regel „vom Groben zum Detail“ zu halten, um schnell eine hohe Transparenz zu erzielen und diese zu verbessern. Damit soll auch das anfangs bei allen Projekten vorhandene Risiko der technischen Realisierbarkeit, der Verwertbarkeit sowie der Zeiten und Kosten mit geringem Aufwand rasch abgebaut wer-

	PHASEN	AUFGABE
Problem-analyse	Projektdefinition	– Problem- und Projektbestimmung
	Projektplanung	– Bestimmung Projektleiter und Mitarbeiter, Phasenplanung, Beschluß Projektbeginn
Konzeption, Grundlegung	Ist-Analyse	– Aufnahme und Kritik des Ist-Zustandes, Informationsbedarfsanalyse
	Soll-Konzept	– Kurzbeschreibung des zu entwickelnden Systems, Wirtschaftlichkeit, Vorgehensplanung, Genehmigung
Detail, Gestaltung	Systementwicklung	– Verfahrensentwicklung, Systemgestaltung (Datenflußplan, Speicherorganisation etc.)
	Systembeschreibung	– Programmierungsunterlagen, Belegorganisation
Realisation	Programmierung	– Programmerstellung (Codierung, Test etc.), Programmbeschreibung
	Aufgabenorganisation	– Notwendige Umorganisationen, Organisationsrichtlinien
	Durchführungsvorbereitung	– Organisationsmittel, Vordrucke, Personenbereitstellung, Schulung
Nutzung	Umstellung	– Anlaufphase, Herausgabe der Organisationsanweisung mit Anweisungscharakter

Abb. 1.6: Phasenweiser Projektablauf für Organisations- und EDV-Vorhaben

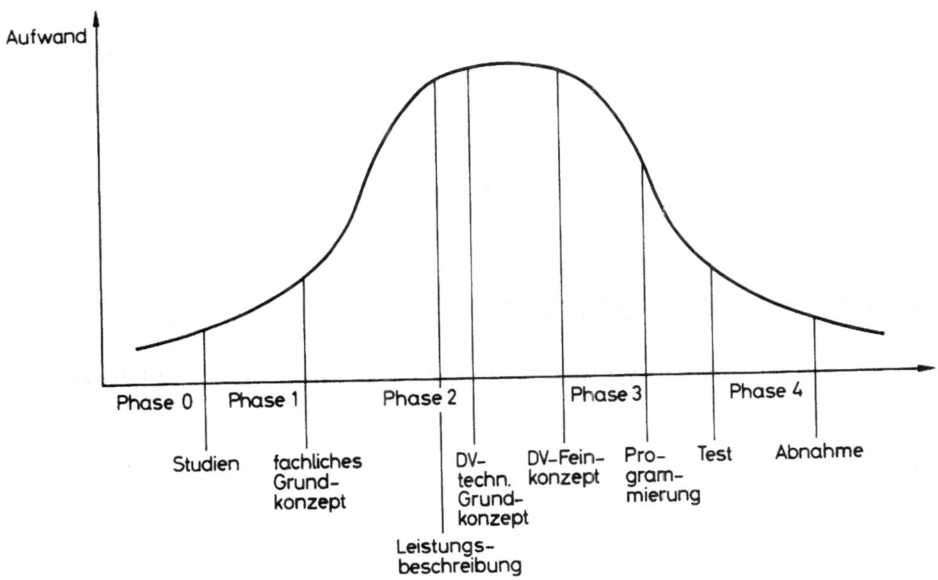

Abb. 1.6a: Graphische Aufwandsverteilung im Projektablauf (4 Phasen)

den. Der phasenweise Projektablauf ist eine wesentliche Voraussetzung zur wirtschaftlichen Durchführung von Projekten.[11]

Vom Groben zum Detail bedeutet, daß sich Systemgestaltung und auch Projektplanung in einem Prozeß der zunehmenden Konkretisierung und Detaillierung vollziehen. Bei einem solchen phasenweisen Projektablauf werden demnach einzelne Phasen definiert, die durch Entscheidungssituationen miteinander verbunden sind. Dies setzt allerdings die Bereitschaft voraus, sich zunächst von Einzelheiten lösen zu können und ein Problem aus verschiedenen Richtungen ganzheitlich zu beleuchten.

Phase	0	1	2		3			4
Aufgabe	Bedarfsanalysen Studien	Istanalysen fachl. Grobkonzept	fachl. Feinkonzept Leistungsheft	DV-Grobkonzept	DV-Feinkonzept	Programmierung Einzeltest	Integration Test	Einführung Abnahme
Aufwandsart überwiegend	fachlich			DV-technisch			fachlich	
Aufwand je Phase in %	5	10	25		50			10
Aufwand je Aufgabe in %	5	10	20	5	15	20	15	10
Beispiel 1: Kurzprojekt Laufzeit 2 Monate								
Mitarbeiter (EInsatz zu 80 %)	3							
Gesamtaufwand in MM	5							
Aufwand je Phasenblock in MM	–	2			3			
Beispiel 2: Normalprojekt Laufzeit 10 Monate								
Mitarbeiter (Einsatz zu 75 %)	4							
Gesamtaufwand in MM	30							
Aufwand je Phase in MM	1,5	3	7,5		15			3
Beispiel 3: Großprojekt Laufzeit 20 Monate								
Mitarbeiter (Einsatz zu 70 %)	5							
Gesamtaufwand in MM	70							
Aufwand je Phase	3,5	7	17,5		35			7

Abb. 1.6b: Tabellarische Aufwandsverteilung im Projektablauf (4 Phasen)

[11] Vgl. Saynisch, M.; Schelle, H.; Schub, A.: Projektmanagement, Konzepte, Verfahren, Anwendungen, München/Wien 1979, S. 33.

Die Unterteilung eines Projektablaufs in verschiedene Phasen hat den Zweck, ganz bewußt Zäsuren in diesen Ablauf einzubauen. Diese sollen einerseits Anlaß geben, um über die Weiterführung eines Projektes und weitere Entwicklungsrichtlinien zu entscheiden, andererseits soll sichergestellt werden, daß die Arbeiten einer Folgephase auf bereinigten und genehmigten Zwischendokumenten aufbauen können. Um den Zweck des phasenweisen Projektablaufs nicht zu verfälschen, sollte die Zielsetzung einer Phase während der laufenden Phase nicht geändert werden. Wenn sich im Laufe einer Phase zeigt, daß die Zielsetzung nicht zu erfüllen ist, dann sollte diese nur durch die folgende Phasenentscheidung revidiert werden.

Als allgemeingültige Lebensphasen eines Projektes werden definiert: Phase der Problemanalyse, Phase der konzeptionellen Grundlegung, Phase der detaillierten Gestaltung, Phase der Realisation, Phase der Nutzung, Phase der Außerdienststellung. Ein Projekt muß nicht alle Lebensphasen aufweisen.[12]

In jeder Phase müssen die bereits erarbeiteten Ergebnisse in Form von Abschlußberichten dokumentiert und beurteilt werden. Eine vollständige Dokumentation ist wichtig zur Sicherung der gemachten Erfahrungen für folgende Projekte. Dieser Bericht bildet außerdem die Basis für die Präsentation der Ergebnisse vor dem Auftraggeber. Diese Information ermöglicht ihm, zu überprüfen, ob es wirtschaftlich vertretbar ist, das Projekt weiterführen zu lassen. Die nächste (meist kostenintensivere) Phase wird dann freigegeben, wenn die Bewertung der vorangegangenen positiv ausgefallen ist.

1.5.2 Der Meilenstein

Der Abschlußpunkt einer Phase definiert einen sogenannten Meilenstein. Hierunter wird ein definiertes termingebundenes Sachergebnis verstanden. Ein solcher Meilenstein gilt erst dann als erreicht, wenn das geforderte Sachergebnis vollständig und durch die Qualitätssicherung abgesegnet vorliegt. Meilensteine sind wesentliche Schlüsselereignisse für die Planung und Überwachung eines Projektes. Eine Meilensteinplanung geht der Strukturierung der einzelnen Projektaktivitäten voran. Sie ist phasenübergreifend, wogegen die Projektaktivitäten detailliert pro Phase geplant werden.

Die Meilensteine dienen einerseits der Orientierung des Auftraggebers über den Projektablauf, über Zwischenergebnisse und gestatten ihm andererseits, in den wichtigen Punkten, falls erforderlich, Weichen zu stellen.

Im allgemeinen sind Art und Anzahl der Projektphasen und Meilensteine dem Projekt und ebenso der Höhe des Risikos anzupassen.

Damit solche Meilenstein-Entscheide optimal gefällt werden können, müssen vom Projektleiter die minimal notwendigen oder gewünschten Entscheidungsunterlagen vorgelegt

[12] Vgl. Saynisch, M.; Schelle, H.; Schub, A.: Projektmanagement, S. 33.

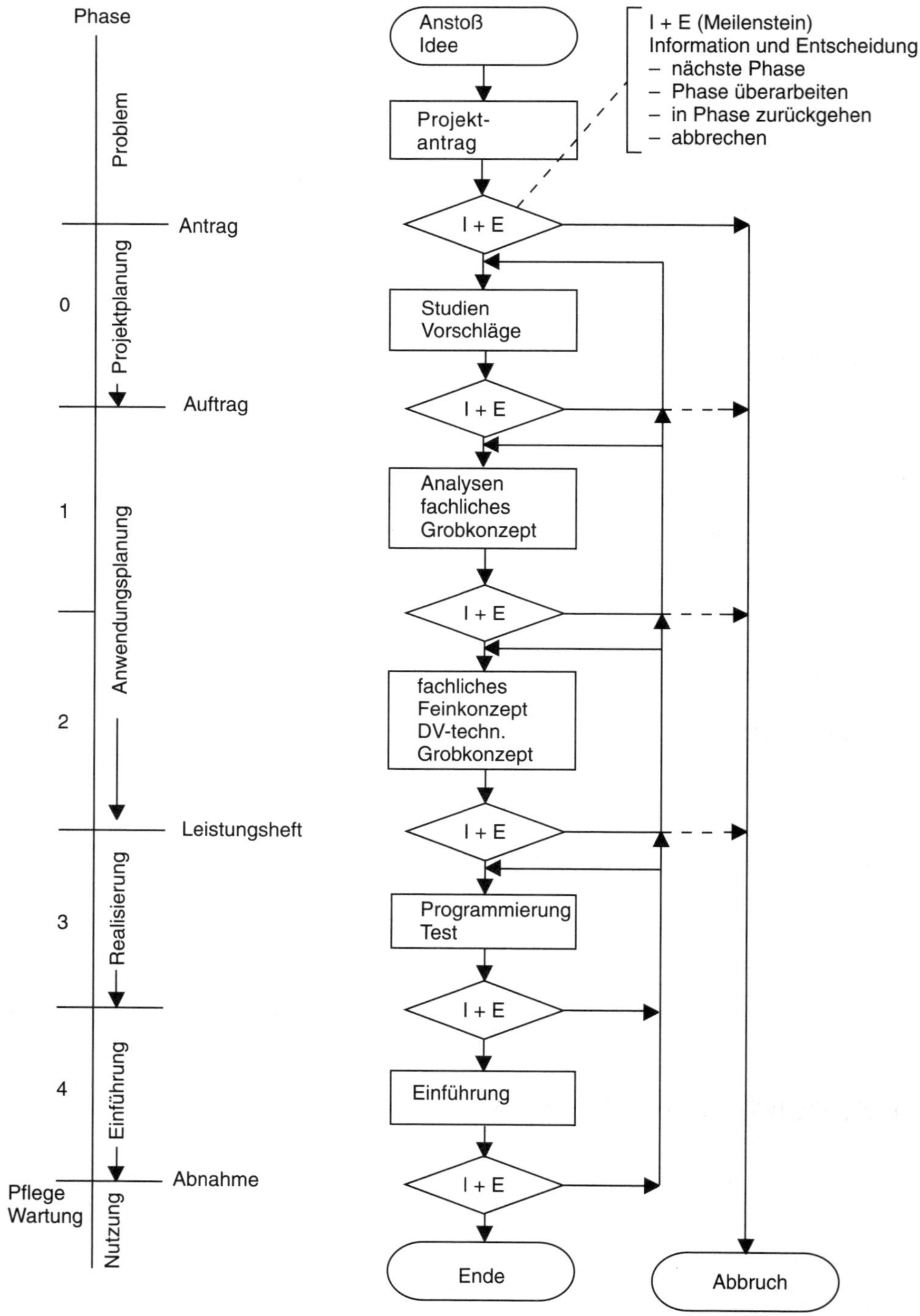

Abb. 1.7: Projektablauf mit Phasen und Meilensteinen

werden. In vielen Fällen kann jedoch für ähnliche Projekte ein standardisierter Projektablauf mit Phasen und Entscheidungspunkten im Unternehmen „institutionalisiert" und dem Projektleiter vorgegeben werden. Dies geschieht zweckmäßigerweise in Form eines Projektablauf-Schemas (vgl. Abb. 1.7).

1.5.3 Die fünf Schritte des Problemlösungszyklus

1.5.3.1 Allgemeine Vorgehensweise

„Problemlösungszyklus bedeutet, daß ein Problem in einem sich wiederholenden, zyklischen Vorgang während der verschiedenen Projekt-Phasen einer Lösung zugeführt werden soll."[13]

Der Problemlösungszyklus faßt die Problemlösungs- und Problemführungsmethoden zu einem Ganzen zusammen und gliedert sie dabei in fünf Schritte. Dabei wird ganz bewußt einfach in Frageform formuliert, denn die Projektmitarbeiter sollen sich nicht als Betroffene, sondern als Beteiligte fühlen.

Die fünfteilige Gliederung soll bezwecken, daß sprunghafte Gedanken geordnet werden, jedoch darf eine zu strenge Einhaltung nicht zur Ideenunterdrückung führen. Sinnvoll wird der Problemlösungszyklus dann eingesetzt, wenn er nicht als starre Vorschrift ausgelegt wird, sondern lediglich den Rahmen bildet, der zum Überblick verhelfen soll.

1. Schritt: WAS IST LOS?

In diesem Schritt geht es darum, die Situation sauber zu umschreiben. Es sollen nicht nur die Symptome, sondern auch mögliche Ursachen erläutert werden.

2. Schritt: WAS SOLL ERREICHT WERDEN?

Hier müssen lösungsneutral und gemeinsam Ziele formuliert werden.

3. Schritt: WELCHE LÖSUNGEN (ALTERNATIVEN) SIND MÖGLICH?

Es sollen immer mehrere Alternativen erarbeitet werden. Die Wahrscheinlichkeit, eine gute Lösung zu finden, wird damit erhöht.

4. Schritt: WELCHE LÖSUNGEN SIND SINNVOLL?

Aus Zeit- und Kostengründen können im allgemeinen nicht alle Lösungen realisiert werden. Daraus folgt, daß die Lösungen bewertet werden müssen und anschließend die beste Alternative ausgewählt wird. Gelingt es, gemeinsam zu einer Entscheidung zu kommen, so identifizieren sich die Mitarbeiter stärker mit dem Vorhaben und die Erfolgswahrscheinlichkeit nimmt zu.

[13] Kummer, W.; Spühler, R. W.; Wyssen, R.: Projekt-Management, Leitfaden zu Methode und Teamführung in der Praxis, Zürich 1986, S. 21.

5. Schritt: WIE SOLL DIE GEWÄHLTE LÖSUNG DURCHGESETZT WERDEN?

In der Planungs- und Realisierungsphase ist klar anzuordnen,

WER
WAS
BIS WANN
MIT WELCHEN MITTELN

zu erledigen hat. Zur Durchsetzung gehört ebenfalls die Kontrolle. Mögliche Hindernisse und deren Überwindung sind zu berücksichtigen. Es soll auch hinterfragt werden, wer das Projekt unterstützt und wie diese Unterstützung zusätzlich verstärkt werden kann.[14]

1.5.3.2 Situationsanalyse

„Unter Situationsanalyse verstehen wir die systematische Durchleuchtung (Analyse) einer intuitiv als problematisch empfundenen Gegebenheit oder eines im Projekt-Auftrag angegebenen Sachverhaltes (Situation) zu Beginn der Planungstätigkeit."[15]

Der Zweck einer Situationsanalyse ist es, den betrachteten Bereich mit der für die Problemdefinition notwendigen Transparenz abzubilden und die Möglichkeiten und Grenzen der für den Lösungsprozeß in Frage kommenden Handlungseinheiten zu analysieren. Die betrachteten Bereiche müssen demnach so strukturiert werden, daß die Problemsituation erkennbar und eine Problemdefinition ermöglicht wird. Um dies zu erreichen, müssen Fakten gesammelt, gegliedert und zueinander in Beziehung gesetzt werden. Weiterhin müssen Ursachen beziehungsweise Ursachenketten herausgearbeitet werden.

Von der herkömmlichen Ist-Aufnahme unterscheidet sich die Situationsanalyse durch Einbeziehung von Zukunfts- und Umweltaspekten.

In den verschiedenen Phasen eines Projektes differenzieren sich Art, Umfang und Detaillierungsgrad der Situationsanalyse erheblich. In der Vorstudie sind die Grenzen der Betrachtungsweise verhältnismäßig weit gesteckt. Die Erfassung der generellen Probleme und ihrer Zusammenhänge steht hier im Vordergrund. In der Hauptstudie hingegen werden die unmittelbaren Auswirkungen möglicher Lösungen analysiert. Eine weitere Einengung des betrachteten Bereichs erfolgt in Detailstudien, die im Rahmen einer Situationsanalyse durchgeführt werden.

Von ebenso großer Bedeutung wie die Analyse des Problems erweist sich im Hinblick auf das Abwickeln der Problemlösungsprozesse die Analyse der Möglichkeiten und Grenzen der am Lösungsprozeß beteiligten Handlungseinheiten. Wird diesem Aspekt der Situationsanalyse nicht genügend Bedeutung geschenkt, so werden unrealistische Ziele gesetzt und, darauf aufbauend, Lösungskonzepte erarbeitet, die auf Grund der ungenügenden oder falschen Lagebeurteilung von den Ausführungsorganen nicht oder nur teilweise realisiert werden können.[16]

[14] Vgl. Kummer: Projekt-Management ..., S. 22f.
[15] Ebenda, S. 53.
[16] Vgl. Zogg, A.: Systemorientiertes Projekt-Management, Zürich 1974, S. 185.

1.5.3.3 Projekt-Ziel

1.5.3.3.1 Definition und Bedeutung der Ziele

Ein Ziel ist ein gedanklich vorweggenommener Soll-Zustand,
- der in der Zukunft liegt,
- der real sein soll,
- dessen Erreichen erwünschenswert ist,
- der bewußt gewählt wird und
- der nur durch Handlung erreicht werden kann.[17]

In manchen Projekten ist eine ausreichende Präzisierung der Ziele bereits zu Projektbeginn aufgrund des hohen Neuheitsgrades häufig schwierig beziehungsweise unmöglich. Es ist notwendig, die Zielsetzung in den ersten Projektphasen zu konkretisieren und festzuschreiben.

„Häufig wird dieser Schritt vernachlässigt und auch unterbewertet. Dabei werden bei der Fixierung von Projektzielen gleich am Anfang die entscheidenden Weichen gestellt. Hier begangene Fehler sind kaum zu korrigieren und können katastrophale Auswirkungen haben."[18]

Die Ursachen dafür, daß diesem Grundsatz kaum Folge geleistet wird, können in dem oft unklaren Weg zur Zielerreichung beziehungsweise der Unsicherheit, bestimmte Ziele jemals zu verwirklichen, liegen und dazu verleiten, Projektziele nur unvollständig zu ermitteln und festzulegen.

Auch für die Projektmitarbeiter ist die Kenntnis von klaren und eindeutigen Zielen eine unabdingbare Förderung von Kreativität und Motivation.

Der erste Schritt für die Festlegung der Ziele ist ihre Identifikation. Das bedeutet, daß sie vollständig aufgedeckt und erkannt werden müssen. Für den Projektleiter ist die Identifikation der Ziele eine wesentliche Voraussetzung, um schnell Kontrolle über das Projekt zu bekommen.

Gibt es außer der Geschäftsleitung keinen Auftraggeber außerhalb des Projektes, mit dem die Ziele abgeklärt werden könnten, folgt daraus eine erhöhte Verantwortung des Projektleiters bei der Zielformulierung.

Das Management seinerseits sollte beim Einsetzen des Projektleiters darauf achten, daß dessen persönliche Ziele nicht im krassen Widerspruch zu den Projektzielen stehen.

[17] Vgl. Platz, J.; Schmelzer, H.: Projektmanagement in der industriellen Forschung und Entwicklung, Einführung anhand von Beispielen aus der Informationstechnik, Berlin/Heidelberg/New York 1986, S. 89.

[18] Groth, R.; Erbslöh, F. D.; Hugelshofer, H. J.; Strombach, M. E.: Projektmanagement in Mittelbetrieben, Planung und Durchführung einmaliger großer Vorhaben, Köln 1983, S. 89.

1.5.3.3.2 Zielformulierung

Die Zielformulierung soll Zielvorstellungen bereinigen, systematisch strukturieren, auf Vollständigkeit prüfen, ergänzen und letztendlich in einer verbindlichen Form festhalten. Bei einer Zielformulierung sind gewisse Grundsätze zu beachten:

1. Die Zielformulierung soll keine möglichen Lösungen beschreiben und auch von keiner fixierten Lösungsidee ausgehen, das heißt sie soll lösungsneutral sein. Dadurch wächst die Chance, daß bei der Lösungssuche auch Ideen auftauchen, die sonst aufgrund der lösungsorientierten Formulierung ausgeschlossen worden wären. Alle sinnvollen Lösungen sollen möglich sein.
2. Ziele sollen soweit als möglich „operational" formuliert werden. Die Zielerreichung muß eindeutig feststellbar beziehungsweise meßbar sein und alle Beteiligten müssen sie klar und verständlich erkennen können.
3. Durch die Zielformulierung sollen alle die Wirkungen berücksichtigt werden, die auf die Auswahl und Beurteilung der Lösung einen Einfluß haben.
4. Eine Zielformulierung muß nicht ausschließlich erwünschte (positive) Wirkungen beinhalten. Sie kann ebenso unerwünschte (negative) Wirkungen vermeiden.
5. Ziele sollen anspruchsvoll, aber erreichbar sein.[19]

Durch die Fragen „Was wollen wir erreichen?" und „Wie wollen wir vorgehen?" können im Zielsystem grundsätzlich Systemziele und Vorgehensziele unterschieden werden.

Systemziele beschreiben die gewünschten Eigenschaften des Projektergebnisses, das heißt alle Forderungen und Wünsche sind in Betracht zu ziehen, welche am Ende des Projektes vor der Benutzungsphase mit der Lösung erreicht werden sollen.

Vorgehensziele beschreiben den Weg zur Erreichung des Projektergebnisses, das heißt alle Forderungen und Randbedingungen, die im Laufe des Projektes zu erfüllen sind, die aber beim Erreichen des Projektergebnisses nicht mehr relevant sind. Hier sind die Zwischenziele (Meilensteine), die verfügbaren finanziellen Mittel, personelle und sachliche Ressourcen, Auflagen zur Vermeidung von Störungen des Umfeldes durch den Projektablauf und sonstige Randbedingungen des Projektablaufs einzuordnen.

Im Zielkatalog sind Systemziele und Vorgehensziele im Hinblick auf ihre unterschiedliche Bedeutung voneinander zu trennen.

Um Mißverständnisse und Unklarheiten bei der Auslegung der Ziele zum einen seitens des Projektleiters und zum anderen auf seiten des Projektteams zu vermeiden, ist es für die Lösungssuche unabdingbar, daß die Ziele in Muß-Ziele und in Wunsch-Ziele unterteilt werden.

[19] Vgl. Kummer: Projekt-Management..., S. 57.

Muß-Ziele sind die Ziele, deren Erreichen als unbedingt erforderlich angesehen wird. Sie sind somit die Kriterien für eine erste Auswahl von Lösungsalternativen. Eine Lösung, die ein Muß-Ziel nicht erfüllt, scheidet grundsätzlich aus. Unter den Muß-Zielen sind die kritischen Ziele zu suchen. Es besteht jedoch immer die Gefahr, daß kritische Ziele nicht erkannt werden, weil die Identifikation der Ziele nicht genügend erfolgt ist, die Bedeutung der Ziele falsch verstanden wird und persönliche Ziele vorrangig behandelt oder falsch bewertet werden.

Muß-Ziele müssen so klar formuliert oder quantifiziert werden können, daß später ohne Zweifel festgestellt werden kann, ob sie erreicht sind oder nicht. Ist diese Forderung an die Zielformulierung nicht erfüllt, könnten bei der Lösungsbeurteilung Diskussionen oder Streit über die Zielerreichung entstehen.

Wunsch-Ziele sind all jene Ziele, deren Erreichen positiv beurteilt wird. Sie müssen nicht um jeden Preis voll erreicht werden, da sie nicht Voraussetzung für die Erfüllung des Projektergebnisses sind. Sie sollten trotzdem soweit als möglich realisiert werden, denn ihre Erfüllung kann für die Lösung wertsteigernd sein.

Wunsch-Ziele können sowohl klar quantifizierbare Ziele darstellen wie auch qualitative (zum Beispiel ethische, psychologische, politische usw.). Solche Ziele kann man nicht immer objektiv beurteilen. Sind sie nicht quantifizierbar, muß subjektiv entschieden werden, wieweit sie durch eine Lösung erreicht wurden.

Eine Methode, die sich bei der Zielformulierung praktisch bewährt hat, ist die „Zielhierarchie“. Unter diesem Begriff ist eine hierarchische Strukturierung eines ungeordneten Zielkatalogs vom Groben zum Feinen zu verstehen. Damit wird ein besserer Überblick über die Anforderungen, die an eine neue Lösung gestellt werden, erreicht und Doppelspurigkeiten und Widersprüche sind leichter zu bereinigen. Zudem wird gleichzeitig eine wichtige Vorarbeit im Hinblick auf die spätere Bewertung geleistet.

Abb. 1.9 zeigt eine hierarchische Zielstruktur am Beispiel der Verbesserung eines innerstädtischen Verkehrssystems. Es wird dabei die systematische Ableitung von operationalen Zielen aus einer allgemeinen Zielvorstellung gezeigt. Unsystematisch gesammelte Zielideen können in diesen Zielbaum eingefügt werden.[20]

Als weiteres Hilfsmittel sollte die Tatsache gewertet werden, daß maßgebende spätere Anwender oder anderweitig Betroffene bereits in der Zielformulierungsgruppe vertreten sind und damit ihre Kriterien oder Ziele einbringen.

Wenn die Zielformulierung mehr als einige Wochen dauert, ist das Aufstellen von provisorischen Zielen und das Festsetzen einer anschließenden Vorprojekt-Phase zu empfehlen. Nach dieser Phase wird dann eine ergänzte oder neue Zielformulierung mit den erarbeiteten Daten festgelegt. Eine Zielformulierung ist ein sich wiederholender Prozeß im Laufe des Projektes.

[20] Vgl. Daenzer: Systems Engineering..., S. 76.

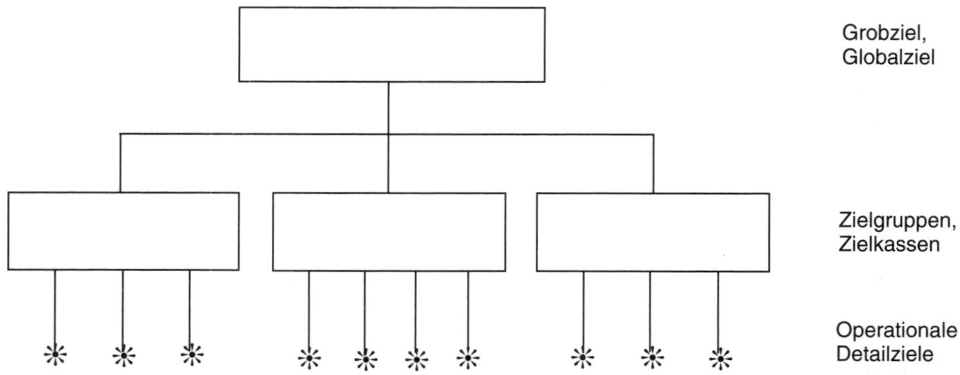

Abb. 1.8: Zielhierarchie

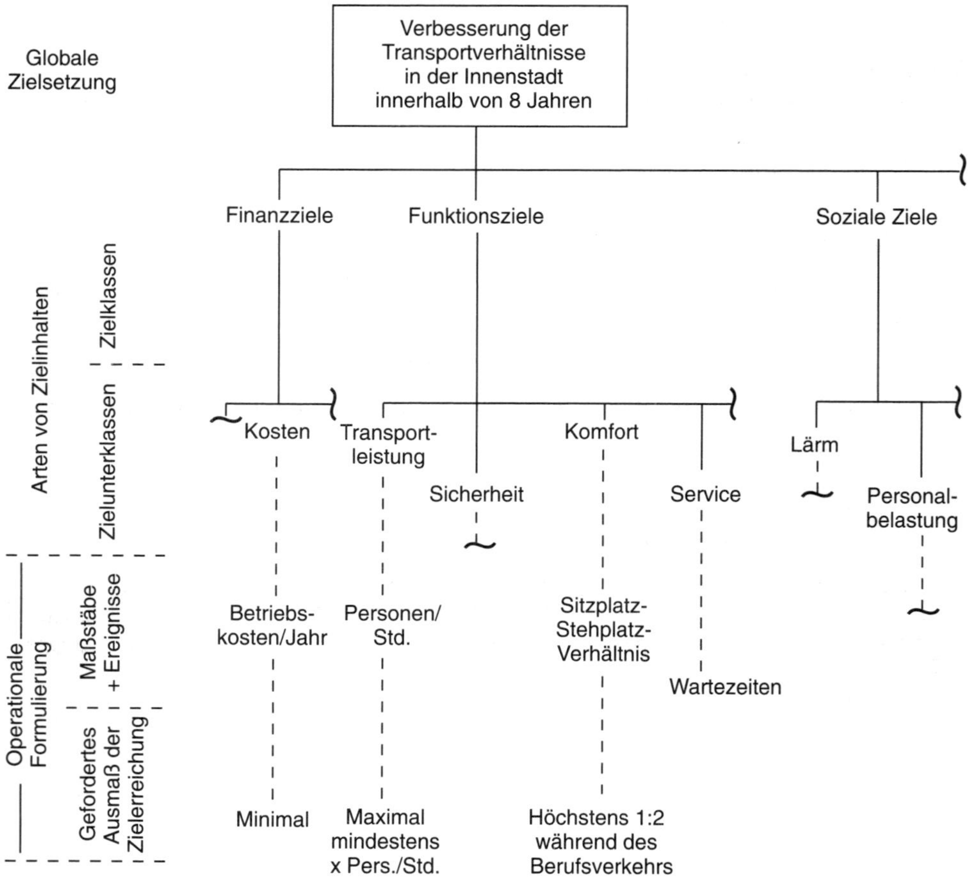

Abb. 1.9: Entwicklung operationaler Ziele auf der Basis einer Zielhierarchie

Gründe für Änderungen oder Ergänzungen der Ziele können beispielsweise sein:
- Neue Marktsituation oder neue Kundenwünsche
- Technologische Neuheiten oder Schwierigkeiten
- Änderungen im Unternehmen, in der Geschäfts- oder Sortimentspolitik.

Spätestens vor der Realisierungsphase (das heißt vor den großen Investitionen) müssen die Detailziele feststehen, da nachher eine Änderung unter Umständen kostspielig sein kann.

1.5.3.3.3 Zielformulierungsgruppe

Da eine richtige Zielvorgabe das spätere Ergebnis des Projektes stark beeinflußt und im wesentlichen bereits vorbestimmt, soll die Festlegung von Zielen nie durch den Projektleiter allein geschehen. Eine Hilfe muß er von wichtigen und kompetenten Stellen erhalten, die in diesem entscheidenden Prozeß eine Mitverantwortung übernehmen. Das bedeutet, daß zunächst Personen gefunden werden müssen, die an der Zielformulierung beteiligt werden sollen. Mit ihnen werden die Ausgangssituationen der späteren Ziele analysiert und die Projektziele festgelegt.

Wie aber findet man eine solche Zielformulierungsgruppe? Kummer verweist in diesem Zusammenhang auf drei Fragen:
„– Welches sind die späteren Benützer?
– Welche wichtigen Stellen werden sonst noch vom Projekt betroffen?
– Welche übrigen Personen können Informationen liefern oder haben die Möglichkeit, die Ergebnisse zu unterstützen oder zu boykottieren?“[21]

Werden auf diese Fragen Antworten gefunden, dann hat man Anhaltspunkte dafür, welche Interessen berücksichtigt werden müssen und ob die Mithilfe gewisser Beteiligter bei einer Zielformulierung überhaupt notwendig ist.

Abb. 1.10 gibt einen Überblick, welche internen und externen Einflüsse möglicherweise berücksichtigt werden sollten.

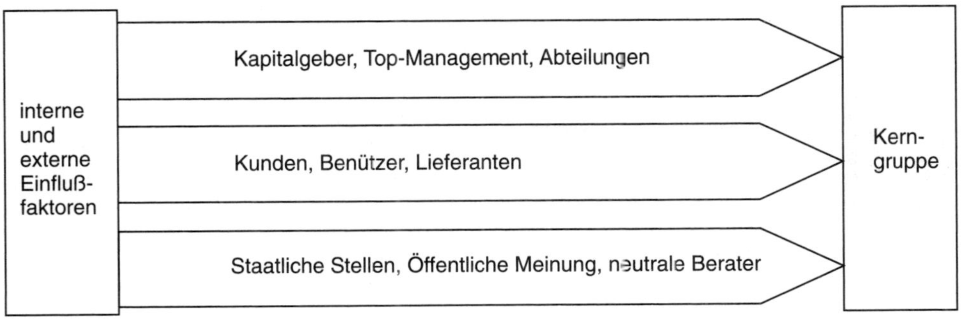

Abb. 1.10: Bildung der Zielformulierungsgruppe

[21] Kummer: Projekt-Management..., S. 51.

Projektkosten

Personalkosten *(Projektteam, Entscheidungs-, Beratungsinstanzen, Fachabteilung, Rechenzentrum etc.)*

Personalnebenkosten *(Raum, Arbeitsplätze, Mieten, CPU-Verbrauchszeiten, Verbrauchsmaterial etc.)*

Hardwarekosten *(CPU, Peripherie, Leistungswege, Datenerfassung, Datenträger, Testkosten, Mieten, CPU-Verbrauchszeiten etc.)*

Softwarekosten *(Lizenzgebühren etc.)*

RZ-Gemeinkosten *(Raum, Energie, Klima, Sicherheitseinrichtungen etc.)*

Sonstige Kosten *(Ausbildung, Gutachten, Verbrauchsmaterial, Versicherungen etc.)*

Projektnutzen

Umsatz

Gewinn

Personaleinsparungen

Besseres Image

Schnellere Informationen

Wettbewerbsvorteile

Vereinheitlichungen

Bessere Auskunftsbereitschaft

Besserer Kundenservice

Return on Investment

Verlustvermeidung

Kostenreduktion

Projektrisiken

Organisatorisch *(alle Gesichtspunkte, die mit dem sachlichen Inhalt des Projektes zusammenhängen)*

Technisch *(hier sind die Überlegungen zu Hardware, Peripherie und sonstigen Geräten beinhaltet)*

Terminlich *(alle Punkte, die mit der Planung und Einhaltung der geplanten Termine zusammenhängen)*

Kapazitiv *(Abschätzung aller Risiken unter dem Blickwinkel der benötigten Kapazität quantitativ und qualitativ)*

Kosten-/Nutzenorientiert *(Risiken, die sich aus Kosten-/Nutzensicht heraus ergeben)*

Psychologisch *(Risiken, die sich bei der Einführung des neuen Verfahrens oder Teilen des Verfahrens ergeben könnten)*

Projektchancen

Das Projekt paßt in die strategische Ausrichtung des Unternehmens

Vorhandenes Know-how wird verwendet

Unterstützung des Projekts durch Forschungs- und Marketingverantwortliche

Ähnliche Marketingmethoden und Distributionskanäle

Abb. 1.11: Projektinformation als Grundlage der Projektbewertung (Auswahl)

Jetzt kann eine arbeitsfähige Zielformulierungsgruppe gebildet werden. Sie soll gemeinsam mit dem Projektleiter die Zielfestlegung erarbeiten und nach Prioritäten gewichten.

Stellen, die weniger stark betroffen sind, können zeitweise in die Gruppe gerufen werden. Der Auftraggeber selbst muß nicht zwangsläufig vertreten sein, da er am Ende das Ergebnis auf jeden Fall genehmigen muß.

1.5.3.4 Lösungssuche

Die Lösungssuche vollzieht sich vor allem in der Hauptprojekt-Phase. Die Lösungssuche beinhaltet die eigentlichen kreativen Prozesse der Ideenfindung. Obwohl die Ideenfindung auch in Zukunft ganz besonders auf spontane individuelle Beiträge angewiesen ist, kann in der Praxis festgestellt werden, daß die Erfolgschancen und die Effizienz bei der Lösungssuche stark durch ein methodisches Vorgehen gesteigert werden können.

Die wichtigsten Schritte im methodischen Vorgehen bei der Lösungssuche sind:
- Informationsbeschaffung
- Zielvorgabe
- Problem- und Funktionsanalyse (Zerlegen eines komplexen Problems in einzelne überschaubare und durchdenkbare Teilprobleme)
- Ideenfindung (Erarbeitung von Lösungsvarianten mit Hilfe der Kreativitätstechniken wie Brainstorming, Brainwriting, Morphologischer Kasten, Methode 635)
- Lösungsbewertung und Lösungswahl
- Detail-Ausarbeitung einer Lösung.

1.5.3.5 Lösungsbewertung und Lösungswahl

Bei der Lösungsbewertung geht es darum, aus den zahlreichen Projektideen die besten auszuwählen. Die verfolgungswürdigen Ideen werden anschließend den anderen Unternehmensbereichen mit der Zielsetzung „verkauft", die Idee weiterzuverfolgen und einen Projektvorschlag formulieren zu können. Die vom Management gutgeheißenen Vorschläge werden sodann in eine Prioritätsreihenfolge gebracht und die besten von ihnen zur Bearbeitung freigegeben.

Als Beurteilungskriterien werden nur die quantifizierbaren operationalen Projektziele genommen. Dabei muß geprüft werden, ob alle Muß-Ziele erfüllt sind und wieweit die Wunsch-Ziele durch die Lösung erfüllt werden.
Im Anfangsstadium müssen zur Projektbewertung Methoden zur Anwendung kommen, die einfach und schnell gehandhabt werden können. Zum ersten Sortieren von Ideen genügt es, die in Abb. 1.11 aufgeführten Projektinformationen zu einem kurzen Projektprofil zu verdichten und mit einer qualitativen Bewertungsskala zu versehen (vgl. Abb. 1.12).

Aus dem Projektprofil ist rein visuell die Beurteilung herauszulesen.

Zur Bestimmung der Prioritäten der Projekte müssen detaillierte Methoden verwendet werden, die eine feinere Unterscheidung der Projekte erlauben als lediglich eine

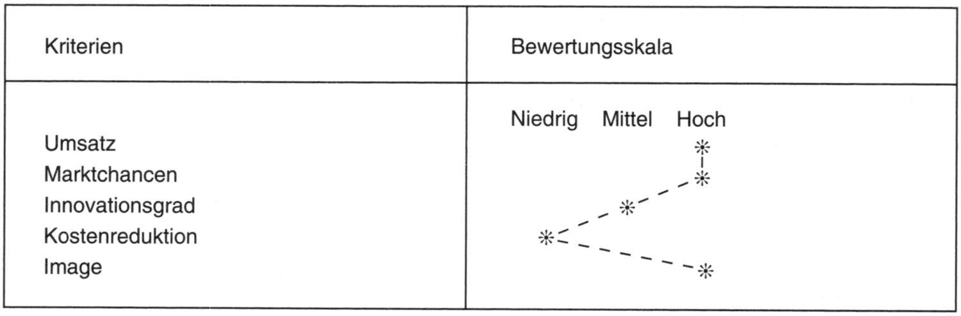

Abb. 1.12: Projektbewertung mittels Projektprofil

Kriterium	Gewicht	Projekt A	Projekt B	Projekt C
Umsatz	5	10	5	4
Marktchancen	4	8	4	3
Innovationsgrad	3	6	10	7
Kostenreduktion	2	4	10	10
Image	1	3	3	9
gewichtetes Gesamtergebnis		111	94	82

Abb. 1.13: Projektbewertung nach der Scoring-Methode

Unterteilung in zwei Klassen. Dies kann durch die Scoring-Methode erreicht werden, die den einzelnen Bewertungen numerische Werte unterlegt und die Kriterien ihrer Bedeutung gemäß gewichtet (vgl. Abb. 1.13).[22]

1.6 Projektmanagement in der Forschung und Entwicklung

1.6.1 Begriffsbestimmung

„Forschung und Entwicklung ist eine Kombination von Produktionsfaktoren, die die Gewinnung neuen Wissens ermöglichen soll.“[23]

Allgemein wird unter dem Begriff der *Forschung* die Gewinnung neuer wissenschaftlicher Erkenntnisse auf technischen oder naturwissenschaftlichen Gebieten verstanden.

[22] Vgl. Seidel, T.; Kohn, L.: So lassen sich Forschungs- und Entwicklungsprojekte besser bewerten, in: io, Management-Zeitschrift, Jg. 54 (1985), Nr. 1, S. 28 ff.

[23] Brockhoff, K.: Forschung und Entwicklung, Planung und Kontrolle, 3. überarb. und erw. Auflage, München/Wien 1992, S. 23.

Entwicklung beinhaltet die erstmalige oder neuartige Nutzung von Forschungsergebnissen, um zu neuen oder verbesserten Materialien, Geräten, Produkten, Systemen, Verfahren oder Dienstleistungen zu gelangen.[24]

Als Kurzdefinition kann folglich formuliert werden:

Forschung dient der *Wissensgewinnung*
und Entwicklung der *Wissensanwendung*.

Das bedeutet, daß die Entwicklung auf den Ergebnissen der Forschung aufbaut, diese nutzt und in Ergebnisse umsetzt. Beide Elemente bedingen einander und sind nur fruchtbar, wenn sie eng miteinander verzahnt sind.

Das Gebiet der Forschung und Entwicklung kann in drei Teilbereiche aufgeteilt werden:

- Grundlagenforschung
- Angewandte Forschung
- Entwicklung.

Die Grundlagenforschung dient im Gegensatz zur angewandten Forschung dazu, den Stand wissenschaftlicher Erkenntnisse auszuweiten, ohne dabei primär konkrete (wirtschaftliche) Anwendungen zu verfolgen.

Grundlagenforschung ist in maßgeblichem Umfang öffentliche Forschung und wird praktiziert an Universitäten und in besonderen Forschungseinrichtungen (z.B. der Max-Planck-Gesellschaft). Wobei auch große Konzerne, wie insbesondere IBM und Intel, Grundlagenforschung betreiben und Wissenschaftler einsetzen, um an Projekten zu arbeiten, die sich nicht in konkreten Umsetzungen messen lassen, zumindest nicht in einem kurzfristigen Zeithorizont.

Der Bereich der Entwicklung beinhaltet einerseits die erstmalige oder neuartige Anwendung von Erkenntnissen der angewandten Forschung auf die Entwicklung von Prototypen, Labormustern und Modellen (sog. Neuentwicklung). Oder im anderen Fall die Anwendung von bereits genutzten technischen Erkenntnissen auf die Realisierung oder Verbesserung von Materialien, Geräten, Produkten, Systemen, Verfahren und Dienstleistungen (sog. Weiterentwicklung).

Eine Bestimmung der Tätigkeiten im Unternehmen, die dem Bereich der Forschung und Entwicklung zuzuschreiben sind, ist oftmals schwer. Als Empfehlung kann die vom Bundesministerium für Forschung und Technik (BMFT) herausgegebene Richtlinie dienen, die wiederum auf der Grundlage der Empfehlungen des OECD[25] erstellt wurde.

[24] Vgl. Brockhoff, K.: Kontrolle der Forschung und Entwicklung, in: Handwörterbuch der Revision, Stuttgart 1983, S. 423. Vgl. Kern, W.; Schröder, H.: Forschung und Entwicklung in der Unternehmung, zitiert bei: Platz, J.; Schmelzer, H.: Projektmanagement in der industriellen Forschung und Entwicklung, S. 1. Beide Werke basieren auf den Definitionen nach Empfehlungen der OECD, veröffentlicht in: BMFT (Hrsg.): Frascati-Handbuch, Die Messung wissenschaftlicher und technischer Tätigkeiten, Bonn 1982.

[25] Die OECD (Organization for Economic Cooperation and Development) ist eine Vereinigung westlicher Staaten, deren Hauptaufgabe in der Koordinierung der Wirtschaftspolitik (insbesondere der Konjunktur- und Währungspolitik) liegt.

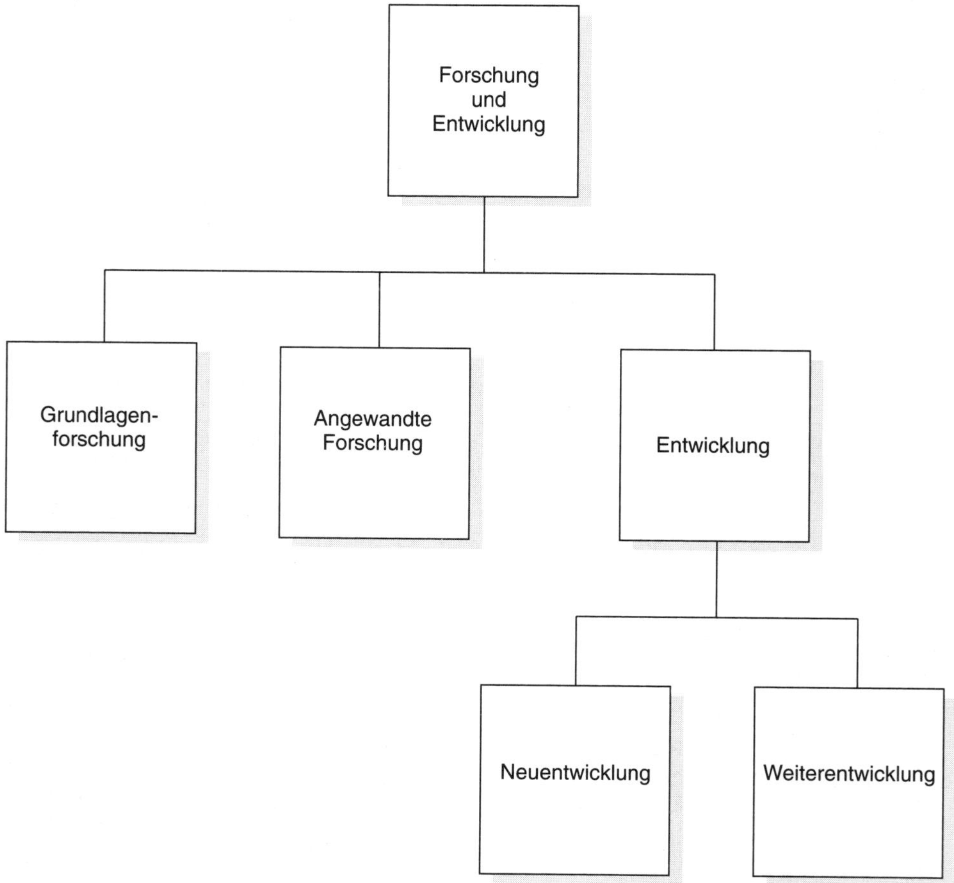

Definition nach OECD-Empfehlungen

Gewinnung neuer wissenschaftlicher Erkenntnisse, ohne überwiegend an dem Ziel einer praktischen Anwendbarkeit orientiert zu sein.	Gewinnung neuer wissenschaftlicher oder technischer Erkenntnisse. Sie bezieht sich vornehmlich auf eine praktische Zielsetzung oder Anwendung.	Erstmalige oder neuartige Anwendung von Erkenntnissen der angewandten Forschung und die Entwicklung von Prototypen, Labormustern, Modellen.	Anwendung von bereits genutzten technischen Erkenntnissen und/oder von Erkenntnissen aus der experimentellen Entwicklung auf die Realisierung oder Verbesserung von Materialien, Geräten, Produkten, Systemen, Verfahren, Dienstleistungen.

Abb. 1.14: Teilbereiche der Forschung und Entwicklung

Abgrenzung von Forschung und Entwicklung		
Schritt	*zu FuE gehört*	*zu FuE gehört nicht*
Systematische Definition der gewünschten Eigenschaften eines Produktes/Verfahrens	▶ Ausformulierung der vorliegenden Idee; ▶ Erkundung des potentiellen Bedarfs für die definierte technische Idee; ▶ Planung der FuE-Arbeit.	▶ Ideensuche; ▶ laufende, allgemeine Marktbeobachtung und Marktforschung.
Suche nach Lösungsmöglichkeiten	▶ Suche nach geeigneten Werkstoffen und Geräten; ▶ Analyse und Bewertung von Alternativen.	▶ Laufende Nutzung und Verarbeitung wissenschaftlicher und technischer Informationen einschließlich Beobachtung bestimmter Patentklassen, sofern sie nicht ausschließlich für bestimmte FuE-Vorhaben ausgeführt wird.
Entwurf und Konstruktion	▶ Konstruktion von Prototypen oder von Versuchsanlagen und von zu ihrer Herstellung und Erprobung benötigten Werkzeugen.	▶ Konstruktion und Herstellung der für die Produktion erforderlichen Werkzeuge; ▶ Konstruktion und Formgebung für das Endprodukt; ▶ Durchführung einer Produktionsvorplanung (Arbeitsvorbereitung).
Prototypen bzw. Versuchsanlagen	▶ Herstellung, Tests und Erprobung mit allen erforderlichen Änderungen, bis alle wesentlichen Funktionsmerkmale des geplanten Produkts/Verfahrens entwickelt sind.	▶ Versuchsproduktion (Nullserien); ▶ Routineuntersuchungen und Qualitätskontrollen.
Anpassungsentwicklung	▶ Entwicklungsarbeiten bei der Übernahme von Techniken in einen anderen Produktionsmaßstab; ▶ Entwicklungsarbeiten bei der Übernahme von Techniken zur Anpassung bestehender Produkte an einen anderen/neuen Anwendungsbereich (Technologietransfer); ▶ Entwicklungsarbeiten zur Anpassung von Fertigungsverfahren.	▶ Arbeiten zur reibungslosen Gestaltung des Produktions- oder Kontrollablaufs; ▶ organisatorische Veränderungen zählen auch dann nicht zu FuE, wenn sie durch Einführung neuer technischer Systeme nötig werden.
Zusätzliche Entwicklungsarbeiten nach Aufnahme der Produktion	▶ Arbeiten zur technischen Verbesserung am Produkt oder Verfahren, um das definierte FuE-Ziel zu erreichen.	▶ Arbeiten zur reibungslosen Gestaltung des Produktions- oder Kontrollablaufs; ▶ Qualitätskontrollen; ▶ Beseitigung von Produktionsstörungen.
Patent- und Lizenzarbeiten	▶ Technische Arbeiten zur Erlangung gewerblicher Schutzrechte (Patente, Gebrauchsmuster) für die gefundene Lösung bis zur Anmeldung des Schutzrechts.	▶ Arbeiten zur Aufrechterhaltung von Schutzrechten, zu Verkauf oder Lizenzierung des erworbenen Wissens (Know-how).

Abb. 1.15: Abgrenzung von Forschung und Entwicklung

Nicht alle Vorhaben und Aktivitäten in der industriellen Forschung und Entwicklung haben den Charakter von Projekten; sie sind damit für die Anwendung des Projektmanagements nicht gleichermaßen geeignet.[26]

1.6.2 Projekte in der Forschung und Entwicklung

Die Durchführung von Forschungsprojekten erfolgt in der Regel in zentralen Forschungsabteilungen eines Unternehmens zu bestimmten abgegrenzten Forschungsaufgaben, denn dort lassen sich die Ressourcen besser bündeln.

Da die Zielsetzung zu Beginn des Projektes zumeist ungenau ist und die Kreativität und Ideenfindung der Mitarbeiter eine gewichtige Rolle spielt, beinhalten Forschungsprojekte eine größere Unsicherheit als Entwicklungsprojekte. Sie sind damit einer systematischen Planung und Überwachung nur schwer zugänglich zu machen. Dennoch können Prinzipien und Methoden des Projektmanagements auch im Bereich der Forschungsprojekte Verwendung finden.[27]

Typische Forschungsprojekte sind heute beispielsweise in den Bereichen der künstlichen Intelligenz und sensitiven Robotersysteme zu finden.

Bei Entwicklungsprojekten ist, im Gegensatz zu den Forschungsprojekten, immer eine eindeutige Zielsetzung vorgegeben. Dadurch ergibt sich eine feste Planungsbasis für die Erreichung des Projektziels. Die Durchführung ist folglich mit weniger Unsicherheit verbunden.

Typische Entwicklungsprojekte sind beispielsweise für einen Hersteller im Hard-/Software-Bereich die Entwicklung eines Softwaresystems (Anwendersoftware, Betriebssystem, Produktsoftware etc.) oder eines Hardware-Systems (Rechner, Prozessor etc.).

In der Praxis läßt sich meist keine so eindeutige Abgrenzung wie hier vornehmen, da Entwicklungsprojekte beispielsweise auch Aufgaben beinhalten können, die der Forschung zugeschrieben werden können. Ebenso spielt der Betrachtungsstandpunkt eine Rolle: Für einen Waschmaschinenhersteller bedeutet die Entwicklung eines Personal-Computers ein Forschungsprojekt, während dasselbe Vorhaben für einen Computerhersteller ein Entwicklungsprojekt darstellt.

Wenn im nachfolgenden von FuE-Projekten die Rede ist, umfaßt dieser Begriff Projekte der angewandten Forschung, der Neu- und Weiterentwicklung. Auf eine weitergehende Differenzierung soll dabei verzichtet werden.[28]

[26] Vgl. Platz, J.; Schmelzer, H.: Projektmanagement in der industriellen Forschung und Entwicklung, S. 2.

[27] Burghardt, M.: Projektmanagement, Leitfaden für die Planung, Überwachung und Steuerung von Entwicklungsprojekten, Siemens AG, Berlin/München 1988, S. 19.

[28] So verweist Brockhoff, K.: Forschung und Entwicklung, S. 37, darauf, daß diese Begriffe erstens nicht eindeutig abgrenzbar sind und zweitens nicht immer identisch verwendet werden.

1.6.3 Besonderheiten von FuE-Projekten

Projekte im FuE-Bereich sind Projekte, die einen sehr hohen Wert an „Neuartigkeit der Aufgabenstellung“ besitzen ebenso wie einen hohen Grad an „Komplexität“.

Auf die allgemeinen Merkmale von Projekten, basierend auf dem Begriff der DIN, wurde schon kurz eingegangen.

Projekte im Forschungs- und Entwicklungsbereich unterscheiden sich hinsichtlich dieser Merkmale wesentlich von herkömmlichen Projekten bzw. weisen in diesen Merkmalen spezifische Ausprägungen auf.

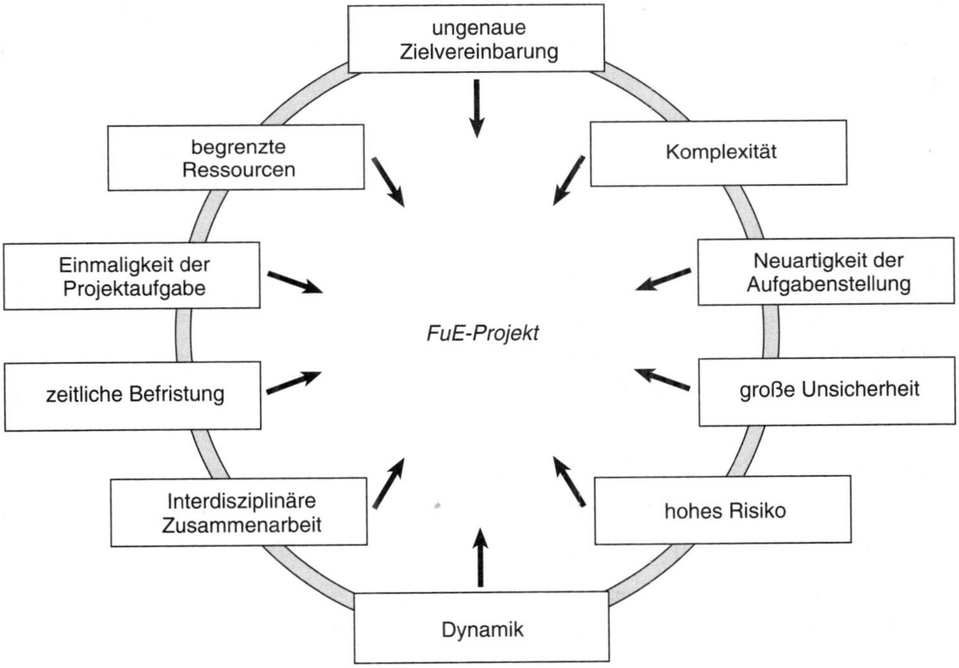

Abb. 1.16: Merkmale von FuE-Projekten

Nur bei sehr einfachen Projekten ist zu Beginn hinreichend bekannt,

- was das Projekt erreichen soll;
- mit welchen technischen und organisatorischen Mitteln dies zu erreichen ist;
- und mit welchen Ressourcen die Zielerreichung sichergestellt werden kann.[29]

Nimmt man eine Klassifizierung von Projekten nach dem Grad der Komplexität und Neuartigkeit der Aufgabenstellung vor, können Projekte, die obige Kriterien erfüllen, als „Standardprojekte“ eingestuft werden.

[29] Dörfel, F.: DV-Projektmanagement und Fuzzy Logic, Projektmanagement-Lösung oder Farce?, in: DV Management 1/92, S. 40.

Bei Standardprojekten besitzt das Unternehmen bereits ein hohes Maß an Erfahrung hinsichtlich der zu bewältigenden Aufgabe. Die Abwicklung des Projektes bereitet daher in der Regel kaum Schwierigkeiten.

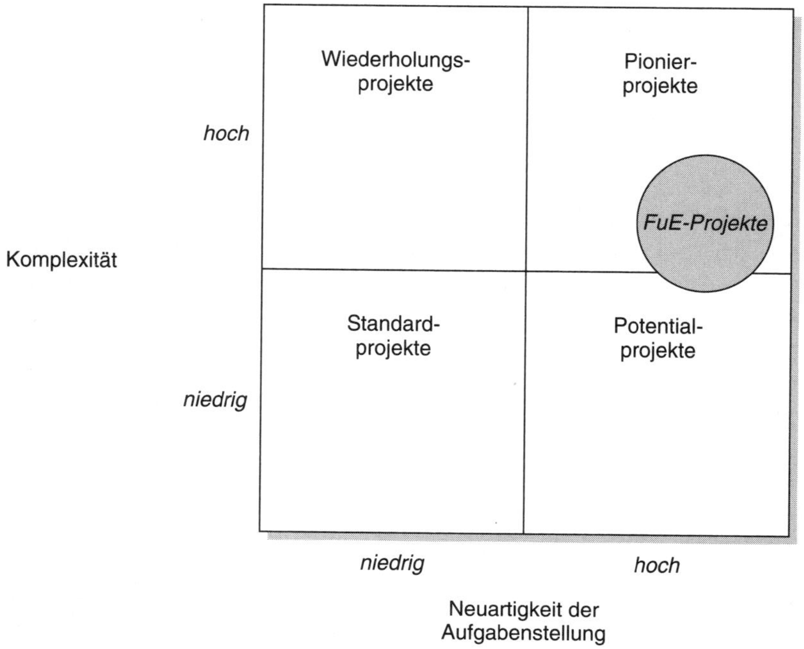

Abb. 1.17: Einordnung von FuE-Projekten

Die meisten Projekte im Forschungs- und Entwicklungsbereich dürften aber zumeist im Bereich der Pionierprojekte anzusiedeln sein. Sie zeichnen sich durch ein hohes Maß an Komplexität und Neuartigkeit der Aufgabenstellung aus.

Komplexität[30] wird durch die Art, Zahl und Zustände seiner Elemente (Projektgegenstand, Personen, beteiligte Stellen u.a.) sowie durch Zahl und Verschiedenheit der Beziehungen zwischen den Elementen bestimmt.[31]

Hohe Komplexität ist gekennzeichnet von einer großen Dynamik und Vielfalt dieser Beziehungen und damit einem relativ geringen Grad an Voraussagbarkeit der Reaktionen und Prozesse, die ein Projekt auslöst und zu gestalten hat.[32]

[30] Ausführlicher mit dem Begriff der Komplexität befassen sich: Fisch, R.; Boos, M. (Hrsg.): Vom Umgang mit Komplexität in Organisationen und Ulrich, H.; Probst, J. B.: Anleitung zum ganzheitlichen Denken und Handeln, Komplexität, S. 57–65.

[31] Vgl. Fisch, R.; Boos, M.: Vom Umgang mit Komplexität in Organisationen, S. 13 und Platz, J.; Schmelzer H.: Projektmanagement in der industriellen Forschung und Entwicklung, S. 4.

[32] Vgl. Probst, Gilbert, J. B.: Selbstorganisation, 1987, S. 37.

Um diese Komplexität *beherrschen* zu können, müssen in FuE-Projekten die Methoden des System-Engineering angewandt werden. Um diese Komplexität *bewältigen* zu können, erfordern FuE-Projekte – mehr als alle anderen Projekte – eine interdisziplinäre Zusammenarbeit.

Projekte im Bereich der Forschung und Entwicklung bedeuten für ein Unternehmen, immer auch Neuland zu betreten. Ihre Abwicklung ist mit einem hohen Risiko und großer Unsicherheit verbunden. So läßt sich zu Beginn des Projektes der Aufgabenumfang nur schwer abgrenzen. Eine detaillierte Planung aller Einzelaktivitäten ist nahezu unmöglich. Dies führt zu erheblichen Problemen im Vorfeld der Projektplanung.

Schwierigkeiten bereitet zudem eine genaue Zieldefinition zu Beginn des Projektes. Nicht selten wird das Projektziel erst mit zunehmendem Projektfortschritt präzisiert und im Laufe des Projektes sogar mehrfach modifiziert. Man spricht deshalb auch von einem sich bewegenden Ziel, dem „moving target". Ein Umstand, welcher gleichfalls eine detaillierte Projektplanung erschwert.

FuE-Projekte sind immer „ein Sprung ins kalte Wasser" und benötigen kreative Köpfe, die sich nicht an Konventionen halten, sondern auch scheinbar wirre Ideen entwickeln. Es ist dann Aufgabe der Projektleitung, dieses Potential in die richtigen Bahnen zu leiten, d.h. die Kreativität nicht abzuwürgen, sie aber auch nicht in ungezügelte Bahnen zu lenken, wo sie dann nur noch Schaden statt Nutzen stiftet.

Auch die Charaktere der Kreativen sind bei FuE-Projekten nicht unbedingt leicht steuerbar. Gerade Forscher widerstreben allen Versuchen der Reglementation und auch der Dokumentation von Ergebnissen. Hier ist eine gewisse Feinfühligkeit notwendig. Ähnlich verhält es sich mit der interdisziplinären Kommunikation, denn gerade in diesem Bereich kann es zu kommunikativen Dissonanzen kommen, wenn die beteiligten Parteien nicht auf gleicher Ebene kommunizieren und oft auch andere Vorstellungen von dem Projekt haben. Dann ist ein fähiger Moderator gefragt, der auch als Supervisor intervenieren kann.

FuE-Projekte sind ferner durch eine hohe Dynamik gekennzeichnet. Änderungen der Zielsetzung, der Vorgehensweise und Randbedingungen des Projektes erfordern eine hohe Flexibilität der Projektorganisation.

Neben diesen grundlegenden Schwierigkeiten im Inhaltlichen der FuE-Projekte sehen sich viele Unternehmen, bedingt durch einen raschen Technologiewandel, mit weiteren Anforderungen konfrontiert:

- kürzere Produktlebenszyklen;
- steigende Kostenintensität von Entwicklungen;
- zunehmende Internationalisierung der Märkte mit der damit verbundenen Verschärfung des Wettbewerbs.

Dies hat zur Konsequenz, daß ein Unternehmen möglichst frühzeitig in den Besitz des technologischen Know-hows gelangen muß, da sich der Zeitraum der Amortisation im Vergleich zu den mit dem Know-how-Erwerb verbundenen Kosten verkürzt hat.[33] Gerade die sogenannten „High-tech"-Bereiche sind dadurch charakterisiert, daß eine Verkürzung der Technologielebenszeiten zu konstatieren ist.[34]

Beispiel: Die Zeiten für sogenannte „me-too"-Produkte werden immer kürzer. Gerade im Bereich Arzneimittel sind etwa 90% Wissen und 10% Materialkosten in einer Pille enthalten.

Daher lassen sich drei grundlegende Forderungen an ein FuE-Projekt formulieren:[35]

- kurze Entwicklungszeit;
- geringe Entwicklungskosten;
- hohe Qualität der Ergebnisse.

1.6.4 Bedeutung von FuE-Projekten

Welche Bedeutung Projekte im Forschungs- und Entwicklungsbereich haben, wird deutlich, wenn man sich einige Zahlen vor Augen führt, die während der Produktentwicklung festgelegt werden:[36]

- 90–100% der funktionalen Produkteigenschaften;
- 60–70% der Produktlebenszykluskosten;
- 70–80% der Produktqualität;
- 60–80% der verwendeten Materialien und Teile;
- der Fertigungsablauf;
- die Investitionen in der Fertigung;
- der Markteintrittstermin.

Forschung und Entwicklung haben folglich einen bedeutenden Einfluß auf die entstehenden Folgekosten. Als Folgekosten werden diejenigen Ausgaben bezeichnet, die für Produktion und Betrieb des zu konzipierenden Systems entstehen. Hierunter sind beispielsweise Personalkosten, Materialkosten, Betriebsstoffkosten und Wartungskosten zu verstehen, aber auch zunehmend Entsorgungskosten nach Ablauf der Nutzungsphase.[37] So ist bereits in der Entwicklungsphase darauf zu achten, diese Folgekosten möglichst gering zu halten. Auch die

[33] Vgl. Walter, M.: Strategische Kontrolle von Forschungs- und Entwicklungsprojekten, Konzeption und Implementierung eines Projekt-Controllings für Neuentwicklungen und angewandte Forschung im Unternehmen, Technological economics Bd. 32, Berlin 1989, S. 32.

[34] So führt Ansoff den Nachweis, daß vermehrte FuE-Tätigkeit zu einer weiteren Verkürzung der Technologielebenszeit führt. (Vgl. Ansoff, H. I.: Implanting strategic management, 2nd ed., London 1990, S. 100 ff.

[35] Vgl. Platz, J.; Schmelzer, H.: Projektmanagement in der industriellen Forschung und Entwicklung, S. 6.

[36] Vgl. Platz, J.: Hat das FuE-Projektmanagement versagt?, in: Beiträge zum Projektmanagement Forum 88, S. 380 und Madauss, B.J.: Handbuch Projektmanagement, S. 43.

[37] Man bedenke nur die Entsorgungskosten, die bei der Stillegung eines Kernkraftwerkes entstehen und die die Entwicklungs- und Erstellungskosten um ein Vielfaches übersteigen.

verschärfte Produkthaftung in der EU (in den USA sowieso) und ein verstärktes Umweltbewußtsein weiter Kreise der Bevölkerung zwingen dazu, der FuE immer mehr Gewicht zu schenken und darauf zu achten, daß diese Phase optimal abläuft.

Anforderungen über TCO-Normen (Tjänstemännens Central Organisation),[38] z.B. der „Blaue Engel", sind rechtzeitig einzuplanen und als „Conditio sine qua non" schon im FuE-Projektprozeß festzulegen.

Nach diesem Prinzip gestalten Computerhersteller ihre künftige Hardware derart, daß nach der Betriebsphase das Produkt leichter entsorgt und Teilkomponenten wiederverwendet werden können.

1.6.5 FuE-Projekte in der Praxis

Die Leistungsfähigkeit der betrieblichen Forschung und Entwicklung wird in zunehmendem Maße zu einem strategischen Erfolgsfaktor der Unternehmung. Dabei reicht es immer weniger aus, bei einem erkannten Bedarf am Markt mit der Initiierung von FuE-Projekten auf diese Nachfrage zu reagieren. Vielmehr wird das frühzeitige Engagement in Form von Forschungs- und Entwicklungsprojekten zu einem Faktor, der das Überleben des Unternehmens im Markt mitbestimmt.

1.6.5.1 Medikamente

An Projekten im Bereich der Medikamentenentwicklung lassen sich sehr gut die Probleme des Projektmanagements im FuE-Bereich aufzeigen.

Es ist ein sehr großer Ressourceneinsatz notwendig. Für die Entwicklung eines neuen Wirkstoffes ist ein monetärer Aufwand von etwa 500 Millionen USD erforderlich. Es dauert etwa zwölf Jahre, bis ein Medikament verkauft werden kann, und etwa 80% aller Medikamente, die entwickelt werden, erreichen nie den Markt.[39]

Besonders der Markt der Life-Style-Medikamente, hier als Beispiel Viagra der Fa. Pfizer, ist hart umkämpft, da er große Gewinne verspricht. Aber auch die Risiken sind gewaltig! Insbesondere zu nennen die Gefahr von Konsumentenklagen, wie bei dem Fettsenker Lipobay der Fa. Bayer. Gerade der große Markt der USA ist hier finanziell verlockend, birgt aber, bedingt durch das Rechtssystem, immense Gefahren in sich, die schon in der Entwicklungsphase beachtet werden müssen, d.h., daß jegliche denkbare Fehlverwendung antizipiert werden muß.

Sehr wichtig ist es, daß viele sog. „Blockbuster" entwickelt werden, d.h. Produkte mit einem Jahresumsatz von min. 500 Millionen EUR. Damit wird dann die FuE finanziert. Für Me-

38 Bezeichnung für die weltweit strengsten Standards im Bereich der Emission elektrischer und magnetischer Wechselfelder von Bildschirmen, die von der schwedischen Angestelltengewerkschaft festgelegt wurden.

39 Lahtz, Stephanie: Gentechnik und Medikamentenentwicklung, in: NZZ Online, 31. Oktober 2001.

dikamente, die weniger Ertrag versprechen, die sog. „Orphan Drugs“, kann dafür Hilfe von staatlicher Seite bspw. in den USA in Anspruch genommen werden.

Die Kosten für diese Forschung steigen immer mehr an. Das ist auch ein Grund dafür, sehr konsequent auf eine perfekte Durchführung dieser Projekte zu achten.

Jahr	**Zahl der neuen Wirkstoffe**		**Forschungskosten**
	weltweit	auf dem dt. Markt	weltweit in Mrd. USD
1988	52	14	15,4
1989	33	25	16,7
1990	37	23	19,5
1991	36	29	22,2
1992	43	34	25,4
1993	39	25	27,3
1994	47	21	29,3
1995	39	26	32,2
1996	51	36	35,4
1997	47	44	37
1998	38	36	40
1999	32	31	43*
2000	43	27	44,3*

*geschätzt

Abb. 1.18: Forschungskosten

FuE in diesem Bereich muß auch Dinge berücksichtigen, die eigentlich nicht zur Forschung gehören. Dazu zählen Tierversuche, die eigentlich üblich sind, aber inzwischen einen immer größeren Widerstand hervorrufen. Außerdem können Kleinigkeiten, die man auf den ersten Blick nicht für relevant hält, zu Problemen führen und müssen daher frühzeitig eingeplant werden. Denn gerade diese Fehler können zu ungeheuren Protesten führen und das Image eines Unternehmens irreparabel beschädigen.

Eine zügige Entwicklung ist deshalb wichtig, da von der Erteilung des Patentes im Schnitt mehr als ein Jahrzehnt vergeht, bis das Medikament den Markt erreicht (so es denn den Markt erreicht). Da der Patentschutz auf 20 Jahre festgelegt ist, bleibt relativ wenig Zeit für den ROI, denn nach Ablauf der Schutzfrist drängen die sogenannten Generika auf den Markt und überziehen ihn mit Billigpreisen.

Da nur eine von 5000 Substanzen den Markt erreicht und selbst in den klinischen Tests noch die Hälfte bis zwei Drittel der Substanzen „durchfallen“, sind im Projektprozeß permanente Rückkoppelungen unerläßlich, damit die Richtung noch korrigiert oder das Projekt ggf. abgebrochen werden kann.

Aus diesen Zahlen wird ersichtlich, daß gerade für den Bereich der Medikamente ein gutes Projektmanagement unerläßlich ist. Durch permanente Feedbacks, z. B. durch den Einsatz eines iterativ inkrementellen Projektmanagements, wird gewährleistet, daß keine Phasen mehr unkontrolliert ablaufen.

1.6.5.2 FuE in der EDV-Branche

Auch die EDV-Branche ist ein heiß umkämpfter Markt, der sich in den letzten Jahrzehnten sprunghaft entwickelte.

Die Entwicklungszyklen werden dabei immer kürzer. Dies manifestiert sich darin, daß man IBM-kompatible PCs mit dem 808x-Prozessor von 1981 bis 1990 erwerben konnte. Im Gegensatz dazu veralten heute Chipgenerationen innerhalb eines Quartals.

Da die Kosten für die Entwicklung sprunghaft gestiegen sind und sich immer mehr physikalische Limitationen in bspw. der Waferherstellung ergeben (die teuer gelöst werden müssen), ist die Time-to-Market inzwischen ein sehr wichtiger Punkt. Wer den Markt als zweiter oder später erreicht, hat verloren, da nur der erste Teilnehmer im Markt einen Hochpreis erzielen kann.

Dies zeigt sich bei den CPUs, dem Herzstück des Computers. Hier liegt seit Jahren die Fa. Intel vorne, Firmen wie z.B. AMD ziehen hier nach. Diese Firmen müssen preisgünstiger sein, aber trotzdem ihre Kosten über den Verkauf decken. Intel selbst aber ist zuerst auf dem Markt und nimmt die Innovationsrendite mit, d.h. die anderen Firmen leiden dann unter den niedrigen Preisen auf dem Markt, während Intel nach Deckung der Investitionen die Preise massiv senken kann.

Ein besonders wichtiger Aspekt ist hier die interdisziplinäre Zusammenarbeit. Forscher neigen dazu, immer das Beste und Schönste zu suchen. Es ist aber wichtiger, sich an den Bedürfnissen des Kunden zu orientieren, der vielleicht nicht den schnellsten Prozessor will, sondern den, der am meisten Strom spart.

Dazu ist es wichtig, daß Marktforschung, Vertrieb und FuE zusammenarbeiten und das jeweilige Wissen miteinander austauschen. So ergeben sich keine Fehlentwicklungen, die unter Umständen sehr teuer kommen können. Eine sinnlos gebaute Fabrik für Prozessoren bspw. wäre ein teurer Preis.

Ebenso von Relevanz ist ein „first-time-right". Fehlerhafte Produkte (und ein damit einhergehendes Redesign) sind sehr teuer.

Ein weiteres Feld ist die Softwareentwicklung, die zu ihren Anfängen sehr unorganisiert und von Einzelkämpfern besetzt war.

Die immer komplexer werdende Software und der immer anspruchsvollere Kunde verlangen auch hier neue Methoden. Hierbei ist es wichtig, daß ein enger Kontakt zwischen den Entwicklern und den Kunden besteht, bspw. durch Betatests beim Kunden und den Einsatz evolutionärer Projektmanagementmethoden.

Diese gewährleisten schnelle Rückkoppelungen. Fehlentwicklungen in der Entwicklung werden sofort an den Zuständigen weitergeleitet, d.h. dies ist ein gut justierter und schneller Regelkreis.

1.6.5.3 Probleme

Ein Problem von FuE ist, daß sich gerade neuartige Dinge, die so noch nicht dagewesen sind, schwer auf Kommando schaffen lassen. Weiterentwicklungen sind schon nicht einfach handhabbar, Neukreationen sind eigentlich nicht steuerbar. Bei diesen kann man nur ein Umfeld schaffen, in welchem „kreative Köpfe" gedeihen können.

Wobei darauf zu achten ist, daß auch ein Transfer in die Realität des Marktes stattfindet. PARC hat in den 70er Jahren bahnbrechende Erfindungen gemacht. Sie setzten diese aber nicht in Produkte um. Das wurde dann von Apple Computer gemacht, die die Früchte anderer ernteten.

Entwicklungen wie bspw.

- PKW,
- Flugzeug oder
- Atomkraft

lassen sich im voraus nicht planen. Es gibt weder eine Vorstellung davon noch eine Nachfrage des Marktes. Hier sind Kreative notwendig, die geführt werden wollen. Wobei die Führung locker sein muß, sie darf aber auch nicht unverbindlich sein. Marktgesichtspunkte müssen eine gewisse Priorität haben.

Gerade dieser Neuigkeitsfaktor von FuE wirft Probleme auf, denn z.B. ein Hausbau ist konkret planbar. Man kennt die Schritte im voraus. Es können also nur noch die „normalen" Imponderabilien auftreten. Eine Entwicklung im FuE-Bereich hingegen ist das Betreten von Neuland. Sie ist vergleichbar mit der Erforschung einer „Terra incognita", wo man auch nicht im voraus weiß, was einen erwartet.

Es lassen sich zwar Prämissen stecken, aber man darf nicht erwarten, daß alles per se reibungslos abläuft. Die Leitungspersonen müssen starke Persönlichkeiten sein, die sowohl Kreativität wie auch Disziplin vereinigen.

Zu beachten ist auch, daß sich Mitarbeiter in FuE sehr oft nicht rein monetär anreizen lassen und es unter Umständen sogar als beleidigend empfinden, wenn man versucht, sie mit dem Mittel finanzieller Anreize zu „stimulieren". Hier kann es ein besserer Anreiz sein, wenn man ihnen bspw. Freiheiten einräumt in dem, was sie tun (siehe ja auch die Fellowsprogramme großer Firmen).

1.6.6 FuE-Projektdeckungsrechnung

Um zu sehen, wo der Break-even-Point des FuE-Projektes liegt, bietet sich die FuE-Projektdeckungsrechnung an. Dies gilt besonders für Entwicklungsprojekte, denn bei diesen lassen sich die Kosten meist schätzen.

Das ermöglicht dem Betrachter sowohl eine auf das Projekt hin bezogene Sichtweise. Sie ermöglicht ihm auch, über das Ende des Projektes hinauszusehen. Und er kann sehen, wie sich das Projekt nach dem avisierten Ende hin entwickelt.

Dadurch läßt sich der Deckungszeitpunkt ermitteln. Wobei zu bedenken ist, daß dieser errechnete Punkt mit Unsicherheit behaftet ist. Denn eine exakte Rechnung kann es nicht sein. Sie ist vielmehr dafür geeignet, als Visualisierung zu dienen. Und sie kann anzeigen, in welche Richtung sich das Projekt entwickelt.

Grundgrößen sind:

- FuE-Kosten
- kalk. FuE-Rückflüsse
- Entwicklungszeit.

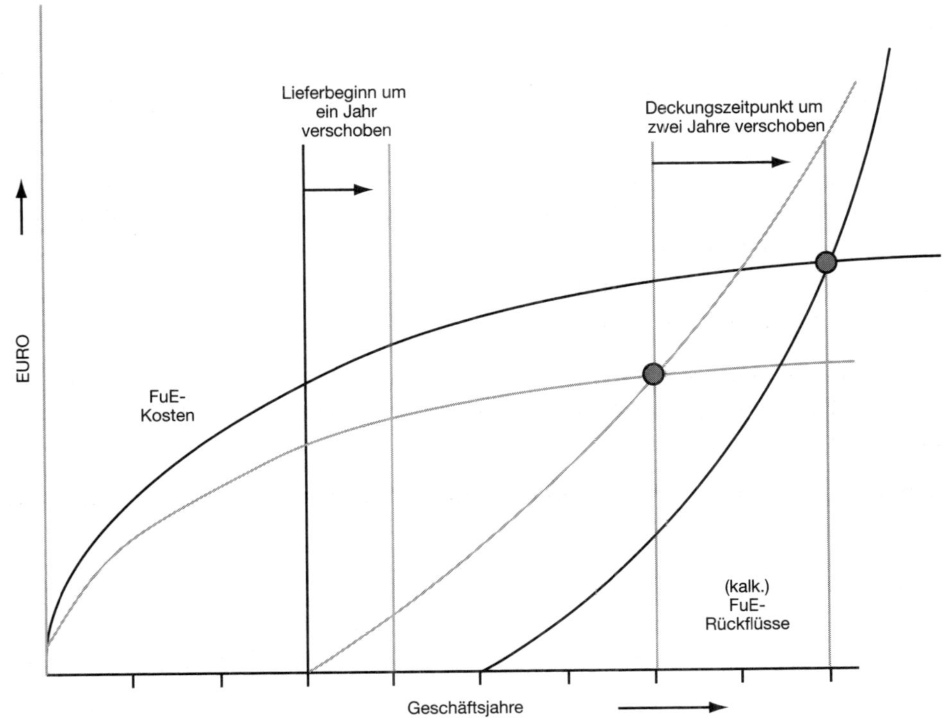

Abb. 1.19: FuE-Deckungsrechnung

1.6.7 Empfehlungen

Grundsätzlich lassen sich die Techniken des Projektmanagements auch bei Projekten im Bereich FuE anwenden, es sind aber die obigen Besonderheiten zu beachten.

FuE-Projekte müssen konsequent geführt werden, wichtig ist es, daß sehr stark interdisziplinär gearbeitet wird und daß den Kreativkräften der notwendige Raum gegeben wird.

„Zehn Erfolgsfaktoren für Ertragssteigerungen mit Innovationen:

- Klare Innovationsstrategie – eingebettet in Gesamtstrategie
- Vorausschauend betriebene Kunden- und Marktorientierung
- Angemessene, systematisch entwickelte Kompetenzbasis
- Quantitativ und qualitativ ausreichende Umsetzungsressourcen
- Integration von Kunden, Lieferanten, Partnern – externen Ressourcen
- Innovationsfreundliche Unternehmenskultur/-führung
- Innovationsdurchlässige Unternehmensorganisation/-struktur
- Effektive und effiziente Innovationsprozesse/-tools
- Timing – das passende Zeitfenster, Time-to-Market-optimiert
- Innovationsspezifische Vermarktung."

1.7 Der Auftraggeber im Projektmanagement

Eine Projektorganisation funktioniert oft nur dann zufriedenstellend, wenn sich die Geschäftsleitung beziehungsweise der Auftraggeber in das Projektmanagement einschaltet und seine Aufgaben wahrnimmt. Als Auftraggeber gilt jeweils die für die übergeordnete Systemebene zuständige Instanz.

Die Hauptaufgaben der Geschäftsleitung beziehungsweise des Auftraggebers bestehen vorwiegend in den folgenden Punkten:

- Formulierung des Projektauftrags mit Grobziel und eventuell notwendigen oder gewünschten Randbedingungen und Auflagen für die Projektdurchführung (möglichst schriftlich).
- Für den Projektleiter dient dies als Ausgangsbasis zur Erarbeitung einer detaillierten Zielformulierung.
- Ernennung des Projektleiters und Festlegung der geeigneten Projektorganisation.
- Kompetenzregelung in bezug auf den Projektleiter und die bestehende Linienhierarchie. Als zweckmäßige Form ist hier das Funktionen-Diagramm zu sehen. Die Geschäftsleitung beziehungsweise der Auftraggeber hat dafür Sorge zu tragen, daß diese Regelungen der Linie bekannt sind und von ihr respektiert werden.
- Festlegung gewünschter Projektphasen und Meilenstein-Entscheide zwischen den einzelnen Phasen.

- Fällen von Meilenstein-Entscheiden. Dies geschieht am besten in einer Sitzung, an der Auftraggeber, Projektleitung und Projektteam gemeinsam teilnehmen.
- Festlegen von Projekt-Prioritäten. Sie dienen der Vermeidung von Kollisionen bei Kapazitätsengpässen.
- Unterstützung des Projektleiters gegenüber dem Linienkader. Dies ist dann besonders wichtig, wenn ein Projektleiter als Linienangehöriger hierarchisch niedriger eingestuft ist als die Linienchefs, die nur ihren eigenen Bereich sehen und eigene Interessen sehr stark vertreten.
- Durchsetzen der übergeordneten Unternehmensinteressen gegenüber Projektleiter und Linienorganisation (besonders in der Matrix-Projektorganisation).

Je besser der Auftraggeber beziehungsweise die Geschäftsleitung diese Aufgaben wahrnimmt, desto geringer wird die Gefahr eines Projektmißerfolgs.

1.8 Konfliktquellen und mögliche Lösungsansätze im Projektmanagement

Bei der Entwicklung und Implementierung von Systemen zeigen sich oft gravierende Probleme und Konflikte. Solche Krisenerscheinungen werden sich nur bewältigen lassen, wenn es gelingt, differenzierte, das heißt problemangepaßte Methoden, Techniken und verhaltenspsychologische Ansätze zu entwickeln und zu realisieren.

Während der Zielformulierung ist immer wieder festzustellen, daß widersprüchliche Ziele bestehen, also Zielkonflikte vorliegen. Ziele schließen sich gegenseitig aus oder laufen einander entgegen.
Ein erster Konfliktbereich ergibt sich aus dem „magischen Dreieck" Systemleistung/Qualität – Termine – Kosten.

Konflikte ergeben sich aus der Tatsache, daß, je mehr Leistung und Qualität von einem System gefordert werden, auch mit um so höheren Aufwendungen an Personal und Sachmitteln gerechnet werden muß. In diesem Fall ist eventuell auch mit höheren Kosten zu rechnen. Durch die Einarbeitung neuer Mitarbeiter können geplante Termine möglicherweise nicht eingehalten werden. Wird der Einhaltung von Terminen und Kostenbudgets zu starke Aufmerksamkeit geschenkt, so besteht auf der anderen Seite die Gefahr, Abstriche an der zu erbringenden Systemleistung zu provozieren. Das Vorziehen des Endtermins beispielsweise hat in der Regel eine Minderung der Leistung oder eine Erhöhung der Kosten zur Folge.

Dieser Sachverhalt ist an sich allen betrieblichen Aufgaben zu eigen. Beim Projektmanagement kommt jedoch die Problematik hinzu, daß innovative Leistungen gefordert werden und damit bei der Planung eines Projektabschnittes der Zusammenhang von gefordertem Ausmaß der zu erstellenden Leistung einerseits und Aufwand andererseits nur sehr vage geschätzt werden kann. Außerdem ist es unerläßlich, daß eine Projektüberwachung auch eine Beurteilung der Erreichung der Systemziele mit einschließt.

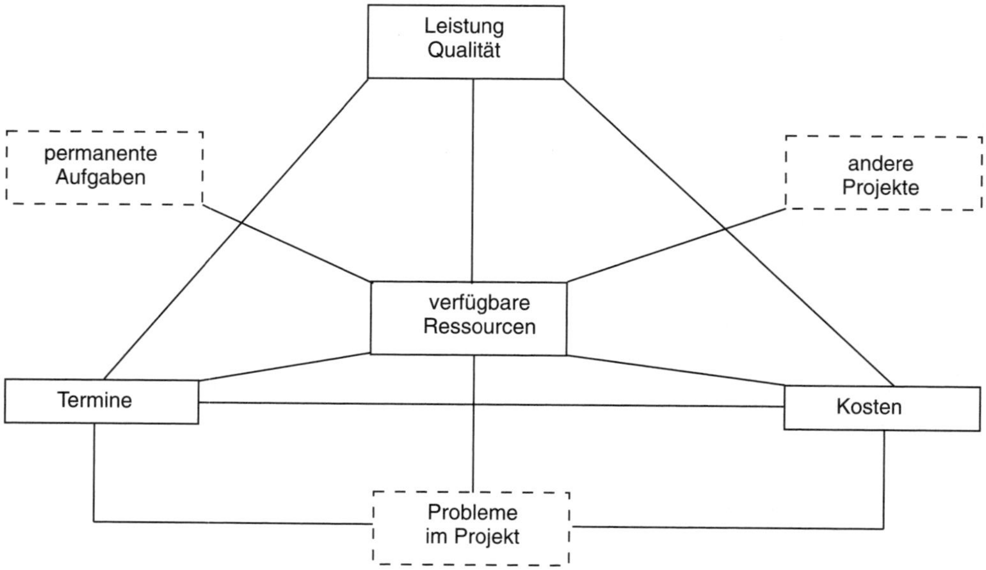

Abb. 1.20: Konfliktquellen im Projektmanagement

Ein weiteres Problem besteht darin, daß prozeßbegleitende, aber auch die nachvollziehbare Kontrolle des Projekterfolgs in sachlicher, finanzieller und zeitlicher Hinsicht unterentwickelt ist. Projekte gelten im Grenzfall dann als erfolgreich, wenn sie termingerecht abgeschlossen wurden. Auch tragen die persönliche Scheu des „Kontrolleurs" und Widerstände der „Kontrollierten" zu Mängeln bei.

Die oft unmerkliche Entfernung von den Bedürfnissen durch die Entwickler gilt ebenfalls als Problem.

Eine zusätzliche Schwierigkeit ergibt sich aus der Beschränkung der verfügbaren Ressourcen einer Unternehmung. Dies gilt besonders für einsetzbare, qualifizierte Mitarbeiter. Um diese Mitarbeiter streiten sich unter Umständen die Linienvorgesetzten für permanente Aufgaben und die Projektleiter. Basis für zweckmäßige Entscheidungen über den Einsatz dieser knappen Mittel bildet eine zuverlässige Aufwandsschätzung in den Projekten. Die Ressourcenzuteilung auf verschiedene Aufgaben muß aus gesamtunternehmerischer Sicht erfolgen.

Für die einzelnen Projekte ist es nicht nur von Bedeutung, wieviele personelle Mittel eingesetzt werden, es soll ebenfalls sichergestellt sein, inwieweit diese Mitarbeiter auch tatsächlich für das Projekt einsetzbar sind. Die Vorkehrungen hierfür müssen im Rahmen der Aufbauorganisation eines Projektes getroffen werden. Sind nicht genügend Ressourcen verfügbar, kann dies schwerpunktmäßig Auswirkungen auf die Systemleistung, den Termin oder eine Kombination beider Aspekte haben. Werden den Projekten nicht gleich zu Beginn genügend Mitarbeiter zugeteilt, kann auch eine Kostensteigerung die Folge sein.

Weitere Konfliktquellen können im Projektablauf auftretende Probleme sein. Diese Widrigkeiten können rein technische, organisatorische oder menschliche Ursachen haben.

Technische Probleme treten vorwiegend in innovativen Projekten als Schwierigkeiten bei der Lösung technischer Aufgaben auf. Eine Folge davon sind möglicherweise ein erhöhter Ressourcenaufwand und damit verbundene Kosten, Terminverzögerungen oder Abstriche an der zu erbringenden Systemleistung. Organisatorische Probleme sind bei großen Projekten aufgrund der fachtechnischen Koordination vieler Beteiligter und der Abstimmung deren Tätigkeiten aufeinander nicht zu vermeiden. Die Abstimmung des Projektes mit dem Auftraggeber und dem Fachbereich ist lückenhaft. Der projektinterne Informationsfluß ist ebenfalls problematisch. Das kann dazu führen, daß die Übersicht über den Fortgang der Arbeiten in benachbarten Teilaufgaben beziehungsweise Teilprojekten weitgehend fehlt. Teilweise wissen die Mitarbeiter nicht einmal, in welcher Phase man sich gerade befindet. Ein weiterer Mangel ist eine teils unvollständige personenabhängige (nichtstandardisierte) Dokumentation.

Kritik an den Vorgehensmodellen (Phasenschemata) ist dann berechtigt, wenn die Phasenfolge zu starr und zu wenig auf das jeweilige Projekt zugeschnitten ist.

In den einzelnen Projektphasen werden spezifische Methoden und Techniken eingesetzt. Oft sind diese Methoden zu unterschiedlich und können nicht im Verbund angewendet werden. Zudem sind sie häufig zu technisch und kompliziert. Auch mangelnde Hinweise auf die jeweiligen Anwendungsbedingungen sind ein Problem. Ebenso mangelhaft kann die Art der Methodenimplementierung sein. Software zur Unterstützung einzelner Methoden und Techniken (tools) werden in bezug auf Benutzeroberfläche und Funktionsumfang häufig kritisiert. Vielfach fehlt eine Tool-Unterstützung ganz.

Bis zu einem gewissen Grad können technische und organisatorische Schwierigkeiten durch Veränderungen in der Ablauforganisation von Projekten, das heißt auch durch eine flexible Planung und Überwachung und durch Verbesserungen im Informationssystem in den Griff bekommen werden. Allerdings sind sie durch personenbezogene Führungsaktivitäten zu unterstützen.

Zur Problemlösung gibt es unterschiedliche Wege:
- Vorgehensorientierte Ansätze (Phasenkonzept, Versionenkonzept, Prototyping, Qualitätssicherungs- und Kontrolltechniken)
- Administrationsorientierte Ansätze (Projektbibliothek, Konfigurationsmanagement).

Das Rückgrat des Projektablaufs bilden Phasenkonzepte. Sie klären zwar die notwendigen Aktivitäten und deren Reihenfolge, begünstigen aber einige Mängel der Projektarbeit. Hierzu gehören die Realitätsablösung der Entwickler, die Mängel in der externen Kommunikation sowie die zu geringe Flexibilität.

Durch die Einführung von entsprechend gestalteten Reviews lassen sich die Stärken des Phasenkonzepts absichern und wesentliche Schwächen zumindest für weniger komplexe Projekte reduzieren.

Reviews sind solche Maßnahmen und Techniken, die dem Testen von Projekt(teil)ergebnissen dienen. Reviews finden in Gruppenarbeit statt. Mögliche Formen, die sich in der Praxis nicht immer eindeutig trennen lassen, sind Inspektion, Walkthrough und Peer Rating.

Bei der Inspektion geht es in erster Linie um die Konsistenzprüfung. Der Walkthrough will eine Funktionsprüfung erreichen. Peer Rating heißt, die Ergebnisse der Entwickler anonym von anderen Entwicklern beurteilen zu lassen.

Reviews bringen bessere und geregeltere Formen der Kontrolle, vor allem aber auch der qualitätsorientierten Projektsteuerung. Eine Verbesserung der Dokumentation ergibt sich zwangsläufig. Der Mitarbeiter selbst erhält ein rasches Feedback bezüglich seiner Leistungen und gewinnt mehr Sicherheit im Vorgehen. Bei Einbeziehung der Benutzer können schließlich die externe Kommunikation und Realitätsnähe der Lösung verbessert werden. Der Einsatz von Reviews setzt voraus, daß Projektkultur und Kooperationsstil auf konstruktive Kritik und offene Diskussion ausgerichtet sind.

Für komplexe und innovative Projekte bedeutet die starke Planungsorientierung von Phasenkonzepten einen besonderen Nachteil. Um hier mehr Realitätsnähe zu schaffen und die Ergebnisqualität zu verbessern, ist an den Bau von Prototypen zu denken. Prototyping bedeutet, daß bereits während der Systemplanungsphase ein anwendbares Beispielsystem erstellt wird, das die wesentlichen Merkmale des späteren Endproduktes aufweist. Ziel ist es, schon möglichst früh eine anwendbare Näherungslösung zu haben, an der man die Stärken und Schwächen des Systems erkennen und Fehler gleich beheben kann.

Beim Prototyping ist zwischen Ausbauprototyping und Wegwerfprototyping („rapid prototyping") sowie zwischen funktionalen Prototypen und solchen der Benutzerschnittstellen zu unterscheiden.

Wichtigster Vorteil des Prototypings ist, daß die Lösungen benutzergerecht werden und die Realitätsablösung der Entwickler vermieden wird. Nicht zuletzt schaffen Prototypen auch für das externe Management eine wirkungsvolle Präsentationsgrundlage und erhöhen dessen Projektinteresse.

Prototyping sollte nicht, wie dies gelegentlich geschieht, als Alternative zum Phasenkonzept gesehen werden. An die Stelle phasenmäßig geordneten Vorgehens könnte dann ein unbegrenztes „Herumbasteln" am Prototyp treten. Vielmehr ist vor allem bei neuartigen und komplexen Projekten Prototyping als Ergänzung der Systemplanungsphasen zu erwägen und das Phasenkonzept der betreffenden Projekte diesbezüglich zu erweitern.

Phasenkonzepte versuchen, in einem Durchlauf eine Lösung zu entwickeln, die allen Anforderungen genügt und nur noch einer normalen Wartung unterliegt. Das Versionenkonzept läßt diesen Gedanken fallen und bemüht sich um aufeinander aufbauende Näherungen an eine mehr oder weniger konkrete Ideallösung. Jede Systemversion wird, anders als ein Prototyp, auch realisiert. Von Version zu Version findet dann eine Verbesserung der Leistungsfähigkeit statt („slowly growing system"). Die Systementwicklung erfolgt inkrementell, das heißt durch schrittweise Verbesserung.

Das Versionenkonzept führt von der Planungsorientierung der üblichen Phasenkonzepte weg und zur Realisierungsorientierung hin. Die Projektergebnisse werden schneller realisierbar und die Benutzerbedürfnisse besser abgedeckt. Mängel und Lücken sind für den Entwickler besser erkennbar. Sie sind Gegenstand geregelter Versionenüberarbeitung.

Die Kommunikation zwischen Entwickler und Benutzer ist notwendiger Teil dieser Prozesse. Die externe Kommunikation und auch die gegenseitigen Einstellungen profitieren davon. Das Versionenkonzept bewältigt auch einen Wandel der Systemumgebung und beseitigt daraus resultierende Mängel durch flexibles Vorgehen.

Diesen Stärken stehen aber auch besondere Anforderungen gegenüber. Die Projekttransparenz wird zurückgehen. Um nicht in einem Chaos von Versionenvarianten und Änderungsanforderungen zu versinken, muß die Projektadministration ausgebaut werden. Ohne administrationsorientierte Ansätze wie Projektbibliothek und Konfigurationsmanagement ist eine Versionenorientierung kaum durchführbar. In Projekten, die sich durch eine hohe Komplexität und Neuartigkeit der Aufgabenstellung auszeichnen und deren Ergebnisse eine mehrfache Verwendung finden, ist das Versionenkonzept sachlich angemessen und sinnvoll einsetzbar. Für konventionelle Organisationsprojekte, insbesondere im Bereich der Aufbauorganisation, wird es sich verbieten. Es ist zum Beispiel nicht vorstellbar, daß nacheinander mehrere Versionen einer bestimmten Kompetenzverteilung erprobt werden. Solche „Versionen" entstehen allenfalls unfreiwillig.

Zur Weiterentwicklung des Vorgehens müssen, wie bereits erwähnt, administrationsorientierte Ansätze treten.

Die Projektbibliothek ist ein Dateisystem, das alle im Projektablauf anfallenden Dokumente speichert und verwaltet. Sie wird typischerweise nach drei Dimensionen strukturiert:
- Entwicklungsstand (zum Beispiel Arbeitsversion, Integrationsversion, Systemversion)
- Systemstruktur (zum Beispiel Subsystem, Komponente, Modul)
- Dokumententyp (zum Beispiel Spezifikation, Bedienungsanleitung).

Eine Projektbibliothek muß für jedes Projekt formal und inhaltlich neu konzipiert werden.

Mit der Projektbibliothek ist die Dokumentation gewährleistet und die Projekttransparenz gegeben. Der Projektstand ist einfach zu ermitteln, die Projektmitarbeiter können sich über Schnittstellen und benachbarte Teilprojekte informieren. Die Motivation des Entwicklers wird einerseits positiv berührt, weil er eher in der Lage ist, seine Leistungsfähigkeit einzuschätzen. Andererseits kann eine Furcht vor Kontrollen aufkommen. Zwingend erforderlich ist eine Computerunterstützung der Projektbibliothek. Hierbei ist der Änderungsdienst gegenüber manuellen Vorgehen erleichtert. Eine Projektbibliothek ist grundsätzlich für Projekte aller Größenordnungen empfehlenswert.

Bestehen Projektergebnisse aus Teilprodukten, die getrennt weiterentwickelt werden, so ist der Einsatz eines Konfigurationsmanagements zu prüfen. Unter einer Konfiguration wird hier eine mögliche oder tatsächliche Zusammenstellung eines Objektsystems verstanden. Konfigurationsbetrachtungen sind notwendig, um zu bestimmen, welche Teile in welchen Versionen kombiniert beziehungsweise verändert werden sollen.

Das Konfigurationsmanagement umschließt alle Aufgaben der Bestimmung, Steuerung, Überwachung und Dokumentation von Konfigurationsveränderungen. Für sein Funktionieren ist eine Projektbibliothek notwendige Voraussetzung.

Es greift tief in das Informations- und Kommunikationssystem von Projekten ein. Dabei organisiert und sichert es auf der Grundlage genauer Dokumentation die externe Kommunikation vor allem bezüglich der Änderungsanforderungen.

Vergleicht man die verschiedenen Lösungsansätze, dann kann folgendes festgehalten werden: Der Einsatzschwerpunkt des Phasenkonzepts liegt in Projekten mit einem relativ niedrigen Schwierigkeits- und Neuartigkeitsgrad sowie mit einer geringen Breite und Zeitdauer der Systemnutzung (vgl. Abb. 1.21).

Das Phasenkonzept sollte in jedem Fall um Reviews ergänzt werden, um bereits bei einfacheren Vorhaben möglicherweise auftretende Mängel auszugleichen. Sobald die Systementwicklung komplexer und innovativer wird, empfiehlt es sich, die Möglichkeit eines Prototypings zu prüfen. In dem Maß, wie die Breite und Zeitdauer der Systemnutzung zunimmt, ist ein Übergang auf ein Versionenkonzept möglich. Auch dabei sind Prototypen einsetzbar. Das Arbeiten mit einer Projektbibliothek ist durchgehend ratsam. Das Konfigurationsmanagement kann bereits im Phasenkonzept Verwendung finden und muß in jedem Fall zum Versionenkonzept hinzutreten.

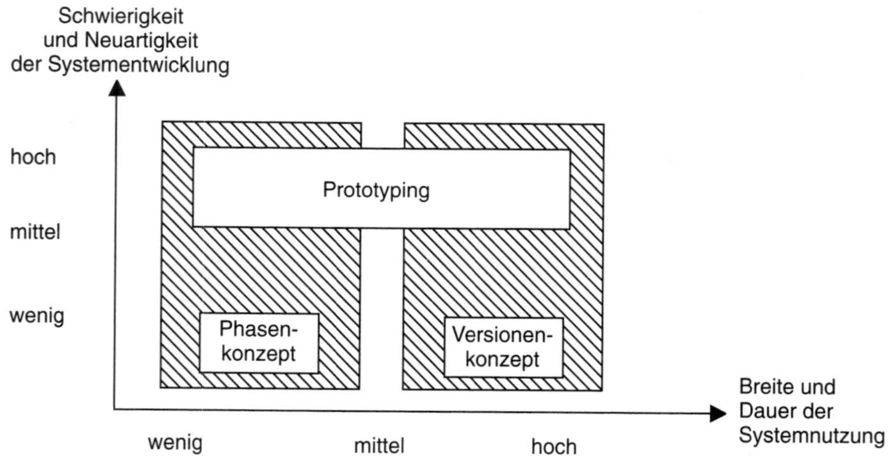

Abb. 1.21: Anwendungsschwerpunkte von Vorgehenskonzepten

Diese Aussagen liefern Hinweise auf Anwendungsschwerpunkte. Sie können ein projektindividuelles Auswählen und Ausformen der Lösungsansätze nicht ersetzen, sondern nur anregen.[40]

Viele Probleme in Projekten sind auf menschliche Verhaltensweisen zurückzuführen. Die Ursachen hiefür sind unterschiedlich und spielen auch bei technischen und organisatorischen Konflikten eine wesentliche Rolle. Die Interessen und Absichten der Führungskräfte und Mitarbeiter innerhalb und außerhalb von Projekten sind gegensätzlich und oft streben die verschiedenen „Parteien“ gegenläufige Ziele an.

Die Lösung personeller Probleme wird erschwert, wenn wenig kompromißbereite und konsensunfähige Mitarbeiter aufeinanderstoßen.

Derartige Schwierigkeiten können aus unterschiedlichen Motiven resultieren (zum Beispiel uninteressierte Manager, die sich zuwenig mit Projektproblemen beschäftigen, schwachen Projektleitern oder aus demotivierten Projektmitarbeitern usw.).

Sollen solche Konflikte zu einer Lösung gelangen, ist es unabdingbar, daß die Entscheidungskompetenzen im Zusammenwirken von Linie und Projekt sowie innerhalb eines Projektes klar festgelegt werden. Dazu muß allerdings ein adäquates Führungspotential vorhanden sein. Die Projektmitarbeiter müssen motiviert werden und benötigen auch ein projektangepaßtes Fachwissen.

Ebenso ist die Macht des Projektes von Bedeutung. Genießt es gute Unterstützung von außen? Welche persönliche und fachliche Autorität besitzen der Projektleiter und die Projektmitarbeiter?

Eine weitere Konfliktquelle ist im Projektumfeld zu finden. Sie äußert sich in der Reaktion der Betroffenen auf irgendwelche Veränderungen. Diese Konfliktsituationen können durch rechtzeitige Information und den Einbezug von Vertretern der Betroffenen in den Entscheidungsprozeß entschärft werden.

[40] Vgl. Krüger, W.: Problemangepaßtes Management von Projekten, Problemlage/Lösungsschwerpunkte/Anwendungsprofile, in: zfo, Zeitschrift Führung + Organisation, Jg. 56 (1987), Nr. 4, S. 208 ff.

2 Projektorganisation

2.1 Organisation von Projekten

Jede Unternehmung besitzt auch eine Führungsstruktur und organisatorische Regelungen zur Bewältigung von Aufgaben. Diese permanente Struktur und Organisation ist aber auf die Erledigung wiederkehrender, hinsichtlich Anforderungen und Abläufen mehr oder weniger bekannter Geschäftsvorfälle ausgerichtet.

In einem Projekt ist meist eine intensive fachübergreifende Zusammenarbeit in neuartigen Aufgaben notwendig und es ergeben sich dabei Konflikte sowohl im sachlichen Bereich (entstanden aus unterschiedlichen Betrachtungsweisen der Beteiligten) als auch im Führungsbereich. Wollte man die Lösung solcher Konflikte der herkömmlichen Linienorganisation übertragen, müßte zur Konfliktbeseitigung durch Führungsentscheide auf eine hohe Hierarchiestufe zurückgegriffen werden. Dies führt zu einer Überlastung dieser Führungskräfte und zu untragbaren Verzögerungen im Projektablauf. Um derartigen Problemen aus dem Weg zu gehen, bietet sich die Schaffung einer speziellen Organisation für Projekte an, der sogenannten Projektorganisation.

„Unter Projektorganisation wird die mit der Durchführung eines Projektes beauftragte Organisation und ihre Eingliederung in die bestehende Firmen-Organisation verstanden.“[1]

Mit dieser Organisation wird der Ordnungsrahmen geschaffen, der
- das zielgerichtete Zusammenwirken der am Projekt Beteiligten und
- den reibungslosen Ablauf des Projektes

sicherstellen soll.

Zur Sicherstellung des Zusammenspiels zwischen dem Projekt und der permanenten Organisation müssen die Zuständigkeiten, Verantwortungen und Kompetenzen klar festgelegt werden.

Wird die Projektorganisation gestaltet, so muß sowohl das Prinzip der Stabilität als auch das Prinzip der Flexibilität in ausreichender Form beachtet werden.

Stabilität bedeutet, daß soviele Projektaktivitäten wie möglich im Rahmen festgelegter Regelungen und Einrichtungen abgewickelt werden. Dadurch wird das Vorgehen in einem Projekt vereinheitlicht und somit transparenter, besser kontrollierbar und effizienter.

Flexibilität bedeutet, daß es der Projektorganisation möglich ist, sich an schnell veränderte Anforderungen (zum Beispiel Zieländerungen) anzupassen.

Eine Überorganisation jedoch, das heißt eine zu straffe Regelung, stößt in Projekten auf Widerstände sowohl in sachlicher als auch personeller Hinsicht. Sie führt zu einer Starrheit,

[1] Kummer: Projekt-Management..., S. 41.

die in innovativen Projekten mit einer hohen Dynamik untragbar ist. Straffe Reglementierungen stoßen bei Projektmitarbeitern auf Ablehnung. In der Literatur wird dies damit begründet, daß Mitarbeiter in Projekten in der Mehrzahl Wissenschaftler, Ingenieure und technische Spezialisten sind, die ein ausgeprägtes Wertsystem für die Auswahl und Ausführung ihrer Aufgaben besitzen.[2]

Es gibt aber nicht nur Überorganisation, sondern auch den häufigeren Fall der Unterorganisation. Sie kann schlechte Ergebnisse, zu hohe Kosten, nicht eingehaltene Termine, ja sogar das frühzeitige Ende eines Projektes mit sich bringen.

Die Implementation einer ausgewogenen Projektorganisation, aus der Zuständigkeiten, Verantwortungen und Vollmachten der Beteiligten eindeutig hervorgehen, ist von immenser Bedeutung. „Viele Projekte scheitern nicht etwa an mangelnder fachlicher Kompetenz der am Projekt beteiligten Mitarbeiter, sondern an dem organisatorischen Durcheinander.“[3]

„Ein leider oft in der Praxis zu beobachtender Fehler besteht darin, daß unter dem Drang zur Problemlösung der Aufbau eines effektiven organisatorischen Rahmens vernachlässigt wird – obwohl allein dadurch Projekte, die in Kooperation mehrerer Personen bearbeitet werden müssen, erfolgreich zu Ende geführt werden können.“[4] Zur Projektbewältigung müssen Organisationsformen gefunden werden, die zu einer hohen Produktivität der Realisierung von Projekten führen, im gleichen Atemzug aber die individuellen Ziele der Mitarbeiter berücksichtigen und deren Kreativität nicht einschränken.

2.2 Aufbauorganisation

2.2.1 Aufgaben der Aufbauorganisation

Die Aufgaben der Aufbauorganisation bestehen in folgenden Punkten:
- Ergebnis- und sachorientierte Festlegung der Funktionsstruktur des Projektes.
- Klare Zuordnung von Aufgaben, Verantwortung und Kompetenzen.
- Effektive Zusammenarbeit und Abstimmung der am Projekt Beteiligten.
- Schnelle Anpassung der Projektorganisation an geänderte Ziele und Randbedingungen.

Diese Punkte können nur in enger Zusammenarbeit des übergeordneten Managements mit dem Projektleiter und dem am Projekt beteiligten Linienmanagement erfüllt werden.

2 Vgl. Platz: Projektmanagement..., S. 23.
3 Madauss, B. J.: Projektmanagement, Ein Handbuch für Industriebetriebe, Unternehmensberater und Behörden, Stuttgart 1984, S. 80.
4 Lockemann, P. C.; Schreiner, A.; Trauboth, H.; Klopprogge, M.: Systemanalyse, DV-Einsatzplanung, Berlin 1983, S. 174.

2.2.2 Aufgabenträger

2.2.2.1 Der Lenkungsausschuß

Der Lenkungsausschuß ist ein
- temporäres,
- projektbegleitendes Gremium,

das in der Matrix-Projektorganisation die vorgesetzte Instanz von Projektleiter und Projektteam darstellt (Berichtsinstanz). Das bedeutet, daß es für jedes größere Projekt einen entsprechenden Lenkungsausschuß gibt, der seine Arbeit nach Abschluß der Projektaufgabe auch wieder beendet.

Im Lenkungsausschuß sind die Entscheidungs- und Verantwortungsträger für das Projekt zusammengefaßt. Verantwortungsträger sind vor allem die späteren Nutzer, aber auch die hausinternen Systemplaner, die für Leistung, Funktionsweise und Entwicklungskosten des Systems verantwortlich sind. Gemeinsam treffen sie die für die Durchführung des Projektes notwendigen Entscheidungen. In Ausnahmefällen ist es zweckmäßig, einen Entscheidungsträger des Beratungsunternehmens in den Lenkungsausschuß aufzunehmen. Die Projektaktivitäten werden vom Lenkungsausschuß ergebnisverantwortlich geleitet und überwacht. Die Ergebnisverantwortung bezieht sich auf Zielerfüllung, Leistungen, Kosten und Termine des Projektes.

Die Hauptaufgaben des Lenkungsausschusses sind:
- Definition von Projektziel und Projektaufgabe (zusammen mit dem Projektleiter).
- Festlegung und Beauftragung von Mitgliedern der Beratergruppe.
- Kontrolle und Genehmigung der Projektplanung.
- Prüfung und Genehmigung der erarbeiteten Phasenergebnisse.
- Prüfung und Genehmigung der vom Projektleiter erstellten Statusberichte.
- Unterstützung und Beratung des Projektleiters bei allen auftretenden Problemen größeren Umfangs.
- Entscheidungen fällen, die die Kompetenzen des Projektleiters übersteigen.
- Schlichtung von auftretenden Problemen zwischen allen am Projekt beteiligten Stellen.

Um diesen Aufgaben gerecht werden zu können, sollte der Lenkungsausschuß mit einer monatlichen Frequenz zu im voraus festgesetzten Terminen zusammentreten.

Abweichend von dieser allgemeinen Regel, sollte das Gremium auf Anforderung des Projektleiters auch kurzfristig zu außerordentlichen Sitzungen bereit sein.

Die Mitglieder können sich nicht vertreten lassen, weil sonst durch fehlende Verantwortungs- und Entscheidungsbefugnis die Beschlußfähigkeit in Frage gestellt wird.

Beschlüsse sind einstimmig zu fassen, um die Koordination zwischen den beteiligten Bereichen sicherzustellen.

Konflikte sollen auf dieser Ebene ausgetragen und beseitigt werden, um die Einschaltung von Schiedsinstanzen (Vorstand, externe Schiedsstelle) zu vermeiden. Dies entspricht dem Charakter des Lenkungsausschusses als Kollegium mit kollegialer Verantwortung.[5]

2.2.2.2 Der Fachausschuß

Der Fachausschuß soll die Projektgruppe informieren, unterstützen und beraten. Die Arbeit der Projektgruppe wird erleichtert, wenn das Projekt von einem über das Projektteam hinausgehenden Kreis von Führungskräften in den Phasen der Planung, Realisierung und Kontrolle unterstützt wird. Der Fachausschuß trägt dazu bei, Fachwissen und Fachinformationen insbesondere im Hinblick auf Auswirkungen, Risiken und Begleiterscheinungen an die Projektgruppe zu vermitteln. Andererseits soll er die Ergebnisse des Teams in die Fachbereiche hineintragen, so daß der Einführungs-, Informations- und Schulungsprozeß erleichtert und verkürzt werden kann.

Wenn die Fachbereiche, vertreten durch Führungskräfte der operativen Ebene, die Lösungen der Projektgruppe mittragen, wird die Einführung und Durchsetzung der neuen Verfahren, Abläufe und Systeme günstig beeinflußt.

Die Mitglieder eines Fachausschusses werden vom Lenkungsausschuß benannt.

Fachausschußsitzungen werden bei Bedarf, mindestens jedoch vierteljährlich einberufen. Unterschiedliche Meinungen im Fachausschuß werden protokolliert. Der Lenkungsausschuß wird über das Protokoll informiert. Der Fachausschuß hat ein Vetorecht in bezug auf Lösungsvorschläge der Projektgruppe, das er gegenüber dem Lenkungsausschuß vertreten muß. Das Vetorecht dient vornehmlich dazu, Schaden abzuwenden, wenn eine Lösung aus Sicht der Fachbereiche den angestrebten Zweck nicht oder nur unzulänglich erreicht.

Dies entspricht dem Charakter des Fachausschusses als Kollegium mit beratender und unterstützender Funktion ohne Entscheidungsbefugnis.[6]

2.2.2.3 Der EDV-Ausschuß

Der EDV-Ausschuß ist ein
- ständiges
- strategisches Gremium,

das Grundsatzentscheidungen über die langfristige Entwicklung von Organisation und EDV diskutiert und trifft. Zu solchen Entscheidungen gehören unter anderem:
- Prioritäten in der Realisierung des DV-Rahmenplans
- Gravierende Hardware-Entwicklungen (Systemablösungen usw.)
- Zentralisierung/Dezentralisierung.

[5] Vgl. Müller-Pleuss, J. H.: Projektmanagement, Ein Beispiel aus der Praxis, in: zfo, Zeitschrift Führung + Organisation, Jg. 54 (1985), Nr. 8, S. 444.
[6] Ebenda, S. 453.

Ein EDV-Ausschuß sollte gebildet werden, da von langfristigen (strategischen) Entscheidungen im Hinblick auf die Entwicklung von Organisation und EDV fast alle Bereiche einer Unternehmung betroffen werden können. Es bietet sich an, derartige Entscheidungen in einem Gremium zu treffen, in dem über die anstehenden Fragen möglichst ein Konsens zu erzielen ist.

2.2.2.4 Die Projektgruppe

Das Projektteam ist einer der wichtigsten Aufgabenträger im Projektmanagement.

Um eine Doppelaufnahme zu vermeiden, wird an dieser Stelle nicht auf das Thema eingegangen. Nähere Ausführungen über das Projektteam können Kapitel 5 entnommen werden.

2.2.2.5 Spezielle Funktionen und „Rollen" im Projekt

Einzelpersonen spielen in kleinen Projekten als Aufgabenträger eine wichtige Rolle. In mittleren und großen Projekten erfordert das anfallende Aufgabenvolumen in den meisten Fällen den Einsatz von Personengruppen zur Durchführung der Projektaufgaben.

Sind Projekte komplex, dann ist es nicht nur von Bedeutung, Techniken und Methoden gezielt und systematisch anzuwenden, vielmehr müssen die von verschiedenen Projektgruppen angewandten Methoden auch miteinander verträglich sein, sonst könnten Verständigungsprobleme entstehen und könnte ein großer Umsetzungsaufwand erforderlich werden.

Aufgrund dieses Sachverhalts sind in größeren Projekten Schulungen in projektspezifisch festgelegten Methoden und Techniken durchzuführen sowie eine laufende Unterstützung in deren Anwendung. Diese Aufgabe obliegt der Methodikberatung.

Ein Lenkungsausschuß hat unter anderem auch die Aufgabe, ein Projekt durchzusetzen. Oft ist es jedoch viel effektiver, diese Aufgabe durch eine einflußreiche Einzelperson als durch ein Gremium wahrzunehmen. Die Funktion einer solchen Person wird in der Literatur auch als „Macht-Promotor" bezeichnet.

Ebenso wie den Macht-Promotor gibt es auch den „Fach-Promotor" in einem Projekt.

In Entwicklungsprojekten beispielsweise ist häufig ein hochqualifizierter Ingenieur der intellektuelle Träger einer Projektidee. In einem solchen Fall scheint es naheliegend, diesem auch die Projektleitung zu überantworten. Dies erweist sich aber sehr selten als zweckmäßig, da solch hochqualifizierte Fachkräfte weder von der Neigung und dem Interesse noch von ihrer Ausbildung her als Projektleiter geeignet sind. Dieser Umstand kann dazu führen, daß wesentliche Führungsaufgaben im Projekt nicht in richtiger Weise wahrgenommen werden.

Die bessere Lösung besteht vielfach darin, eine Person, die führungsmäßig besser geeignet ist, zum Projektleiter zu bestimmen. Dabei ist es jedoch wichtig, dem zentralen Fachspezialisten eine nach außen sichtbare Stellung im Projekt zu verschaffen.[7] Die Abb. 2.1 zeigt die wichtigsten Aufgabenträger im Projektmanagement und deren Beziehung zueinander.

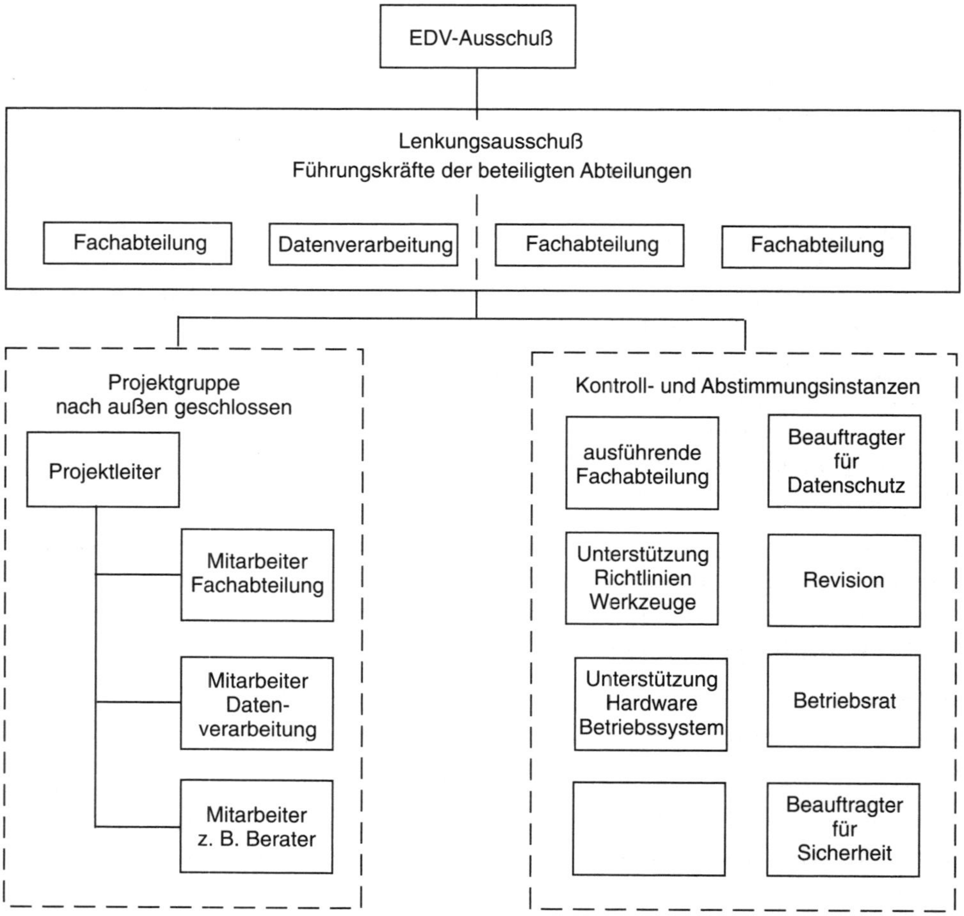

Abb. 2.1: Aufgabenträger im Projektmanagement

2.2.3 Übertragung der Projektaufgaben auf Aufgabenträger

Die Übertragung der Projektaufgaben auf die Aufgabenträger steht im Mittelpunkt der Aufbauorganisation.

Hierbei ist entscheidend, diejenigen Aufgabenträger zu finden, deren Leistungs- und Know-how-Profil dem Anforderungsprofil der zu übertragenden Aufgabe entspricht.

[7] Vgl. Büchel, A.: Projektmanagement, Lehrschrift, Betriebswirtschaftliches Institut (BWI), Eidgenössische Technische Hochschule (ETH) Zürich, Zürich 1987, S. 31.

Die Art und Anzahl der Funktionseinheiten und Aufgabenträger hängen maßgeblich von der Größe und vom Charakter eines Projektes ab.[8]

2.3 Organisationsstruktur zur Einordnung des Projektmanagements in die Unternehmensorganisation

2.3.1 Organisationsformen

2.3.1.1 Überblick über die Organisationsformen

Die Literatur bietet eine Vielzahl von Möglichkeiten, wie die projektspezifische Organisation in ein Unternehmen integriert werden kann. Dabei treten drei Grundtypen in besonderer Weise in den Vordergrund:
- Reine Projektorganisation
- Einfluß-Projektorganisation (Stabs-Projektorganisation, Projekt-Koordination)
- Matrix-Projektorganisation.

Abhängig von der Organisationsform besitzt der Projektleiter mehr oder weniger Verantwortung und Kompetenzen beziehungsweise das Projektteam hat einen größeren oder geringeren Freiheitsgrad bezogen auf seine Arbeit.

2.3.1.2 Reine Projektorganisation

Bei dieser Organisationsform wird für ein Projekt eine praktisch eigenständige Organisation gebildet, die vom Projektleiter in voller Verantwortung selbständig geleitet wird.

Die Projektmitarbeiter werden für die Dauer des Projektes dorthin versetzt, abgeordnet oder neu eingeteilt und erhalten ihre Anweisungen wiederum ausschließlich vom Projektleiter. Dieser besitzt formal alle notwendigen Kompetenzen, um das Projekt rasch und wirksam durchführen zu können.

Von einer Linienstelle unterscheidet sich diese Organisationsform durch ihre zeitliche Befristung.

Sie stellt die nachhaltigste Anpassung an die Projektanforderungen dar.

Die Vorteile der reinen Projektorganisation liegen in der vollen Konzentration der Beteiligten auf die Projektziele. Es herrscht ein relativ großes Bedürfnis, auftretende Schwierigkeiten zu meistern (Identifikation mit dem Projekt). Außerdem besteht in dieser Organisationsform eine eindeutige Weisungsbefugnis (durch vollkommene Linien-Autorität des Projektleiters) und der dadurch gegebenen Möglichkeit zur straffen Führung und schnellen Reaktion auf Störungen.

[8] Vgl. Platz: Projektmanagement..., S. 66.

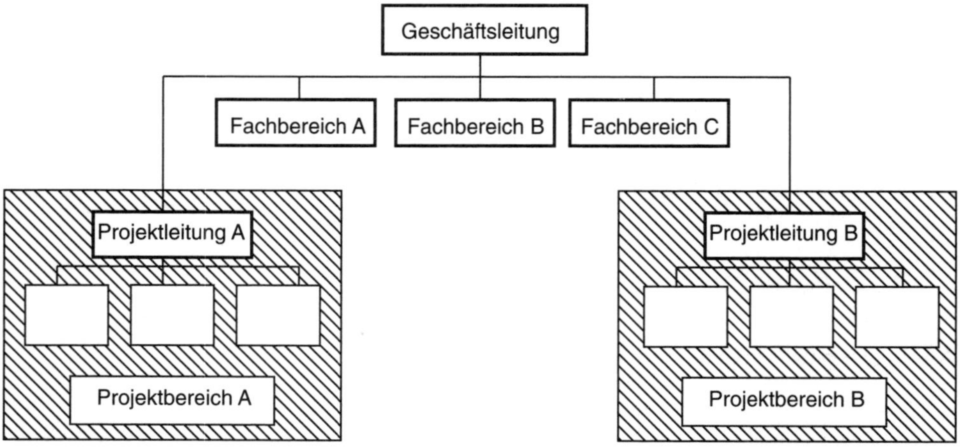

Abb. 2.2: Reine Projektorganisation

Die Nachteile der reinen Projektorganisation bestehen in der Bereitstellung der erforderlichen Ressourcen und der Auflösung der temporären Organisation am Ende, das heißt die Wiedereingliederung der Projektmitarbeiter in die bestehende Linienorganisation. (Woher kommen die Mitarbeiter bei Projektbeginn, wohin gehen sie, wenn sie nicht mehr oder nur mehr sporadisch benötigt werden?)

Ebenfalls kritisch ist der Einsatz von Spezialisten, die nur zeitweise benötigt werden, da die Gefahr besteht, daß Mitarbeiter ganz im Projekt zurückbehalten werden, obwohl sie tatsächlich nur noch sporadisch benötigt werden. Dasselbe gilt für Hilfsmittel verschiedenster Art. Dieses Vorgehen hat zur Folge, daß Ressourcen nicht immer effizient eingesetzt werden.

Die reine Projektorganisation eignet sich für außerordentliche Vorhaben mit großem Umfang, die relativ wenig Berührung zu den herkömmlichen Aufgaben haben (zum Beispiel Entwicklung einer völlig neuen Produktlinie).

2.3.1.3 Einfluß-Projektorganisation

Die Einfluß-Projektorganisation ist eine Minimalausstattung einer Projektorganisation, indem innerhalb der Primärorganisation die funktionale Hierarchie unverändert bestehen bleibt und lediglich durch eine Stabsstelle, dem Projektkoordinator (Projektleiter im Stab), ergänzt wird. Diese Stabsstelle muß in der Unternehmenshierarchie genügend hoch angesiedelt sein, damit der Projektleiter direkten Zugang zu jener Führungskraft hat, welche Konflikte in wesentlichen Fragen entscheiden kann.

Der Projektleiter im Stab hat gegenüber den Fachabteilungen nur Informations- und Beratungsbefugnisse, das heißt er hat keinerlei Entscheidungs- und Weisungsbefugnis. Er verfolgt den Projektablauf in sachlicher, terminlicher und kostenmäßiger Hinsicht und schlägt im Bedarfsfall den entsprechenden Linieninstanzen mögliche durchzuführende Maßnahmen

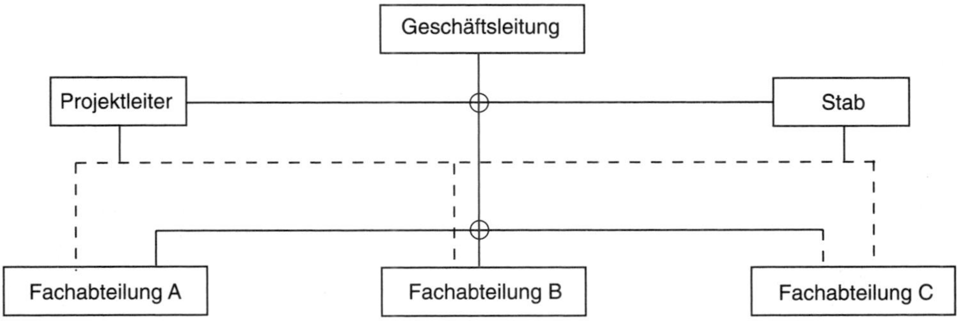

Abb. 2.3: Einfluß-Projektorganisation

vor. Damit kann er die Projektverantwortung bezüglich Zeit, Kosten und Erreichung der Projektziele nicht übernehmen; sie bleibt in den einzelnen mitarbeitenden Fachabteilungen. Der Projektkoordinator ist lediglich für die rechtzeitige Informierung der entsprechenden Linieninstanzen und eventuell auch für die Güte der von ihm vorgeschlagenen Maßnahmen verantwortlich. Kompetenzmäßig ist ihm der ungehinderte Zugang zu allen Informationen, die das Projekt betreffen, einzuräumen.

„Da ihm keinerlei Exekutive zugebilligt wird, muß er versuchen, den Fachabteilungsleiter mit großer Überredungskunst und psychologisch-diplomatischem Geschick zur Mitarbeit an seinem Projekt zu begeistern.“[9]

Als Vorteil kann das hohe Maß an Flexibilität hinsichtlich des Personaleinsatzes genannt werden, da ein gleichzeitiger Einsatz der Mitarbeiter in verschiedenen Projekten ohne organisatorische Schwierigkeiten möglich ist. Zudem, vielleicht auch gerade deshalb, ist die Sammlung von Erfahrungen und deren Austausch über verschiedene Projekte relativ einfach. Außerdem sind keine organisatorischen Umstellungen erforderlich. Die Nachteile der Einfluß-Projektorganisation sind darin zu sehen, daß sich niemand für das Projekt verantwortlich fühlt und ein geringes Bedürfnis besteht, Schwierigkeiten über die Abteilungsgrenzen hinweg gemeinsam zu überwinden. Die Reaktionsgeschwindigkeit bei Störungen ist ebenfalls kleiner, da für Entscheidungen die Linieninstanzen zuständig sind, welche sich nicht ausschließlich mit dem Projekt beschäftigen. Lediglich Projektleiter, die von allen Seiten anerkannt sind und den entsprechenden Einfluß in der Unternehmung haben, schaffen es, die Schwierigkeiten dieser Organisationsform zu meistern. In der Regel jedoch können Probleme und Konflikte vom Projektleiter selbst nicht wirkungsvoll gelöst werden, so daß ihre Lösung letztlich der Unternehmensleitung übertragen werden muß.

Obwohl diese Organisationsform für die Projektdurchführung die unwirksamste ist, wird sie in der Praxis recht häufig angewandt. Der relativ hohe Verbreitungsgrad ist damit zu erklären, daß sie problemlos und ohne organisatorische Umstellung einzuführen ist.

[9] Rinza: Projektmanagement..., S. 122.

Die Einfluß-Projektorganisation eignet sich für kleinere Projekte, die den Rahmen der herkömmlichen Aufgaben nicht wesentlich übersteigen (zum Beispiel bei der Abwicklung großer Kundenaufträge oder der Produktentwicklung).

2.3.1.4 Matrix-Projektorganisation

Wie der Begriff Matrix besagt, wird hier die vertikal (nach Funktionen) gegliederte Organisationsstruktur von einer horizontal strukturierten projektinternen Organisation überlagert.

Merkmale:

- Projektabwicklung erfolgt durch die Linienabteilungen entsprechend ihren Funktionen als eine Dienstleistung mit dem notwendigen Know-how;
- Projektleiter wirkt als Koordinator und Gesamtprojektverantwortlicher für die Planung, Steuerung, Ergebniskontrolle, Termine und Aufwendungen. Er sorgt für die Abstimmungen, Reviews, Änderungsdurchführungen und Entscheidungen;
- mehrere Projektleiter greifen unter Umständen auf dieselben Ressourcen zurück.

Bei dieser Organisationsform wird jede Organisationseinheit zwei Instanzen unterstellt. Zum einen wie bisher der Fachabteilung und zum anderen dem Projektleiter.

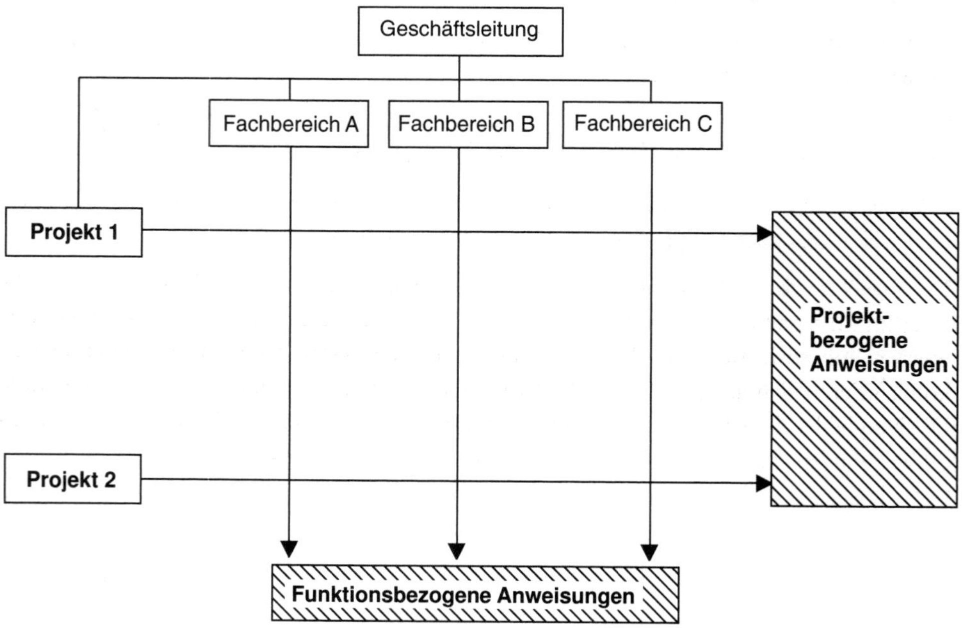

Abb. 2.4: Matrix-Projektorganisation

	Projektleiter	Abteilungsleiter
WAS	Bestimmung	Mitsprache
WANN	Bestimmung	Mitsprache
WER	Vereinbarung	Vereinbarung
WIE	Mitsprache	Bestimmung
WO	Vereinbarung	Vereinbarung

Abb. 2.5: Grobe Kompetenzabgrenzung bei der Matrix-Projektorganisation

In der Matrix-Projektorganisation wird die Einheitlichkeit der Auftragserteilung an die Mitarbeiter zugunsten des direkten und damit kürzeren Anordnungs- und Informationsweges aufgegeben.

Projektbezogen sind Verantwortung und Kompetenzen zwischen den beteiligten Linieninstanzen und dem Projektleiter aufgeteilt.

Während der Fachabteilungsleiter für die fachliche Durchführung (WIE) der Projektaufgaben verantwortlich ist und über ein aufgabengebundenes Weisungsrecht verfügt, ist der Projektleiter für die Definition der Zielvorgabe (WAS) und die zeitliche Realisierung (WANN) des Projektes zuständig. Der Projektleiter erhält somit ein projektgebundenes Weisungsrecht quer durch die nach Aufgaben gegliederten Fachabteilungen, womit der absolute Führungsanspruch des Fachabteilungsleiters reduziert wird.

Hinsichtlich des Gelingens oder Mißlingens des Projektes tragen beide Leitungsgremien gemeinsam die Verantwortung.

Die Abgrenzung von Verantwortung und Kompetenzen hängt sehr stark von der Natur des Projektes ab. Abb. 2.5 ist ein Beispiel für ein technisch orientiertes Vorhaben.

„Durch den Einsatz des Projektleiters und seiner Projektgruppe wird für eine begrenzte Dauer eine zusätzliche organisatorische Dimension geschaffen.“[10]

Das Projektteam hat im Hinblick auf die Erreichung des Projektziels die Planung, Steuerung und Integration aller Projektarbeiten vorzunehmen, seine Tätigkeit ist planungs- und überwachungsorientiert. Die Fachabteilungen mit den entsprechenden Spezialkenntnissen konzentrieren sich auf die eigentliche Systementwicklung, sind also ausführungsorientiert. Die Mitglieder des Projektteams bleiben während ihrer Projektarbeit disziplinär ihrem Linienvorgesetzten unterstellt; der Projektleiter erhält das projektbezogene fachliche Weisungsrecht.

Obwohl die Matrix-Projektorganisation einen hohen Verbreitungsgrad hat, steht man ihr nach wie vor kritisch gegenüber. Es ist vor allem auf das Konfliktpotential hinzuweisen, das sich aus den unterschiedlichen Interessen von Projekt und Linie ergibt.

[10] Kummer: Projekt-Management..., S. 45.

Schon bei der Einrichtung von Matrix-Projektorganisationen ist mit Widerständen auf seiten der tangierten Linienstellen zu rechnen. Oft sind es die Führungskräfte dieser Stellen, die versteckt oder offen die notwendige Projektunterstützung vermissen lassen. Sie sehen eine Beschneidung ihrer institutionellen Autorität und eine Schmälerung ihrer persönlichen Einflußmöglichkeiten, wenn sie sich in ihrer Aufgabendurchführung mit dem Projektleiter abstimmen müssen und sich den Projektzielen unterordnen sollen.

Aufgrund solcher Diskrepanzen ist es Aufgabe des übergeordneten Managements, durch eine ausreichend klare Befugnisregelung dafür Sorge zu tragen, daß Kompetenzstreitereien und kontraproduktive Konflikte zwischen Projekt und Linie möglichst vermieden, wenn nicht sogar im Keim erstickt werden. Derartige Probleme und Konflikte können jedoch mit formalen Regelungen allein nicht vereitelt werden. Die Einhaltung solcher Vereinbarungen setzt ein beiderseitiges Verständnis für die Anliegen des Partners voraus. Dies ist aufgrund der Knappheit an Ressourcen und möglicherweise verschärft durch ungenaue oder optimistische Aufwandsschätzungen nicht problemlos. Deshalb ist dieses Konzept auch ganz besonders auf ein hochentwickeltes Organisations- und Führungsverständnis angewiesen. Durch die richtige Auswahl des Projektleiters, durch klare und eindeutige Projektziele, intensive informelle Kommunikation, sofortiges Eingreifen bei Konflikten und ein angenehmes Betriebsklima kann das übergeordnete Management dafür Sorge tragen, daß die Zusammenarbeit zwischen Projekt und Linie positiv verläuft.

Als Vorteile der Matrix-Projektorganisation sind anzuführen, daß der Projektleiter und sein Stab sich für das Projekt verantwortlich fühlen. Weiterhin ist eine zielgerichtete Koordination verschiedener Interessen möglich und eine ganzheitliche Betrachtungsweise wird gefördert. Außerdem wird die Konfliktbewältigung bewußt auf der Ebene der mittleren Führung gehalten. Die Mitarbeiter verfügen über einen „fachtechnischen Heimathafen", der folgende Vorteile bietet:

- Ein flexibler Personaleinsatz ist möglich.
- Kontinuität der fachlichen Weiterbildung ist eher gewährleistet.
- Spezialwissen und besondere Erfahrungen können gezielt von einem Projekt zum anderen transferiert werden.
- Die Mitarbeiter, die nicht vollständig aus ihrer Stammorganisation herausgelöst werden, haben ein größeres Sicherheitsgefühl.

Die Nachteile bestehen in der aufwendigen Organisation, dem nicht unerheblichen Personalaufwand für die Projektleitung, der Gefahr von Kompetenzkonflikten zwischen Linienautorität und Projektautorität. Dabei darf die Verunsicherung von Vorgesetzten (Verlust des Ausschließlichkeitsanspruches) und Mitarbeitern („Diener zweier Herren") nicht vergessen werden.

Als ebenfalls negativ anzusehen ist eine erforderliche höhere Qualifikation der Mitarbeiter sowie hohe Anforderungen an die Kommunikations- und Informationsbereitschaft.[11]

[11] Vgl. Kummer: Projekt-Management..., S. 47.

Trotz all dieser Einwände stellt die Matrix-Projektorganisation in vielen Fällen die wirkungsvollste, wirtschaftlichste, unter Berücksichtigung der verfügbaren knappen Ressourcen, die einzig durchsetzbare Lösung dar. Denn einerseits müssen die Unternehmen das in den Fachbereichen vorhandene Wissen erhalten und weiterentwickeln und andererseits müssen die Projektdurchführenden auf dieses Know-how zurückgreifen können, um im Interesse des Projektes – und damit der Unternehmung – den größten Nutzen daraus ziehen zu können.

Die Matrix-Projektorganisation ist zwar die aufwendigste, dafür aber auch die vielseitigste Organisationsform für Projekte.

Es können auch bestimmte Bestandteile in andere Formen übernommen werden. Beispielsweise wird die reine Projektorganisation unter Umständen in dem Sinne modifiziert, daß gewisse Spezialisten nicht vollkommen in das Projekt einbezogen werden, sondern ihre Mitarbeit über Vereinbarungen gesichert wird.

Ein Projektkoordinator wird ebenfalls versuchen, das Ausmaß der Mitarbeit von Personen aus unterschiedlichen Fachabteilungen über einen gemeinsamen Konsens mit den jeweiligen Linienvorgesetzten sicherzustellen.

2.3.2 Auswahl der geeigneten Organisationsform

Projektorganisation und -management können nur erfolgreich sein, wenn das etablierte Managementsystem und die Projektorganisation zusammenpassen.

Nicht jedes organisatorische Umfeld eignet sich für Projektmanagement, weil die Organisationsgrundsätze den Projektgrundsätzen vom Prinzip her widersprechen können.[12]

Die Auswahl der Organisationsform wird durch
- die Struktur der bereits vorhandenen Organisationsform,
- die Größe und Dauer des Projektes,
- seine geschäftspolitische Bedeutung,
- die Notwendigkeit zur interdisziplinären Zusammenarbeit zwischen verschiedenen Bereichen,
- das Risiko, bezogen auf die Erreichung des Projektergebnisses sowie auf die Einhaltung von Terminen und Kostenvorgaben,
- die Verfügbarkeit der Ressourcen,
- die Erfahrungen mit Projektorganisationen und
- die Zahl der Projekte, die in einem Bereich gleichzeitig abgewickelt werden,

bestimmt.[13]

[12] Vgl. Knopf, H. S.: Projektmanagement. Das Umfeld muß stimmen, in: zfo, Zeitschrift Führung + Organisation, Jg. 54 (1985), Nr. 8, S. 431.
[13] Vgl. Platz: Projektmanagement ..., S. 73.

Auswahl der Projektorganisation

Kriterien für die Eingliederung des Projektes	*Projekt in Linie*	*Einfluß-Projektorg.*	*Reine Projektorg.*	*Matrix-Projektorg.*
▶ Produktentwicklung			X	
▶ vertriebsorientiertes Großprojekt			X	
▶ bereichsinterne Verfahrensentwicklung	X			
▶ überbereichliches Projekt einer unternehmensinternen Entwicklung				X
▶ Entwicklung mit Fremdfirmen		X		
▶ kurze Entwicklungszeit (n ≤ 1 Jahr)	X			
▶ lange Entwicklungszeit (n > 1 Jahr)			X	
▶ fester Terminrahmen liegt vor	X		X	
▶ Projekt mit geringem Umfang	X			
▶ Projekt mittlerer Größe		X		X
▶ großes Entwicklungsvolumen			X	
▶ hohes wirtschaftliches Risiko			X	
▶ anteiliger Zugriff auf begrenzte Ressourcen				X
▶ Ähnlichkeit mit anderen Entwicklungsaktivitäten				X
▶ eindeutige Aufgabenteilung		X		
▶ klar abgegrenztes Thema	X			
▶ hoher Grad an Interdisziplinarität				X

Abb. 2.6: Kriterien zur Auswahl der Projektorganisation

Im allgemeinen wird der Auftraggeber die geeignete Organisationsform festlegen. Dem Projektleiter bleibt die Möglichkeit offen, Vorschläge zu unterbreiten.

Eine einmal gewählte Organisationsform und die Benennung von Trägern dieser Organisation bleiben nicht zwangsläufig über alle Projektphasen hinweg gültig. In den verschiedenen Phasen kann sich der beteiligte Personenkreis ändern und die Schwerpunkte der Bearbeitung verschieben sich. Dies hat eine Anpassung der Organisation in der nächsten Phase zur Folge, wobei unter Umständen sogar die Grundform geändert wird.

Phase	*Form der Projektorganisation*	*Auswahlgrund*
Definition	Einfluß-Projektorganisation	Kreativität und Ideenfindung stehen im Vordergrund. Die Durchführung des Projektes ist noch unsicher.
Entwurf	Matrix-Projektorganisation	Eine hohe interdisziplinäre Zusammenarbeit unterschiedlichster Fachbereiche ist erforderlich.
Realisierung	Reine Projektorganisation	Das Projekt hat eine große geschäftspolitische Bedeutung für das Unternehmen.
Erprobung	Linienorganisation	Das zu konzipierende System ist weitestgehend erstellt, die Mitarbeit anderer Fachbereiche nicht mehr erforderlich.

Abb. 2.7: Beispiel für einen Wechsel der Projektorganisation während des Projektablaufs

Zusammenfassend kann gesagt werden, daß für eine erfolgreiche Projektabwicklung nicht allein die Projektorganisation entscheidend ist. Vielmehr sind eine funktionsfähige interdisziplinäre Zusammenarbeit von internen und externen Stellen, die gezielte Kompetenzausstattung des Projektleiters und die strikte Unterstützung des Auftraggebers von entscheidender Bedeutung für den Projekterfolg. Die Organisationsform stellt dafür nur den erforderlichen Rahmen bereit.

2.3.3 Projektgröße

Die Art der Projektorganisation ist, wie bereits erwähnt, auch teilweise von der Größe des Projektes abhängig. Da die Projektgröße ebenfalls einen wesentlichen Einfluß auf den Einsatz von Methoden und Instrumenten des Projektmanagements hat, soll im nachfolgenden kurz darauf eingegangen werden.

Die Definition des Merkmales Projektgröße wird in der Praxis recht unterschiedlich gehandhabt und erfolgt jeweils unternehmensspezifisch. Platz/Schmelzer grenzen beispielsweise nach der Anzahl der Mitarbeiter im Projektteam ab. Bei kleineren Projekten sind dies bis zu sechs Mitarbeiter, bei mittleren Projekten sechs bis 20 Mitarbeiter, Großprojekte liegen darüber.[14]

Die alleinige Abgrenzung nach der Anzahl der Mitarbeiter ist aber sicherlich ungenügend, da die Projektlaufzeit keine Berücksichtigung findet.[15]

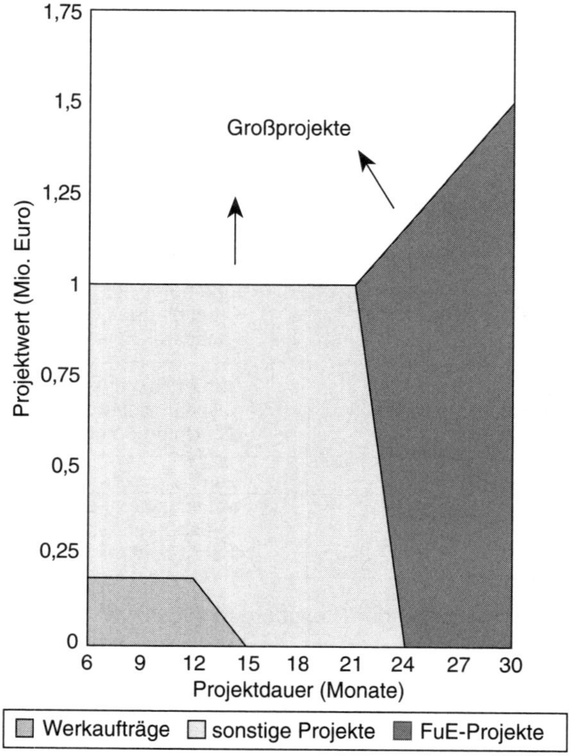

Abb. 2.8: Projektabgrenzung (Beispiel aus der Industrie)

Sinnvoller erscheint eine Abgrenzung, wie sie beispielsweise in Abb. 2.8 erfolgt. Dort ist eine Projektabgrenzung nach dem Projektwert und der Laufzeit des Projektes üblich, wobei die am Projekt beteiligten Mitarbeiter außer acht gelassen werden. Gerade bei FuE-Projekten aber hat die Mitarbeiterressource eine entscheidende Bedeutung, was folglich diese Abgrenzung als auch nicht völlig befriedigend erscheinen läßt.

Die Festlegung des Merkmals der Projektgröße sollte daher eine Kombination der drei Faktoren Mitarbeiterzahl, Projektlaufzeit und Entwicklungsaufwand beinhalten:

[14] Vgl. Platz, J.; Schmelzer, H.: Projektmanagement in der industriellen Forschung und Entwicklung, S. 66 ff.

[15] Von der Projektgröße her ist es nicht möglich, auf die Laufzeit eines Projektes zu schließen. Projektgröße und Projektdauer hängen zwar voneinander ab, eine strenge Korrelation gibt es aber nicht. Beispielsweise kann der Fall eintreten, daß ein Projekt mit großem Personalaufwand in geringer Laufzeit durchgezogen wird (oder auch umgekehrt).

	Anzahl Mitarbeiter	Mannjahre	Mio. Euro
Kleinprojekte	< 6	< 0,4	< 0,05
mittlere Projekte	6–50	0,4–50	0,05 – 5
Großprojekte	> 50	> 50	> 5

Abb. 2.9: Projektgröße

Der Anwendungsgrad des Projektmanagements wird auch von der Projektgröße determiniert:

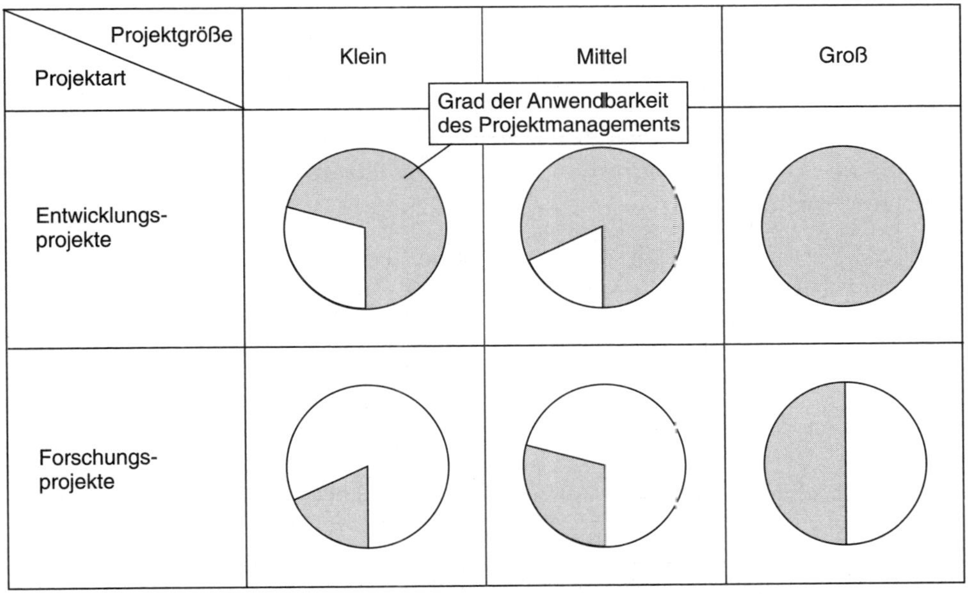

Abb. 2.10: Anwendungsgrad des Projektmanagements

Dementsprechend liegt der Schwerpunkt der Anwendung des Projektmanagements in kleinen, mittleren und großen Entwicklungsprojekten. Die Größe des Projektes bestimmt dabei den Grad der Organisation, Planung, Überwachung und Steuerung.[16]

2.3.4 Multiprojektmanagement

Nachdem Projektmanagement zunächst als Konzept für große und innovative Einzelprojekte Anfang der 60er Jahre in den USA entstanden war, traten schon bald Probleme bei der Abwicklung gleichzeitiger Projekte auf. Insbesondere bei den Luft- und Raumfahrt-

[16] So Platz, J.; Schmelzer, H.: Projektmanagement in der industriellen Forschung und Entwicklung, S. 45.

unternehmen mit ihrem hohen Anteil an Entwicklungsprojekten traten bei paralleler Projektbearbeitung Kapazitätsprobleme auf.[17]

Saynisch nennt weitere Gründe, die diese Entwicklung noch beschleunigen:[18]

- die zunehmende Zahl bereichsübergreifender Projekte;
- der größere Anteil von kleineren Projekten, die parallel zu den ebenfalls zahlenmäßig angestiegenen größeren Projekten abgewickelt werden;
- die zunehmende Forderung nach einer Verkürzung von Entwicklungszeiten bei Produkten, verbunden mit einer wirkungsvolleren Erhöhung der Innovation;
- die stärkere fachliche und inhaltliche Abhängigkeit zwischen den Projekten.

Die steigende Anzahl von Projekten und projektartigen Aufgaben führt also in zunehmendem Maße dazu, daß mehrere Projekte parallel nebeneinander abgewickelt werden müssen. Hierbei kann es zu erheblichen Konflikten zwischen Stamm- und Projektorganisation, aber auch innerhalb der Projekte und zwischen den Projekten untereinander kommen. Konfliktpotential liegt vor allem darin, daß einzelne Projekte untereinander um knappe Ressourcen konkurrieren.

Aufgabe des Multiprojektmanagements ist es folglich, einen wirksamen Steuerungsmechanismus zu etablieren, der die Verteilung der verfügbaren Ressourcen zwischen den einzelnen Projekten plant und steuert.

Als organisatorische Lösung kommen beispielsweise in Betracht:

- die Vorgabe von Prioritäten durch die Geschäftsleitung bzw. eine andere zentrale Stelle;
- ein Entscheidungsgremium aus Vertretern der Stamm- und Projektorganisation steuert die Projekte;
- die Projekte organisieren sich selber. Eine Verteilung der Ressourcen erfolgt rein nach Angebots- und Nachfragekriterien. Projektleiter müssen sich gegebenenfalls untereinander verständigen.

2.4 Ablauforganisation

Der Begriff Ablauforganisation wird größtenteils für die Regelung administrativer, das heißt papierbezogener Abläufe verwendet, kann aber ebenso auch auf die Gestaltung von materiellen Produktionsabläufen übertragen werden.

[17] Vgl. Saynisch, M.: Auftragsmanagement bei projektorientierten Unternehmen, in: Beiträge zum Projektmanagement-Forum-90, S. 393.
[18] Ebenda, S. 395.

Die Ablauforganisation kann folglich in eine
- administrative und
- technische Ablauforganisation unterteilt werden.

Der charakteristische Unterschied, der unabhängig vom Anwendungsbereich ist, liegt im Gültigkeitsbereich entsprechender Anordnungen und Vorschriften.

Bei der administrativen Ablauforganisation werden generelle Regelungen für die Erledigung bestimmter Arten von Geschäftsvorfällen aufgestellt (eventuell mit Varianten für Spezialfälle), die dann auf jeden entsprechenden dieser Vorfälle angewendet werden. Eine Regelung umfaßt Vorschriften, welche Instanzen oder Stellen in welcher Reihenfolge anzulaufen und welche Aktivitäten dort auszuführen sind. Es handelt sich um Anordnungen für ein ganzes Kollektiv durchzuführender Aufgaben eines bestimmten Typs. Ebenfalls auf die gesamte Menge eines bestimmten Aufgabentyps beziehen sich eventuelle Vorschriften über die Art der Arbeitsausführung.

Sollten Sonderfälle auftreten, welche durch die festgelegte Ablauforganisation nicht abgedeckt werden, ist es der Initiative eines Sachbearbeiters oder Vorgesetzten überlassen, auch Stellen in den Ablauf einzubeziehen, die normalerweise nicht berührt werden.

Dem entgegen wird bei der technischen Ablauforganisation ein individueller Ablauf für ein ganz bestimmtes Arbeitsobjekt (zum Beispiel ein Werkstück nach Zeichnung Nr. X) vorgegeben. Die Art der Arbeitsausführung wird gleichfalls individuell festgelegt und es werden im allgemeinen auch Vorgaben über die Zeit gemacht, die für die Erledigung der Arbeitsaufgabe zugestanden wird.

Bei der Projektorganisation kommen beide Arten der Ablauforganisation zum Tragen. Zum einen sind für ein größeres Vorhaben projektinterne Vorschriften für administrative Abläufe (zum Beispiel Berichtswesen im Projekt, Abläufe zur Aufwandserfassung und -verarbeitung, Genehmigungsverfahren zur Bereitstellung von Ressourcen etc.) festzulegen. Zum anderen muß der gesamte Projektablauf zweckmäßig strukturiert und organisiert werden. Die Aufgaben werden im Rahmen der technischen Ablauforganisation erfüllt.

3 Projektplanung

3.1 Grundsätze der Projektplanung

3.1.1 Definition des Begriffes Projektplanung

Planung und Projekterfolg stehen in unmittelbarem Zusammenhang. Die wachsende Komplexität von Projekten und die zunehmende Dynamik aller Parameter zwingt zu gezielter und bewußter Planung.

„Projektplanung meint die systematische Informationsgewinnung über den zukünftigen Ablauf des Projektes und die gedankliche Vorwegnahme des notwendigen Handelns im Projekt.“[1]

Die Planung beginnt mit der Ermittlung sämtlicher zukünftiger Aktivitäten, die zur Erreichung des Projektziels dienen. Hierbei ist es wesentlich, die richtigen und wichtigen Aktivitäten zu erkennen, nicht die gewählten Aufgaben richtig anzugehen.[2]

„Ohne eine angemessene Projektplanung ist die Grundlage für einen Projektmißerfolg mit Terminverzögerungen, Qualitätsmängeln und unkontrollierter Hektik bei der Projektdurchführung gelegt.“[3]

3.1.2 Projektplanung als Teil der Projektlenkung

Ziel der Projektplanung ist die Ermittlung realistischer Sollvorgaben hinsichtlich zu erbringender Arbeitsleistung und deren Termine einerseits, Ressourceneinsatz und zulässige Kosten sowie von Einzelschritten der Projektdurchführung (Teilprojekte, Teilprodukte, Arbeitspakete) im Rahmen der gegebenen Randbedingungen andererseits.

Die Projektplanung ist gemäß Abb. 3.1 Teil der Projektlenkung, welche im weiteren die Projektüberwachung und -steuerung umfaßt.

Die Projektplanung erarbeitet Vorgaben für die Projektdurchführung, die Projektüberwachung führt einen Soll-Ist-Vergleich durch und meldet Abweichungen an die Projektsteuerung. Die Projektsteuerung erarbeitet und leitet Maßnahmen ein, um Abweichungen in der Projektdurchführung zu korrigieren. Sollten die ihr zur Verfügung stehenden Regelmechanismen hierzu nicht ausreichen, schlägt sie Änderungen in der Projektplanung vor.

[1] Platz: Projektmanagement..., S. 131.
[2] Ebenda.
[3] Ebenda, S. 132.

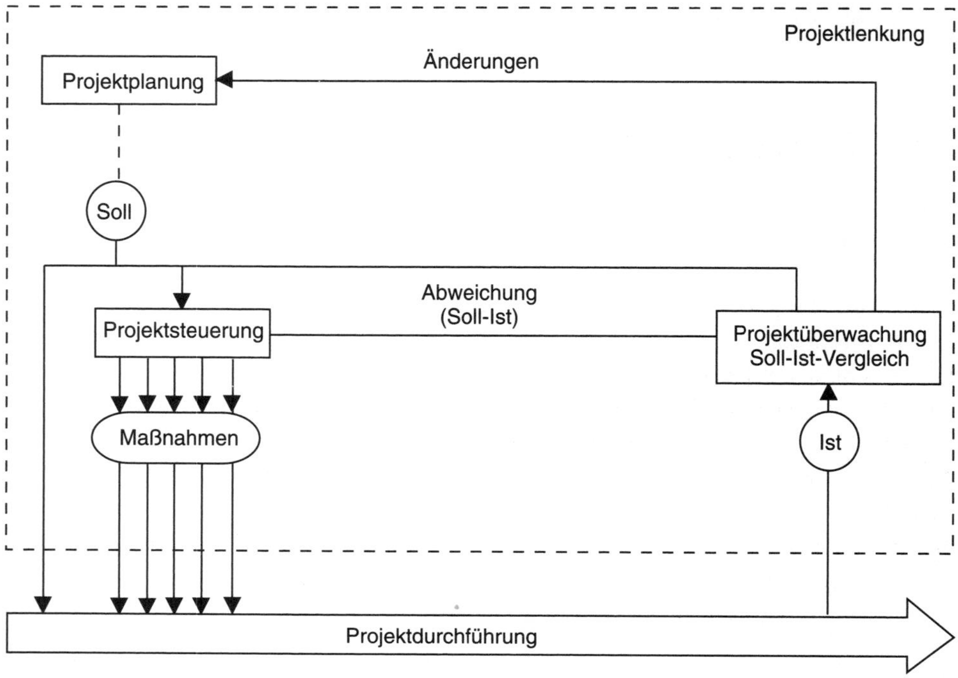

Abb. 3.1: Modell der Projektlenkung

Planungsänderungen sind gleichfalls vorzunehmen, wenn sich bestimmte Voraussetzungen und Annahmen geändert oder als unzutreffend erwiesen haben.

Die Projektplanung ist somit die Basis für die Steuerung des Projektes und die Kontrolle des Projektfortschritts.

3.1.3 Einbettung der Projektplanung in den Projektablauf

Der logische und zeitliche Projektablauf wird durch die Phaseneinteilung des Projektes strukturiert. Die Planung ist in dieser Ablaufstruktur kein einmaliger Vorgang zu Beginn des Projektes, sondern eine mehrfach wiederholte Aufgabe, die jeweils auf der Grundlage neuer oder sicherer gewordener Informationen erfolgt.

Ein kurzer Zeitabschnitt eines Projektes, zum Beispiel eine Phase, läßt sich im Normalfall genau übersehen, das heißt detailliert planen. Das Gesamtprojekt hingegen ist in den ersten Phasen nicht sicher zu überblicken, es muß daher weniger detailliert geplant werden. Somit ergibt sich eine zweistufige Planung im Projekt:

1. *Der Projektplan* beinhaltet die Planung des Gesamtprojektes mit dem jeweils sinnvollen Grad an Genauigkeit und Detaillierung.

2. *Der Phasenplan* beinhaltet die detaillierte Planung der anstehenden Phase mit einer für die Durchführung ausreichenden Genauigkeit.[4]

Die Projektplanung ist immer mit Unsicherheiten behaftet. Der erste Projektplan kann nur erste Anhaltspunkte zu Aufwand und Terminen geben. In der Praxis werden jedoch schon zu Beginn des Projektes definitive Aussagen über Kosten und Termine gefordert. Aus dieser Diskrepanz entstehen ernst zu nehmende Schwierigkeiten für das Projekt.

Mit dem Fortschritt des Projektes wird die Basis der Projektplanung sicherer. Eine erste Überarbeitung des Projektplans ist sinnvoll, sobald das Pflichtenheft mit der geklärten Projektzielsetzung vorliegt. Mit diesen Informationen ist eine ausreichend genaue Projektplanung möglich. Bestehende Unsicherheiten und erkannte Risiken müssen als Toleranzangaben (eventuell Zuschläge) berücksichtigt werden. Mit dem Fortschreiten des Projektes kann dann die erneute Überarbeitung des Projektplans notwendig werden. Die Projektplanung ist nur dann sinnvoll, wenn sie die Realität des Projektes widerspiegelt, das heißt, Projektpläne müssen immer am aktuellen Stand des Projektes orientiert sein.

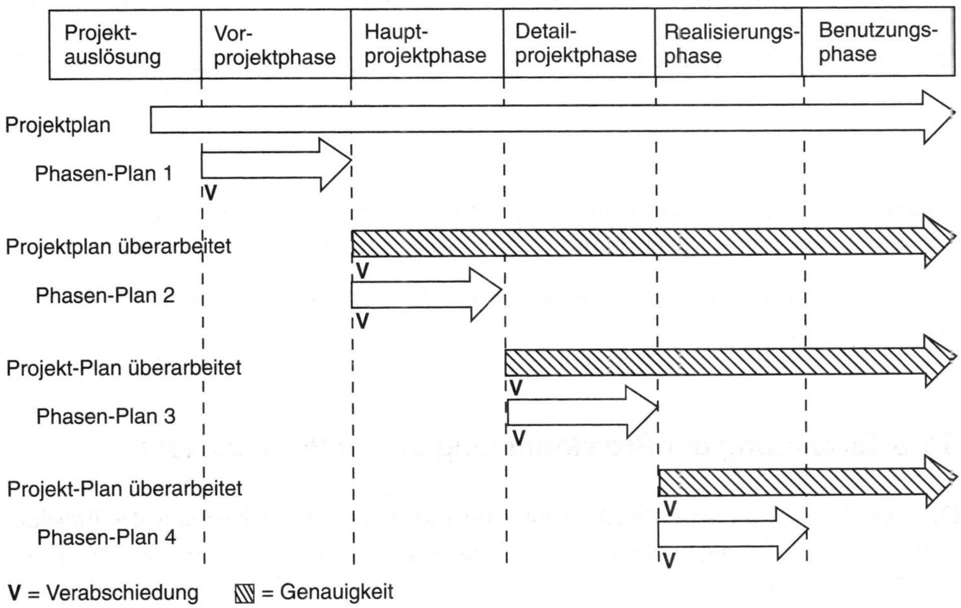

Abb. 3.2: Projektplanung

[4] Vgl. Platz: Projektmanagement..., S. 132.

3.2 Voraussetzungen für die Projektplanung

3.2.1 Die Planung der Planung

Schon in frühem Stadium müssen die Voraussetzungen für den Erfolg eines Projektes geschaffen werden.

Aufgrund der gegebenen Komplexität, der notwendigen Arbeitsteilung und der zu bewahrenden Übersicht sowie zur Sicherstellung der Einhaltung der vertraglich spezifizierten Parameter, Voraussetzungen, Randbedingungen und nicht zuletzt wegen der besonderen Bedeutung der frühesten Projektphase ist eine systematische Planung der Projektplanung von grundlegender Wichtigkeit.

Die Planung der Planung sollte folgende Fragen beantworten:

1. Wer soll planen und wer entscheidet über das Planungsergebnis? Hierbei sind der Projektplaner beziehungsweise das Planungsteam sowie die Ansprechpartner in den Fachabteilungen zu benennen.
2. Welchen Ablauf soll die Planung nehmen? Hier ist ein Ablaufplan zu erstellen, der auch zur Überprüfung des Zeit- und Kostenaufwands der Planung dient.
3. Wie lange dauert die Planung? Es ist zu ermitteln, in welchem Zeitraum die Planung durchgeführt werden kann oder soll.
4. Wieviel kostet die Planung? Hierbei ist festzustellen, unter welchem Aufwand an Kosten die Planung durchgeführt werden kann oder soll.[5]

Nach dem Schema der Abb. 3.3 kann ein einfacher Planungsplan erstellt werden. Zur Erleichterung der Zusammenarbeit sollte dieser Planungsplan allen Beteiligten zugänglich gemacht werden, da er als Richtlinie der Planungsdurchführung gilt.

3.2.2 Checkliste: Voraussetzung für die Projektplanung

Die Projektplanung kann erst beginnen, wenn alle, für ein Projekt relevanten Voraussetzungen, Randbedingungen und Gegebenheiten erfaßt und beschrieben wurden.

Als Hilfe hierfür soll folgende Checkliste dienen:

[5] Vgl. Schmitz, H.; Windhausen, M. P.: Projektplanung und Projektcontrolling, Planung und Überwachung von besonderen Vorhaben, Düsseldorf 1986, S. 52.

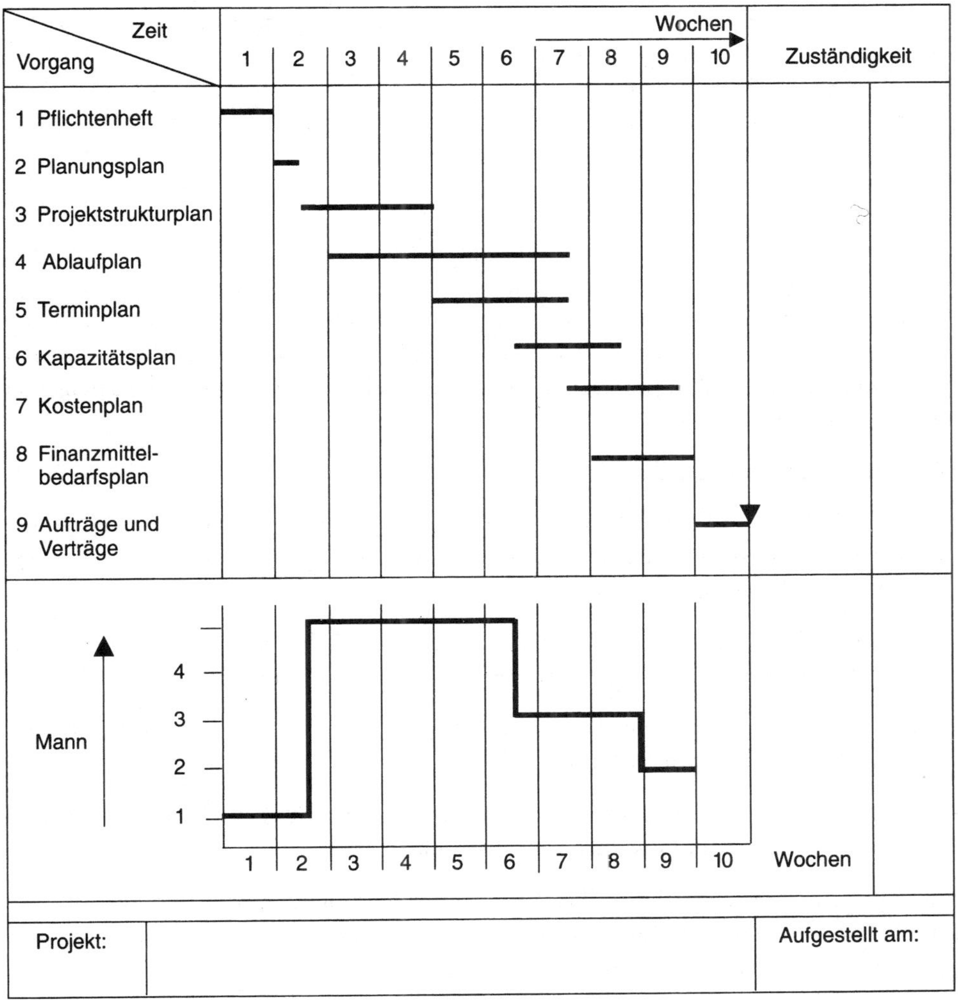

Abb. 3.3: Planung der Planung

- Liegt die Vorstudie vor?
- Ist sie inhaltlich noch aktuell?
- Wurden die Verfahren Projektantrag, Projektfreigabe und Phasenfreigabe ordnungsgemäß abgeschlossen?

  * Projektantrag:
    Der Projektantrag beinhaltet alle Aktivitäten, die erforderlich sind, um ein neues Projekt durch die Genehmigungsstufen zu bringen.

Basis für den Projektantrag ist die Vorstudie, in der
- der sachliche Inhalt des neuen Vorhabens,
- die groben terminlichen Vorstellungen,
- die personellen Voraussetzungen und
- die ersten wirtschaftlichen Überlegungen

beschrieben sind.

* Projektfreigabe:
  Die Projektfreigabe beinhaltet die Genehmigung des Projektantrags. Mit ihr wird das gesamte Vorhaben grundsätzlich genehmigt. Die Grundlage für die Projektfreigabe bildet der Projektantrag mit der Vorstudie.
* Phasenfreigabe:
  „Die Phasenfreigabe ist die konkrete Genehmigung für die Aufnahme der Arbeit für die erste (nächste) Phase.“

  Mit der Phasenfreigabe werden
  - die Aufgaben der Phase inhaltlich definiert,
  - die Termine konkret definiert (als Basis gilt hier der Projektantrag),
  - die personellen Ressourcen zugeordnet,
  - die finanziellen Mittel für die jeweilige Phase freigegeben.

  Als Basis der Phasenfreigabe gilt erstmalig der gestellte Projektantrag. Im weiteren Verlauf erfolgt sie anhand des Arbeitsergebnisses der vorangegangenen Phase.

- Ist die Projektaufgabe in ausreichendem Maße beschrieben und operationalisiert?
- Sind die Auswirkungen des Projektes auf die Umwelt (Betroffene, wirtschaftliche Gegebenheiten, rechtliches Umfeld) bekannt?
- Ist eine dem Projekt angemessene Organisationsform gewährleistet?
- Sind die Projektinstanzen definiert?
- Ist der Projektleiter ernannt und sind seine Kompetenzen festgelegt?
- Sind Projektteam und Beratergruppe bestimmt?
- Wurden die Betroffenen über den Projektstart informiert?
- Ist die maximale Dauer für Personal- und Sachmitteleinsatz vorgegeben?
- Ist das Projektbudget vorgegeben?
- Ist das Projektbudget für die nächste Phase genehmigt?
- Sind Informations- und Berichtswege vorgegeben?
- Stehen Regeln für die Methodik fest?
- Sind Schnittstellen zu anderen Projekten vorgesehen und definiert?

3.3 Inhalt der Projektplanung

3.3.1 Übersicht und Abhängigkeiten

Die Projektplanung ist ein zentrales Instrument des Projektmanagements und unterstützt, gemäß Abb. 3.4, folgende Aspekte (Teilaufgaben):

- zentrale Aspekte
  - * Strukturplanung
  - * Ablaufplanung

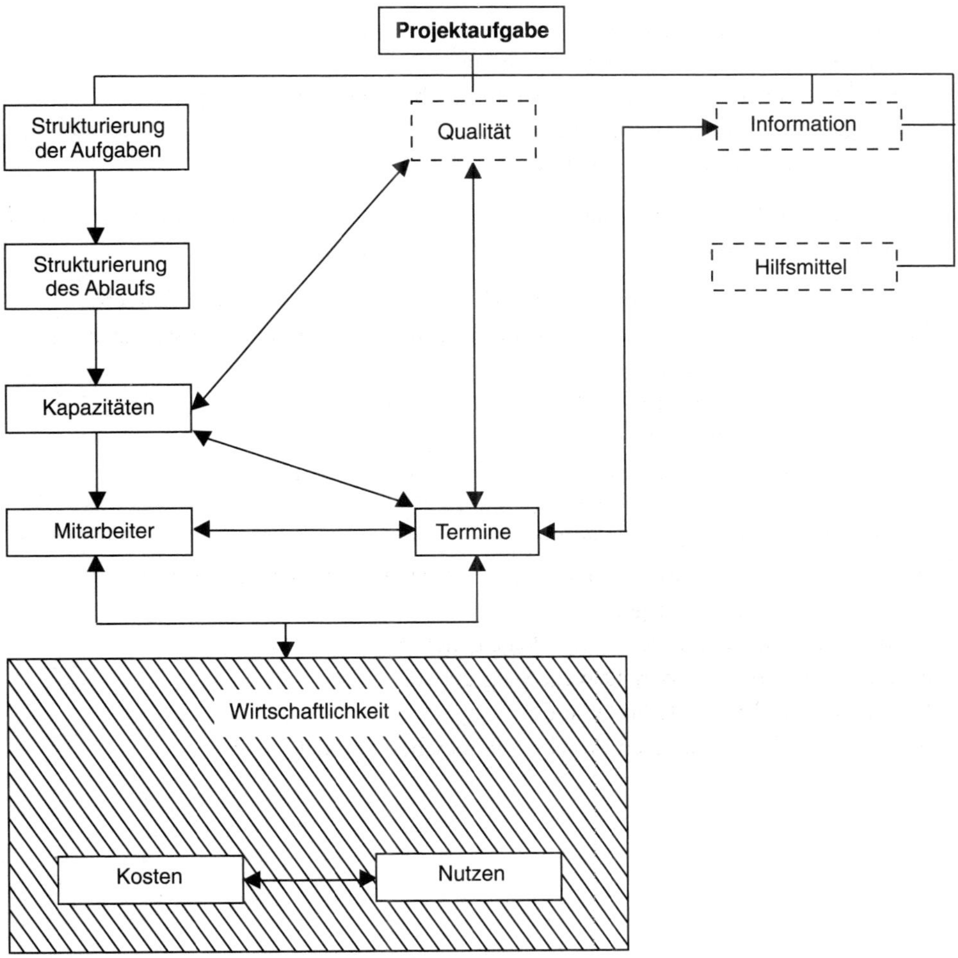

Abb. 3.4: Übersicht und Abhängigkeiten der Projektplanung

* Terminplanung
* Zuteilung von Aufgaben und Tätigkeiten zu Aufgabenträgern
* Abschätzung der Projektkosten

– zusätzliche Aspekte
  * Qualität
  * Information
  * Hilfsmittel

3.3.2 Strukturierung der Projektaufgaben

3.3.2.1 Der Projektstrukturplan

Um ein Projekt überschaubar zu machen, wird es in seine Projektteile beziehungsweise -teilaufgaben strukturiert. Strukturieren bedeutet bekanntlich, ein System in seine Elemente zu zerlegen und die Beziehungen zwischen den Elementen festzuhalten.

Als Voraussetzung für eine derartige Strukturanalyse muß das Pflichtenheft (Beschreibung des Projektes) vorliegen.

Der Projektstrukturplan entspricht der Systemstruktur, mit der der Systeminhalt in (hierarchisch) strukturierter Form dargestellt wird.

Der Zweck der Strukturierung besteht darin,
– eine Übersicht über das Projekt zu schaffen (Transparenz des Projektes),
– Teilprojekte zu bilden, welche an verantwortliche Stellen zur Detailplanung und Realisierung übertragen werden können,
– Zusammenhänge aufzudecken und Nahtstellen zu definieren.[6]

Bei der Aufstellung von Projektstrukturplänen ist das induktive Vorgehen (vom Einzelnen zum Allgemeinen hinführend) zu wählen, wenn das Projekt besonders schwer überschaubar ist. Dagegen kann deduktiv (vom Allgemeinen ausgehend, ableitend) vorgegangen werden, wenn bereits ein guter Überblick über das Projekt gegeben ist.[7]

Nach dem ersten Entwurf eines Projektstrukturplans sollte eine Prüfung der Kompatibilität der einzelnen Strukturelemente stattfinden, um Lücken oder Überschneidungen zu erkennen und zu vermeiden. Wurde dieser Schritt abgeschlossen, kann der Strukturplan in seiner endgültigen Form festgelegt werden.

Das schrittweise Vorgehen bei der Aufstellung eines Strukturplans ist in Abb. 3.5 dargestellt.

[6] Vgl. Kummer: Projekt-Management..., S. 62.
[7] Vgl. Schmitz: Projektplanung..., S. 55.

PLANUNGSPHASEN	PLANUNGSERGEBNISSE
1. Definition der Strukturierungsaufgabe	– Einzelarbeit – Gruppenarbeit
2. Auswahl einer Strukturierungsmethode	– induktives Vorgehen – deduktives Vorgehen
3. Entwurf eines vorläufigen Strukturplans	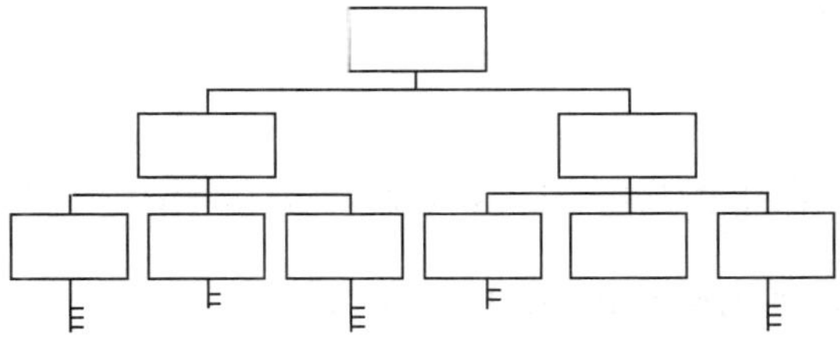
4. Definition der Strukturelemente	– Einzelarbeit – Gruppenarbeit
5. Prüfung der Strukturelemente	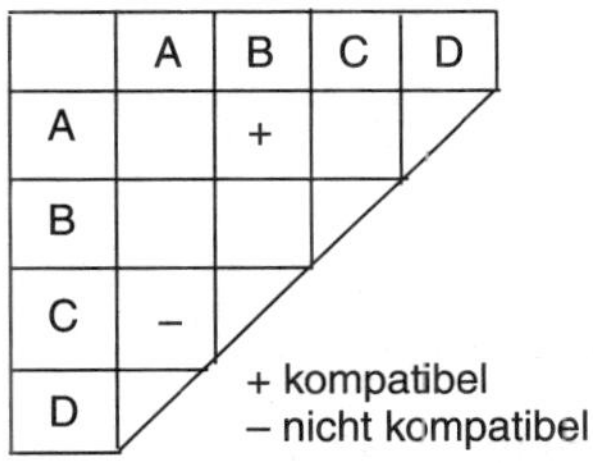
6. Festlegen des endgültigen Strukturplans	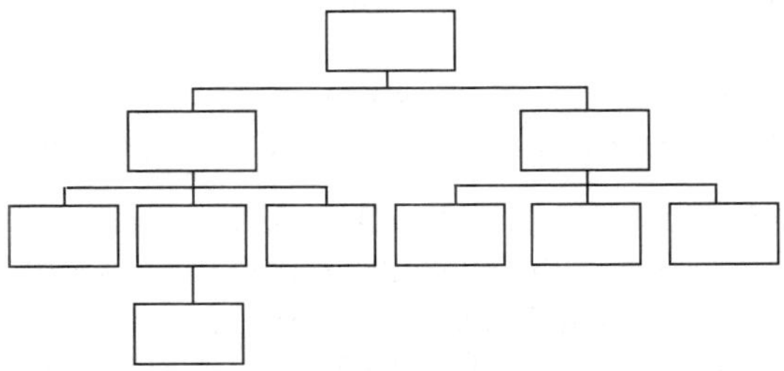

Abb. 3.5: Schrittweises Vorgehen bei der Aufstellung eines Strukturplans

Bei der Erstellung eines Projektstrukturplans sind folgende Hinweise zu beachten:

- Die Unterteilung des Projektes in Teilaufgaben sollte nur so weit betrieben werden, bis die unterste Einheit – das Arbeitspaket – geschlossen an eine Organisationseinheit delegiert werden kann.
- Die Arbeitspakete untereinander sind möglichst klar abzugrenzen, und jedes Paket für sich sollte ein als Zielgröße definiertes Ergebnis haben.
- Für die Erreichung der Ergebnisse des Arbeitspaketes sowie Einhaltung von Kosten und Zeiten sind die Mitarbeiter der Linie verantwortlich zu machen.

In der Literatur werden verschiedene Möglichkeiten zur Grobstrukturierung eines Projektstrukturplans aufgeführt:

1. Der objektorientierte (aufbauorientierte, erzeugnisorientierte) Projektstrukturplan zerlegt das Projekt in einzelne Gegenstände, die es zu erstellen beziehungsweise darzustellen gilt. Er bringt Vorteile, wenn das Projekt mit dem zu erstellenden (materiellen) Gegenstand weitgehend identisch ist, zum Beispiel: Hausbau, Anlagenbau oder Softwareprogramme.[8]

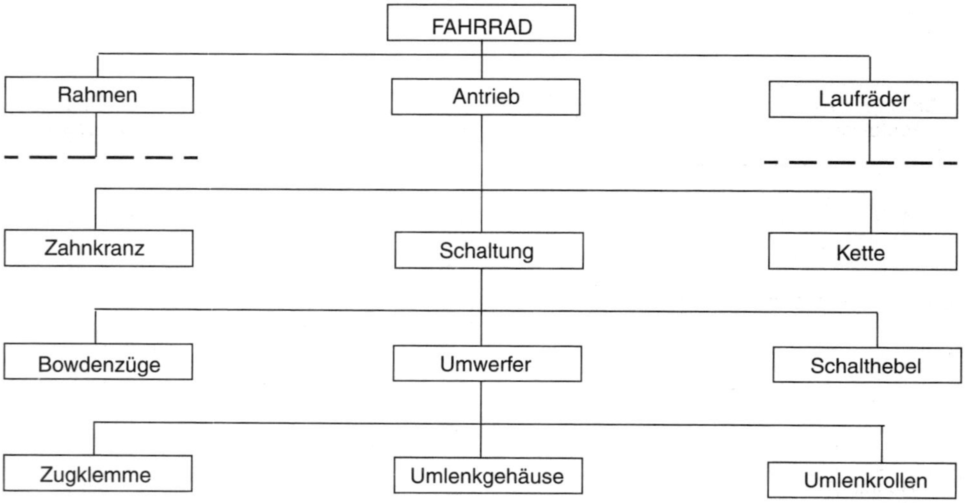

Abb. 3.6: Objektorientierter Projektstrukturplan

2. Der funktionsorientierte Projektstrukturplan zerlegt das Projekt in einzelne Verrichtungen, die es durchzuführen gilt. Er bringt Vorteile, wenn das Projekt wesentlich über den (materiellen) Gegenstand an sich hinausgehende Aspekte hat, wie zum Beispiel: Erschließung von Beschaffungsmärkten, erfolgreiche Markteinführung oder intensive Kooperation mit Projektpartnern.[9]

3. Der gemischtorientierte Projektstrukturplan kombiniert nach Zweckmäßigkeit das funktions- und objektbezogene Gliederungsprinzip. Er versucht, der Praxis gerecht zu werden, und gibt Raum für unterschiedliche Spezifika der Projekte.[10]

Die Mischform ist anzustreben, denn nur so wird die vollständige Erfassung sämtlicher zu erledigender Arbeiten gewährleistet. Es hat sich als zweckmäßig erwiesen, in den höheren Ebenen die Baugruppengliederung zu bevorzugen. In den unteren Ebenen wird funktionsorientiert gegliedert.

[8] Vgl. Hirzel, M.: Projektmanagement mit Standard-Struktur-Plänen, in: zfo, Zeitschrift Führung + Organisation, Jg. 54 (1985), Nr. 7, S. 394.
[9] Ebenda.
[10] Ebenda.

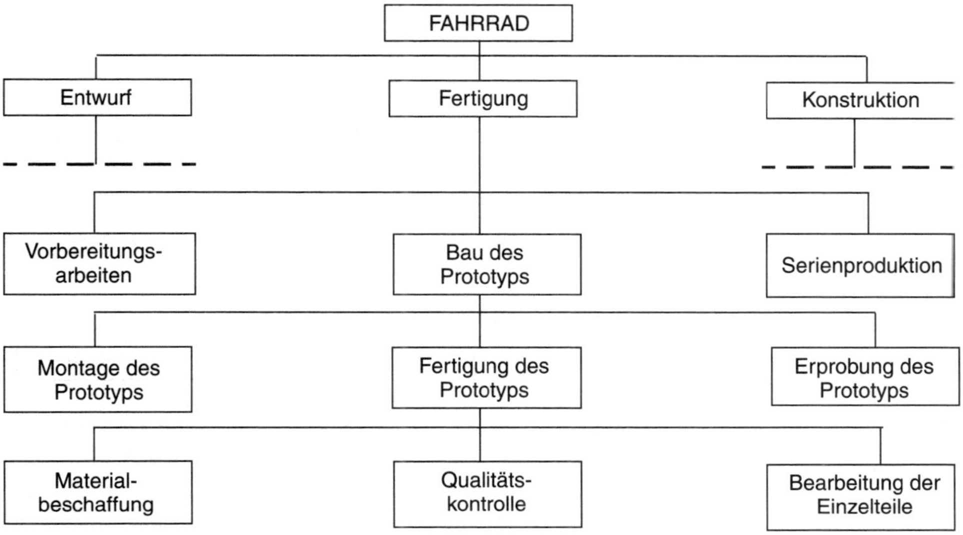

Abb. 3.7: Funktionsorientierter Projektstrukturplan

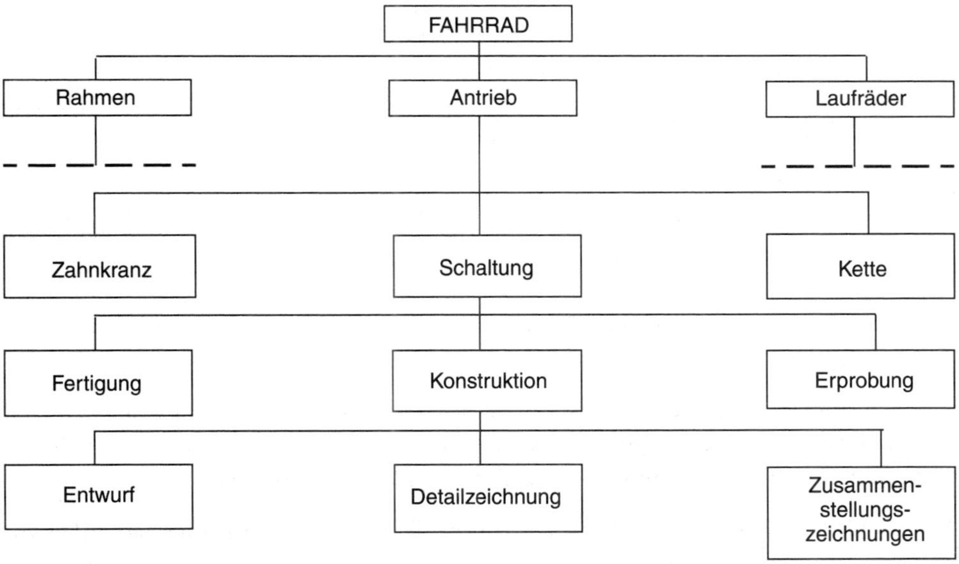

Abb. 3.8: Gemischtorientierter Projektstrukturplan

Der Projektstrukturplan ist ein hierarchisches Schema, an dessen Spitze die Hauptaufgabe steht. Diese ist in Teilaufgaben gegliedert, die ihrerseits in Unteraufgaben der nächstniedrigeren Ebene unterteilt werden können. Eine nicht mehr zu teilende Aufgabe heißt Arbeitspaket. Ein Arbeitspaket umfaßt normalerweise alle Tätigkeiten eines Projektes, die sachlich zusammengehören und in einer kleinen organisatorischen Einheit, etwa einer Gruppe, durchgeführt werden sollen.

Erst nach der vollständig abgeschlossenen Entwicklung des Projektstrukturplans kann mit der Definition von Arbeitspaketen begonnen werden. Jedes Arbeitspaket stellt im Gegensatz zu den ergebnisorientierten Projektstrukturplan-Elementen eine echte Aufgabe im Sinne von Arbeit dar. Im konkreten Fall muß die Festlegung der Arbeitspakete in Übereinstimmung mit der Firmenorganisation erfolgen und kann hier nur schematisiert wiedergegeben werden.

Abb. 3.9 zeigt die Zuordnung der Arbeitspakete zum Projektstrukturplan.

Die Summe aller Arbeitspakete stellt den gesamten Leistungsumfang eines Projektes dar.

Bei der Vorgehensweise zur Aufstellung eines Projektstrukturplans soll die folgende Checkliste Hilfestellung geben:

1. Strukturierungsprinzip (objekt-, funktions-, gemischtorientiert) festlegen.
2. Obere Stufe eindeutig und vollständig mit den vorgesehenen Aufgabengebieten festlegen.
3. Top-down-Aufriß bis auf Ebene der Arbeitspakete vornehmen.
4. Vorhandene Standard-Projektstrukturpläne übernehmen bzw. anpassen.
5. Projektbegleitende Aktivitäten als eigene Arbeitspakete definieren.
6. Noch offene Aufgabenfelder als „Dummies“ in der Projektstruktur berücksichtigen.
7. Optimale Größe der Arbeitspakete durch Splitten oder Zusammenfassen anstreben.
8. Prüfen, ob Arbeitspakete den Produktteilen direkt zuordenbar sind (Projektstruktur-Produkt).
9. Arbeitspakete den vorgegebenen Knoten zuordnen.
10. Zuständigkeit und Verantwortlichkeit für die einzelnen Arbeitspakete festlegen.
11. Arbeitspakete inhaltlich exakt beschreiben (Arbeitspakete-Beschreibung).
12. Identifizierungsschema für die Arbeitspakete festlegen.
13. Arbeitspakete anhand des Identifizierungsschemas „durchnumerieren“.
14. Arbeitspaketdefinition auf Vollständigkeit und Überlappungsfreiheit prüfen.
15. Projektstrukturplan (PSP) als Liste oder Grafik erstellen.

Die Differenzierung zwischen Organisation und Projektstrukturplan ist äußerst wichtig. Die im Projektstrukturplan gezeigten Hierarchiestufen sind mit den Ebenen der Organisationsstruktur nicht identisch, auch dann nicht, wenn Ähnlichkeiten bestehen.

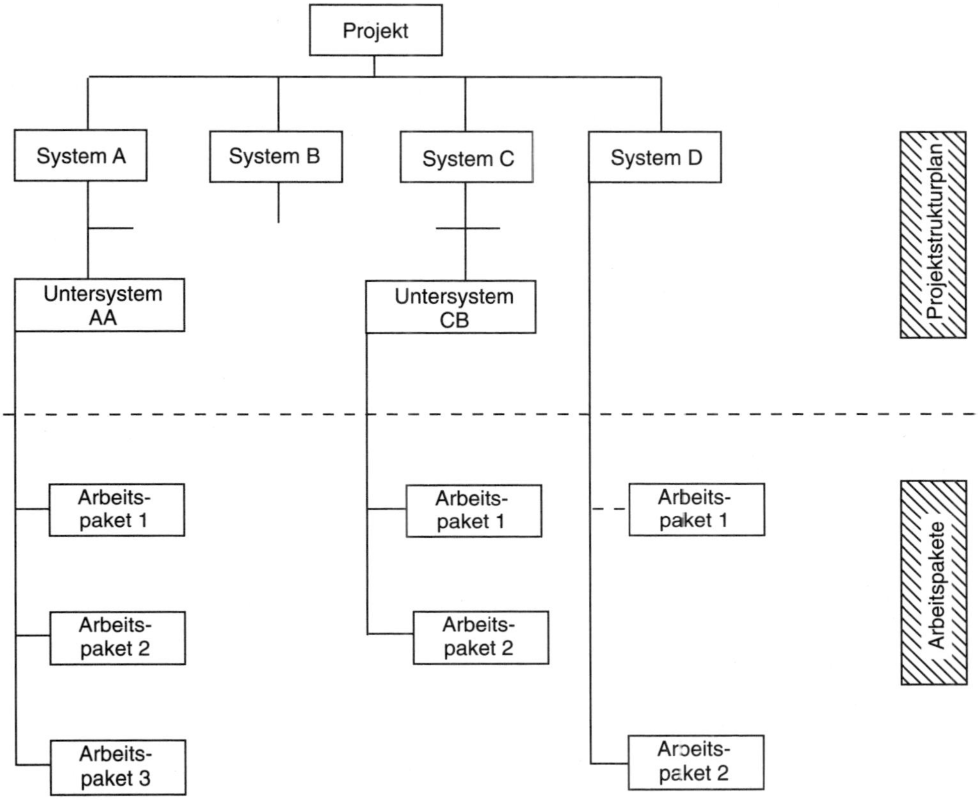

Abb. 3.9: Arbeitspaket-Identifikation im Projektstrukturplan

Es muß die Gewähr bestehen, daß für jedes Projektstrukturplan-Element und für jedes Arbeitspaket eine verantwortliche Stelle im Organigramm zuständig ist. Damit ergibt sich eine matrixartige Verknüpfung des Projektes oder der Stammorganisation.

Der Zusammenhang zwischen Projektstrukturplan und Organigramm ist in Abb. 3.10 dargestellt.

Der Feinheitsgrad der Arbeitspakete muß sich nach den im Rahmen des Projektes vereinbarten Verantwortungen und Kompetenzen richten. Der Umfang dieser Arbeitspakete kann damit sehr unterschiedlich ausfallen und von einer bestimmten Tätigkeit einer Einzelperson bis hin zur Vergabe eines Entwicklungsauftrages an eine Linieninstanz oder eine außenstehende Firma reichen. In den beiden letztgenannten Fällen ist dann eine weitere Strukturierung in den entsprechenden Verantwortungsbereichen vorzunehmen. Zweckmäßigerweise wird sich die Projektleitung das Ergebnis dieser Strukturierung vorlegen lassen. Die Projektüberwachung wird sich gleichfalls über den Fortschritt innerhalb solcher Unterprojekte informieren lassen.

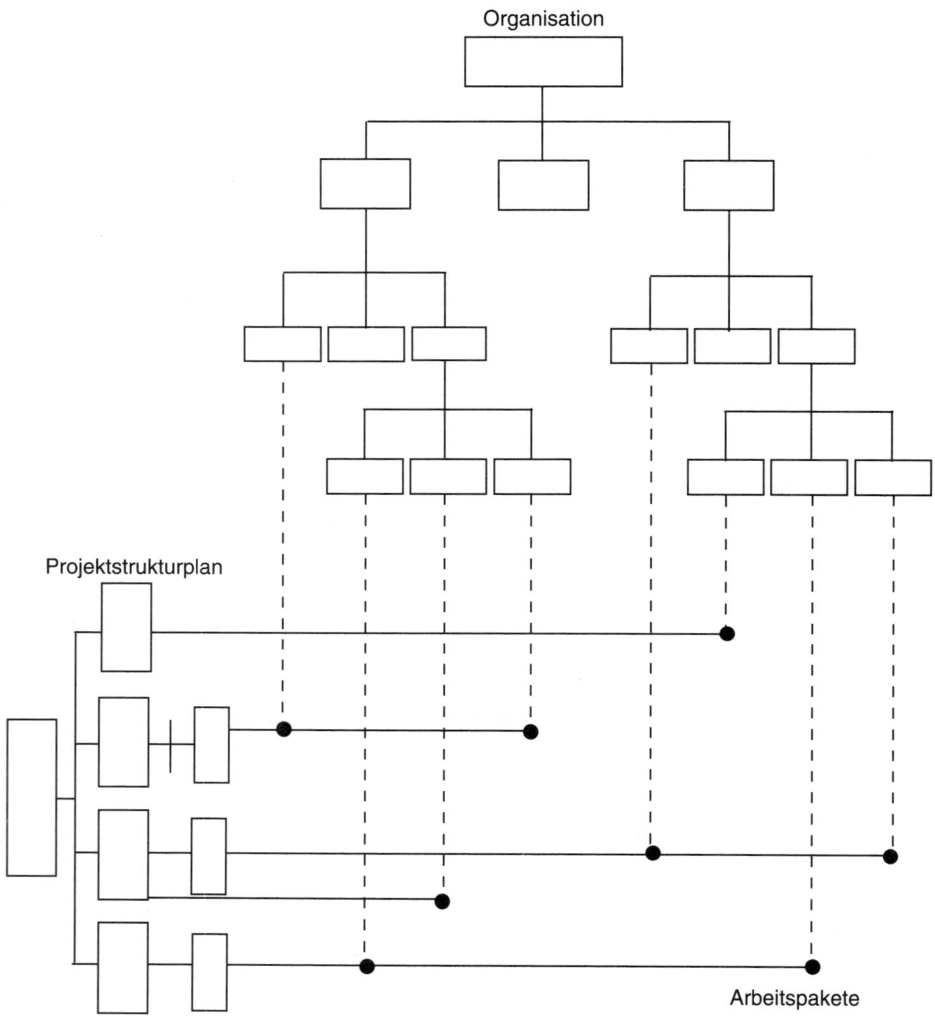

Abb. 3.10: Zusammenhang zwischen Projektstrukturplan und Organigramm

Abschließend sollen noch einmal zusammenfassend die Aspekte aufgezählt werden, aus denen der Nutzen des Projektstrukturplans resultiert.

- Der Projektstrukturplan zerlegt das gesamte Projekt stufenweise in abgestimmte Teilaufgaben und stellt damit sicher, daß alle notwendigen Arbeitspakete erfaßt sind.
- Für die einzelnen Arbeitspakete können die jeweils zu erzielenden Ergebnisse sowie Personal- und Materialeinsatz präzise ermittelt und während der Durchführung genauer kontrolliert werden.

- Der Projektstrukturplan ist eine Hilfe für die Festlegung des Projektablaufplans, das heißt der Folge, in der die einzelnen Arbeitspakete logischerweise abgearbeitet werden müssen.
- Die Unterscheidung in Teilprojekte und Teilaufgaben läßt eine Aufteilung der Projektmanagement-Kompetenz zu.
- Die Zerlegung des Projektes in seine Arbeitspakete ermöglicht die Vergabe dieser Pakete an die verschiedenen Organisationseinheiten.
- Der Projektstrukturplan dient als Basis zur Strukturierung der Projektdokumentation.[11]

3.3.2.2 Projektmanagement mit Standard-Struktur-Plänen

Die Erstellung des Projektstrukturplans ist mühselig und kann, da es sich um eine komplexe Angelegenheit handelt, nur von wenigen, sachkompetenten Mitarbeitern durchgeführt werden.

Oft werden von Projekt zu Projekt ähnliche Aufgabenstellungen unterschiedlich zusammengestellt, obwohl dies die einzelnen Projekte nicht zwingend verlangen. Man erarbeitet sich die Inhalte des Projektstrukturplans, die in ähnlicher Weise schon vorhanden sind und angewandt wurden, neu oder läßt manches, da es drängt, gleich ganz weg.

In Anbetracht dieser Lage bietet es sich an, Strukturpläne zu standardisieren.

Die am Projekt Beteiligten sollten einen maximalen, auf ein komplexes Projekt ausgelegten Standard-Struktur-Plan vorgelegt bekommen, der durch Wegstreichen nicht in Frage kommender Teilaufgaben und Arbeitspakete jeweils auf die Belange des konkreten Projektes reduziert wird (Schubladenplan).

Bei der Ausgestaltung des Standard-Struktur-Plans ist eine überschaubare Darstellung wichtig. Die tabellarische Form wird dieser Anforderung wohl am ehesten gerecht.

Die Rechnerunterstützung bietet sich geradezu an. Die Handhabung wird einfacher und das Projekt, da am Bildschirm verfolgbar, transparenter. Wichtig ist, daß geeignete Voraussetzungen zur Ankopplung an die Kostenrechnung, die Ablaufplanung und (später) damit verbunden die Mehrprojekttechnik gegeben sind.

Der Standard-Struktur-Plan kann den Projektablaufplan nicht ersetzen. Für die erfolgreiche Projektsteuerung ist es erforderlich, daß die Abhängigkeiten der Aufgaben untereinander in Form von Balken- und Netzplänen bekannt sind.

In der Praxis fehlt häufig der logische Zusammenhang zwischen Struktur- und Ablaufplan. Hierbei gibt es unterschiedliche Möglichkeiten:

- Es wird auf einen Ablaufplan verzichtet und der Strukturplan zur Steuerung herangezogen.
- Eine „Übersetzung" vom Arbeitspaket des Strukturplans zur Aufgabe des Ablaufplans besteht nicht oder läßt konfliktträchtige Interpretationen zu.

[11] Vgl. Hirzel: Projektmanagement mit Standard-Struktur-Plänen..., S. 394.

- Struktur- und Ablaufplan sind völlig entkoppelt und werden zur jeweiligen Interpretation des Projektes beliebig herangezogen.
- Der Ablaufplan ersetzt den Strukturplan.

Fallen Strukturplan und Ablaufplan auseinander, entsteht besonders für die Kostenplanung ein fast unlösbares Problem. Es ist schwer zu ermitteln, auf welche Bezugsgröße sich die zu eröffnenden Projektkonten beziehen. Hier wird oft dem Strukturplan, da er zeitlich eher erstellt ist, der Vorzug gegeben. Das Projektmanagement hat so kaum die Möglichkeit, die Kostenentwicklung des Projektes entsprechend dem Projektablauf zu verfolgen. Aus diesen Schwierigkeiten heraus wird es einsichtig, daß bei der Erstellung des Standard-Struktur-Plans besonders auch auf die Verknüpfung mit dem Projektablaufplan geachtet werden muß. Zu erreichen ist dies durch

- detaillierte Arbeitspakete, die unverändert und unmittelbar als Aufgaben beziehungsweise Vorgänge in den Ablaufplan übernommen werden können,
- oder eine „Übersetzungshilfe“, die gewährleistet, daß Arbeitspakete nach Ablaufaspekten in Aufgaben beziehungsweise Vorgänge herunterzubrechen sind.

Empfehlenswert erscheint es daher, für den Projektablaufplan analog zum Standard-Struktur-Plan einen Standard-Prozeß-Plan zu entwickeln und hier Arbeitspakete und Aufgaben identisch auszugestalten. Damit ist die logische Verknüpfung von Projektstruktur und Ablauf gewährleistet. Aus dieser Integration würde sich in letzter Konsequenz ein allgemeiner, umfassender Standard-Projekt-Plan ergeben, der sich beliebig, ohne die Zusammenhänge zu verletzen, hierarchisch (strukturbezogen) oder zeitlich (ablaufbezogen) auffächern ließe.[12]

3.3.3 Strukturierung des Projektablaufs

In der Ablaufplanung werden die logischen Zusammenhänge der definierten Arbeitspakete betrachtet und Abhängigkeiten schaubildlich dargestellt.

Die Ableitung des Ablaufplans aus dem Projektstrukturplan verläuft folgendermaßen: Auf der untersten Ebene des Projektstrukturplans sind die Arbeitspakete des Projektes aufgeführt. Diese müssen zur Erstellung der Ablaufstruktur in Tätigkeitsfolgen und -abhängigkeiten aufgegliedert werden. Die Analyse der Tätigkeitsverknüpfungen sollte in Zusammenarbeit mit den Fachabteilungen erfolgen, zumal diese ja auch später für die Einhaltung des festgelegten Ablaufs verantwortlich sind.

Die Abb. 3.11 zeigt die Entwicklung des Ablaufplans aus dem Projektstrukturplan.

Als Hilfsmittel für die Ablaufplanung dient die Netzplantechnik. Bei einfacheren Aufgaben wird häufig die Tätigkeitsliste für einen Netzplan ohne Rückgriff auf eine Projektstruktur erstellt.

[12] Vgl. Hirzel: Projektmanagement mit Standard-Struktur-Plänen..., S. 397.

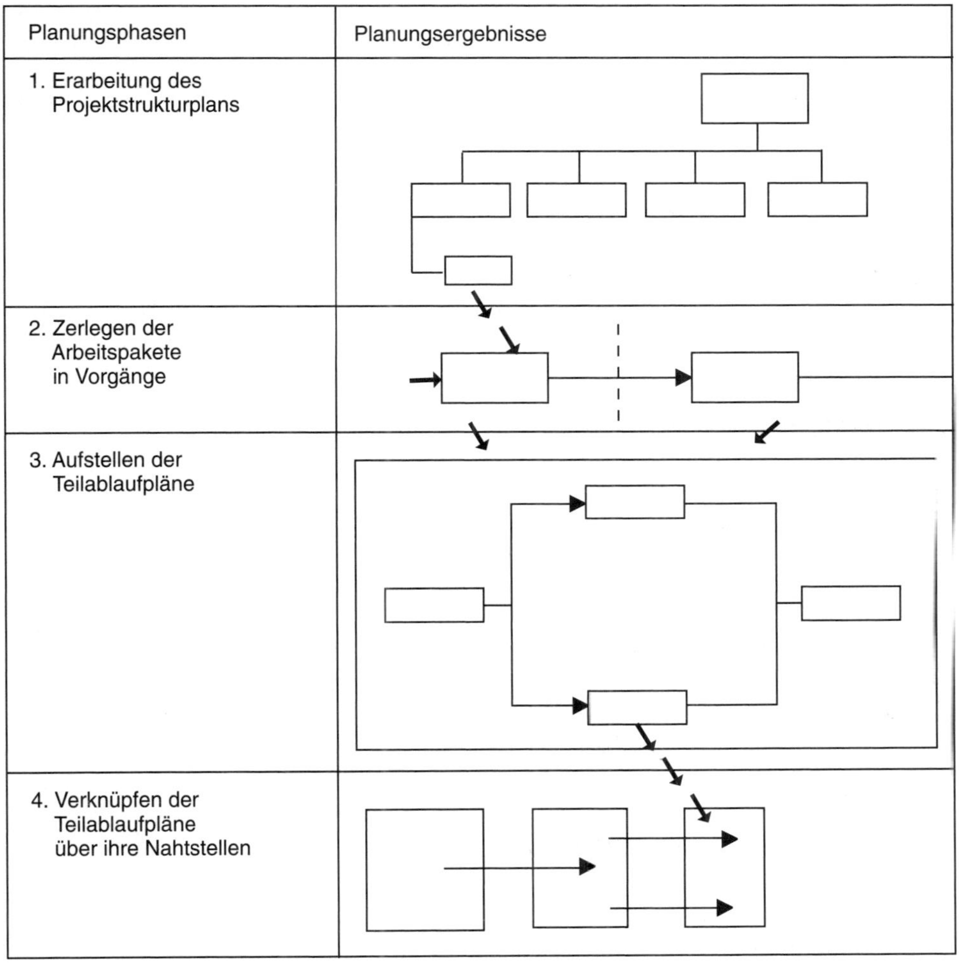

Abb. 3.11: Entwicklung des Ablaufplans

In Abb. 3.12 ist ein Beispiel für eine Arbeitsablaufstruktur dargestellt.

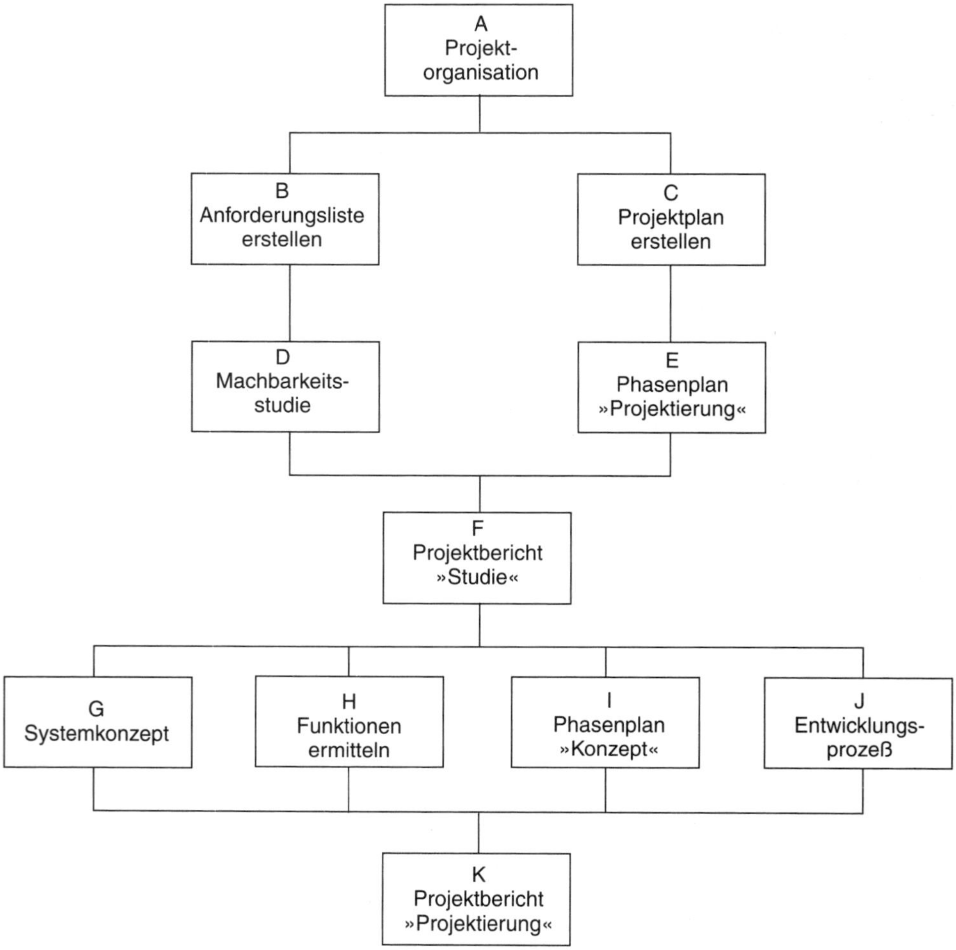

Abb. 3.12: Beispiel einer Arbeitsablaufstruktur

3.3.4 Terminplanung

3.3.4.1 Durchführung der Terminplanung

Unter Termin wird ein Zeitpunkt verstanden (zum Beispiel ein bestimmter Tag). Im Rahmen des Projektmanagements kann zwischen folgenden Terminen unterschieden werden:

- Anfangstermine
- Endtermine
- Stichtag (Termin der aktuellen Betrachtung, time-now-date)
- Meilenstein (Stichtag für ein wesentliches Projektergebnis).

Bei der Durchführung der Terminplanung geht es darum, den Projektablauf zu terminieren, das heißt, für jedes Element des Planungsablaufs muß dessen Zeitdauer geschätzt werden.

Die Dauer bezeichnet den Zeitraum, der zwischen einem Anfangs- und Endtermin einer Tätigkeit liegt. Für realistische Schätzungen ist vorerst für jedes Arbeitspaket der Arbeitsaufwand (zum Beispiel in Mannmonaten oder Arbeitsstunden) zu bestimmen. Die Ermittlung der Dauer für alle Vorgänge setzt eine exakte Beschreibung der jeweiligen Arbeitsumfänge und der zur Erledigung vorgesehenen Hilfsmittel voraus.

Danach ist zu überlegen, wieviele Personen für ein Arbeitspaket eingesetzt werden können, inwiefern diese parallel arbeiten oder auf Zwischenergebnisse innerhalb des Arbeitspaketes angewiesen sind.

Weiterhin stellt sich die Frage, mit welcher Kapazität diese Mitarbeiter dem Projekt zur Verfügung stehen und ob eventuell irgendwelche Wartezeiten oder Fristen bei der Abwicklung des Arbeitspaketes zu berücksichtigen sind.

Die notwendige Dauer einer Tätigkeit läßt sich nur dann realistisch schätzen, wenn man sich gedanklich mit den Bedingungen ihrer Ausführung auseinandersetzt.

Nach der Ermittlung der Zeitdauern für alle Vorgänge kann die Berechnung der Terminsituation erfolgen. Hierbei wird, ausgehend vom geplanten Starttermin des Projektes, zunächst eine Vorwärtsrechnung und dann, vom geplanten Endtermin, eine Rückwärtsrechnung nach genau festgelegten mathematischen Beziehungen durchgeführt. Dadurch erhält man für jeden Vorgang den frühestmöglichen Anfangs- und Endtermin und den spätesterlaubten Anfangs- und Endtermin. Somit wird für die einzelnen Vorgänge bekannt, wann sie durchgeführt werden können und wieviel Puffer bleibt. Ein Puffer ist die Zeitspanne, um die die Lage eines Vorganges verändert werden kann, ohne daß sich dies auf den Endtermin auswirkt.

Ist kein Puffer vorhanden, so handelt es sich um einen kritischen Vorgang. Die Folge der kritischen Vorgänge bildet den kritischen Weg.

Zur Zeitschätzung gibt es zwei verschiedene Möglichkeiten:
- die stochastische und
- die deterministische Zeitschätzung.[13]

Bei der stochastischen Zeitschätzung können Aussagen über die Wahrscheinlichkeit des Einhaltens von Terminen gemacht werden. In der Praxis zeigt sich jedoch, daß hierdurch keine bessere Terminvorhersage erreicht wird. Zudem ist die stochastische Zeitschätzung umständlich, schwierig zu handhaben, hat eine hohe Fehlerhäufigkeit und ist damit kostenungünstig. Aus diesem Grund setzt sich die deterministische Zeitschätzung immer mehr durch.

Für die Zeitschätzung gelten folgende Randbedingungen:

[13] Vgl. Rinza: Projektmanagement..., S. 76.

- Die Zeitdauer ähnlicher Aktivitäten sollte soweit wie möglich früheren Projekten zugrunde gelegt werden (Ähnlichkeitsbildung).
- Die Schätzung sollte frei von Terminvorstellungen sein.
- Zuteilung mit unbegrenzter Kapazität, das heißt es sollte zunächst davon ausgegangen werden, daß genügend Kapazität zur Durchführung der Aktivitäten vorhanden ist.[14]

Die Projektleitung sollte die Zeitschätzung in Zusammenarbeit mit den Mitarbeitern, die die einzelnen Arbeitspakete später bearbeiten, vornehmen. Es muß darauf geachtet werden, daß die Zeitschätzung möglichst realistisch vorgenommen wird und keine Sicherheitszuschläge enthält.

3.3.4.2 Terminplanungstechniken

3.3.4.2.1 Termin

Die Termine sind eine einfache Auflistung aller Aktivitäten mit den geschätzten Dauern und den Start- und Endterminen für jede Aktivität.

Zudem kann die Terminliste mit den Start- und Endterminen versehen werden, die tatsächlich erreicht wurden.

Diese Art der Terminplanung bereitet nur einen geringen Arbeitsaufwand und ist, da keine weiteren Hilfsmittel benötigt werden, mit geringen Kosten verbunden. Dieses Verfahren ist allerdings nur für übersichtliche Projekte geeignet, bei denen die Vorgänge nur wenig miteinander verknüpft sind.

3.3.4.2.2 Balkendiagramm

Zunächst entspricht das Balkendiagramm der Terminliste, stellt jedoch die geplanten Dauern pro Aktivität als Balken dar.

Im Balkendiagramm sind gegenseitige Abhängigkeiten der Tätigkeiten nur beschränkt darstellbar oder fehlen überhaupt. Bei Planungsänderungen werden sie dann leicht übersehen. Für Projekte, deren Vorgänge wenig miteinander verknüpft sind, genügt diese Planungsmethodik nach wie vor.

Einer der Hauptvorteile ist die gute Lesbarkeit aufgrund des direkten Zeitbezugs.

Beim Balkendiagramm werden über eine Zeitachse die einzelnen Vorgänge aufgetragen, wobei die Zeitdauer in diese Zeitachse als Balken eingetragen wird. In der Darstellung gibt es eine Vielzahl von Varianten, es kann beispielsweise der Bearbeitungsstand am Balken vermerkt werden, wodurch es zusätzlich möglich ist, wichtige Meilensteine einzutragen. In geringem Maße kann auch die Verknüpfung der einzelnen Vorgänge untereinander kenntlich gemacht werden. Eine sinnvolle Erweiterung des Balkendiagramms sind die Qualifizierung und Quantifizierung des Balkens.

[14] Vgl. Schmitz: Projektplanung..., S. 72.

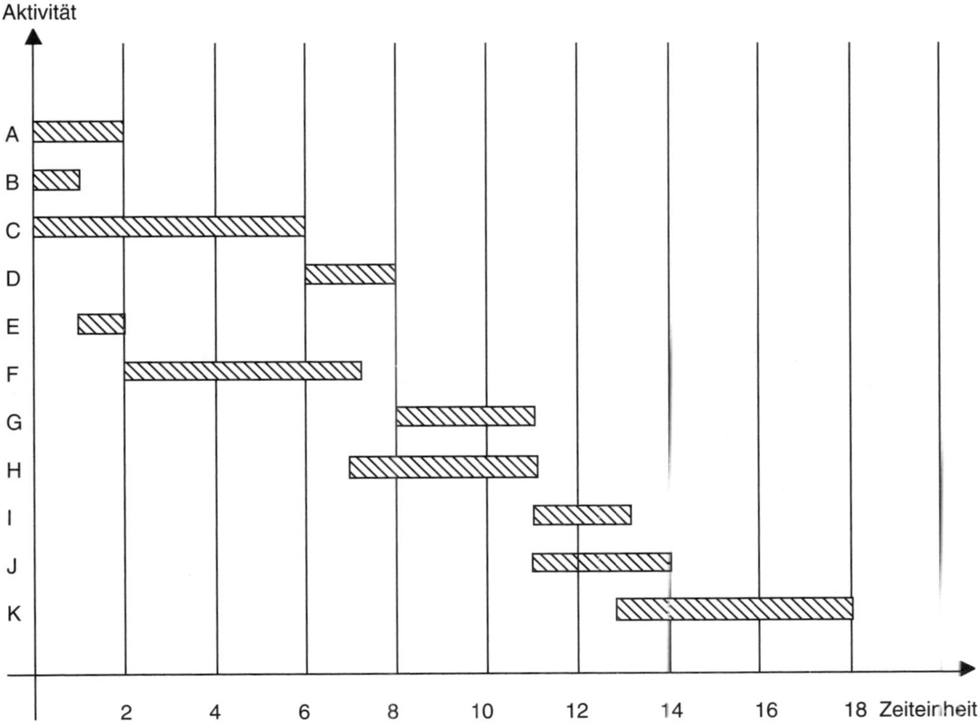

Abb. 3.13: Balkendiagramm

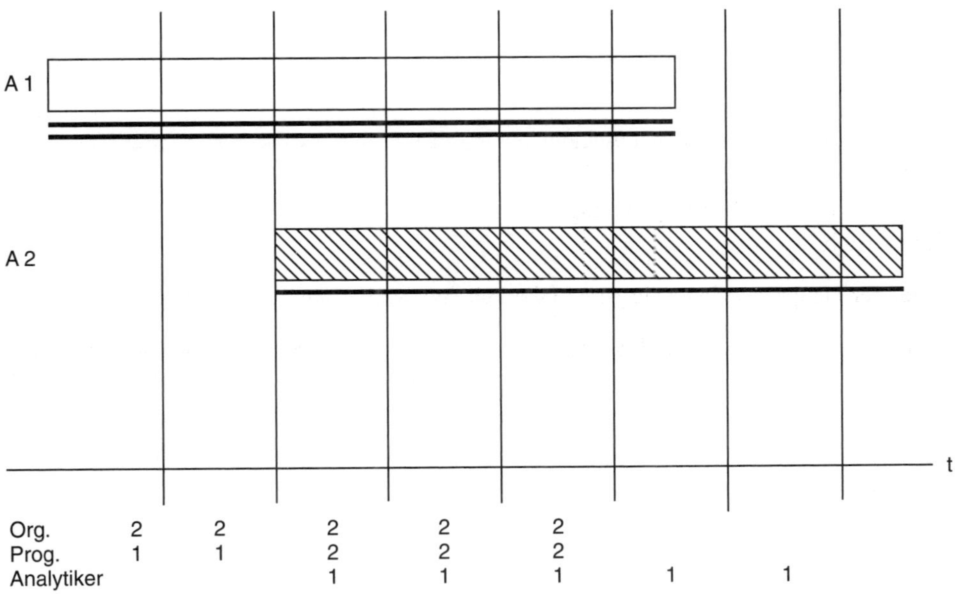

Abb. 3.13a: Erweiterung des Balkendiagramms

3.3.4.2.3 Netzplantechnik

Die Begriffe Netzplantechnik und Netzplan werden laut DIN 69900 wie folgt definiert:

„Die Netzplantechnik umfaßt Verfahren zur Projektplanung und -steuerung. Der Netzplan ist die graphische Darstellung von Ablaufstrukturen, die die logische und zeitliche Aufeinanderfolge von Vorgängen veranschaulichen.“[15]

Da in Projekten vorrangig Tätigkeiten voneinander abhängen und mit Zeitaufwand verbunden sind, ist die zweckmäßigste Art zur Darstellung solcher Verknüpfungen und zur Bestimmung von Terminen der Netzplan.

Es existieren verschiedene Netzplantechnik-Verfahren, die sich vor allem durch die Darstellungsart unterscheiden. Bei der Darstellung eines Projektes in Netzplanform benötigt man funktionale (Vorgang, Ereignis, Anordnungsbeziehungen) und formale Elemente (Knoten, Pfeile). Durch die Zuordnung der funktionalen zu den formalen Elementen erhält man drei Netzplan-Verfahren:
- Vorgangspfeilnetz (VPN),
- Vorgangsknotennetz (VKN),
- Ereignisknotennetz (EKN).

In der Praxis zeigt sich heute die Tendenz, Vorgangsknotennetze anzuwenden, da diese gegenüber den beiden anderen Verfahren folgende Vorteile aufweisen:
- Die Darstellung der Vorgänge ist einfacher.
- Alle Informationen über einen Vorgang sind in einem Knoten enthalten.
- Die Netzplanänderung ist einfacher, denn bei Änderung der Logik müssen nur die Pfeile korrigiert werden.
- Die Scheintätigkeiten entfallen.
- Die Vorgangsnummern einer Tätigkeit können eindeutig auf den Strukturplan bezogen werden.
- Es sind mehrere Anordnungsbeziehungen (zum Beispiel Überlappung) darstellbar.

Demgegenüber ergeben sich allerdings folgende Nachteile:
- Ereignisse sind nicht mehr klar erkennbar. Der Netzplan kann nur eingeschränkt mit einer Zeitachse kombiniert werden und wird daher unübersichtlicher.
- Die Gründe für die Minimal- beziehungsweise Maximalbestände der Vorgangsart sind nicht klar erkennbar.[16]

Ausgehend von diesen Kriterien finden Vorgangsknotennetze häufig bei Vorhaben Anwendung, bei denen sich beeinflussende Arbeitsgänge teilweise parallel ablaufen können (zum Beispiel Planung von Industrieanlagen). Bei Projekten, die abgeschlossene Arbeitsgänge für den Beginn der folgenden Vorgänge voraussetzen, werden überwiegend Vorgangspfeilnetze verwendet (zum Beispiel Herstellung von Teilen).

[15] DIN: DIN 69900, Netzplantechnik, Deutscher Normenausschuß, Frankfurt 1983.
[16] Vgl. Schmitz: Projektplanung..., S. 66f.

Aus Kostengründen und zum besseren Verständnis des Verfahrens sollte in einer Unternehmung nur eine Methode eingeführt und verwendet werden.

Der Netzplan wird aus dem Projektstrukturplan entwickelt, indem die Arbeitspakete der untersten Strukturplanebene in ihre einzelnen Vorgänge zerlegt werden. Anschließend werden die Aufgaben, die zeitlich nacheinander oder parallel verlaufen, in ihren Beziehungen zueinander so dargestellt, daß für jedes Aufgabenpaket sogenannte Teilnetze entstehen. Nach dieser analytischen Phase werden die einzelnen Teilnetze zu einem Gesamtnetzplan zusammengeführt.

Dieses Vorgehen ist aus Abschnitt 3.3.3 bereits bekannt, da die Netzplantechnik, wie erwähnt, als Hilfsmittel für die Ablaufplanung dient. Der Netzplan bildet ein graphisches Modell des Projektablaufs. Somit stellt Abb. 3.12 einen Vorgangsknoten-Netzplan dar.

Abb. 3.14 zeigt dagegen einen Vorgangspfeil-Netzplan mit kritischem Weg.

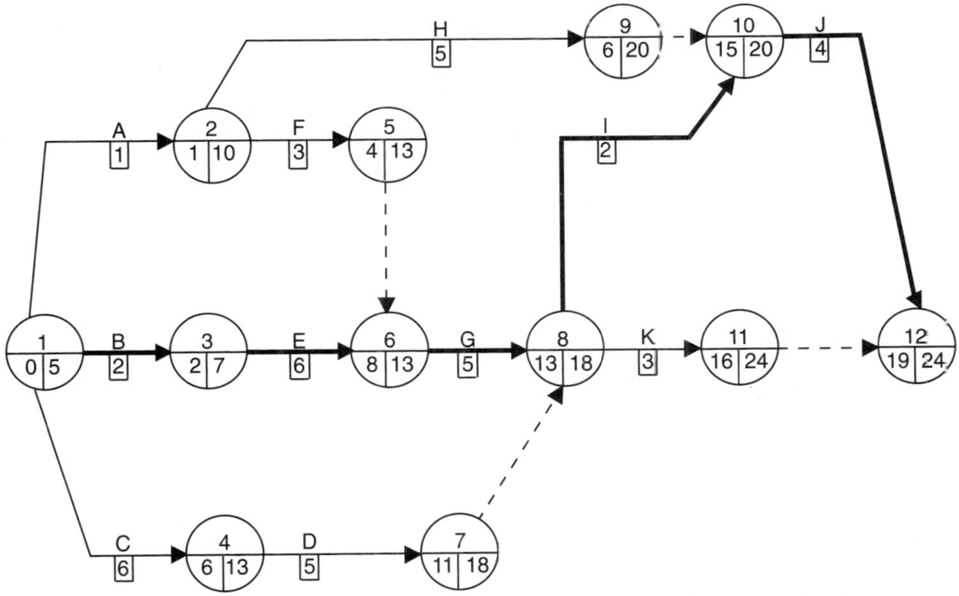

Abb. 3.14: Netzplan mit kritischem Weg

3.3.4.2.4 Vor- und Nachteile der Terminplanungstechniken

1. Terminliste

Vorteile:
- keine speziellen Kenntnisse erforderlich
- einfach
- schnell zu erstellen.

Nachteile:
- nicht geeignet für größere Projekte
- Darstellung von Abhängigkeiten nicht möglich
- wird schnell unübersichtlich.

2. Balkendiagramm

Vorteile:
- weit verbreitet und weitgehend verständlich
- sehr übersichtlich
- schnell zu erstellen
- geeignet für kleine und mittelgroße Projekte
- zeigt zeitliche Parallelen auf.

Nachteile:
- Änderungsaufwand kann sehr groß werden
- Übersichtlichkeit nur bei Planungszeiträumen von mindestens einer Woche gegeben.

3. Netzplantechnik

Vorteile:
- stellt zeitliche und sachliche Abhängigkeiten dar
- Zuordnung von Mitarbeitern und Kosten zu einzelnen Aufgaben im Sinne der Verknüpfung möglich
- unterschiedliche Auswertungsmöglichkeiten
- kann durch EDV unterstützt werden.

Nachteile:
- Änderungsaufwand bei manueller Anwendung sehr groß
- Schulungsaufwand erforderlich
- für die meisten EDV-Projekte überdimensioniert.

3.3.4.3 Zeitoptimierung

„Zweck der Berechnung der Terminsituation ist es, kritische Wege im Netzplan zu erkennen und hieraus resultierend Möglichkeiten für Zeitdauerverkürzungen für die kritischen Tätigkeiten zu finden."[17]

Um dies zu erreichen, kann der Ablauf des Netzplans geändert oder der Zeitbedarf einzelner kritischer Vorgänge gekürzt werden.

Die Zeit, die eine Tätigkeit beansprucht, ist immer von der dafür zur Verfügung stehenden Kapazität abhängig. Aus diesem Grund sollte möglichst bereits zu Beginn eines Projektes feststehen, ob
- das Projekt mit einer begrenzt zur Verfügung stehenden Kapazität durchgeführt oder ob
- aufgrund von Prioritäten für die Durchführung des Projektes eine größere Kapazität bereitgestellt werden soll.

Auch im letztgenannten Fall gibt es eine natürliche Grenze zur Verkürzung der Zeitdauer einer Aktivität. Aus technologischen, verfahrenstechnischen oder sonstigen Gründen ist eine

[17] Schmitz: Projektplanung..., S. 77.

Verkürzung über diese Grenze hinaus nicht mehr vertretbar oder undurchführbar. Diese Erkenntnis muß bei der Zeitplanung immer beachtet werden. „In Grenzfällen vorgegebener extrem kurzer Entwicklungszeiten kann die Planung daher durchaus zu dem Ergebnis kommen, daß das Projekt nicht durchführbar ist.“[18]

3.3.5 Kapazitätsplanung

3.3.5.1 Grundsätzliches zur Kapazitätsplanung

Bei der Durchführung von Projekten ist häufig zu beobachten, daß sie unter Termin- und/ oder Kostendruck geraten, weil personelle, maschinelle oder materielle Engpässe vorhanden sind. Die Gründe dafür sind vielschichtig. Es werden gleichzeitig mehrere Projekte bearbeitet, dringliche Aufgaben der Linie werden vorgezogen oder es wurde nicht sorgfältig geplant.

Die Kapazitätsplanung soll derartige Engpässe im voraus feststellen, damit Gegenmaßnahmen bereits in der Planungsphase eingeleitet werden können. Falls keine Engpässe vorhersehbar sind, dient die Kapazitätsplanung einer optimalen Auslastung der Einsatzmittel, das heißt Spitzenbelastung und Unterbelastung können ausgeglichen werden.

„Die Kapazitätsplanung beinhaltet in erster Linie die Ermittlung des Aufwandes, der erforderlich ist, um den einzelnen Vorgang (Aktivität) fertigzustellen.“

Somit steht bei der Analyse der Kapazitäten die Ermittlung der während der Projektlaufzeit benötigten Ressourcen, und zwar bezüglich Qualität und Quantität, auf dem Plan. Weichen die erforderlichen Ressourcen von den vorhandenen ab, muß entweder das Angebot an Ressourcen erhöht oder der Projektablauf umgestellt werden.

3.3.5.2 Belastungsdiagramm

Die Hilfsmittel der Kapazitätsplanung sind einerseits methodischer und andererseits führungsmäßiger Art.

Zum Balkendiagramm und zum Netzplan kommt bei der Planung der Kapazitäten das Belastungsdiagramm hinzu.

Liegt für jede Tätigkeit in einem Netzplan eine Schätzung des Arbeitsaufwands vor, kann durch einfache Aufrechnung die Gesamtbelastung eines Projektes ermittelt werden.

Abb. 3.15 zeigt ein zu den Abbildungen 3.13 und 3.14 gehörendes Belastungsdiagramm (dabei wird angenommen, daß sich der Arbeitsaufwand einer Tätigkeit gleichmäßig über deren Dauer aufteilt).

[18] Schmitz, a.a.O., S. 77.

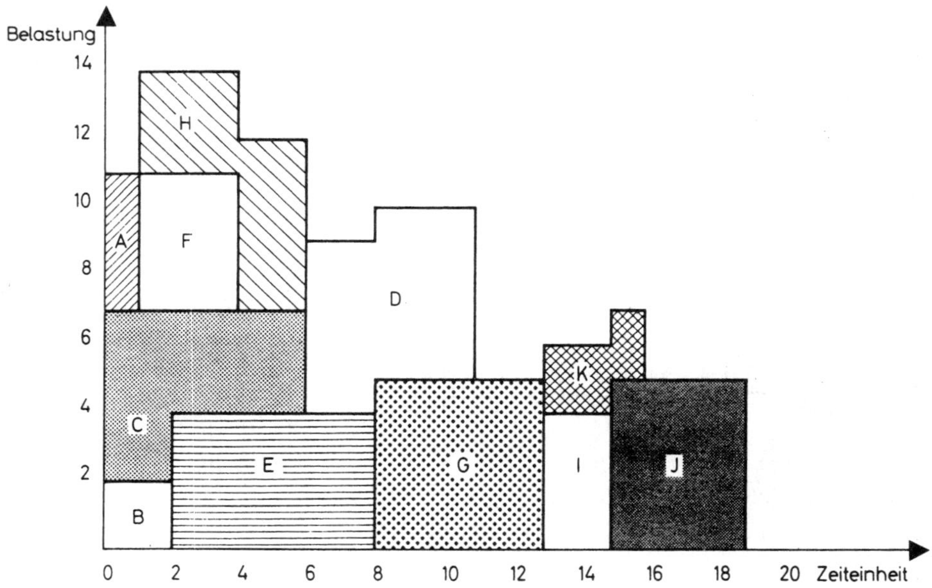

Abb. 3.15: Belastungsdiagramm

3.3.5.3 Schritte der Kapazitätsplanung

Als erster Schritt muß definiert werden, welche Aufgabenpakete des Projektes oder welche Vorgänge des Ablaufplans welche Kapazitätsarten verlangen. Im zweiten Schritt ist festzustellen, wie hoch der jeweilige zur Erlangung eines Aufgabenpaketes oder Vorgangs notwendige Kapazitätsbedarf ist. Anschließend werden alle Kapazitätsanforderungen hochgerechnet, um den Gesamtbedarf mit der vorhandenen Kapazität vergleichen zu können. Dieser Soll-Ist-Vergleich führt in aller Regel zu der Erkenntnis, daß die geforderte Kapazität höher ist als die vorhandene, daher muß im Anschluß ein Kapazitätsausgleich erfolgen. Das Ziel eines solchen Ausgleichs ist es, einen akzeptablen Kompromiß zwischen geforderter Sollkapazität und vorhandener Istkapazität zu erreichen. Daher gilt es zunächst einmal, die auftretenden Kapazitätsspitzen zu glätten. Dafür sind verschiedene Maßnahmen erforderlich:

- Verschiebung und/oder zeitliche Dehnung von nicht kritischen Aktivitäten innerhalb der vorgegebenen Pufferzeiten.
- Einstellung von neuem Personal.
- Personalverschiebung innerhalb des Bereichs oder des Unternehmens.
- Verschiebung und/oder zeitliche Dehnung von kritischen Aktivitäten unter Inkaufnahme einer Verschiebung des Endtermins.
- Auftragsvergabe an Fremdfirma.[19]

Abb. 3.16 zeigt für das Beispiel in Abb. 3.15 das Resultat eines Kapazitätsausgleichs.

[19] Vgl. Schmitz: Projektplanung..., S. 80.

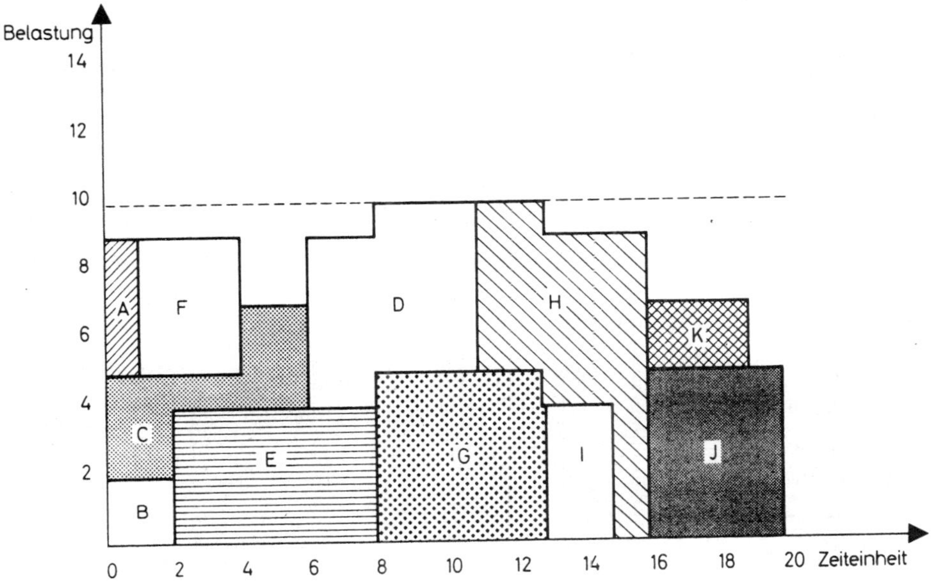

Abb. 3.16: Kapazitätsausgleich (Belastungsausgleich)

3.3.6 Wechselwirkung zwischen Termin- und Kapazitätsplanung

Obwohl getrennt betrachtet, lassen sich Termin- und Kapazitätsplanung in der Praxis nicht auseinanderreißen, da sie sich gegenseitig beeinflussen. Sie sind als iterativer Prozeß zu sehen, der als Ziel die Optimierung von gewünschtem Endtermin zu verfügbarer Kapazität anstrebt.

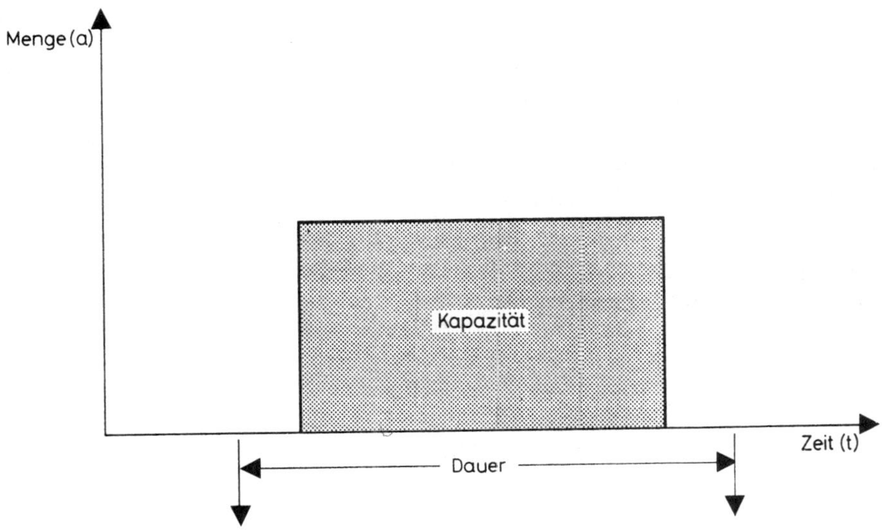

Abb. 3.17: Wechselwirkung zwischen Termin- und Kapazitätsplanung

3.3.7 Aufwandsschätzung

3.3.7.1 Einbindung der Aufwandsschätzung in das Projektmanagement

Die Aufwandsschätzung bildet im Rahmen des Managements von Projekten die Grundlage der Kapazitäts- und Terminplanung. Ein weiteres Einsatzgebiet ist die Unterstützung der Investitionsentscheidungen während des Projektablaufs (Kalkulation der Kosten, Kosten-Nutzen-Analyse, Entscheidung über Selbsterstellung oder Fremdbezug von Gesamt- oder Teilleistungen). In der Aufwandsschätzung sind vorrangig jene Ressourcen (zum Beispiel Personal- und Rechenzeitbedarf) zu betrachten, die die Gesamtkosten des Projektes überwiegend bestimmen beziehungsweise für die Projektabwicklung einen Engpaß darstellen.

Bei der Aufwandsermittlung im Rahmen von Projekten tauchen in der Hauptsache folgende Problemfelder auf:
- häufig ungenügende Zieldefinition,
- schwer quantifizierbare Einflüsse,
- hoher Innovationsgrad,
- Änderung der Randbedingungen.

Ausgangsbasis der Aufwandsschätzung sind die vereinbarten Projektziele. Da auf diesem Ergebnis die nachfolgenden Investitionsentscheidungen und die Auswahl von Realisierungsalternativen basieren, kann so ein iterativer Prozeß aus Zielformulierung, Aufwandsermittlung und Durchführbarkeitsüberlegungen ablaufen. Dieser Vorgang wird so lange durchlaufen, bis die für den Auftraggeber optimale, aber auch unter gegebenen Restriktionen durchführbare Nutzen-Aufwand-Relation erreicht ist.[20]

Die bisherigen Ausführungen gelten nicht nur für den Projektbeginn (also für das Gesamtprojekt und dessen Grobplanung), sondern auch für alle Fein- und Detailplanungen während der Projektdurchführung.

Natürlich verringert sich der Rahmen, innerhalb dessen Eingriffe ins Zielsystem möglich sind, mit der Detaillierungsstufe erheblich. Auf der untersten Ebene kann häufig nur noch überprüft werden, ob der geschätzte Aufwand bei vorgegebener Kapazität in der geplanten Zeit zu erbringen ist oder ob das Terminziel geändert beziehungsweise die Kapazität angepaßt werden muß.

Die erste Aufwandsschätzung erfolgt im Projektverlauf in aller Regel bereits nach der Vorstudie, da zur Entscheidungsfindung schon Aussagen über benötigte Mitarbeiter, Dauer und Kosten vorliegen müssen.

Dabei muß allen Beteiligten klar sein, daß diese, in diesem frühen Stadium der Entwicklung abgegebenen Werte nicht absolut verbindlich sein können. Spätestens bei Beginn einer neuen Phase sind die vorhandenen Schätzwerte zu überprüfen und wenn nötig zu korrigieren.

[20] Vgl. Platz: Projektmanagement..., S. 162.

Darüber hinaus sollte die Überprüfung der Korrektheit der Schätzwerte der Kapazitätsplanung im Rahmen der Projektsteuerung immer dann erfolgen, wenn die Rückmeldung auf größere Abweichungen zwischen Schätzung und tatsächlich benötigtem Aufwand hinweisen.

Es ist hervorzuheben, daß die spezielle Vorgehensweise der Aufwandsermittlung auf den jeweiligen Schätzpunkt abzustimmen ist. Besonders wichtig sind dabei Informationsbedarf und -nutzung, das heißt, die benötigten Informationen sollten mit ausreichender Sicherheit bestimmbar sein und das vorhandene Wissen muß optimal genutzt werden. Es ist beispielsweise gefährlich, ein für die Grobplanung geeignetes Aufwandsschätzverfahren auch unverändert für Detailplanungen zu verwenden, weil dann möglicherweise Informationen, die während der Projektdurchführung anfallen, nicht mehr berücksichtigt werden.

Im Normalfall wird in den Anfangsphasen eines Projektes eher auf Vorgehensweisen zurückgegriffen, die über die Verwendung und algorithmische Verarbeitung früh bestimmbarer Indikatoren zu einer Gesamtprojektschätzung gelangen (zum Beispiel das Function-Point-Verfahren).

Liegen aber detaillierte Informationen über die im Rahmen der Projektabwicklung durchzuführenden Arbeitspakete vor, ist es meistens sinnvoller, diese unter Nutzung von Expertenwissen direkt zu schätzen.

3.3.7.2 Verfahren der Aufwandsschätzung

3.3.7.2.1 Allgemeines Schema zur Vorgehensweise bei der Aufwandsschätzung

Nach diesem Schema sind die in der Literatur und Praxis vorgestellten Verfahren zur Aufwandsermittlung im wesentlichen gestaltet. Dies gilt vom intuitiven Analogieschluß des erfahrenen Experten bis hin zum streng determinierten Algorithmus. Im Einzelfall können jedoch bestimmte Elemente unberücksichtigt bleiben.

Nach der Aufgabenstrukturierung müssen die für den Aufwand relevanten Einflußfaktoren bestimmt und in ihrer Wirkung abgeschätzt werden sowie ihre Ausprägungen bestimmt werden (= „prognostische Information"). Danach wird untersucht, wie sich die Faktorenausprägung bei Vergleichsobjekten ausgewirkt hat (= „faktische Information"). Ebenfalls wird jetzt der zu erwartende Aufwand ermittelt. Durch Soll-Ist-Vergleich und Abweichungsanalyse sollten spätere Schätzungen bezüglich der Faktorzusammenstellung und -auswirkung ständig aktualisiert werden.

Dem Anwender wird durch die Verwendung „fertiger" Verfahren mehr oder weniger Arbeit erspart. Die Einflußfaktoren sind meist vorgegeben; der Anwender muß sie nur noch innerhalb einer Bandbreite oder durch Auswahl aus bestimmten Werten quantifizieren. Dabei ist zu beachten, daß die ausgewählten Faktoren und deren Verarbeitung den Bedingungen im Unternehmen entsprechen.

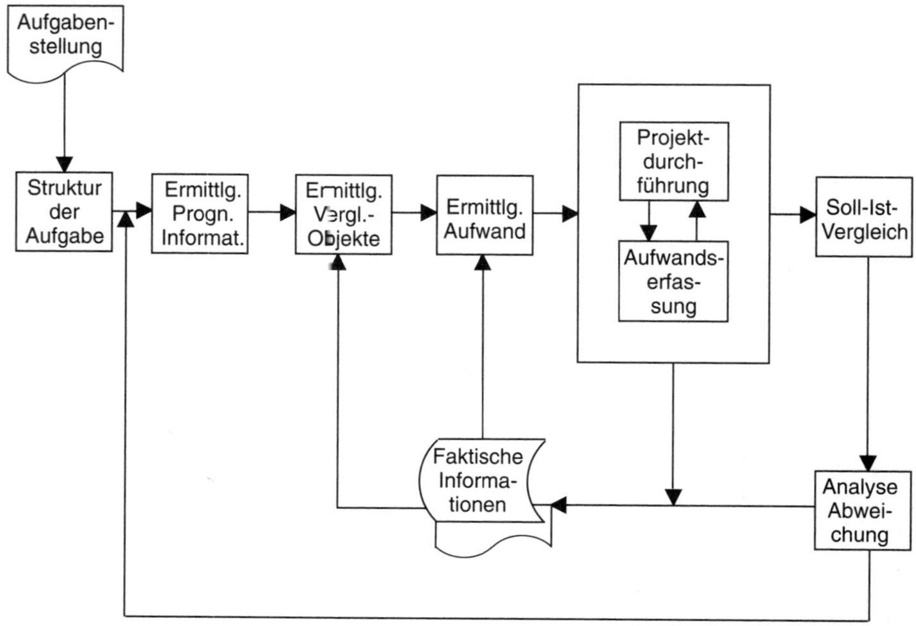

Abb. 3.18: Allgemeines Schema zur Vorgehensweise bei der Aufwandsschätzung

Ein Aufwandsschätzverfahren sollte Elemente der Analogie mit den Prinzipien der Objektivität und Reproduzierbarkeit verbinden.

Neuere Ansätze basieren oft auf einer Mischung mehrerer Methoden; dadurch sollen die Nachteile eines Typs mit den Vorteilen der anderen kompensiert werden. Die Einordnung eines bestimmten Verfahrens ist nicht immer leicht, da oft Mischformen aus mehreren Gruppen vorliegen.

Eine Klassifikation von Schätzverfahren[21, 22] kann z.B.

- nach der Anzahl der Phasen, die abgedeckt werden:
  - für Einzelaktivitäten,
  - für die Programmierung,
  - für Detailentwurf und Programmierung,
  - für den gesamten Entwicklungsprozeß,
- nach der theoretischen oder praktischen Absicherung:
  - unternehmensspezifische Verfahren,
  - unternehmensunabhängige Praxisverfahren,
  - wissenschaftlich fundierte Verfahren,

[21] Vgl. Noth/Kretschmar: Aufwandsschätzung von DV-Projekten, Berlin 1987.
[22] Vgl. Knöll, H.-D.; Busse, J.: Aufwandsschätzung von Softwafe-Projekten in der Praxis, 191.

– nach dem Verwendungszweck
  - zur Unerstützung der Investitionsenscheidungen
    z. B.: Kalkulation der Softwarekosten,
    Kosten-Nutzenanalyse,
    Eigen-/Fremdentwicklung,
  - zur Ermittlung von Plangrößen
    - ★ für das gesamte Projekt
      z. B.: Kapazitätsplanung,
      Terminplanung,
      Finanzplanung,
    - ★ für Abschnitte des Projektes

erfolgen.

Bei den Kostenschätzverfahren wird unterschieden in

– Expertenschätzung (1 Person)
  Ein Mitarbeiter (meist der Projektleiter) macht auf Grund seiner Erfahrung einen „educated guess". Diese Art der Aufwandsschätzung hängt allein von einer Person, ihrem Wissen und Glück ab. Sie kann oft zu katastrophalen Fehlschätzungen führen.
– Expertenschätzung (mehrere Personen)
  - klassische Delphimethode
    keine Diskussion unter Experten
  - Breitband Delphimethode
    Diskussion unter Experten

In einer Gruppe von Experten gibt jeder eine Schätzung mit einer Begründung ab. Nach Austausch dieser Informationen innerhalb der Gruppe kann jeder seine Schätzung ändern, bis man zu einem einheitlichen Schätzergebnis kommt. Hier werden zwar einzelne Schätzungen relativiert, jedoch treten zusätzlich gruppendynamische Probleme auf, die das Ergebnis verfälschen können (die „siegreichen" Schätzungen und Argumente sind nicht unbedingt die richtigen, sondern die, die von den durchsetzungsfähigsten bzw. mächtigsten Gruppenmitgliedern stammen).

– Berechnungsmethoden
  Algorithmen zur Ermittlung von Schätzwerten auf Basis von Eingangsgrößen.

3.3.7.2.2 Analogiemethode

Das zu untersuchende Projekt wird mit bereits abgeschlossenen Projekten verglichen. Dies geschieht auf der Grundlage der Faktoren, die den Erstellungsaufwand beeinflussen. Es sollen Projekte herangezogen werden, die unter ähnlichen Anforderungen und Voraussetzungen realisiert wurden.

Der in der Vergangenheit angefallene Aufwand ist für Unterschiede in Aufgabenstellung und Realisierungsbedingungen entsprechend anzupassen. Dabei dient nur die Erfahrung des Schätzers als Grundlage.

Bei neueren Schätzverfahren wird zum Projektvergleich die Mustererkennungstheorie herangezogen, die den Ablauf formalisiert und somit Fehlerquellen reduziert.

Die Analogiemethode läßt die Forderung nach Objektivität und Nachvollziehbarkeit der Schätzung außer acht. Die erhobenen Daten sind deshalb auch für Dritte nur schwer zu übernehmen.

3.3.7.2.3 Relationenmethode

Bei diesem Verfahren wird das zu schätzende Projekt, ebenso wie bei der Analogiemethode, mit ähnlichen Projekten verglichen. Der Unterschied liegt in der Vorgehensweise bei der Aufwandsanpassung. Während diese bei der Analogiemethode dem Kalkulierenden allein überlassen bleibt, ist die Relationsmethode durch einen formalisierten Ablauf gekennzeichnet.

Wird die Relationsmethode konsequent durchgeführt, bleibt die „Erfahrungsnutzung" des Experten auf die Faktorenbewertung und auf die Auswahl der Vergleichsobjekte beschränkt.

3.3.7.2.4 Multiplikatormethode (Aufwand-pro-Einheit-Methode)

Bei dieser Methode ist das Projektergebnis zuerst in Teilprodukte (zum Beispiel Module eines DV-Systems) zu gliedern. Dann wird die Gesamtzahl dieser Teilprodukte mit einem definierten Aufwand pro Teilprodukt multipliziert, um den Gesamtaufwand zu erhalten. Der Aufwand pro Teilprodukt wird meist durch die Analyse vorangegangener Produkte ermittelt. (Beispiel: Leistung eines Programmierers: 200 Lines-of-Code/Monat; Schätzung für die Aufgabe: 400 LoC = Kapazität: 2 Mitarbeitermonate).

Die Objektivität der Schätzung wird erheblich dadurch beeinträchtigt, daß die Multiplikatormethode keine Hilfestellung für das spezielle Problem der Bestimmung der Teilproduktanzahl liefert.

Ein weiterer Mangel der Methode liegt in dem vermuteten linearen Zusammenhang zwischen der Anzahl der Teilprodukte und dem Erstellungsaufwand. Die meisten empirischen Untersuchungen kommen zu dem Ergebnis, daß der Erstellungsaufwand mit einer Zunahme der Systemgröße überproportional steigt. Dies läßt sich durch die höhere Komplexität und durch den steigenden Koordinierungs- und Kommunikationsaufwand bei der Durchführung größerer Projekte erklären.[23]

3.3.7.2.5 Gewichtungsmethode

Bei diesem Verfahren muß zunächst ein System derjenigen Faktoren erstellt werden, die den Aufwand entscheidend beeinflussen. Diese Faktoren sind objektiv (zum Beispiel Vorliegen bestimmter Bedingungen) oder subjektiv (zum Beispiel Personalqualität) zu bewerten. Einer

[23] Vgl. Platz: Projektmanagement..., S. 156.

solchen Bewertung liegen entsprechende Wertparameter zugrunde, welche den zu erwartenden Gesamtaufwand nach vorgegebener mathematischer Verknüpfung liefern sollen.

Diese algorithmische Verarbeitung mit meist dimensionslosen Werten ist als alleinige Schätzgrundlage sehr skeptisch zu betrachten. Häufig basiert die Rechenformel auf empirischen und damit nicht immer nachvollziehbaren Daten. Sie ermöglicht kaum eine Lokalisierung der Fehler im Rahmen eines Soll-Ist-Vergleichs und läßt sich nur schwer an geänderte Entwicklungsbedingungen anpassen.

Innerhalb eines Verfahrens wird man kaum ohne mathematische Verarbeitung von qualitativen Bewertungen auskommen, doch sollten die beschriebenen Probleme berücksichtigt und dementsprechende Vorkehrungen (zum Beispiel die getrennte Schätzung von Projektteilen) getroffen werden, so daß wenigstens von Ebene zu Ebene eine Fehlererkennung und Anpassung möglich wird.

3.3.7.2.6 Parametrische Schätzgleichungen

Hier wird versucht, mit Hilfe von Korrelationsanalysen Einflußfaktoren zu finden, deren wertmäßige Ausprägung in einem engen Zusammenhang mit dem angefallenen Aufwand steht. Eine solche Untersuchung muß an einer größeren Anzahl von abgeschlossenen Projekten für eine Vielzahl von Einflußfaktoren durchgeführt werden. Je homogener die Projektstruktur ist, desto geringer wird die Streubreite des Ergebnisses ausfallen. Aus den Faktoren mit der höchsten Korrelation wird eine Gleichung erstellt, in welcher der Einfluß des jeweiligen Faktors durch den Koeffizienten ausgedrückt wird.

Unter Voraussetzung einer geeigneten Datenbasis besteht ein Vorteil dieses Verfahrens im engen Zusammenhang zwischen Schätzobjekt und Schätzgrundlage. Die Einbeziehung eines überdurchschnittlichen Innovationsgrades und einer sich schnell ändernden Umgebung stellt sich als Problem der parametrischen Schätzung dar.[24]

3.3.7.2.7 Prozentsatzmethode

Als einzige Information aus vorangegangenen Projekten wird bei der Prozentsatzmethode die durchschnittliche Aufwandsverteilung auf die einzelnen Phasen des Prozesses verwendet. Der Gesamtaufwand kann deswegen auf zwei Arten prognostiziert werden:

- Eine Phase des Projektes wird abgeschlossen und von dem dort angefallenen Aufwand wird der Gesamtaufwand hochgerechnet.
- Eine Phase wird detailliert geschätzt und von diesem Teilaufwand wird auf den zu erwartenden Gesamtaufwand geschlossen.

Da von relativ kleinen Einheiten (ca. 10–20 %) auf die Gesamtheit geschlossen wird, beinhaltet diese Vorgehensweise zusätzlich in hohem Maße die Gefahr einer Fehlermultiplikation. Zudem wirken Fehler, die in einer Phase auftreten, in dieser aufwandsreduzierend, in allen

[24] Vgl. Platz: Projektmanagement..., S. 167.

anderen Phasen jedoch stark aufwandserhöhend. Sehr deutlich zeigt sich hier die Schwäche einer derartigen Hochrechnung. Die Prozentsatzmethode wird daher im allgemeinen nur zur Plausibilitätskontrolle für eine bereits durchgeführte Schätzung und als Frühwarnsignal während der Projektdurchführung verwendet.[25]

3.3.7.2.8 Das Function-Point-Verfahren

Bei diesem Verfahren handelt es sich um eine Methode zur Aufwandsschätzung in der Software-Erstellung.

Das Function-Point-Verfahren basiert auf der Ermittlung von Funktionen (Aufgaben, Datenbestände), der Bewertung dieser Funktionen (niedrig, durchschnittlich, hoch) und der zu erbringenden Qualität. Aus diesen Komponenten wird die Anzahl der Function-Points ermittelt und diese werden dann anhand einer Funktionskurve in Mitarbeiter-Monate umgesetzt.

Auf diese Vorgehensweise[26] soll im folgenden etwas genauer eingegangen werden.

Es wird davon ausgegangen, daß der Aufwand zur Durchführung eines Projektes einerseits von seinem Umfang und andererseits von seinem Schwierigkeitsgrad abhängt. Beide Größen werden durch die Summe von sogenannten Function-Points dargestellt. Diese Function-Points werden gewonnen, indem das zu realisierende Projekt nach verschiedenen Kriterien auf bestimmte Merkmale hin untersucht wird. Letztere können weitgehend als „Funktionen" oder „Geschäftsvorfälle" bezeichnet werden, die in der Anwendung realisiert werden sollen. Sie gliedern sich in fünf Hauptelemente:

1. Externe Inputs
2. Externe Outputs
3. Interne Dateien
4. Externe Abfragen
5. Externe Schnittstellen

Diese werden in drei Niveaus der Komplexität (der Informationsverarbeitung) eingeteilt: niedrig, durchschnittlich, hoch

1. Externe Inputs

Jedes eindeutige Userdatum oder jeder Userkontrollinputtyp (externe Schnittstelle) (ändert oder fügt Daten zu einem internen/logischen File hinzu).

„Eindeutig", wenn eigenes Format oder unterschiedliche Verarbeitungslogik als andere externe Inputtypen, die als Transaktion zu anderen Applikationen kommen (z.B.: Inputfiles von Transaktionen).

[25] Vgl. Platz: Projektmanagement..., S. 167.
[26] Vgl. Dreger, B.: Function Point Analysis, Prentice Hall, 1989.

Nicht: Inputdateien von Records (das sind externe Schnittstellen).

Niedrig: wenige Datenelementtypen werden eingegeben oder von logischen internen Dateien verfügbar gemacht.

Durchschnittlich: weder niedrig noch hoch.

Hoch: viele Datenelementtypen werden eingegeben oder von logischen internen Daten verfügbar gemacht, viele logische interne Filetypen werden referenziert.

Der Einfluß von „human factors" beim Entwurf kann bezüglich der Klassifikation eine Rolle spielen (niedrig versus hoch).

	1–4 DET	5–15 DET	>15 DET
0–1 FTR	N	N	D
2 FTR	N	D	D
>2 FTR	D	H	H

DET = Data Element Types; FTR = File Types Referenced; N = Niedrig; D = Durchschnittlich; H = Hoch

2. Externe Outputs

Jedes eindeutige Userdatum oder jeder Userkontrolloutputtyp (externe Schnittstelle). „Eindeutig" wie bei (1). Outputfiles von Berichten und Messages werden inkludiert.

Niedrig: wenige Datenelementtypen werden ausgegeben oder von logischen internen Dateien verfügbar gemacht.

Bezüglich Bericht: ein bis zwei Spalten mit einfachen Datenelementtransformationen.

Durchschnittlich: weder niedrig noch hoch.

Bericht: mehrere Spalten mit Zwischensummen und mehrfache Datenelementtransformationen.

Hoch: viele Datenelementtypen werden ausgegeben oder von logischen internen Dateien verfügbar gemacht, viele logische interne Filetypen werden referenziert.

Bericht: mehrfache und aufwendige Transformationen und mehrfache und komplexe Dateireferenzen.

	1–5 DET	6–19 DET	>19 DET
0–1 FTR	N	N	D
2–3 FTR	N	D	H
>3 FTR	D	H	H

DET = Data Element Types; FTR = File Types Referenced; N = Niedrig; D = Durchschnittlich; H = Hoch

3. Interne Dateien

Jede wichtigere logische Gruppe von Benutzerdaten und Kontrollinformationen wird als ein logischer interner Filetyp gezählt (Benutzersicht!-Files, die erzeugt, verwendet oder gewartet werden, keine physikalischen Files).

Niedrig: wenige Record-Typen, wenige Datentypen, keine wesentlichen Performance- oder Recovery-Betrachtungen.

Durchschnittlich: weder niedrig noch hoch.

Hoch: viele Record-Typen, viele Datentypen, Leistung und Recovery sind wesentlich.

	1–19 DET	20–50 DET	> 50 DET
1 RET	N	N	D
2 – 5 RET	N	D	H
>5 RET	D	H	H

DET = Data Element Types; RET = Record Types; N = Niedrig; D = Durchschnittlich; H = Hoch

4. Externe Abfragen

Jede eindeutige Input-Output-Kombination, bei der ein Input einen unmittelbaren Output verursacht und erzeugt.

„Eindeutig“, wenn verschiedenes Format (input- oder outputseitig) oder verschiedene Verarbeitungslogik zu beachten ist.

Sie können sowohl vom Benutzer als auch von anderen Applikationen herrühren.

	1 – 4 DET	5 – 15 DET	> 15 DET
0 – 1 RET	N	N	D
2 RET	N	D	H
> 2 RET	D	H	H

DET = Data Element Types; RET = Record Types; N = Niedrig; D = Durchschnittlich; H = Hoch

Die Informationsverarbeitungsfunktion wird durch Klassifikation des Inputteiles (wie bei [1]) und des Outputteiles (wie bei [2]) eingeteilt. Das Maximum wird genommen.

Als Hilfe zur Unterscheidung von (1) und (4): Bei (4) wird nur die Suche gezählt, nicht das Update.

5. Externe Schnittstellen

Das sind Dateien, die mehreren Applikationen gemeinsam sind (sie werden in jeder Applikation gezählt) oder die zwischen Applikationen weitergegeben werden. Es ist also jede wichtige logische Gruppe von Benutzerdaten oder Kontrollinformationen, die die Applikation betritt oder sie verläßt.

Filetypen, die von der Applikation verwendet werden und auch mit anderen Applikationen gemeinsam existieren, werden sowohl bei (3) als auch bei (5) gezählt.

Niedrig: wenige Record-Typen, wenige Datentypen, keine wesentlichen Performance- oder Recovery-Betrachtungen.

Durchschnittlich: weder niedrig noch hoch.

Hoch: viele Record-Typen, viele Datentypen, Leistungen und Recovery sind wesentlich.

	1–19 DET	20–50 DET	>50 DET
1 RET	N	N	D
2–5 RET	N	D	H
>5 RET	D	H	H

DET = Data Element Types; RET = Record Types; N = Niedrig; D = Durchschnittlich; H = Hoch

Bei dieser Systematik spielt die endgültige DV-Realisierung keine Rolle und kann als „Black-Box“ betrachtet werden. Lediglich die Anforderungen aus Benutzersicht sind relevant.

Die Geschäftsvorfälle werden bei jedem Auftreten nach den Kriterien „niedrig“, „durchschnittlich“ oder „hoch“ klassifiziert. Diesen drei Kriterien sind für jeden Geschäftsvorfall Zahlen zugeordnet. Für sämtliche auftretenden Geschäftsvorfälle addiert man die zugehörigen Zahlen (= Function-Points). Die somit erhaltene Summe von Function-Points ist allerdings noch nicht der endgültige Wert. Dieser wird erreicht, indem 14 Applikations- und vier Umgebungsfaktoren, die auf die Anwendungsentwicklung wesentlichen Einfluß besitzen, entsprechend ihrer Einwirkung nach vorgegebenen Richtlinien mit Zahlen bewertet werden. Das Ergebnis wird als „degree of influence“ bezeichnet. Im weiteren wird es durch 100 dividiert und zu 0,65 oder 0,7 addiert. Mit dem so erhaltenen Wert ist jetzt noch die zunächst ermittelte Summe von Function-Points zu multiplizieren. Das endgültige Ergebnis ergibt die sogenannten „bewerteten Function-Points“.

Die Einflußfaktoren, welche den „degree of influence“ bestimmen, sind:

1 = *Data Communications:* Verwendete Daten- oder Kontrollinformation wird über Kommunikationseinrichtungen gesendet oder empfangen (Terminals vom lokalen Control-Unit bedeutet „DC“).

2 = *Distributed Functions:* Verteilte Daten- oder Verarbeitungsfunktionen.

3 = *Performance:* Definiert durch den Benutzer (Antwortzeit, Durchsatz). Sie hat einen Einfluß auf den Entwurf, die Entwicklung, Installation und Unterstützung.

4 = *Heavily Used Configuration:* Bedingt spezielle Entwurfsüberlegungen.

5 = *Transaction Rate:* Hoch.

6 = *Online Data Entry:* Dateneingabe und Kontrollfunktionen online.

7 = *End User Efficiency:* Online-Funktionen bedingen Entwurf für Endbenutzereffizienz.

8 = *Online Update:* Für logische interne Dateien.

9 = *Complex Processing:* Zum Beispiel aufwendige logische/mathematische Verarbeitung, viele Ausnahmefallbehandlungen (unvollständige Transaktionen), sensible Kontroll- und/oder Sicherheitsverarbeitung.

10 = *Reusability:* Ob der Code so entworfen, entwickelt und unterstützt wird, daß er in anderen Applikationen wiederverwendbar ist.

11 = *Installation Ease:* Umstellungs- und Installationsplan und/oder Umstellungstools wurden vorgesehen und getestet (Systemtestphase).

12 = *Operational Ease:* Wirkungsvolle Startup-, Backup- und Recoveryprozeduren sind vorgesehen und getestet (Systemtestphase).

Die Applikation minimiert manuelle Aktivitäten (z.B.: Bänder aufspannen, Papierhandling, ...).

13 = *Multiple Sites:* Die Anwendung wird zum Einsatz an mehreren Standorten entworfen, entwickelt und unterstützt (für multiple Organisationen).

14 = *Facilitate Change:* Die Anwendung wird so entworfen, entwickelt und unterstützt, daß Änderungen leicht möglich sind (z.B.: flexible Querymöglichkeit, Business-Information, die sich ändert, ist in Tabellen zusammengefaßt und durch den Benutzer verwaltbar).

Die Skalenwerte dieser 14 allgemeinen Applikationsfaktoren betragen:
0 = nicht vorhanden oder kein Einfluß
1 = unwesentlicher Einfluß
2 = gemäßigter Einfluß
3 = durchschnittlicher Einfluß
4 = bedeutender Einfluß
5 = starker Einfluß.

1 = *Systemkomplexität:* Setzt sich aus fünf Faktoren zusammen:
- Kontrollstruktur
- Berechnung
- Funktionalität
- Geräteabhängigkeit
- Datenmanagement

Der Mittelwert über diese fünf Faktoren wird als Skalenwert gewählt.

2 = *Entwicklungsumgebung:* Setzt sich aus vier Faktoren zusammen:
- Hardware
- Software
- Personal
- Sprache

Wieder wird der Mittelwert gewählt.

3 = *Kundenumgebung:* Setzt sich aus vier Faktoren zusammen:
- Applikationskenntnis
- Datenverarbeitungserfahrung
- Grundhaltung (aufgeschlossen, ablehnend)
- Arbeitsbeziehung (eng, feindlich)

Wieder wird der Mittelwert gewählt.

4 = *Befolgung eines Lebenszyklusmodells:* Hier reicht die Skala von niedrig, wenn kein Lebenszyklusmodell im Hintergrund steht, über mittel, wenn nominell ein Lebenszyklusmodell verwendet wird und einige Standarddokumente angewandt werden sowie informale

Management-Reviews stattfinden, bis zu hoch, wenn ein volles Lifecyclemodell mit allen Dokumenten und sämtlichen formalen Reviews und Inspections zum Tragen kommt.

Die Skalenwerte für diese vier Umgebungsanwendungen betragen:
1 = niedrig
4 = Mitte
7 = hoch

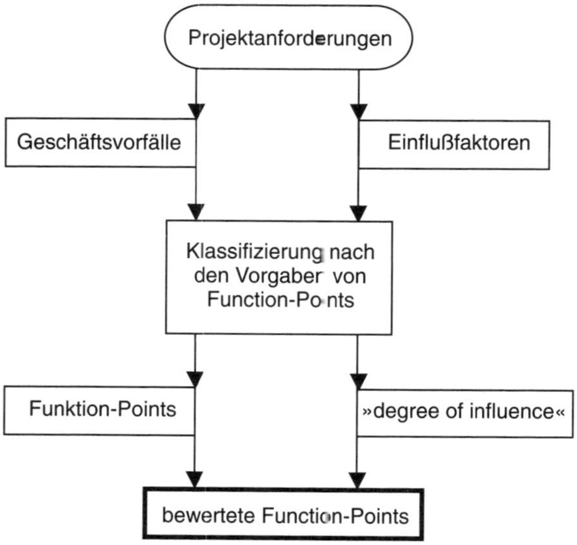

$$BFP = E1 \cdot E3$$

E1 = Summe der nicht bewerteten Function Points

$$E3 = (0{,}65 \text{ oder } 0{,}7) + 0{,}01 \cdot E2$$

$$E2 = \frac{\text{Summe der 18 Einflußfaktoren}}{1{,}64}$$

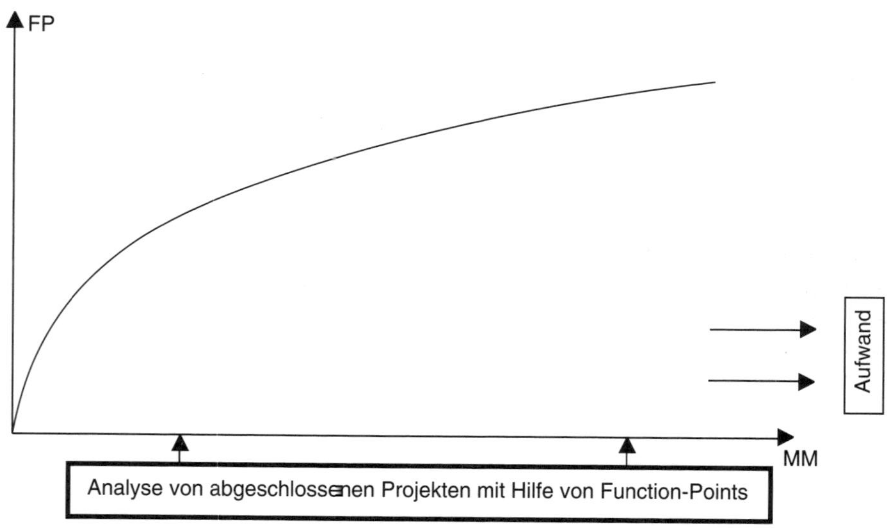

Abb. 3.19: Ablauf des Function-Point-Verfahrens

Die Beziehung zwischen Function-Points und dem zu erwartenden Aufwand wird durch eine Art „Erfahrungsdatensatz“[27] wiedergegeben, der unternehmensspezifisch zu ermitteln ist. Für eine größere Anzahl in letzter Zeit abgeschlossener Projekte aus der gleichen Entwicklungsumgebung werden die bewerteten Function-Points ermittelt. Somit erhält man eine Menge von Relationen von bewerteten Function-Points zu angefallenem Aufwand (zum Beispiel in Mitarbeitermonaten). Mit Hilfe von statistischen Verfahren kann aus diesen Beziehungen eine Kurve entwickelt werden, die den Zusammenhang zwischen bewerteten Function-Points und Aufwand darstellt. Jetzt können für jedes zu kalkulierende Projekt die bewerteten Function-Points ermittelt werden. Für diese Punkte kann man dann anhand der Kurve den wahrscheinlichen Aufwand ablesen.

Das Function-Point-Verfahren bietet demnach auch die Möglichkeit, die Kurve laufend anzupassen. Immer dann, wenn ein Projekt beendet wird, kann mit dessen Function-Point-Aufwand-Relation die vorhandene Kurve verfeinert beziehungsweise aktualisiert werden.

Der effiziente Einsatz des Function-Point-Verfahrens erfordert unbedingt eine einheitliche Vorgehensweise. Alle Beteiligten müssen das Verfahren gleich verstehen. Eine eindeutige Abgrenzung der drei Klassen „niedrig“, „durchschnittlich“ oder „hoch“ sollte vorliegen. Für die Bewertung der Einflußfaktoren gilt dasselbe.

Aufwandsinhalt und Entwicklungsumgebung, die der Kurve zugrunde liegen, müssen genau dokumentiert werden. Für Projekte, die von diesen Voraussetzungen abweichen, sind auf das von der Kurve abgelesene Ergebnis Zu- oder Abschläge zu machen. Diese werden auf der Grundlage der Erfahrung des Schätzenden festgelegt und sollten zum Zweck der Nachvollziehbarkeit begründet sein.

Das Verfahren enthält zur Bewertung und Klassifizierung der Geschäftsvorfälle und Einflußfaktoren genaue Vorgaben. Diese können jedoch mit den entsprechenden Kenntnissen in bezug auf den Software-Erstellungsprozeß und die Aufwandseinflüsse ohne Schwierigkeiten unternehmensspezifisch angepaßt werden. Ebenso läßt sich die Zusammenstellung der Einflußfaktoren, wenn nötig, ohne weiteres ändern. Man kann das Function-Point-Verfahren auch dahingehend abändern, daß brauchbare Ansätze aus anderen Verfahren integriert werden, falls es das spezielle Problem verlangt.

Im praktischen Test ergab sich als wesentlicher Vorteil des Verfahrens, daß die von IBM Deutschland entwickelte Kurve zur Umrechnung von Function-Points in Mitarbeitermonate als Ausgangsfunktion weitgehend anwendbar ist. Aus diesem Vorteil heraus kann das Verfahren unter geringen Einbußen sofort eingesetzt werden, was maximale Abweichungen von nur +/-15 % beweisen. Eine Plausibilitätskontrolle und eventuell folgende geringfügige Kalibrierung an zwei oder drei abgeschlossenen ähnlichen Projekten reichen als Vorarbeit völlig aus. Dies ist ein Aspekt, der dieses Verfahren gerade für kleinere Anwender interessant macht.

[27] Platz: Projektmanagement..., S. 178.

Die Ausgangskurve kann dann sukzessive in eine unternehmensspezifische umgewandelt werden, indem immer wieder Projekte der IBM durch eigene, inzwischen abgeschlossene Projekte ersetzt werden und die Kurve eine neue Berechnung erfährt.

Zusammenfassend ist festzustellen, daß ein Vorteil des Function-Point-Verfahrens in der Orientierung am Funktionsumfang liegt. Dies ermöglicht eine

- „Black-Box-Betrachtung" aus Benutzersicht,
- eine erhöhte Transparenz der Kalkulation,
- sichere und frühere Bestimmung der Systemgröße und
- eine Kosten-Nutzen-Betrachtung auf Funktionsebene.

Außerdem erlaubt die spezielle Anpassung des Verfahrens, viele Umgebungseinflüsse als konstant anzusehen; daher ist es nur noch erforderlich, projektbedingte Einflüsse nach unternehmensspezifischen Kriterien zu quantifizieren.[28]

3.3.7.3 Anforderungen an ein Aufwandsschätzverfahren

Anhand der dargestellten Verfahren lassen sich folgende Anforderungen definieren:

- Da die Ergebnisse innerhalb des Projektmanagements weiterverwendet werden, sollte mit einem Schätzverfahren nicht nur der Gesamtaufwand prognostiziert werden können, sondern auch einzelnen Projektteilen ein spezifischer Aufwand zuweisbar sein.
- Es ist eine problemgerechte, durch das Verfahren unterstützte Strukturierung der Projekte in Teileinheiten als Schätzbasis erforderlich. Häufig geschieht dies aber nur durch vage Zuweisung von Aufwänden zu den einzelnen Arbeitspaketen des (vorläufigen) Projektstrukturplans.
- Durch geeignete Strukturierung in Teileinheiten und Definition der Einflußfaktoren ist eine Abstraktionsebene zu schaffen, auf der unterschiedliche Projekte aus einer Realisierungsumgebung vergleichbar werden.
- Die relevanten Einflüsse müssen durch frühzeitig bewertbare Faktoren abgedeckt sein.
- Da mehrere Personen das Verfahren anwenden sollen, muß die Objektivität der Vorgehensweise in ausreichendem Maße gesichert sein, das heißt das Verfahren darf nicht nur einen Checklistencharakter besitzen, sondern muß genau definierte Verarbeitungs- und Bewertungsrichtlinien enthalten.
- Die generellen Forderungen der Benutzerfreundlichkeit, wie schnelle Erlernbarkeit, einfache Handhabung, geringer Zeitaufwand usw., müssen genügend berücksichtigt sein.[29]

Es kann kein allgemeingültiges, für alle Projekte gleichermaßen passendes Aufwandsschätzverfahren geben. Daher ist es notwendig, den Projektleiter (beziehungsweise den Anwender) bei der Konzipierung eines individuellen Modells optimal zu unterstützen. Dies kann beispielsweise durch die Vorgabe eines variablen Schemas geschehen, das an die spezifischen Projektgegebenheiten anzupassen ist.

[28] Vgl. Platz: Projektmanagement..., S. 176ff.
[29] Ebenda, S. 168.

Das Schätzverfahren soll außerdem in einen Regelkreis eingebunden sein, der Informationen über die Genauigkeit der Schätzung zurückfließen läßt, das heißt das Schätzverfahren muß diese „Erfahrung" für kommende Anwendungen nutzen können.

3.3.7.4 Einflüsse auf den Aufwand von Projekten

Die Eckdaten in Abb. 3.20 üben zusammen mit dem angestrebten Erfüllungsgrad einen entscheidenden Einfluß auf den Realisierungsaufwand aus. Die Ziele konkurrieren wiederum um eine begrenzte Produktivität, die somit gleichfalls ein Einflußgebiet darstellt.

Die Abhängigkeit des Aufwands von angestrebter Qualität und Quantität ist offensichtlich. Daß auch die Projektdauer ein wichtiger Einflußfaktor ist, drückt zum Beispiel das „Brooksche Gesetz" aus: „Adding manpower to a late project makes it later."[30] Diese Aussage ist auf dem überproportional zunehmenden Kommunikations- und Koordinationsaufwand bei steigender Mitarbeiterzahl in einem Projekt zu begründen.

Die Einflußfaktoren sind nicht direkt in ein Schätzverfahren zu integrieren, da sie zu abstrakt sind. Daher müssen stärker operationale und besser quantifizierbare Einflußfaktoren gefunden werden, die den Gesamteinfluß des jeweiligen Gebiets repräsentieren. Die Hauptproblematik liegt dabei in den meisten Fällen weniger in der Wahl der Faktoren als in deren Quantifizierung. Die Güte eines Aufwandsschätzverfahrens hängt also in hohem Maße von der Lösung dieses Problems ab. Ganz besonders sind solche Quantifizierungsansätze gefordert, die schon im frühen Stadium der Projektdurchführung genaue Werte liefern.

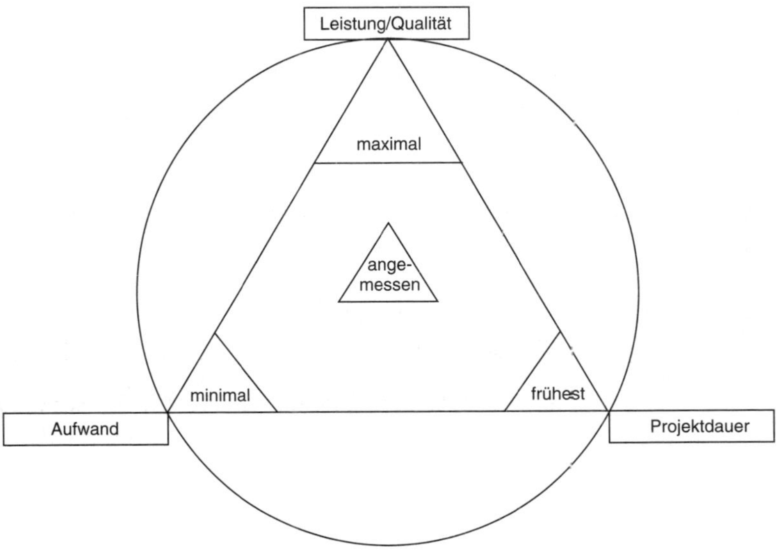

Abb. 3.20: Einflußgebiete des Aufwands von Projekten

[30] Brooks, F. P.: The Mystical Man-Month, Datamation 20, 1974, 12, S. 30 ff.

3.3.8 Projektkostenplanung

3.3.8.1 Grundsätzliches zur Projektkostenplanung

Die Projektkostenplanung beinhaltet die Ermittlung aller Kosten, die im Zusammenhang mit der Erstellung des künftigen Systems anfallen.

Projektziele enthalten immer auch sehr stark gewichtete Komponenten hinsichtlich der zulässigen Projektkosten. Diese Kosten lassen sich einerseits in die dem Projekt belasteten Personalkosten und andererseits in die von außen bezogenen Sachmittel und Dienstleistungen aufteilen. Für die erstgenannten Aufwendungen sind die Zeitaufwandsschätzungen Grundlagen der Kostenermittlung. Für Fremdleistungen sind vorerst Schätzungen zu machen, die später durch Angaben aus Verträgen oder Offerten ersetzt werden.

Es ist zweckmäßig, auch diese Sachaufwendungen auf einzelne Arbeitspakete zu beziehen, gegebenenfalls auf übergeordnete Elemente des Projektstrukturplans.

Projektstrukturplan, Terminplan, Kapazitätsplan

Schritte der Kostenplanung	Planungsergebnisse
1. Strukturierung der Kostenpakete	Kostenstruktur
2. Ermittlung der Mengenansätze	Mengenansätze (Stunden, Material…)
3. Kalkulation	Selbstkosten
4. Betriebswirtschaftliche Analysen (bei externen Projekten)	Cash-Flow, Storno-Risiko, Deckungsbeitrag, Make-or-buy-Empfehlung, Beschaffungsempfehlung
5. Preisgestaltung und -festlegung (bei externen Projekten)	Verkaufspreis
6. Budgetzuteilung	Budgets der leistenden Stellen

Beitrag »Kosten« für Auftragsblätter

Abb. 3.21: Schritte der Kostenplanung

Die Projektkostenplanung ist zum einen als Basis für Finanzierungspläne im Projekt zu betrachten, zum anderen dient sie einer Überwachung der auflaufenden Projektkosten.

3.3.8.2 Ablauf der Projektkostenplanung

Im Rahmen einer Kostenplanung werden nach Abb. 3.21 die Kostenpakete strukturiert, das heißt aus den vorhandenen Plänen, wie zum Beispiel dem Projektstrukturplan, wird abgeleitet, welche Kostenpakete geplant und überwacht werden sollen. Anschließend ermitteln die am Projekt beteiligten Abteilungen die Mengensätze sowohl für Eigenleistungen wie auch für Fremdleistungen. Diese bilden dann die Basis für die Kalkulation, die nach den jeweiligen unternehmensspezifischen Richtlinien durchgeführt wird.

Spätestens im Rahmen der verbindlichen Angebotskalkulation werden bei externen Projekten spezifische betriebswirtschaftliche Analysen, wie zum Beispiel Cash-Flow-Rechnungen, Storno-Rechnungen usw., durchgeführt, damit die finanziellen Risiken des Projektes ermittelt werden können. Auf diese Analyse folgt die Phase der Preisgestaltung. Sie beginnt mit der Festlegung des Angebotspreises und endet mit der vertraglichen Fixierung des Verkaufspreises.

Die Kostenplanung schließt mit der Budgetzuteilung ab, die zusammen mit der Termin- und Kapazitätszuteilung im Auftragsblatt erfolgt. Dieses Budget darf während des Projektablaufs nur geändert werden, wenn

- eine Änderung des Leistungsumfanges erfolgt,
- eine erneute Kostenschätzung realistischere Werte liefert oder
- die Plankosten für bestimmte Leistungen nicht ausreichen.

Die für die Durchführung der Aufgabenpakete zuständigen Stellen sind auch gleichzeitig kostenverantwortlich. Ihnen obliegt damit die Verwaltung des zugeteilten Budgets.[31]

3.3.8.3 Optimierung der Zeit- und Kostenplanung

Die Projektkosten und die Projektdauer sind im allgemeinen voneinander abhängig. Häufig können Projekttätigkeiten verkürzt werden, wenn mit größerer Arbeitsintensität daran gearbeitet wird. Das hat aber im Normalfall auch eine Erhöhung der Kosten zur Folge. In gleicher Weise können Fremdleistungen beschleunigt beschafft werden, falls man bereit ist, einen höheren Preis dafür zu bezahlen. Damit ergibt sich, wie in Abb. 3.22 dargestellt, ein Projektkostenverlauf in Funktion der Projektdauer.

„Für besonders eilige Arbeiten mag sich ein solcher Mehraufwand gelegentlich lohnen, doch ist es wichtig, zu wissen, was eine Verkürzung der Projektzeit letztendlich kostet.“[32]

Doch auch durch Verzögerungen der Bearbeitungszeit nehmen die Kosten in Folge von Lohnerhöhungen und steigenden Preisen für Materialien zu.[33]

[31] Vgl. Schmitz: Projektplanung..., S. 81ff.
[32] Rinza: Projektmanagement..., S. 17.
[33] Ebenda.

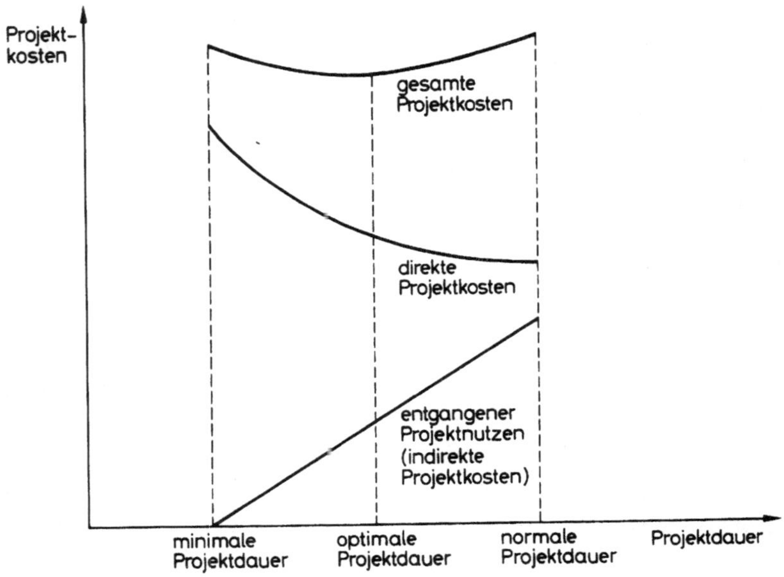

Abb. 3.22: Zusammenhang zwischen Projektkosten und Projektdauer

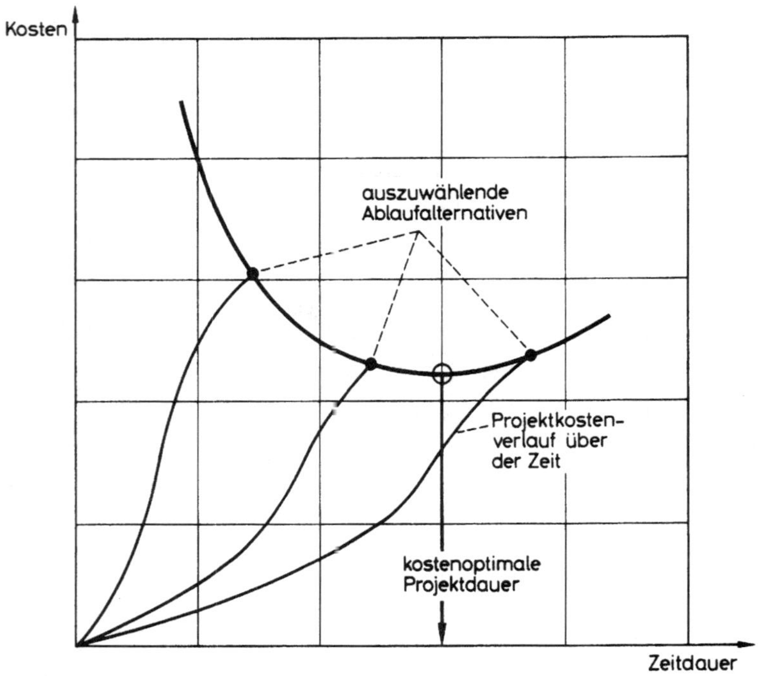

Abb. 3.23: Projektkostenverläufe

Um eine optimale Projektdauer zu bestimmen, ist aber auch der durch die Indienststellung des geplanten Systems erwachsene Nutzen in die Überlegungen mit einzubeziehen. Je später ein System genutzt werden kann, desto größer wird der entgangene Projektnutzen, was auch als indirekte Projektkosten interpretiert werden kann. Wie Abb. 3.23 zeigt, ergibt sich aus dem Zusammenwirken der direkten Projektkosten und des entgangenen Projektnutzens eine aus Kostensicht optimale Projektdauer.

Durch mehrere Netzplanberechnungen können die Punkte dieses Diagramms gefunden werden.

Es sollte letztendlich die Ablaufalternative gewählt werden, die zeitlich nur wenig vor dem Optimum liegt und einen etwas höheren Kostenaufwand erfordert. Mit Terminverzögerungen, die selbst bei bester Planungsarbeit auftreten können, sind dann nicht zwangsläufig Kostenerhöhungen verbunden.

Dieses Verfahren ist als „Fulkersonalgorithmus"[34] bekannt. Es ist aber, wenn es manuell durchgeführt wird, äußerst umständlich und schwierig.

3.3.8.4 Fortschreibung der Projektkosten

Häufig besteht beim Management die Ansicht, daß einmal grob ermittelte Projektkosten bis zum Abschluß des Projektes Gültigkeit besitzen. Dieses Problem kann dazu führen, daß sich die Projektleiter (wider besseren Wissens) ebenfalls dieser Meinung anschließen und die einmal ermittelten Projektkosten nicht weiter betrachten. Dabei gehört es mit zu den Aufgaben eines Projektleiters, die ursprünglich festgestellten Projektkosten nach jeder Rückmeldung in Form eines Soll-Ist-Vergleichs neu zu ermitteln und diese aktualisierten Werte im Rahmen seines Projekt-Status-Berichts auch den Entscheidungsinstanzen vorzulegen.

Einen sehr großen Anteil an zusätzlichen Projektkosten haben, neben möglichen Schätzfehlern, vor allem Änderungswünsche, die im Laufe des Projektes die Projektaufgabe weiter ausdehnen.

Es ist von Vorteil, wenn der Projektleiter für jede Änderung den dafür notwendigen Aufwand kalkuliert (Mitarbeitertage und Kosten) und diesen dem ursprünglich ermittelten Projektbudget zuschlägt. Nur dadurch sind eine realistische Projektkostenplanung und eine sinnvolle Projektkostensteuerung und -kontrolle im weiteren Verlauf möglich.

Eigentlich müßte jeder zusätzliche Aufwand für Änderungen wieder von den Entscheidungsinstanzen genehmigt werden. Um diesen Aufwand zu minimieren, ist bereits zu Projektbeginn zu überlegen, ob es nicht sinnvoll wäre, ein generelles Änderungsbudget für das Projekt zu genehmigen. Die Basis dafür könnten Erfahrungen aus der bisherigen Projektarbeit darstellen. Ein solches Änderungsbudget könnte auch nur für einzelne Phasen festgelegt werden und müßte sich dann nicht auf das gesamte Projekt beziehen. In einem

[34] Falkenhausen, H. von: Prinzipien und Rechenverfahren der Netzplantechnik, Kiel 1968.

solchen Rahmen wäre es für den Projektleiter möglich, über Änderungsanforderungen selbst zu entscheiden, ohne den Weg über die Entscheidungsinstanzen gehen zu müssen.

3.3.8.5 Die Wirtschaftlichkeitsanalyse

Die Wirtschaftlichkeitsanalyse dient der Ermittlung des betriebswirtschaftlichen Nutzens eines Projektes.

Die Projektarbeit erfordert in zunehmendem Maße Kosten. Diese Kosten liegen durchaus im Rahmen anderer betrieblicher Investitionen, wenn nicht sogar darüber. Aus diesem Sachverhalt heraus bestehen kaum Zweifel über die Notwendigkeit einer Wirtschaftlichkeitsanalyse.

In der Praxis sind drei Verfahren für die Wirtschaftlichkeitsanalyse gebräuchlich:
- Kostenvergleichsrechnung,
- Kosten-Nutzen-Vergleich und
- Nutzwertanalyse.

Es lassen sich acht Regeln für die Wirtschaftlichkeitsanalyse aufstellen.

1. Phasenorientiert vorgehen
   Entsprechend der inhaltlichen Verfeinerung des Projektes muß auch die Betrachtung der Wirtschaftlichkeit verfeinert werden. Die ursprünglich groben Ansätze (Kosten/Nutzen) können analog zur Tiefe des Projektes konkretisiert werden.

2. Änderungen berücksichtigen
   Im Laufe des Projektes erforderliche Änderungen müssen ihren Niederschlag in der Wirtschaftlichkeitsbetrachtung haben.

3. Mehrere Personen beteiligen
   Für die Wirtschaftlichkeitsanalyse gilt ebenfalls das Prinzip der Aufgabenteilung. Das Projektteam sollte die Kosten ermitteln; die Nutzenermittlung sollte grundsätzlich durch den Auftraggeber erfolgen.

4. Vorsichtig bewerten
   Damit das Ergebnis der Wirtschaftlichkeitsanalyse auch späteren Kontrollen standhalten kann, sollte nach folgendem Schema vorgegangen werden:
   - Kosten eher höher ansetzen,
   - Nutzen eher geringer ansetzen.

5. Genauigkeit nicht übertreiben
   Die Genauigkeit der Ansätze sollte der Genauigkeit der zugrunde liegenden Planung entsprechen.

6. Lebensdauer realistisch ansetzen
   Bei der Umlage der einmaligen auf die laufenden Kosten/Jahr sollte von einer realistischen Lebensdauer des Systems ausgegangen werden. (Ein guter Erfahrungswert zeigt eine Lebensdauer von fünf Jahren.)

7. Wartungskosten
   Dieser Kostenblock sollte nicht zu niedrig angesetzt werden. Hier zeigen Erfahrungswerte, daß ca. 20–30 % der einmaligen Kosten als Wartungsaufwand/Jahr realistisch sind. Beim Ansatz über die Lebensdauer des Systems hinweg sollten die Kostensteigerungen berücksichtigt werden.

8. Realisierung des Nutzens
   Der Nutzenzeitpunkt ist ≠ dem Einführungszeitpunkt! Es ist nicht Aufgabe des Projektleiters, den Nutzen zu realisieren, sondern die Voraussetzungen für diese Aufgabe zu schaffen.

Insbesondere bei EDV-Projekten entstehen der Wirtschaftlichkeitsanalyse folgende Grenzen:
- Es sind nicht alle Kosten- und Nutzenfaktoren bekannt.
- Es fehlen Vergleichsmöglichkeiten zu früheren Projekten (unterschiedliche Lösungsvoraussetzungen, fehlende Fortschreibung von Erfahrungswerten, unterschiedliche Aufgabenstellungen).
- Viele Kosten- und Nutzenfaktoren sind quantitativ nicht oder nur schwer zu ermitteln.
- Der geplante Nutzen kann durch die Dauer der Projektlaufzeit nicht oder nur unvollständig realisiert werden.
- Häufig wird in der Praxis die Aufgabe ad absurdum geführt, weil zu Projektbeginn zwar eine Wirtschaftlichkeitsanalyse durchgeführt wurde, aber nach Abschluß des Projektes die Erreichung der Werte (Kosten und Nutzen) von niemandem überprüft wird.

3.3.8.6 Methoden der Wirtschaftlichkeitsrechnung

Investitionsrechnungen sind Rechenverfahren, deren Zweck es ist, festzustellen, ob ein Investitionsprojekt der Zielsetzung des Investors entspricht, und welches von mehreren Investitionsobjekten die Zielsetzung am besten erfüllt.[35]

Die Verfahren der Investitionsrechnung lassen sich in drei Gruppen einteilen:

1. Statische Verfahren (Hilfsverfahren der Praxis)

2. Dynamische Verfahren (finanzmathematische Verfahren)

3. Simultane Verfahren (auf ihre Beschreibung wird hier verzichtet).

3.3.8.6.1 Statische Investitionsrechnung

Die statischen Investitionsrechnungen können als Hilfsverfahren der Praxis bezeichnet werden. Sie berücksichtigen nicht den Zeitfaktor, d.h. es wird praktisch nur mit einer Periode gerechnet. Damit sind Aussagen nur über relativ kurze Zeiträume sinnvoll möglich.

[35] Vgl. Olfert, K.: Finanzierung, 6. Auflage, 1987, 42 ff.

Die statischen Investitionsrechnungen legen Kosten, Erlöse, Aufwendungen und Erträge zugrunde. Sie zeichnen sich durch ihre einfache Handhabung aus.

1. Kostenvergleichsrechnung

Die Kostenvergleichsrechnung dient der Gegenüberstellung von zwei oder mehr Investitionsalternativen mit dem Ziel, die kostengünstigste Alternative zu ermitteln. Dabei sind nach Möglichkeit alle anfallenden Kosten in den Vergleich einzubeziehen.

Es kann sich dabei sowohl um einen Vergleich zwischen alter und neuer Anlage (Ersatzinvestition) als auch um einen Vergleich zwischen mehreren neuen Anlagen (Erweiterungsinvestition) handeln.[36]

Soll eine Erweiterungsinvestition vorgenommen werden und stehen mehrere Alternativen zur Auswahl, dann ist folgende Berechnung möglich:

a. Vergleich pro Periode

Sind die Leistungsmengen der Alternativen gleich groß, reicht ein Kostenvergleich pro Periode aus.

b. Vergleich pro Leistungseinheit

Ein Vergleich pro Leistungseinheit wird dann notwendig, wenn die zu vergleichenden Anlagegüter unterschiedliche Leistungen erbringen.

Das Unternehmen kann auch vor der Frage stehen, ob es zweckmäßig ist, eine Maschine weiter zu nutzen oder durch eine neu zu beschaffende Maschine zu ersetzen. Die Vorteilhaftigkeit einer Ersatzinvestition ist auf die gleiche Weise zu ermitteln, wie dies für die Erweiterungsinvestition beschrieben wurde. Es muß nur zusätzlich beachtet werden, daß die Herausnahme eines alten Anlagegutes zu einem Liquidationsverlust und Zinsentgang führen kann, was bei der Berechnung der Vorteilhaftigkeit zu berücksichtigen ist.

Die Kostenvergleichsrechnung zeichnet sich durch ihre einfache Handhabung aus. Sie weist aber auch einige Nachteile auf:

- Es sind nur kurzfristige Kostenvergleiche möglich.
- Aussagen über die Rentabilität erfolgen nicht.
- Kostenveränderungen finden keine Berücksichtigung.
- Gleich hohe Erträge aus alternativen Investitionen werden unterstellt.
- Eine Kostenauflösung ist nicht immer problemlos möglich.

Dennoch zeigt sich die Kostenvergleichsrechnung als eine Investitionsrechnung, die in der betrieblichen Praxis gerne eingesetzt wird.

[36] Vgl. Wöhe, G.: Einführung in die Allgemeine Betriebswirtschaftslehre, 16. Auflage, 1986, Seite 684.

2. Gewinnvergleichsrechnung

Die Gewinnvergleichsrechnung stellt eine Erweiterung der Kostenvergleichsrechnung durch Einbeziehung der Erlöse dar.

Soll eine Erweiterungsinvestition vorgenommen werden, gilt es, die Erlöse zu ermitteln, die mit den alternativen Investitionsobjekten voraussichtlich zu erzielen sind. Bei einer Ersatzinvestition bietet sich ein entsprechendes Vorgehen an. Die Gewinnvergleichsrechnung weist einige Nachteile auf, die überwiegend denen der Kostenvergleichsrechnung entsprechen:

- Es sind nur kurzfristige Vergleiche möglich.
- Aussagen über die Rentabilität erfolgen nicht.
- Eine Kostenauflösung ist nicht immer problemlos möglich.
- Eine Erlöszurechnung ist nicht ohne weiteres möglich.

3. Rentabilitätsvergleichsrechnung

Mit Hilfe der Rentabilitätsvergleichsrechnung soll die durchschnittliche jährliche Verzinsung eines Investitionsobjektes ermittelt werden:

$$\text{Rentabilität} = \frac{\text{Erlöse} - \text{Kosten}}{\text{Durchschnittlicher Kapitaleinsatz}} \times 100$$

Als durchschnittlicher Kapitaleinsatz werden bei abnutzbaren Anlagegütern die halben Anschaffungskosten in Ansatz gebracht.

Kalkulatorische Zinsen werden nicht angesetzt, weil sie als Bestandteil des Gewinnes angesehen werden.

Weichen die Anschaffungskosten oder die Nutzungsdauer der alternativen Anlagegüter (wesentlich) voneinander ab, wird der Rentabilitätsvergleich erschwert. Der Ansatz ergänzender Differenzinvestitionen wird notwendig, um eine Vergleichbarkeit herzustellen.

Bei einer Ersatzinvestition wird die Rentabilität wie folgt errechnet:

$$\text{Rentabilität} = \frac{\text{Durchschnittliche jährliche Kostenersparnis}}{\text{Durchschnittlicher zusätzlicher Kapitaleinsatz}} \times 100$$

Die Rentabilitätsvergleichsrechnung weist mehrere Nachteile auf:

- Es sind nur kurzfristige Vergleiche möglich.
- Eine Erlöszurechnung ist nicht ohne weiteres möglich.
- Abweichende Anschaffungskosten oder Nutzungsdauern erfordern den Ansatz von Differenzinvestitionen.

Dennoch wird die Rentabilitätsvergleichsrechnung in der betrieblichen Praxis häufig angewandt.

4. Amortisationsvergleichsrechnung

Mit Hilfe der Amortisationsvergleichsrechnung, die auch als Pay-off-Rechnung bekannt ist, wird der Zeitraum ermittelt, der notwendig ist, um die Ausgaben für die Anschaffung eines Anlagegutes durch seine jährlich erzielten Überschüsse auszugleichen.

Die Berechnung der Amortisationszeit kann grundsätzlich auf folgende Weise erfolgen:

$$\text{Amortisationszeit} = \frac{\text{Anschaffungskosten}}{\text{jhrl. Gewinn} + \text{jhrl. Abschreibungen}}$$

Bei der Erweiterungsinvestition werden die jährlichen Rückflüsse aus der Investition als

- der jährlich zusätzlich entstehende Gewinn,
- die jährlich zusätzlich entstehenden Abschreibungen

interpretiert.

Ist eine Investition geplant, dann werden die jährlichen Rückflüsse als

- die jährliche entstehende Kostenersparnis,
- die jährlich zusätzlich entstehenden Abschreibungen

angesehen, die sich durch das Anlagegut ergeben, das beschafft werden soll.

Die Amortisationsvergleichsrechnung weist mehrere Nachteile auf:

- Es sind nur kurzfristige Kostenvergleiche möglich.
- Eine Erlöszurechnung ist nicht ohne weiteres möglich.
- Abweichende Nutzungsdauern erschweren einen Vergleich.
- Aussagen über die Rentabilität erfolgen nicht.
- Erträge nach der Amortisationszeit bleiben unberücksichtigt.

Trotz der genannten Nachteile stellt die Amortisationsvergleichsrechnung das in der betrieblichen Praxis am weitesten verbreitete Verfahren dar.

3.3.8.6.2 Dynamische Investitionsrechnungen

Im Gegensatz zu den statischen Verfahren der Investitionsrechnung zeichnen sich die dynamischen Investitionsrechnungen dadurch aus, daß sie mehrere Perioden berücksichtigen. Damit finden die einzelnen, sich im Betrachtungszeitraum ergebenden Zahlungsströme Berücksichtigung.

Untersuchungen haben gezeigt, daß in den seltensten Fällen ausschließlich dynamische Investitionsrechnungen in den Unternehmen eingesetzt werden. Ihre Anwendung erfolgt meist in Ergänzung zu statischen Verfahren.[37]

[37] Vgl. Olfert, K.: Finanzierung, S. 53.

1. Kapitalwertmethode

Bei der Kapitalwertmethode werden alle einer Investition zuzurechnenden Einnahmen und Ausgaben mit einem gegebenen Kalkulationszinsfuß abgezinst:

$$C_0 = C_E - C_A$$

oder $$C_0 = \frac{E_1 - A_1}{q} + \frac{E_2 - A_2}{q^2} + \ldots + \frac{E_n - A_n}{qn} - A_0$$

C_0 = Kapitalwert
C_E = abgezinste Einnahmen (einschließlich Restwert)
C_A = abgezinste Ausgaben (einschließlich Anschaffungswert)
E = Einnahmen in den Nutzungsjahren 1 … n
A = Ausgaben in den Nutzungsjahren 1 … n
q = Kalkulationszinsfuß
A_0 = Anschaffungswert in der Periode 0

Die Investition ist dann vorteilhaft, wenn der Kapitalwert mindestens null beträgt. Beim Vergleich mehrerer Alternativen ist das Anlagegut vorzuziehen, das den höchsten Kapitalwert hat.

Als Nachteile der Kapitalwertmethode sind zu nennen:

- Die Zahlungsströme lassen sich in ihrer Höhe nicht ohne weiteres zurechnen.
- Die Zahlungsströme lassen sich in ihrer zeitlichen Verteilung nicht ohne weiteres zurechnen.
- Bei unterschiedlichen Anschaffungswerten oder Nutzungsdauern sind Differenzinvestitionen anzusetzen.

Für die Beurteilung der Vorteilhaftigkeit von Ersatzinvestitionen erweist sich die Kapitalwertmethode als ungeeignet.

2. Interne Zinsfuß-Methode

Mit Hilfe der internen Zinsfuß-Methode soll der Zinsfuß ermittelt werden, der für das Anlagegut zu einem Kapitalwert null führt. Die so ermittelte effektive Rendite ist mit dem mindestens geforderten Kalkulationszinsfuß zu vergleichen.

Die Investition ist dann vorteilhaft, wenn der interne Zinsfuß nicht kleiner ist als der Kalkulationszinsfuß. Werden mehrere Investitionen miteinander verglichen, so ist die Alternative mit dem höchsten internen Zinsfuß die geeignete.

Um die Vorteilhaftigkeit einer Erweiterungsinvestition beurteilen zu können, sind die jeweiligen Rückflüsse aus dem Investitionsobjekt auf den Bezugspunkt abzuzinsen. Dies geschieht zweckmäßigerweise mit Hilfe zweier Versuchszinssätze.

Zur Ermittlung des internen Zinsfußes kann die folgende Formel verwendet werden:[38]

$$r = p_1 - C_{01} \frac{p_2 - p_1}{C_{02} - C_{01}}$$

p = Versuchszinssatz (1 bzw. 2)
r = interner Zinsfuß
C_0 = Kapitalwert (bei p_1 bzw. p_2)

Die Investition ist vorteilhaft, wenn der Kalkulationszinsfuß im Unternehmen 10% oder einen geringeren Prozentsatz beträgt.

Die Nachteile der internen Zinsfuß-Methode entsprechen denjenigen, die bereits bei der Kapitalwertmethode genannt wurden. Auch die interne Zinsfuß-Methode ist nicht zur Beurteilung der Vorteilhaftigkeit von Ersatzinvestitionen geeignet.

3. Annuitätenmethode

Im Gegensatz zu der Kapitalwertmethode, die den Totalerfolg einer Investition mißt, sollen mit der Annuitätenmethode die durchschnittlichen jährlichen Einnahmen den durchschnittlichen jährlichen Ausgaben gegenübergestellt werden. Zu diesem Zweck wird zunächst der Kapitalwert der Investition ermittelt, der dann mit dem Kapitalwiedergewinnungsfaktor multipliziert wird, woraus sich die Annuität ergibt:

$$a = C_0 \frac{i\,(1+i)^n}{(1+i)^n - 1}$$

Annuität = a
Kapitalwert = C_0
Kapitalwiedergewinnungsfaktor = $\frac{i\,(1+i)^n}{(1+i)^n - 1}$

Der Kapitalwiedergewinnungsfaktor ist einer entsprechenden finanzmathematischen Tabelle entnehmbar. Vorteilhaft ist eine Investition, wenn die Annuität nicht negativ ist. Werden mehrere Investitionsalternativen betrachtet, dann gilt das Investitionsobjekt als das vorteilhafteste, das die höchste Annuität hat.

Mit Hilfe der Annuitätenmethode ist es auch möglich, Ersatzinvestitionen hinsichtlich ihrer Vorteilhaftigkeit zu beurteilen.

Das Problem der Differenzinvestitionen stellt sich bei der Annuitätenmethode nicht. Dagegen weist sie die übrigen beiden Nachteile auch auf, die bereits bei den zuvor behandelten dynamischen Investitionsrechnungen genannt wurden:

[38] Vgl. Blohm, H.; Lüder, K.: Investition, 5. Auflage, 1983, Seite 90.

- Die Zahlungsströme lassen sich in ihrer Höhe nicht ohne weiteres zurechnen.
- Die Zahlungsströme lassen sich in ihrer zeitlichen Verteilung nicht ohne weiteres zurechnen.

3.3.8.6.3 Kosten-Nutzen-Analyse

Kosten-Nutzen-Analysen dienen nicht nur der Entscheidungsvorbereitung, sondern gegebenenfalls auch der nachträglichen Überprüfung von getroffenen und schon realisierten Entscheidungen. Die „Kosten-Nutzen-Analyse" war ursprünglich die Bezeichnung einer Technik, die von öffentlichen Haushalten angewandt wurde, um durch Bewertung von vielen Zielen gleichzeitig dienenden Objekten (Zielbündel) die Dringlichkeit (Nützlichkeit) ihrer Anschaffung erkennen zu können, um so die knappen Mittel (Budget) möglichst optimal einzusetzen (optimale Allokation der verfügbaren Ressourcen). Dies war und ist vor allem bei solchen (staatlichen) Objekten der Fall, die „öffentliche Güter" produzieren, für die es keine Marktpreise gibt und für die von den Konsumenten kein oder nur ein geringes Entgelt geleistet wird (z.B. Bildung, soziale Sicherheit, öffentliche Sicherheit, Erholung und Sportanlagen etc.).

Die Kosten-Nutzen-Analyse ist ganz einfach eine Technik, um die Kosten eines alternativen Aktionskurses zur Erreichung eines Zieles mit dem aus diesem Aktionskurs resultierenden Nutzen zu vergleichen. Diese Idee ist in der Welt der Unternehmen nicht neu, wo bei der Entscheidung eines Problems schon immer die Kosten den voraussichtlichen Einnahmen gegenübergestellt worden sind. Sofern die Kosten und voraussichtlichen Einnahmen eines Projekts genau in Euro festgelegt werden können, gibt es in der Industrie viele Techniken – zum Beispiel die Break-even-Analysen und die verschiedenen Rentabilitätsrechnungen –, auf die ein Entscheidungsfinder zurückgreifen kann. Wo aber wichtige Faktoren bei einem Problem nicht finanziell gemessen werden können oder wo eine solche Bewertung sehr schwer und unsicher ist oder wo finanzielle Werte nur einen Teil der Gesamtwerte darstellen, dort bietet die Kosten-Nutzen-Analyse große Vorteile.[39]

Die Grobstruktur einer Kosten-Nutzen-Analyse kann man mit folgenden sechs Schritten (Phasen) skizzieren:[40]

1. Problemdefinition
   Festlegung des Hauptzieles
2. Entwicklung (Konkretisierung) des Zielsystems und Gewichtung der einzelnen Teilziele nach der ihnen beigelegten relativen Bedeutung
3. Entwicklung von Alternativen

[39] Vgl. Steiner, G.: Top Management Planung, 1971, Seite 514.
[40] Vgl. Seicht, G.: Moderne Kosten- und Leistungsrechnung, 6. Auflage, 1990, Seite 303.

4. Ausscheiden von Alternativen, die gegen Restriktionen verstoßen oder Mindestzielerreichungsvorgaben (wie Pflichtenhefte) nicht gerecht werden
5. Abschätzen des Grades der wahrscheinlichen Erreichung der einzelnen Teilziele
6. Durchführung formaler Kalküle wie Multiplikationen (der prognostizierten Zielerreichungsgrade mit dem Gewichtungsfaktor der relativen Bedeutung des jeweiligen Teilzieles; = Nutzenbeitrag), Additionen (der errechneten Nutzenbeiträge), Subtraktionen, Divisionen; evtl. Vornahme von Sensitivitätsanalysen und Risikoanalysen; Auswahl (Reihung).

In der klassischen Form der Kosten-Nutzen-Analyse werden die in monetären Einheiten quantifizierbaren Vorteile (Nutzen) und Nachteile (Kosten) ermittelt und „unter dem Strich" dieser in Geldeinheiten vorgenommenen Rechnung durch verbale Darlegungen über die nicht in monetären Einheiten quantifizierbaren Vorteile und Nachteile des Objektes (quantitative Beschreibungen) oder durch eine Punktebewertung ergänzt. Variationen der Kosten-Nutzen-Analyse stellen die „Nutzwertanalyse" und die „Kosten-Wirksamkeits-Analyse" dar.

Kosten-Nutzen-Analysen sind dynamische Analysen bzw. Kalküle. Sie entsprechen unter Einbeziehung der „intangibles" in etwa den dynamischen Investitionsrechnungsverfahren (Discounted Cash Flow).

3.3.8.6.4 Nutzwertanalyse

Die Nutzwertanalyse ist eine analytische Bewertungstechnik von Objekten aufgrund der subjektiven Nutzwerte der einzelnen Funktionen beziehungsweise Eigenschaften und deren Verwirklichung in bestimmten Lösungen.

Neben Kostenrechnungen, Wirtschaftlichkeitsvergleichen, Investitionsrechnungen oder ähnlichen Rechnungen, die zur Beurteilung objektiv erfaßbarer Daten dienen, sollen durch die Nutzwertanalyse vor allem die subjektiven Werte beurteilt und zur Entscheidungsfindung herangezogen werden.

Die Nutzwertanalyse, die auch als Punktwertverfahren oder Multifaktorentechnik bezeichnet wird, findet ihre Anwendung, wenn nicht nur eine Alternative für eine Entscheidung vorhanden ist. Sie erlaubt die Einbeziehung nicht quantifizierbarer Ziele in das Entscheidungsfindungssystem.

Geht man davon aus, daß der Gesamtnutzen, den ein Objekt erbringt, aus einer Summe voneinander unabhängiger Teilnutzen besteht, für die jeweils eine Idealfüllung und ein daran gemessener Erfüllungsgrad bekannt sind, dann lassen sich auf diesem Weg ganzheitliche Lösungen vergleichen und Schwachstellen oder Stärken lokalisieren. Läßt sich der Nutzen wiederum Funktionen zuordnen, dann bietet sich die Nutzwertanalyse zum Vergleich wertanalytischer Lösungen geradezu an.[41]

[41] Vgl. Bronner, A.: Einsatz der Wertanalyse in Fertigungsbetrieben, 1989, Seite 83.

Die Vorgehensweise läßt sich in fünf Verfahrensschritte gliedern.[42]

1. Schritt: die Zielkriterienbestimmung
2. Schritt: die Zielkriteriengewichtung
3. Schritt: die Teilnutzenbestimmung
4. Schritt: die Nutzwertermittlung
5. Schritt: die Vorteilhaftigkeitsbewertung.

1. Schritt: Zielkriterienbestimmung

In diesem Schritt werden in einem Katalog die relevanten Zielkriterien (Ziele, Anforderungen, Funktionen oder Eigenschaften) hierarchisch gegliedert.

Die Elementarziele (letzte Elemente der Zielgliederung) können durch schrittweise Abstraktionen (Frage: Warum?) hierarchisch zusammengefaßt werden, wie dies aus der Funktionsanalyse bekannt ist.

Hierfür sind jeweils zusammengehörige Ziele in einen Oberbegriff zu fassen, der schließlich wieder zu einem Oberbegriff höherer Ordnung führt, bis alle Ziele mit einem gemeinsamen Begriff zusammengefasst sind.

Der oberste Begriff benennt das Gesamtziel. Dann folgen meistens Gruppenziele; die Ziele der letzten Stufe, die Elementarziele, sind schließlich diejenigen, die der Entscheidende nach meßbaren Kriterien beurteilen und quantitativ bewerten muß. Ist dies nicht erreichbar, muß weiter gegliedert, d.h. konkretisiert werden.

Bei der Kriterienauswahl ist darauf zu achten, daß gleiche Eigenschaften nicht durch mehrere Kriterien erfaßt werden, (z.B. der Kraftstoffverbrauch eines PKWs kann durch das Kriterium „Treibstoffverbrauch“ und durch das Kriterium „Betriebskosten“ erfaßt werden).[43]

Weiterhin ist auf eine Nutzenunabhängigkeit der Zielkriterien zu achten. Zangemeister weist darauf hin, daß eine vollkommene Nutzenunabhängigkeit nicht zu erreichen ist, daß aber eine „bedingte“ Nutzenunabhängigkeit genügt.[44]

Bei der nutzwertanalytischen Beurteilung einer PKW-Anschaffung sind z.B. die Zielkriterien „Anzahl der Sitzplätze“ und „Kofferraumgröße“ nicht vollkommen nutzenunabhängig voneinander. Beschränkt man das Sitzplatzkriterium jedoch auf ein relevantes Intervall 4–5 Sitzplätze und das Kofferraumkriterium auf ein relevantes Intervall > 300 Liter, dann kann man wenigstens bedingte Nutzenunabhängigkeit annehmen.[45]

[42] Vgl. Blohm, H.; Lüder, K.: Investition, Seite 165.
[43] Vgl. Zangemeister, Ch.: Nutzwertanalyse in der Systemtechnik, 4. Auflage, 1976, Seite 102.
[44] Ebenda, S. 78 ff.
[45] Ebenda, S. 80

2. Schritt: Zielkriteriengewichtung

Die gesammelten Kriterien sind für die Beurteilung in der Regel nicht gleich wichtig. Bei der Standortwahl eines Aluminiumwerkes z.B. ist eine preiswerte Stromversorgung weitaus wichtiger als die Wasserversorgung. Diesem Umstand wird durch eine hohe Gewichtung des bedeutsameren gegenüber einer niedrigen Gewichtung des weniger bedeutsamen Zielkriteriums Rechnung getragen

Die einzelnen Kriterien werden zunächst mit einem Gewichtungsfaktor versehen, der ihre relative Bedeutung im Rahmen aller Gewichte angibt. Es bietet sich an, eine breite Skalierung zu wählen, um zu verhindern, daß die späteren Bewertungszahlen infolge einer zu geringen Streuung keine aussagefähigen Ergebnisse liefern.[46]

Eine geeignete Skalierungsmethode zur Festlegung der Kriteriengewichte liefert eine Kardinalskala (Intervallskala oder Verhältnisskala).

Bei der Intervallskala[47] sind die Abstände, d. h. die Intervalle zwischen zwei benachbarten Skalenwerte konstant. Die Skalenwerte oder auch Punkteskala kann z. B. von 1–10 reichen. Dabei sind die Werte von 1–3 weniger wichtig, die Werte von 4–7 wichtig und die Werte von 8–10 sehr wichtig.

Bei der Verhältnisskala ist es möglich, Daten paarweise miteinander zu vergleichen (Beispiel: Kriterium A ist doppelt so wichtig wie Kriterium B).

3. Schritt

- Messung der Zielerreichung:

Unter Zielerreichungsgrad wird das Ausmaß der Erreichung eines Zielkriteriums aus dem Kriterienkatalog durch die jeweils zu beurteilende Alternative verstanden. Zunächst ist festzulegen, mit welcher Nutzenskala der Zielerreichungsgrad jedes Kriteriums erfaßt werden soll. Als Meßmöglichkeiten bieten sich an:[48]

Nominalskalen	(z. B. ausreichende Wasserversorgung vorhanden, nicht vorhanden)
Ordinalskalen	(z. B. Facharbeiterangebot gut, befriedigend, unbefriedigend)
Kardinalskalen	(Punkteskala 1–10 usw.)

Für die Gesamtheit der Zielkriterien ist die gleiche Nutzenskala anzuwenden. Im zweiten Schritt werden dann die Meßergebnisse in Teilnutzen transformiert.

- Transformation der Zielerreichung in Teilnutzen (Bewertung der Zielerreichung):[49]

[46] Vgl. Bramsemann, R.: Handbuch Controlling, Methoden und Techniken, 1987, Seite 270.
[47] Vgl. Zangemeister, Ch.: Nutzwertanalyse, S. 163 ff.
[48] Vgl. Blohm, H.; Lüder, K.: Investition, S. 172.
[49] Vgl. Dreyer, A.: Nutzwertanalyse als Entscheidungsmodell bei mehrfacher Zielsetzung, 1975, Seite 60.

1. Diskrete Transformationsfunktion ordnet jeder Zielerreichungsklasse genaue Teilnutzenwerte zu.

Zielerreichungsklassen	Teilnutzenwerte
gut befriedigend ungenügend	10 Punkte 5 Punkte 0 Punkte

2. Stückweise konstante Transformationsfunktion ordnet festgelegten Intervallen von Zielerreichungsgraden konstante Teilnutzenwerte zu.

Intervalle von Zielerreichungsgraden	Konstante Teilnutzenwerte
von 0% bis 9% von 10% bis 19% von 20% bis 29%	0 Punkte 5 Punkte 10 Punkte

4. Schritt: Nutzwertermittlung

Bei der Nutzwertermittlung werden die Teilnutzen zu einem Gesamtnutzen verdichtet, und zwar für jede in den Vergleich einbezogene bedeutsame Alternative.

- Beispiel einer Nutzwertermittlung

Gesucht wird ein Standort mit dem größten Gesamtnutzen.

Annahmen:

Dieses Beispiel hat drei Standortkriterien.

Die Skala der Teilnutzenwerte ist 1, 2, 3 (1 = niedrigster, 3 = höchster Punktewert).

Die Summe der Kriteriengewichte = 1.

Zielkriterium	Gewichtung	Zielerreichungsklassen	Teilnutzenwert
Z_1 Grundstücksgröße (in m²)	0,3	10.000 – 12.000 12.000 – 14.000 > 14.000	1 2 3
Z_2 Nächster Autobahnanschluß (km)	0,2	40 – 30 30 – 20 < 20	1 2 3
Z_3 Absatznähe = Entfernung zum Großkunden (km)	0,5	1.000 – 700 700 – 400 < 400	1 2 3
Summe	1		

- Matrix der Zielerreichungsgrade (Teilnutzenwerte)

In diesem Beispiel werden drei alternative Standorte (S_1, S_2, S_3) im Hinblick auf die drei Zielkriterien (Z_1, Z_2, Z_3) bewertet (benotet). Die Benotung entspricht dem Zielerreichungsgrad. Der jeweilige Zielerreichungsgrad jeder Standortalternative pro Zielkriterium ist in der folgenden Matrix dargestellt:

	Zielkriterium Z_1	**Zielkriterium Z_2**	**Zielkriterium Z_3**
Standortalternative S_1	1	2	1
Standortalternative S_2	1	1	3
Standortalternative S_3	3	1	1

- Matrix der gewichteten und zum Gesamtnutzen aggregierten Teilnutzen

1. Die ermittelten Zielerreichungsgrade jeder Alternative werden mit dem entsprechenden Gewichtungsfaktor jedes Zielkriteriums (Tabelle der Nutzwertermittlung) multipliziert.
2. Nun wird die Summe jeder Standortalternative (horizontal) gebildet.
3. Die Alternative mit der höchsten Summe erhält Rang 1 usw.

	Z_1	Z_2	Z_3	Summe	Rang
S_1	0,3	0,4	0,5	1,2	3
S_2	0,3	0,2	1,5	2,0	1
S_3	0,9	0,2	0,5	1,6	2

5. Schritt: Vorteilhaftigkeitsbewertung

In dem obigen Beispiel ist für den Standort S_2 der höchste Nutzwert und damit die erste Präferenz bei der Standortwahl ermittelt worden. Entscheidungsträger mit anderen Wertesystemen können zu anderen Urteilen gelangen. Hinzu kommt, daß Standorte, die in der qualitativen Nutzenbeurteilung schlecht abschneiden, bei Einbeziehung monetärer Entscheidungsgrößen durchaus vordere Rangplätze in der Gesamtbeurteilung erreichen können.

3.3.9 Personalplanung

Die Personalplanung beinhaltet alle Überlegungen, die im Zusammenhang mit dem konkreten Einsatz der Mitarbeiter im Projektteam stehen.

Die Personalplanung besteht aus folgenden Punkten:

1. Ermittlung der für das Projekt verfügbaren Kapazität pro Mitarbeiter und Ermittlung seiner Qualifikation
   Der Projektleiter sollte die notwendigen Informationen in einem persönlichen Gespräch mit jedem Mitarbeiter einzeln in Erfahrung bringen.

2. Beauftragung des Mitarbeiters
   Die Beauftragung des Mitarbeiters mit gewissen Aufgaben sollte in schriftlicher Form (Aktivitätenliste) erfolgen. Die Beauftragung des Mitarbeiters sollte folgende Punkte umfassen:
   - die zu lösende Aufgabe,
   - die zur Verfügung stehende Kapazität,
   - die geplanten Kosten und
   - den zu erreichenden Endtermin.

Es ist sinnvoll, die Aufgaben und Kapazitäten mit den einzelnen Mitarbeitern zu besprechen.

3. Aus- und Weiterbildungsplanung bezogen, auf die Projektaufgabe
   Der Mitarbeiter muß an Aus- und Weiterbildungsseminaren teilnehmen, um die im gemeinsamen Gespräch festgestellten Wissenslücken schließen zu können. Eigens dafür wird ein Aus- und Weiterbildungsplan aufgestellt. Es ist wichtig, daß dafür gesorgt wird, daß das erforderliche Know-how zum benötigten Zeitpunkt zur Verfügung steht. Die geplante Aus- und Weiterbildung muß von der freien Kapazität abgetragen werden.

4. Laufbahnplanung
   Dieser Aspekt ist besonders zu beachten, wenn ein Mitarbeiter über einen langen Zeitraum hinweg ausschließlich für das Projekt eingesetzt wird. Der Projektleiter hat hierbei die Aufgaben:
   - Mitarbeiter zu beurteilen,
   - während des Projektverlaufs über Personalförderungsmaßnahmen auch für die Weiterentwicklung der Teammitglieder Sorge zu tragen und
   - zum Ende des Projektes hin Anstöße über den späteren Einsatz seiner Teammitglieder zu geben.

3.3.10 Zusätzliche Planungsaspekte

3.3.10.1 Qualitätsanforderungen planen und Qualitätssicherung festlegen

Der Wert eines Produktes/Systems wird neben der Leistungsfähigkeit und dem Preis auch wesentlich von der Qualität dieses Produktes/Systems bestimmt.

Doch was ist „Qualität"?

„Qualität ist die Gesamtheit der Eigenschaften und Merkmalswerte einer Einheit bezüglich ihrer Eignung, festgelegte und vorausgesetzte Erfordernisse zu erfüllen.“[50]

Masing definiert in einem Standardwerk über die Qualitätslehre: „Qualität ist der Grad der Anpassung eines Erzeugnisses an die Forderungen, denen es entsprechen soll.“[51] Bläsing geht über diese Definition noch hinaus und definiert Qualität als „gleichzeitiges Minimum der Verluste, die das Unternehmen (interne Verluste), der Kunde (externe Verluste) und die Gesellschaft durch ein Produkt erleidet“.[52]

Die *Abwesenheit* der Eigenschaft Qualität macht sich also in Form von Verlusten für das Unternehmen sichtbar.

Die Ziele Termineinhaltung und Wirtschaftlichkeit konkurrieren häufig mit der Qualität. Wird die Qualität jedoch vernachlässigt, so bringt das nur kurzfristig einen Vorteil: Besonders bei der Programmierung, dem Testen und bei der Wartung macht sich die Reduzierung der Qualität stark bemerkbar.

Für die Definition und die Einhaltung der Qualitätsanforderungen (Zuverlässigkeit, Robustheit, Wartungsfreundlichkeit usw.), die für jedes Projekt neu festgelegt werden müssen, ist neben jedem einzelnen Teammitglied in erster Linie der Projektleiter verantwortlich.

Qualitätssicherung[53] ist daher eine zentrale Aufgabe des Projektmanagements. Dabei muß der Grundsatz gelten: Qualität kann nicht erprüft, sondern muss entwickelt werden. Dieser Prozeß der Qualitätssicherung umfaßt die

- Qualitätsplanung, d.h. das Festlegen von Qualitätsmerkmalen für das Produkt bzw. System,
- Qualitätslenkung, d.h. die Vorbeugungs-, Überwachungs- und Korrekturmaßnahmen mit dem Ziel der Erfüllung der Qualitätsforderung,
- Qualitätsprüfung, in der festgestellt wird, inwieweit ein Produkt oder eine Dienstleistung die Qualitätsforderung erfüllt.

An dieser Stelle wird noch auf die Methoden des Total Quality Management (TQM) verwiesen, diese widmen sich dem „Management“ der Qualitätssicherung. In allen Methoden des TQM spielen Projektmanagement und Teamarbeit die überragenden Rollen.[54]

50 DIN: DIN 55350 Teil 11, Begriffe der Qualitätssicherung und Statistik, S. 2. Unter Einheit sind hier zu verstehen sowohl die Ergebnisse von Tätigkeiten und Prozessen (materielle und immaterielle Produkte) als auch die Tätigkeiten oder Prozesse selbst (z.B. Dienstleistung).

51 Vgl. Masing, W.: Qualitätslehre, 5. Aufl. Berlin/Köln/Frankfurt a. M. 1977 und Masing, W.: Handbuch der Qualitätssicherung, 2. Aufl., Berlin 1988.

52 Vgl. Bläsing, J.P.: Das qualitätsbewußte Unternehmen, S. 38.

53 Qualitätssicherung sind „alle geplanten und systematischen Tätigkeiten, die notwendig sind, um ein angemessenes Vertrauen zu schaffen, daß ein Produkt oder eine Dienstleistung die gegebenen Qualitätsforderungen erfüllen wird“ (DIN: DIN ISO 9000, Qualitätsmanagement- und Qualitätssicherungsnormen, S. 6). Diese Norm ist identisch mit der Europäischen Norm EN 29000.

54 So Bläsing, J.P.: Das qualitätsbewußte Unternehmen, S. 30.

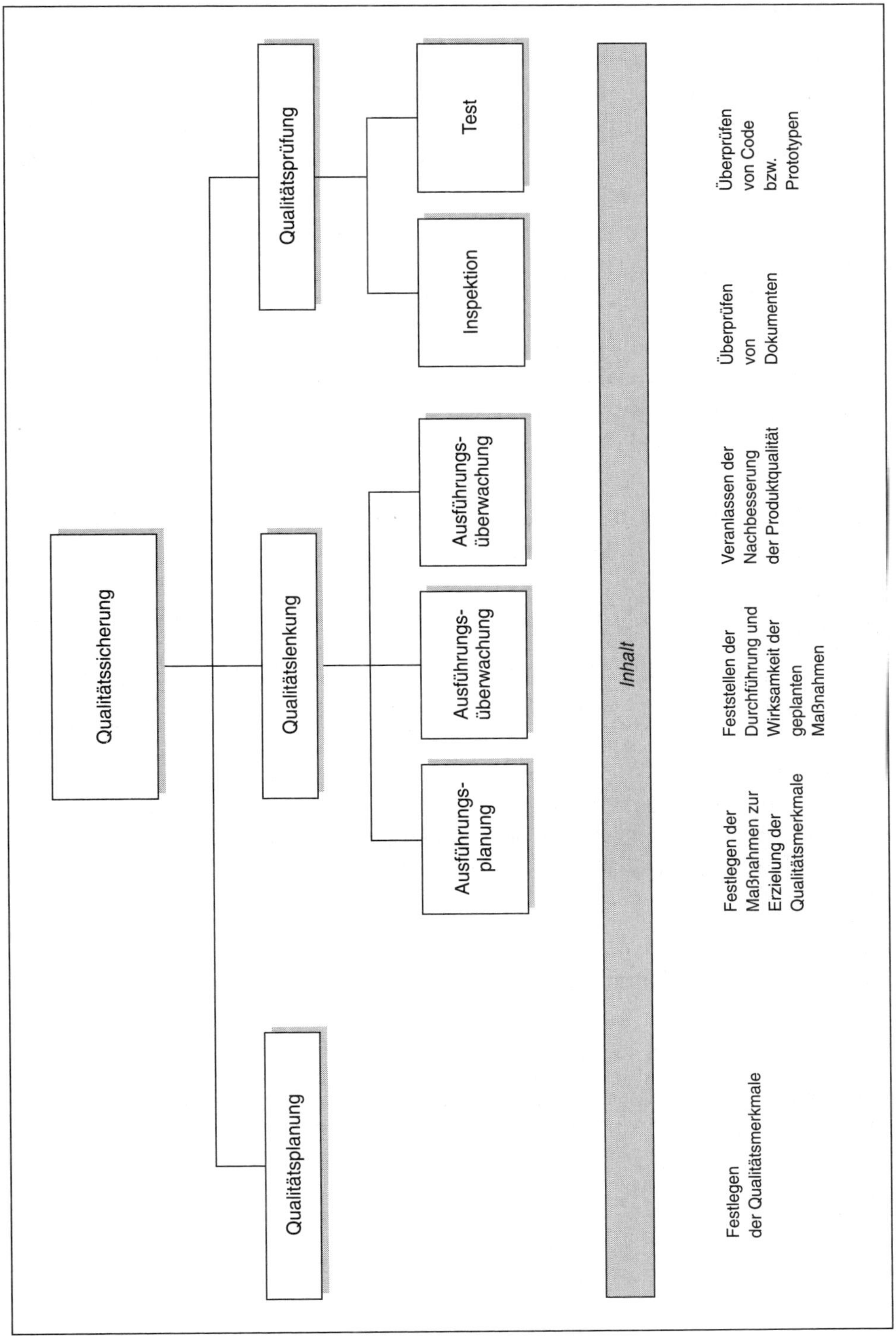

Abb. 3.24: Qualitätssicherung im Entwicklungsprozeß

3.3.10.2 Informationswesen planen und festlegen

Entscheidenden Einfluß auf die Wirksamkeit der Projektleitungsarbeit haben Art und Umfang der Information, mit der alle am Projekt beteiligten Mitarbeiter über das Projekt unterrichtet werden. Gelingt es der Projektleitung nicht, die zur Bearbeitung notwendigen Informationen rechtzeitig zur Verfügung zu stellen, dann folgen daraus unweigerlich Fehlarbeiten, durch die kostbare Zeit verloren geht und erhöhte Kosten verursacht werden.

Außer der eigentlichen Information bietet die Projektinformation folgende Vorteile:
- Wissen und Erfahrungen aller Mitarbeiter lassen sich besser nutzen.
- Die laufende Unterrichtung über den Projektfortschritt motiviert die Mitarbeiter.
- Probleme sind für alle zugänglich, was die Wahrscheinlichkeit einer schnellen Lösung erhöht.

Das Informationswesen umfaßt alle projektinternen und projektexternen Berichte und Informationen, die während des Projektverlaufs regelmäßig und sporadisch abgegeben werden.

Zu den projektinternen Informationen gehören alle diejenigen, die innerhalb des Projektteams weitergegeben werden. Dazu zählen:
- die gesamten Planungsunterlagen des Projektleiters,
- die Arbeitsaufträge an die Mitarbeiter, die Rückmeldungen der Mitarbeiter an den Projektleiter,
- die Zusammenfassung der einzelnen Rückmeldungen durch die Projektleitung.

Die Teammitglieder müssen sich zu jeder Zeit einen Überblick über den Stand des Projektes verschaffen können, deshalb sind die Informationen stets offenzuhalten.

Unter den projektexternen Informationen sind alle diejenigen zu verstehen, die vom Projektleiter nach außen (Auftraggeber, Lenkungsausschuß, Fachausschuß, Mitarbeiter aus den Fachbereichen) gegeben werden. Dabei sind insbesondere Statusberichte, Präsentationen und Abschlußberichte zu nennen.

Das Ziel einer Projektinformation ist,
- die Erreichung der geplanten Projektergebnisse bezüglich Terminen, Kosten und Leistung zu unterstützen und
- die notwendigen Entscheidungen dadurch zu erleichtern, daß alle erforderlichen Kriterien schnell zur Verfügung stehen und ihre Auswirkung auf die Projektparameter und das Entwicklungsrisiko abgeschätzt werden kann.

Damit dieses Ziel erreicht werden kann, muß das Informationswesen nachstehende Anforderungen erfüllen:
- Die Informationen müssen vollständig und wahr sein.
- Die Informationen müssen pünktlich und regelmäßig zur Verfügung stehen.
- Die Informationen müssen einheitlich vergleichbar, klar, verständlich und übersichtlich sein.

Damit das Informationswesen diesen Anforderungen gerecht werden kann, muß es geplant werden. Die Planung beinhaltet die Informationswege, -arten und -häufigkeit.

1. Informationswege
   Die Planung der Informationswege umfaßt die formalen Wege, auf denen die Informationen weitergegeben werden. Es ist nicht möglich, informelle Informations- und Kommunikationswege zu planen, das darf aber nicht heißen, daß sie vernachlässigt werden können. Bei der Planung der Informationswege ist festzulegen
   - wer
   - welche Informationen
   - wie und
   - wann an
   - wen weitergeben soll.

INFORMATIONS-MATRIX				
Projekt:				
Charakteristik / Informationsart	verantwortliche Bericht-erstatter	Verteiler/ Teilnehmer	Termin Frequenz	Bemerkungen
verbale Informationen				
Projektstands-präsentation	PL	LA/Fach-bereich	nach Bedarf	Protokoll
Lenkungsausschuß-Sitzung	PL	LA	monatlich/ nach Bedarf	Protokoll
Reviews	PL/MA	LA/PL	nach Bedarf	Protokoll
Projektbesprechung	PL	Projektteam	wöchentlich	(Protokoll)
schriftliche Informationen				
Projektstatusbericht	PL	LA	monatlich	
Zwischenbericht	PL	LA	Phasenende Teilprojektende	
Abschlußbericht	PL	LA-Fach-bereich	Projektende	
Arbeitsbericht	Projektteam	PL	wöchentlich	

PL = Projektleiter LA = Lenkungsauschuß MA = Mitarbeiter

Abb. 3.25: Informations-Matrix

2. Informationsarten

   Bei den Informationsarten unterscheidet man verbale (Einzelgespräche, Vorträge, Besprechungen, Reviews) und schriftliche (Meldungen, Statusberichte, Abschlußberichte, sonstige Veröffentlichungen) Informationen.

3. Informationshäufigkeit

   Die Informationshäufigkeit hängt vor allem von der Art und vom Umfang der zu erledigenden Aufgaben ab. Zweckmäßig ist dabei, Rückmeldungen der Teammitglieder an den Projektleiter wöchentlich zu geben. Die Übergabe der Statusberichte des Projektleiters an den Lenkungsausschuß sollte monatlich erfolgen.

Es erweist sich als sinnvoll, die Planung des Informationswesens schriftlich zu fixieren.

3.3.10.3 Hilfsmittelplanung

Die Hilfsmittelplanung ist die Planung der erforderlichen methodischen und arbeitstechnischen Hilfsmittel, die das Projektteam benötigt, um die gestellte Aufgabe möglichst effizient ausführen zu können.

Zum Inhalt der Hilfsmittelplanung gehören die Raumplanung, die Planung der Arbeitsmittel, der Maschinenkapazität und der Produktionsumgebung.

3.4 Risikoanalyse

Da komplexe Projekte eine Vielzahl unbekannter Faktoren aufweisen, besteht eine wichtige Aufgabe der Projektleitung darin, in der Zukunft liegende Risiken vorauszusehen. Erkannte Risiken können einer gesonderten Betrachtung unterzogen werden und dann im Rahmen der Projektsteuerung und -überwachung auch besonders kontrolliert werden. Um diese Risiken zu erkennen, muß zunächst eine Risikoanalyse durchgeführt werden. Risikoanalysen können entweder mit Hilfe von analytischen Methoden und/oder mit Hilfe von Computersimulationen erfolgen.[55]

3.4.1 Analytische Methode

Jedes Projekt ist mit einer Reihe von Risiken behaftet. Das systematische Abschätzen von zu erwartenden Risiken schützt den Projektleiter vor unangenehmen Überraschungen. Erkannte Risiken können einer gesonderten Betrachtung unterzogen und im Rahmen der Projektsteuerung auch besonders überwacht werden.

Die analytische Methode zur Risikoanalyse geht von der Erstellung einer Risikomatrix aus:

[55] Vgl. Blohm, H.; Lüder, K.: Investition, S. 210 ff.

– Das Projekt wird (entsprechend der Aktivitätenplanung) in seine Subsysteme eingeteilt, wobei die Sub-Systeme hier unter dem Aspekt der Risikoanalyse eventuell anders zu definieren sind.
– In den Zeilen der Matrix werden die Risiken unter dem Ansatz der Aspekte des Projektmanagements aufgeführt:

- organisatorisch:
  alle Gesichtspunkte, die mit dem sachlichen Inhalt des Projektes (ohne Hardware) zusammenhängen (Inhalt der Vorstudie bzw. des Grob-Konzeptes)
- technisch:
  hier sind die Überlegungen zu Hardware, Peripherie und sonstigen Geräten beinhaltet
- terminlich:
  alle Punkte, die mit der Planung und der Einhaltung der geplanten Termine zusammenhängen (Projektteam und Lieferanten)
- kapazitiv:
  Abschätzung der Risiken unter dem Blickwinkel der benötigten Kapazität (Projektteam und Lieferanten!) quantitativ und qualitativ
- kosten-/nutzenorientiert:
  Risiken, die sich aus Kosten-/Nutzensicht heraus ergeben (z.B. optimistischer Kosten-/ Nutzenansatz, Nutzen verringert sich während der Projektlaufzeit)
- psychologisch
  Risiken, die sich bei der Einführung des neuen Verfahrens oder Teilen des Verfahrens ergeben können (Widerstand der Benutzer etc.)

Subsysteme / Risiken	Zentrale Steuerung	LITKE-Software	....	.....
organisatorisch				
technisch				
terminlich				
kapazitiv (personell)				
kosten-/nutzen-orientiert				
psychologisch				

Risiko	Rang	Maßnahme(n)	wer?	bis wann
mangelhafte Schnittstellendefinition zu LITKE	A	Definition Schnittstelle und Abstimmung mit LITKE	Zimmermann	01. 04.

Abb. 3.26: Risiko-Matrix

Bei der Erstellung der Risikomatrix wird der folgende Ablauf empfohlen:

1. Generelle Zuordnung
   Jedes Matrix-Element wird zunächst grob daraufhin untersucht, ob eine bestimmte Risikokategorie für dieses Element zutrifft. Diese Zuordnung kann durch einfaches „Ankreuzen“ erfolgen.

2. Definition der Risiken
   Für jedes ausgewählte Matrixelement wird eine detaillierte Beschreibung der Risiken erstellt (s. Abbildung), wobei die Auflistung der Risiken im Sinne eines Brainstormings jeweils mit mehreren Beteiligten (Verantwortlicher für das Matrixelement und einem oder mehreren Mitarbeitern aus anderen Subsystemen) durchgeführt werden sollte.

3. Gewichtung der Risiken
   Gemeinsam sollte auch die Bewertung/Gewichtung (= Rang) der Risiken erfolgen. Empfohlen wird die Kategorisierung in A-, B- und C-Risiken, wobei „A“ als besonders kritischer Rang zu verstehen ist.

4. Definition von Maßnahmen
   Danach erfolgt die Definition der Maßnahmen pro Risiko, die anzustreben sind, um den Eintritt des Risikos zu minimieren.

5. Terminierung der Maßnahmen
   Für jede Maßnahme wird dann festgelegt, wer diese bis wann (bzw. mit welcher Frequenz) durchführt.

6. Berichterstattung
   Wenn erforderlich, muß die Verfolgung der Maßnahmen zur Risikominderung mit in die regelmäßige Berichterstattung (Rückmeldungen, Statusberichte) aufgenommen werden.

3.4.2 Computersimulation

Die Verwendung des Simulationsverfahrens mit Hilfe von EDV-Anlagen beruht dagegen auf weit weniger rigorosen Annahmen. Die Methode geht auf einen Vorschlag von David B. Hertz (1964)[56] zurück und hat inzwischen auch in der Praxis viele Anhänger gefunden. Das Verfahren besteht aus folgenden sechs Schritten:[57]

1. Auswahl der als unsicher angesehenen Inputgrößen
Das können z.B. sein: Absatzmenge, Verkaufspreise, Personalausgaben, andere laufende Betriebsausgaben, projektfixe Ausgaben, Liquidationserlöse usw.

[56] Vgl. Hertz, D.B.: Risk Analysis in Capital Investment, 1964.
[57] Vgl. Lüder, K.: Risikoanalyse bei Investitionsentscheidungen, in: Angewandte Planung 3, 1979, S. 224 ff.

2. Schätzung der Wahrscheinlichkeitsverteilungen für die unsicheren Inputgrößen
Dabei ist zwischen diskret und kontinuierlich verteilten Variablen zu unterscheiden. Methodisch verlangt die Risikoanalyse hierbei vom Entscheidungsträger die Angabe von Glaubwürdigkeitsgewichten g_i für die einzelnen Klassen der Verteilung:

Bei diskreten Inputgrößen (z.B. der Lebensdauer eines Projekts) lassen sich die Wahrscheinlichkeiten dann nach folgender Formel direkt ermitteln:

$$w_i = \frac{g_i}{\text{Summe } g_i}$$

Beispiel:

Lebensdauer (i) (Perioden)	2	3	4	5	6
Gewicht (g_i)	1	3	5	4	2
Wahrscheinlichkeit (w_i)	0,067	0,200	0,333	0,267	0,133

Bei kontinuierlich verteilten Inputgrößen (z.B. Verkaufspreise) lassen sich die Wahrscheinlichkeiten der nicht angegebenen Werte durch lineare Interpolation gewinnen. Eine andere Möglichkeit besteht darin, Intervallklassen zu bilden und für diese Gewichte anzugeben. Beispielsweise wird vermutet, daß der Preis eines Produktes im dritten Jahr zwischen 2,50 Euro und 4,50 Euro liegt. Dann könnte man mit folgender Verteilung arbeiten:

Intervall	Gewicht	Wahrscheinlichkeit
2,50 bis 3,20	1	0,167
3,20 bis 4,00	3	0,500
4,00 bis 4,50	2	0,333

3. Generierung der Eingabedaten
In dieser Phase der Risikoanalyse wird aus den sicheren und den unsicheren Inputgrößen mit Hilfe der Monte-Carlo-Simulation ein Satz von Eingabedaten erzeugt, mit dem sich die den Investor interessierende Zielgröße (z.B. Kapitalwert, Endvermögen, Einkommensniveau) berechnen läßt.

Die Erzeugung der unsicheren Inputgrößen geht dabei folgendermaßen vor sich: In einem ersten Schritt erzeugt man gleichverteilte Pseudo-Zufallszahlen r zwischen 0 und 1, also 0 </= r </= 1. In einem zweiten Schritt wandelt man diese Zufallszahlen entsprechend der Wahrscheinlichkeitsverteilung jeder Inputgröße mit Hilfe einer geeigneten Formel in die benötigte Inputgröße um. Braucht man also etwa 100 Verkaufspreise, so zieht man 100 Zufallszahlen r_i und wandelt davon

17 nach der Formel $p_i = 2{,}50 + 0{,}7\ r_i$
50 nach der Formel $p_i = 3{,}20 + 0{,}8\ r_i$
33 nach der Formel $p_i = 4{,}00 + 0{,}5\ r_i$

in zufällig verteilte Absatzpreise um.

Alle großen Datenverarbeitungsanlagen sind heute mit Zufallszahlengeneratoren ausgestattet, die sehr gute statistische Eigenschaften besitzen.

4. Berechnung der den Investor interessierenden Outputgröße
Auf der Grundlage der in Schritt (3) generierten Eingabedaten sind das z.B. der Kapitalwert usw.

5. Stabilisierung der Wahrscheinlichkeitsverteilung der Zielgröße
Dies erreicht man durch Fortsetzung der Schritte (3) und (4). Auf diese Weise gewinnt man eine Häufigkeitsverteilung der Outputgröße und bricht die Simulation dann ab, wenn sich das arithmetische Mittel der Zielgröße und die relativen Häufigkeiten aufgrund von weiteren Simulationen nur noch unwesentlich ändern.

6. Ermittlung der relativen Häufigkeiten für die Outputgröße
Diese relativen Häufigkeiten entsprechen näherungsweise der Wahrscheinlichkeitsverteilung der Zielgröße.

Das Verfahren der Risikoanalyse besitzt die folgenden Vor- und Nachteile:[58]

1. Das Verfahren orientiert sich am Grundmodell der Entscheidungstheorie. Es erlaubt die Berücksichtigung einer sehr großen Anzahl von alternativen Zukunftslagen, ohne daß es notwendig wäre, alle relevanten Zukunftsentwicklungen im Rahmen entsprechend aufwendiger Ergebnismatrizen explizit zu entwickeln.
2. Aus den Ergebnissen der Risikoanalyse lassen sich Informationen ableiten, die Entscheidungen auf der Basis klassischer Entscheidungsprinzipien oder des Bernoulliprinzips[59] gestatten.
3. Das Verfahren der Risikoanalyse gestattet es, unsichere Informationen sowohl in bezug auf voneinander unabhängige als auch in bezug auf voneinander abhängige Inputgrößen zu verarbeiten.
4. Die Methode der Risikoanalyse läßt sich – wenn sie als Simulationsverfahren eingesetzt wird – nur von Computern bewerkstelligen. Es sei in diesem Zusammenhang darauf aufmerksam gemacht, daß die Rechenzeiten für Risikoanalysen verhältnismäßig gering sind.

Aufgrund der überwiegend positiven Eigenschaften des Verfahrens der Risikoanalyse setzt sich die Methode insbesondere bei der Beurteilung von Großprojekten auch in der Praxis immer mehr durch.

[58] Vgl. Schneeweiß, H.: Entscheidungskriterien bei Risiko, 1967, S. 74 f.
[59] Vgl. Kruschwitz, L.: Investitionsrechnung, 3. Auflage, 1987, S. 280

4 Projektüberwachung und Projektsteuerung

4.1 Projektüberwachung

4.1.1 Grundsätzliche Überlegungen

In der Projektüberwachung werden die Sollvorgaben der System- und Projektplanung mit den im Projektablauf erreichten Ist-Werten verglichen und eventuelle Planabweichungen festgestellt. Die Überwachung bezieht sich einerseits auf den Projektgegenstand und andererseits auf den Projektablauf.

In Verbindung mit dem Projektgegenstand wird überprüft, inwieweit die Funktions-, Leistungs- und Qualitätsanforderungen erfüllt sind. Dies ist Aufgabe der Qualitätssicherung. Erst wenn ein Arbeitspaket die Prüfung durch die Qualitätssicherung bestanden hat, kann es als fertiggestellt gelten, womit dann Termine und Kosten überprüfbar werden.

Die Überwachungsparameter des Projektablaufs sind primär Termine und Kosten. Von entscheidender Bedeutung ist, daß dabei der Zusammenhang zwischen Systemleistung/Qualität, Terminen und Kosten, wie er im Leistungsdreieck der Abb. 1.20 dargestellt ist, beachtet wird. Eine einseitige Termin- und Kostenüberwachung führt leicht (insbesondere bei Software- und Organisationsprojekten) zu Abstrichen an der Systemleistung.

Voraussetzung für eine effektive Projektüberwachung sind realitätsbezogene (das heißt erreichbare), vollständige und prüfbare Planvorgaben und aktuelle Ist-Daten, die hinsichtlich formalem Inhalt miteinander korrespondieren. Der Überwachungsprozeß besteht dabei aus drei Phasen:

- Bereitstellung von Daten, welche die aktuelle Situation in einem Projekt widerspiegeln.
- Soll-/Ist Vergleich: Feststellung der Abweichungen zwischen Plan- und Ist-Werten (Abweichungsanalyse).
- Bewertung: Feststellung der Gründe für Abweichungen zwischen SOLL und IST sowie Aufzeigen alternativer Korrekturmaßnahmen zur Behebung der Differenz.

Die festgestellten Abweichungen können folgende Ursachen haben:

- Unrealistische Planung (zum Beispiel falsche Einschätzung der Komplexität des Projektes, unzureichende Planungserfahrung, fehlende Werte aus der Vergangenheit usw.).
- Unvorhersehbare Änderungen im Projektablauf (zum Beispiel neue Erkenntnisse, neue Vorgehensalternativen, Verschiebung von Prioritäten usw.).
- Fehler in der Arbeitsausführung (zum Beispiel ungenügende Arbeitseffizienz, ungenügende Qualität der Arbeitsergebnisse usw.).

Die formalen Instrumente zur Überwachung können über die Ursachen der Abweichungen nur bedingt Aufschluß geben. Ebenso können sie die zu ergreifenden Korrekturmaßnahmen nicht aufzeigen. Es ist deshalb wichtig, daß der Projektleiter sich aktiv in den Überwachungsprozeß einschaltet. Nur bei ausreichender Kenntnis der Abweichungsgründe und der Lösungsalternativen ist er in der Lage, richtige Entscheidungen zu treffen und wirksame Korrekturmaßnahmen zu veranlassen. Ganz allgemein ist in der Projektüberwachung die informelle Kommunikation sehr wichtig. Sie signalisiert Probleme häufig früher als der formale Weg und weist zudem auf Sachverhalte hin, die im Rahmen der normalen Berichterstattung (Projektberichte, Projektsitzungen) nicht aufgedeckt werden.

Voraussetzung für die Überwachung der Sachergebnisse ist eine ausreichende Dokumentation. Die Ergebnis-Dokumentation wird von technisch orientierten Proiektmitarbeitern oft recht stiefmütterlich behandelt und häufig als administrativer Ballast angesehen. Die Projektdokumentation ist jedoch ein wichtiger Teilaspekt der gesamten Projektplanung und -überwachung. Richtlinien für die Ausgestaltung dieser Dokumentation müssen aber sachgebietsspezifisch aufgebaut sein.

Besonders wichtig ist die Überprüfung der Sachergebnisse in den Anfangsphasen eines Projektes, zum Beispiel beim Pflichtenheft oder der Systemspezifikation. Fehler, Lücken und Inkonsistenzen bei den Ergebnissen der ersten Projektphasen haben zumeist gravierende Auswirkungen auf die Projektkosten und die Qualität der Ergebnisse.

Der Überwachungsvorgang selbst besteht zum einen aus der schriftlichen Abfrage von Projektfortschrittsdaten und zum anderen womöglich aus einer Kontrolle des Projektfortschritts „vor Ort“. Im Regelfall erfolgt die Überwachung durch schriftliche Abfrage.[1]

Die Überwachung muß in bestimmten zeitlichen Abständen erfolgen. Für Projekte mit langen Laufzeiten hat es sich als sinnvoll erwiesen, die Überwachung in Intervallen von vier Wochen durchzuführen. Bei kürzer laufenden Projekten und in kritischen Durchführungsphasen sind zwei oder sogar drei Überwachungen im Monat üblich. Teilweise wird auch eine laufende Überwachung der Termine praktiziert.[2]

4.1.2 Terminüberwachung und Kostenüberwachung

Die regelmäßige Ermittlung des terminlichen Projektstandes ist eine wichtige Maßnahme der Projektleitung zur erfolgreichen Projektüberwachung. Auf der Grundlage vorher erstellter und freigegebener Planungsunterlagen ist deshalb der Projektfortschritt zu messen. Basis für eine Termin- und auch für die Kostenüberwachung sind möglichst detailliert ausgestaltete (Teil-)Netzpläne mit Arbeitspaketen beziehungsweise Vorgängen.

Die Kriterien, die zur Feststellung „Arbeitspaket beendet“ führen, sind aber meist ungenau, sofern nicht ein strenges Qualitätssicherungssystem vorhanden ist. Im Zusammenhang mit einem solchen abgeschlossenen System läßt sich jedoch für Vorgänge im Netzplan eine saubere Termin- und Kostenüberwachung aufbauen.

[1] Vgl. Schmitz: Projektplanung..., S. 17.
[2] Vgl. Rinza: Projektmanagement..., S. 31.

Eine Projektüberwachung muß aber auch versuchen, den Zwischenstatus eines Projektes zu bestimmten Zeitpunkten zu ermitteln, um eventuelle Schwachstellen im Projektablauf frühzeitig erkennen zu können. Dann stellt sich das Problem, den Arbeitsfortschritt innerhalb eines Arbeitspaketes oder einer Netzplanaktivität abzuschätzen. Erfahrungsgemäß sind Schätzungen, welche von den an der Arbeitsausführung beteiligten Personen abgegeben werden, eher unzuverlässig.

Häufig wird der Anteil der aufgewendeten zur vorgeplanten Arbeitszeit als Maßstab für den Projektfortschritt genommen. Damit werden aber Schwierigkeiten im Projektablauf auch erst erkannt, wenn eine Tätigkeit bereits erledigt sein sollte. (In der Literatur zur Software-Erstellung, vor allem in der Programmierung, wird vom sogenannten „95%-Syndrom" gesprochen: Der gemeldete Projektfortschritt läßt vorerst ein zügiges Voranschreiten gemäß Plan erkennen, bis – nach Überschreiten des geplanten Fertigstellungstermins – das Programm für längere Zeit „fast fertig" ist [= 95%], obwohl mit unverminderter Intensität daran gearbeitet wird).[3]

Abhilfe ist einerseits durch eine detaillierte Planung möglich (zum Beispiel durch Erstellen von Unternetzplänen mit einer Aufspaltung in Teilaktivitäten mit bestimmtem und überprüfbarem Zwischenergebnis), andererseits durch ein auf „Augenschein" und Diskussionen beruhendes persönliches Urteil des Projektleiters. Falls größere Arbeitspakete an Instanzen vergeben werden, sind diese zur Erstellung solcher Teilnetzpläne anzuhalten und diese sind in die Projektüberwachung mit einzubeziehen.

Folglich ist die konsequente Aktualisierung der Plantermine eine notwendige Voraussetzung für eine wirkungsvolle Terminüberwachung. Nur so lassen sich in Form von Plan/Ist-Vergleichen oder Trendanalysen mögliche Planabweichungen und deren Auswirkungen auf den weiteren Projektverlauf frühzeitig erkennen.

Plan/Ist-Vergleiche sind zeitpunktbezogene („statische") Betrachtungen des Projektstandes, bei denen eine Gegenüberstellung von Plan- und Istwerten erfolgt. Eine einmalige Terminverzögerung eines Arbeitspaketes läßt aber noch keine Aussage über den Gesamttermin des Projektes zu. Wird jedoch das Arbeitspaket häufiger in seinem Plantermin verschoben, so ist zu Recht zu befürchten, daß weitere Terminverzögerungen folgen, welche schließlich zu einem Gesamtverzug des Projektes führen könnten. Trendanalysen sind nichts anderes als Aufzeichnungen dieser Verschiebung von Planterminen (Plan/Plan-Vergleiche). Sie sind demzufolge keine statische Betrachtung wie Plan/Ist-Vergleiche, sondern stellen die über einen Zeitraum bezogene Entwicklung eines Arbeitspaketes dar.

Betrachtungsgegenstand von Trendanalysen kann im Grunde genommen jedes definierte Arbeitspaket sein. Man sollte sich dennoch auf projektentscheidende Arbeitsvorgänge oder Ereignisse beschränken.

[3] Vgl. Büchel: Projektmanagement, Lehrschrift…, S. 59.

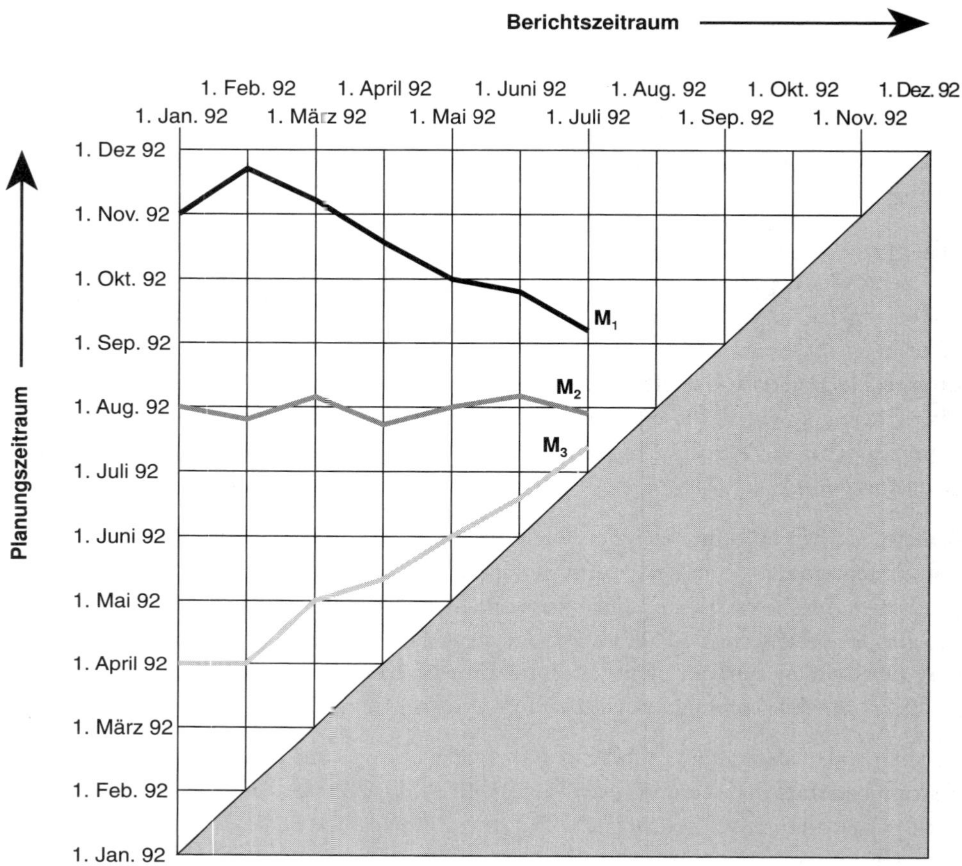

Abb. 4.1: Meilenstein-Trendanalyse

Für jeden Meilenstein (M_1, M_2 M_3) erfolgt zu festgelegten Berichtszeitpunkten eine Fortschreibung der Plantermine. Jede Aktualisierung führt zu einer neuen Eintragung, so daß für jeden Meilenstein ein Polygonzug entsteht.

Auf Basis des Kurvenverlaufs ist eine Termineinschätzung möglich:

- Fallender Verlauf (siehe M_1): Termin wird unterschritten.
- Waagerechter Verlauf (siehe M_2): Termin wird eingehalten.
- Ansteigender Verlauf (siehe M_3): Termin wird überschritten.

Neben diesen grundsätzlichen Aussagen für einzelne Meilensteine können (falls mehrere Arbeitspakete gleichartige Verläufe aufweisen) darüber hinausgehende Aussagen gemacht werden:

- Tendenziell fallende Verläufe:
  Weisen alle Arbeitspakete fallende Verläufe aus, wurde offenkundig zu pessimistisch

geplant. Künftige Aussagen bei der Terminplanung sollten daher genauestens geprüft werden.

- Tendenziell waagerechte Verläufe:
  Dies sollte der idealtypische Verlauf eines Projektes sein. Mit größter Wahrscheinlichkeit wird hier der Endtermin eingehalten.
- Tendenziell steigende Verläufe:
  Wenn sich dieser Trend abzeichnet, bedeutet dies für ein Projekt immer ein Alarmsignal. Hier wurde offensichtlich zu optimistisch geplant. Das Aufgabenvolumen wurde unterschätzt und/oder Termine wurden unrealistisch geplant. Terminaussagen lassen sich nicht einhalten, der Endtermin wird sich erheblich verzögern.

Trendanalysen versetzen die Projektüberwachung in die Lage, negative Trends im Projektverlauf bereits zu einem frühen Zeitpunkt wahrzunehmen. Sie sind als ein Warninstrument anzusehen, das auf Mißstände hinweist, woraufhin rechtzeitig Korrekturmaßnahmen eingeleitet werden können.[4]

Abschließend sei bemerkt, daß Trendanalysen nicht nur zur Terminüberwachung, sondern ebenso zur Kosten- und Kapazitätsüberwachung erfolgreich eingesetzt werden können. Dennoch sind Trendanalysen in der Praxis relativ selten anzutreffen. Dies dürfte vor allem dadurch begründet sein, daß viele Projektmanagement-Standardsoftwarepakete die Erstellung solcher Trendanalysen nicht unterstützen. Ihre Erstellung ist aus diesem Grunde mit erheblichem Mehraufwand verbunden und wird häufig noch in manueller Form vorgenommen.

Terminüberschreitungen sind auf eine oder mehrere der im folgenden aufgeführten Ursachen zurückzuführen:

- In der Planung sind die Zeiten für die einzelnen Vorgänge zu optimistisch geschätzt worden.
- Es sind zusätzliche, in der Planung nicht berücksichtigte Arbeiten zu Bewältigung des Arbeitspaketes notwendig.
- Lieferzeiten für Bauteile wurden von Fremdfirmen nicht eingehalten.
- Änderung der Projektziele durch den Auftraggeber.
- Verspätetes Eintreffen von Daten, die für die Bearbeitung Voraussetzung sind.

Neben der Terminkontrolle stellt die Kontrolle der Kosten einen wichtigen Teil in der Projektüberwachung dar. Dabei kommt es auf eine möglichst schnelle und regelmäßige Erfassung der pro Arbeitspaket angefallenen Ist-Kosten an, die dann mit den geplanten Kosten zu vergleichen sind. Der Kostenüberwachungszyklus sollte möglichst kurz gehalten werden, um Planungsabweichungen rasch zu erkennen und Korrekturmaßnahmen schnellstens einleiten zu können. Die Kostenkontrolle muß sich aber dem Rhythmus des betrieblichen Rechnungswesens anpassen. Dies bedingt jedoch, daß eine integrale Überwachung aller Aspekte des Leistungsdreiecks nur in diesem Rhythmus möglich ist.

[4] Vgl. Madauss, B. J.: Handbuch Projektmanagement, S. 227 ff.

Wenn das Projekt zeitlich in Verzug gekommen ist, dann müssen die Soll-Kosten der vorhandenen Leistung/Qualität mit den effektiven Kosten zum Zeitpunkt des Berichtstermins in Bezug gebracht werden. Auf der Zeitachse sind diese Werte verschoben. Eine Verschiebung ergibt sich ebenfalls bei zeitlichem Vorsprung des Projektes. Nur wenn das Projekt planmäßig voranschreitet, kann auf der senkrechten Linie des Berichtstermins im Kosten-Zeit-Diagramm die Kostenunter- beziehungsweise -überschreitung anhand des Unterschiedes zwischen der Soll- und Ist-Kurve direkt abgelesen werden.[5]

Dieser Sachverhalt ist in Abb. 4.2 dargestellt.

Für Meilensteinentscheide faßt der Projektleiter zweckmäßigerweise alle Teilprojekte zusammen, wie dies Abb. 4.3 zeigt.

Für Kostenüberschreitungen gibt es verschiedene Ursachen:
- Ungenaue Abgrenzung des Projektes; es werden Arbeiten verrichtet, die nicht nötig sind.
- Management-Entscheid, tief zu offerieren, um den Auftrag zu erhalten.
- Unkontrollierte Abänderung oder Erweiterung der Zielsetzungen; „nachträglich wird ein ‚Rolls-Royce' verlangt".[6]

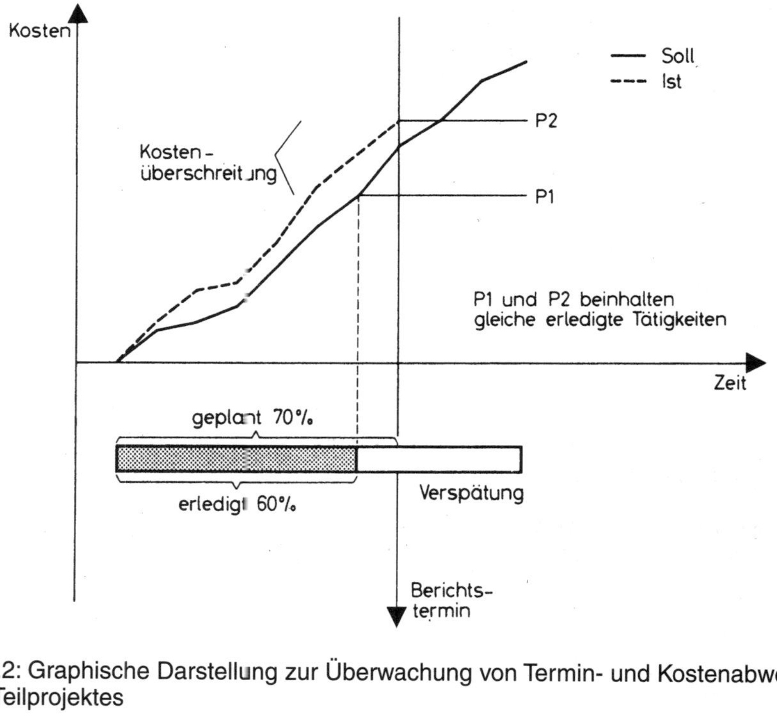

Abb. 4.2: Graphische Darstellung zur Überwachung von Termin- und Kostenabweichungen eines Teilprojektes

[5] Vgl. Kummer: Projekt-Management..., S. 85.
[6] Ebenda, S. 87.

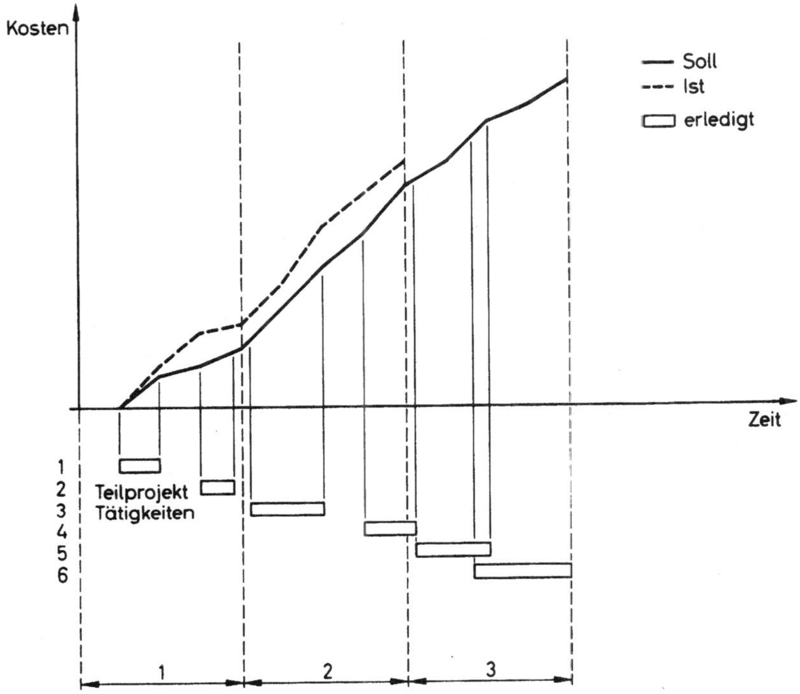

Abb. 4.3: Graphische Darstellung zur Überwachung von Termin- und Kostenabweichungen

- Aufholen von zeitlichen Verzögerungen (zusätzliche Kosten wie Überzeit usw.).
- Unrealistisch tiefe Schätzung.
- Unvorhersehbare technische Schwierigkeiten.
- Ungenaue Abgrenzung des Projektes vom übrigen Betrieb, das heißt es werden dem Projekt projektfremde Kosten verrechnet.[7]

Bei einer integrierten Leistungskontrolle findet eine Verknüpfung von Qualitätssicherung, Kostenüberwachung und Terminüberwachung statt. Dies setzt voraus, daß für ein Arbeitspaket eine technische Leistungsbeschreibung, eine darauf abgestellte Terminplanung und ein detaillierter Kostenplan erstellt werden.

Dann werden zu aufeinanderfolgenden Zeitpunkten simultan aufgelaufene Projektkosten und der Arbeitsfortschritt erfaßt und graphisch dargestellt (vgl. Abb. 4.4).

Aufgelaufene Kosten minus Arbeitswert (= für den geleisteten Arbeitsaufwand geplante Kosten) ergibt die Kostenabweichung. Aus der zeitlichen Verschiebung der ursprünglich geplanten Projektkostenkurve und der Kurve des Arbeitswertes ergibt sich die Schätzung der Terminabweichung.

[7] Vgl. Kummer: Projekt-Management..., S. 87.

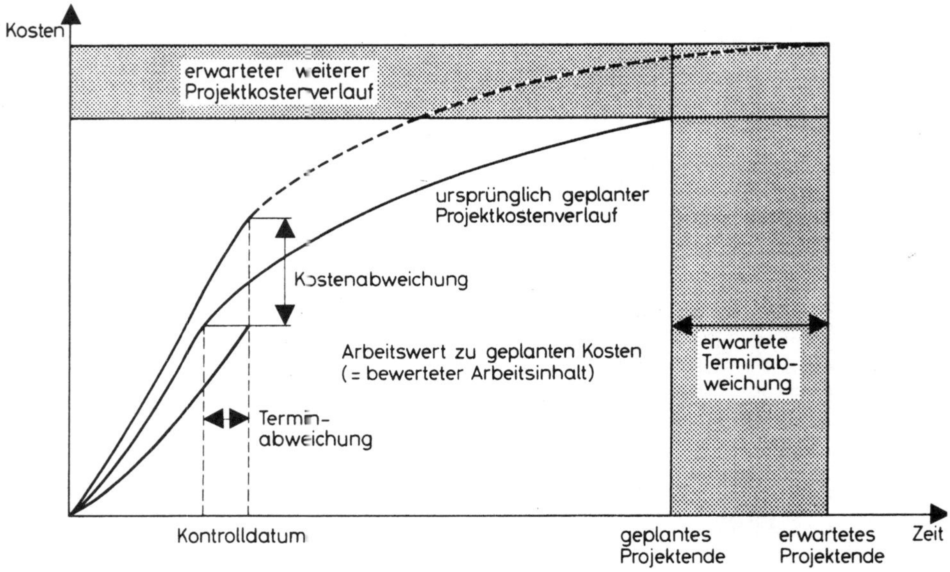

Abb. 4.4: Integrierte Projektkontrolle

Aufgrund der bisher festgestellten Kostenabweichungen ist der weitere Kostenverlauf abzuschätzen. Dabei ist zu überlegen, inwieweit die bisherigen Abweichungen einmaligen Charakter haben oder ob sie auch ein Indiz für weiterhin auftretende Abweichungen zwischen geplanten und effektiven Kosten darstellen. Unter Annahme eines gewissen zeitlichen Verlaufs der zukünftigen Projektkosten kann auch eine erwartete Terminabweichung für das Projektende abgeschätzt werden. (Im allgemeinen werden aber Terminabweichungen besser auf der Basis eines nachgeführten Netzplans ermittelt.)

4.1.3 Kapazitätsüberwachung

Zielsetzung der Kapazitätsüberwachung ist es, unter Berücksichtigung der Terminplanung eine gleichmäßige Auslastung der verfügbaren Kapazität sicherzustellen. Wird der Ablauf schwerpunktmäßig über Termine und/oder Kosten gesteuert, kann allerdings nur eine laufende Aktualisierung der Kapazitätspläne vorgenommen werden.[8]

4.1.4 Zukunftsüberlegungen

Eine effiziente Projektüberwachung gibt sich nicht nur mit der Vergangenheit und der Gegenwart zufrieden, sie stellt auch Überlegungen bezüglich der Zukunft an, um agieren zu können. „Das heißt der Projektleiter stellt nicht nur fest, sondern er trifft auch die notwendigen Maßnahmen."[9]

[8] Vgl. Schmitz: Projektplanung..., S. 121.
[9] Kummer: Projekt-Management..., S. 87.

4.2 Projektsteuerung

Dem Steuern des Projektes kommt eine besonders große Bedeutung zu. Während Projektorganisation, Phaseneinteilung und Zieldefinition schwerpunktmäßig zu Projektbeginn anfallen und die Planung von Aufwand und Terminen vor Inangriffnahme einer Projektphase erfolgen, beschäftigt die Projektsteuerung den Projektleiter kontinuierlich während der gesamten Laufzeit des Projektes.

Da die Planung ein in die Zukunft gerichteter Vorgang ist, kann sie den Projektablauf nur theoretisch vorwegnehmen und wird immer mit Fehlern behaftet sein. Diese Fehler führen zu Abweichungen zwischen dem realen Projektablauf und der Planung. Nur durch eine aktive wirkungsvolle Steuerung, die Abweichungen zwischen Projektplan und realem Projektverlauf ausgleicht, kann mit einem Erreichen des Projektziels gerechnet werden.

Die Projektsteuerung beinhaltet alle projektinternen Aktivitäten des Projektleiters, die erforderlich sind, um das geplante Projekt in seinem Verlauf im Rahmen der Planungswerte abzuwickeln und damit erfolgreich durchzuführen.

Folgende Aspekte sind bei der Projektsteuerung zu beachten:

- Die Projektleitung darf den geplanten Projektablauf nicht sich selbst überlassen, sondern muß ihn aktiv steuern.
  - Eine erste Maßnahme zur aktiven Steuerung besteht in einer formalen Freigabe des Arbeitsbeginns für ein Arbeitspaket oder eine Projektaktivität. Für wichtige Projektphasen (Meilensteine) kann die Freigabe dem Lenkungsausschuß obliegen, für einzelne Arbeitspakete dem Projektleiter.
  - Der Projektleiter muß aktiv eingreifen, sobald Signale der Termin- und Kostenüberwachung Abweichungen andeuten.
  - Der Projektleiter muß sich jederzeit auf der Basis der informellen Kommunikation, des persönlichen Gesprächs usw. über den Gang des Projektes informieren.

- Der Projektstrukturplan mit seinen Arbeitspaketen sowie Netzpläne sind laufend anzupassen. Beweggründe für eine Anpassung können folgende Sachverhalte sein:
  - Neue Erkenntnisse aus dem Bereich der Systemplanung über erforderliche Funktionen des Systems.
  - Neue Erkenntnisse aus der Projektüberwachung über notwendige Aufgaben und Tätigkeiten.
  - Veränderungen der Randbedingungen des Projektes hinsichtlich Mittelverfügbarkeit.
  - Kostenüberschreitungen und Terminverspätungen.

- Systemführung und Projektführung müssen eng miteinander verzahnt sein.
  - Unter Systemführung werden hier Entscheide über Systemziele, Spezifikationen, Variantenauswahl usw. verstanden, wie sie im Rahmen des Problemlösungszyklus zu fällen sind.

* Die Projektführung trifft Entscheide über Mitteleinsatz, Projektablauf, Termin- und Kostenplanung usw.
  Der Projektleiter sollte Abweichungen von der Planung so früh wie möglich erkennen. Es ist vom Zeitpunkt der Problemerkennung abhängig, welche Steuerungsmöglichkeiten ihm noch zur Verfügung stehen. Je später Abweichungen erkannt werden, um so geringer ist die Auswahl an Steuerungsmaßnahmen!

4.3 Projektüberwachung und Projektsteuerung als Regelkreis

Die Projektsteuerung umfaßt alle Aktivitäten, die projektintern durchgeführt und entschieden werden (Eigenkontrolle).

Die Projektüberwachung ist als Fremdkontrolle (projektextern) zu definieren, die im Regelfall vom Lenkungsausschuß wahrgenommen wird. In besonderen Situationen kann diese Überwachung auch von einer externen Instanz durchgeführt werden.

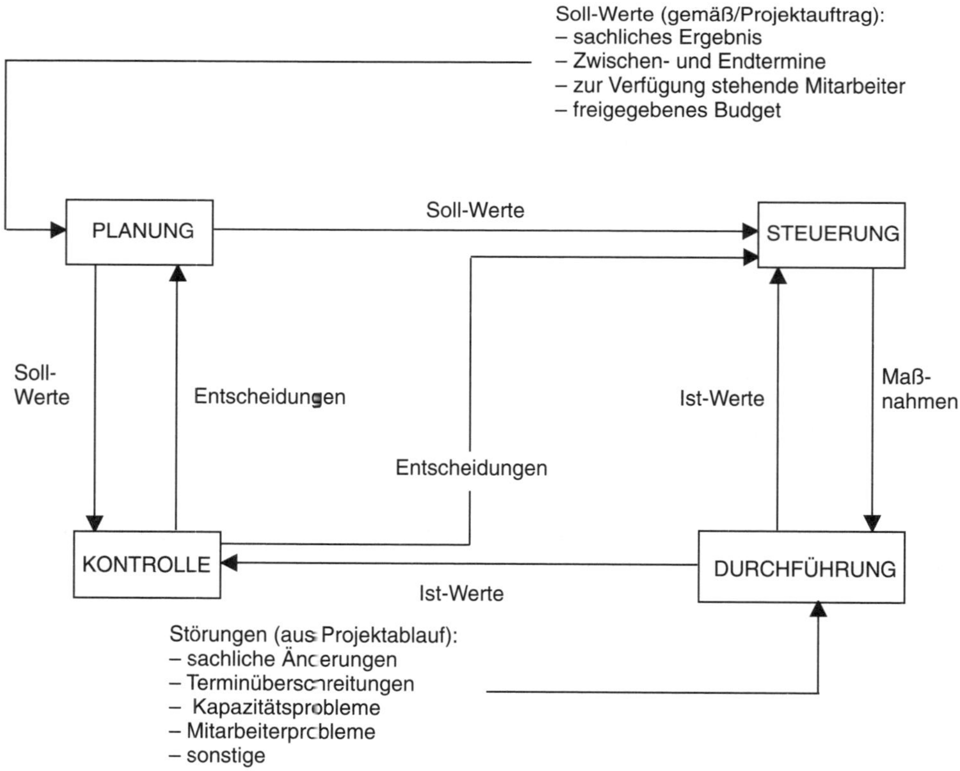

Abb. 4.5: Projektüberwachung und -steuerung als Regelkreis

5 Verhaltenstheoretischer Ansatz des Projektmanagements

5.1 Ganzheitlich-situatives Verständnis von Organisation und Projektarbeit

Ein professionelles Projektmanagement umfaßt alle führenden und administrativen Aktivitäten der Projektabwicklung, d.h. die Arbeitsprozesse in einem Projekt erfordern die ganzheitlich-situative Bewältigung der

1. strukturellen Komponente
   Projektmanagement = Arbeitsprozeß innerhalb einer Organisation (z.B. Ziel-/Mittelplanung, Projektaufbau-/Projektablauforganisation)
2. organisatorischen Komponente
   Projektmanagement = mehrpersonaler Arbeitsprozeß (z.B. Zieldetaillierung, Projektstrukturierung, Aufgabenverteilung, Termin-/Kostenplanung, Projektsteuerung, Projektdokumentation)
3. logischen Komponente
   Projektmanagement = Problemlösungsprozeß, d.h. strategische Problemlösung und innovative Projektplanung
4. psychologisch-sozialen Komponente
   Projektmanagement = Teamarbeit, Teamführung.

„Das Ganze ist mehr als die Summe seiner Teile."

Die Schlagkräftigkeit des Projektmanagements basiert im wesentlichen auf der psychologisch-sozialen Komponente, kurz auf dem Teamgedanken.

Jede menschliche Aktivität birgt Unsicherheitsfaktoren in sich, insofern entsprechen ein Projekt und seine Zielsetzungen folgenden miteinander verknüpften Hypothesen:
- wenn „Aktivitäten durchgeführt", dann „Ergebnisse erzielt";
- wenn „Ergebnisse erzielt", dann „Projektziel erreicht".

Es hängt von den situativen Fähigkeiten des verantwortlichen Projektmanagers ab, ob die ergriffenen Aktivitäten und eingesetzten Mittel zum gewünschten Ergebnis führen. Dafür wird er verantwortlich gemacht und muß das Verfehlen der Ergebnisse rechtfertigen.

Dagegen ist das Zutreffen der Hypothese, wenn „Ergebnisse erzielt", dann „Projektziel erreicht", von vielen Faktoren abhängig, die außerhalb des Einflußbereichs des Projektmanagers liegen. Dies bedeutet, daß ein Projektmanager angemessene Sorgfalt walten lassen muß, um das Projektziel zu erreichen. Er darf jedoch nicht für die Erreichung des Projektziels verantwortlich gemacht werden, wenn das Projektziel von externen, nicht steuerbaren Größen beeinflußt wird.

Projekte werden immer noch von Menschen geplant und durchgeführt und deshalb haben situative und psychosoziale Prozesse eine große Bedeutung für die Projektarbeit. Menschliche Einflußfaktoren lassen sich nun einmal nicht in der gleichen Weise programmieren wie ein Rechner. Durch situatives Vorgehen ist es aber vielleicht möglich, sowohl der Komplexität der Aufgabenstellung als auch den Bedürfnissen der Mitarbeiter besser gerecht zu werden.

Eine ganzheitlich-situative Projektarbeit sollte aber nicht nur vom Projektleiter allein verantwortet werden, sondern auch die Geschäftsleitung bzw. den Auftraggeber mit einbeziehen. Dieses Mittragen der indirekten Verantwortung durch das Management ist bewußt beabsichtigt, damit Aufmerksamkeit und Akzeptanz für die ganzheitlich-situative Projektarbeit gewährleistet sind.

Werden sie dieser Aufgabe nicht gerecht, das heißt stehen sie nicht absolut hinter dem Projekt und dem Projektleiter, so wird das Vorhaben enden, noch bevor es begonnen hat.

5.2 Der Projektleiter

5.2.1 Anforderungen an den Projektleiter

Der Erfolg oder Mißerfolg eines Projektes hängt sehr stark von der Person des Projektleiters ab. Die Auswahl und Besetzung dieser Funktion sind somit eine der wichtigsten Entscheidungen im Rahmen eines Projektes.

Doch genauso hängt der Erfolg des Projektes davon ab, inwieweit das übergeordnete Management hinter den Entscheidungen des Projektleiters steht. Für erfolgreiche Arbeit des Projektleiters ist es notwendig, daß er von der Geschäftsleitung volle Unterstützung erfährt und daß diese Bestätigung auch allen am Projekt Beteiligten deutlich wird.[1]

Die Stelle des Projektleiters stellt folglich besonders hohe Anforderungen an diese Person. Ein Projektleiter muß einerseits über das entsprechende fachliche Knowhow und andererseits über ausgeprägte Fähigkeiten hinsichtlich Menschenführung und Kooperation verfügen. Er muß eine Führungspersönlichkeit sein, beachtliche Managementqualitäten besitzen und noch über gute wirtschaftliche und technische Kenntnisse verfügen.[2] Er soll Führer, Motivator, Trainer, Psychologe, Konfliktmanager und vieles andere mehr in einer Person sein.

Wie muß ein Projektleiter aber beschaffen sein, wenn er seiner Aufgabe gerecht werden soll und das Unternehmen nicht resigniert verlassen will? Die Vielzahl der erwünschten

[1] Vgl. Rinza: Projektmanagement ... S. 138.

[2] Madauss vergleicht demgemäß die Stellung eines Projektleiters mit der eines Unternehmers im Unternehmen. (Vgl. Madauss, B. J.: Handbuch Projektmanagement mit Handlungsanleitungen für Industriebetrieb, Unternehmensberater und Behörden, 4. unveränd. Aufl., Stuttgart 1991, S. 80 f.

Anforderungen an den „idealen“ Projektleiter können dem folgenden Katalog entnommen werden:

1. Kriterium: *Teamfähigkeit*
   - größere Präferenz (Vorliebe) für Gruppenarbeit als für stille Einzelarbeit
   - tendenziell extrovertiert (im Gegensatz zu introvertiert, offen auf andere Menschen ausgerichtet)
   - rollenflexibel und anpassungsfähig
   - lobt andere; stellt bei Erfolg anderer nicht soziale Vergleiche (der/ich) an, sondern begeistert sich für die Sachleistung

2. Kriterium: *Durchsetzungsvermögen*
   - kann andere überzeugen
   - verliert seine eigenen Ziele nicht aus den Augen
   - verfügt über Belohnungs- und Bestrafungsmacht und kann diese einsetzen

3. Kriterium: *Frustrationstoleranz*
   - reagiert nicht mit negativen, destruktiven Gefühlen auf Mißerfolge
   - Ausdauer und Beständigkeit
   - Fähigkeit zum Belohnungsaufschub

4. Kriterium: *vernetztes Denken*
   - ist in der Lage, nicht nur direkte, sondern auch indirekte weitläufige Konsequenzen zu erkennen
   - komplexe Zusammenhänge erkennen können; Widersprüchlichkeiten zulassen können
   - bei Konfrontation mit komplexen Sachverhalten die Übersicht behalten

5. Kriterium: *Handlungsorientiertheit*
   - Risikobereitschaft und Entscheidungswille
   - Motivation, Energie, Tatendrang
   - in Problemsituationen sich auf die Suche von Lösungen konzentrieren (nicht auf Schuldzuweisung und Selbstbedauern)
   - in Streßsituationen nicht aufgeben (aussteigen: „Jetzt ist es vorbei!“, oder Situation verkennen und sich einreden, nichts tun zu brauchen)

6. Kriterium: *Zukunftsorientiertheit*
   - Prävention statt Therapie, agieren statt reagieren
   - Lösungen entwickeln, Entscheidungen finden, bevor sie abgefragt werden
   - ständig zukünftige Geschehnisse in Gedanken vorwegnehmen

7. Kriterium: *Generalist*
   - breites Interessenspektrum, Neugier

- „Breitband"-Wissen hat Vorrang vor „Schmalband"-Wissen, Systematik, Prinzipien, Zusammenhänge wichtiger als Details
- Projektdenken und -handeln statt Interessenvertretung seines Fachs/seiner Fachabteilung
- Mut zu neuen Alternativen

8. Kriterium: *Ökonomist*
   - Gespür für wirtschaftliche Chancen und Risiken
   - Mut zum Abbruch unwirtschaftlicher Projektarbeit

9. Kriterium: *positives Selbstvertrauen/-bewußtsein*
   - keine soziale Ängstlichkeit und Scheu
   - ist nicht autoritätsgläubig
   - Erfolgszuversicht, wenn neue Aufgaben in Angriff zu nehmen sind

10. Kriterium: *Fähigkeit zur Selbstdarstellung*
    - seine Ideen und sein Projekt „verkaufen" können
    - dialogfähig, greift Impulse anderer auf und setzt sie um
    - Gespür für die (Informations-)Interessen anderer

11. Kriterium: *Urteilsfähigkeit*
    - seine eigenen Taktiken und Verhaltensweisen selbstkritisch reflektieren und daraus lernen können
    - Stärken und Schwächen anderer erkennen und bei der Projektarbeit berücksichtigen

Realistisch betrachtet wird man jedoch nie einen Projektleiter finden, der all diese Anforderungen in sich vereint. Wichtig für einen Projektleiter ist aber vor allem die Fähigkeit, im Sinne eines Generalisten zu handeln und sich nicht als Spezialist zu tief in die sachliche Projektarbeit einzuschalten.

Neigt ein Projektleiter zum Spezialisten, besteht die Gefahr, daß er sich zu sehr mit den Aufgaben der Projektmitarbeiter beschäftigt und seine eigentliche Aufgabe, die Überwachung, Kontrolle und Übersicht über das Projekt vernachlässigt. In diesem Fall besteht die Gefahr, daß das Projekt keine Zielrichtung mehr erfährt und das Projekt langsam „im Sande verläuft". Durch das ständige Einmischen in Detailaufgaben werden aber auch die Mitarbeiter kontinuierlich demotiviert und können nicht mehr mit den meist steigenden Anforderungen eines Projekts mitwachsen.

	A. Kenntnis von...			**B. Erfahrung...**			**C. Fähigkeiten..**			**D. Persönlichkeit**		
1	Prinzipien, Politik, Verfahren und Organisation des Unternehmens			Organisieren von Arbeit			Geschäftspolitik zu erläutern			Takt und Ausgeglichenheit		
2	DV-Produkten und -Anwendungen			Umgang mit DV-Produkten			eine Systemanalyse durchzuführen			offen für Änderungen, Neuerungen		
3	Planungsmethoden			Überwachen von Plänen			Projektsteuerungstechniken zu benutzen			Mitarbeitern helfen, voranzukommen		
4	Rechnungswesen			Auslegen von Budgetplänen			richtige Entscheidungen zu treffen			Bereitschaft, zu delegieren		
5	Gewerkschafts- und Betriebsorganisationen			Verhandeln mit Gewerkschaften und Betriebsrat			sich durchzusetzen und Vorgesetzte zu überzeugen			Mut, Entscheidungen zu treffen; Fähigkeit, Druck zu widerstehen		
6	Englisch oder einer anderen Fremdsprache			Führen von Mitarbeitern			Personal zu motivieren			zusammen mit Mitarbeitern beratschlagen		
7	Betrieb, Wirtschaft, Wettbewerb			Schreiben und Warten von Programmen			Programmprodukte zu bewerten			Vertrauen in Fähigkeit und Einsatzbereitschaft der Untergebenen		
8	psychologischen und soziologischen Begriffen			Präsentieren von Ergebnissen			eine Gruppe zu leiten			Bereitschaft, anderen zu helfen		
9	Programmiersprachen			Umgang mit unerwarteten Vorfällen			zu kommunizieren: frei von der Leber zu sprechen, zuzuhören, vorzutragen			Bereitschaft, Unterstützung von anderen anzunehmen		
10												

Abb. 5.1: Qualifikation des Projektleiters

5.2.2 Ernennung des Projektleiters

Eine der wichtigsten Entscheidungen im Rahmen eines Projektes ist, wie bereits erwähnt, die Wahl des Projektleiters durch das übergeordnete Management. Dabei ist die Ausgangssituation für den Projektleiter von Projekt zu Projekt und von Unternehmen zu Unternehmen verschieden:

- Entweder wird er von Beginn an beteiligt, dann besteht für ihn noch die Chance, die Weichen mitzustellen, oder
- er wird erst später zum Projektleiter ernannt, dann ist bereits eine Projektsituation vorhanden, von der ausgegangen werden muß.

Für den Projekterfolg ist der erstgenannte Fall jedoch immer der günstigere!

Die Ernennung beinhaltet die Festlegung der Aufgaben, Verantwortung und Kompetenzen sowie die organisatorische Einordnung.

Der Projektleiter trägt bekanntlich die persönliche Verantwortung für die Erreichung des Projektziels. Er ist verpflichtet, den bestmöglichen wirtschaftlichen und technischen Erfolg des Projektes sicherzustellen. Dieser Verantwortung kann er aber nur gerecht werden, wenn realisierbare und meßbare Ziele mit ihm vereinbart wurden, sein Verantwortungsbereich abgegrenzt ist, ihm ausreichende Mittel zur Verfügung stehen und seine Aufgaben und Kompetenzen übereinstimmen. Er trägt die Verantwortung über die gesamte Laufzeit des Projektes. Dabei sollte nur in außergewöhnlichen Fällen (Krankheit, Überforderung, Projektleiter wird nicht anerkannt) ein Wechsel des Projektleiters in Betracht gezogen werden.[3]

5.2.3 Aufgaben des Projektleiters

Der Projektleitung obliegt die Zielklärung, Organisation, Planung, Überwachung, Steuerung und Koordination des Gesamtprojektes. Zu den schwerpunktmäßigen Aufgaben zählen:

- Projektziel formulieren, vereinbarte Ziele in einem Projektauftrag festschreiben und vom Auftraggeber genehmigen lassen.
- Überprüfung der Realisierbarkeit der Projektziele.
- Festlegung der Aufbau- und Ablauforganisation des Projektes.
- Projektgruppe strukturieren und Projektgruppe bestimmen.
- Führung von Mitarbeitern.
- Termine und Kosten planen und überwachen.
- Beschaffung der erforderlichen Ressourcen.
- Installation eines dem Projektgegenstand und der Projektgröße angepaßten Planungs-, Überwachungs-, Steuerungs- und Informationssystems.

[3] Vgl. Platz: Projektmanagement ..., S. 69.

- Planung des Gesamtprojektes.
- Überwachung und Steuerung des Gesamtprojektes.
- Entscheidung über Lösungsalternativen, die sich auf Projektgegenstand und Projektvorgehen beziehen.
- Informationsaustausch (Sitzungen, Berichte etc.) und Dokumentation sicherstellen.
- Delegation von Aufgaben und Vergabe von Teilaufträgen.
- Entscheide vorbereiten und herbeiführen (zum Beispiel Entscheidung über die Freigabe von Projektergebnissen).
- Berücksichtigung von Änderungen.
- Koordination aller am Projekt beteiligten Mitarbeiter und Stellen.
- Projektwirtschaftlichkeit beurteilen und fortlaufend überprüfen.
- Kontinuierliche Information des übergeordneten Managements beziehungsweise des Auftraggebers zu festgelegten Zeitpunkten oder wann es der Projektverlauf erfordert.

Es ist wichtig, daß der Projektleiter zur Erledigung dieser Aufgaben die volle Unterstützung des übergeordneten Managements erhält und dies auch allen am Projekt Beteiligten deutlich wird.

5.2.4 Der Projektleiter als Führungskraft

„Führen heißt, jemandem eine Richtung auf ein Ziel geben und ihn in Bewegung auf dieses Ziel halten.“[4]

„Führung ist jede zielbezogene, interpersonelle Verhaltensbeeinflussung mit Hilfe von Kommunikationsprozessen.“[5]

„Führungsstil(-form) ist zu verstehen als:
einheitliches, durch die spezifischen Ausprägungen einer Reihe von Einzelmerkmalen beschreibbares Führungsverhalten.“[6]

Obwohl man in der modernen Wirtschaft bei genauem Untersuchen noch alle Arten von Führungsstilen finden kann, läßt sich in den vergangenen Jahren ein Trend ausmachen, der dahin geht, daß der Produktionsfaktor Mensch wieder mehr in den Mittelpunkt gerückt wird.

Ausgelöst wurde diese Entwicklung sicherlich auch durch die Erfolge die japanische Unternehmen mit ihrer Art von Führungsphilosophie (z. B. Kaizen) erzielten.

Auch in westlichen Unternehmen machen immer häufiger Schlagworte wie Wissensmanagement, Knowledge Management, Change Management oder Evolutionäres Management die Runde.

4 Zogg: Systemorientiertes Projekt-Management ..., S. 31.
5 Tannenbaum, R.; Weschler, J. R.; Massarik, F.: Leadership and Organization, New York 1961, S. 24.
6 Baumgarten, R.: Führungsstile und Führungstechniken, Berlin 1977, S. 16.

<table>
<tr><th colspan="2">PL-Stellenbeschreibung</th></tr>
<tr><td colspan="2">Abteilung: Organisation
Stelle: Projektleiter</td></tr>
<tr><td>untersteht:
dem Lenkungsausschuß</td><td>unterstellt sind:
die Projektmitarbeiter in fachlicher Hinsicht</td></tr>
<tr><td>wird vertreten von:
einem Chef-Programmierer oder
DV-Koordinator</td><td>vertritt:</td></tr>
<tr><td>Zielsetzung /Hauptaufgabe
Verantwortliche Leitung eines oder mehrerer Projekte unter der Regie des Lenkungsausschusses gem. den festgelegten Richtlinien
Einzelaufgaben
Fachlich (organisatorisch und technisch)
• Ausführung des Auftrags gem. Phasenfreigabe, d.h. Planung des Projekts
• Ausarbeitung der Vorstudie mit Alternativen
• Ausarbeitung des Grob- und Feinkonzeptes
• Ausarbeitung der Programmvorgaben
• Erteilung von Programmieraufträgen im Rahmen des Projekts
• Kontrolle und stichprobenartige Teilnahme an den Walkthroughs
• Leitung des Abnahmetests und Projektübergabe
• Leitung der Einführung und Systemübergabe an die Fachabteilung
• Verantwortlich für die Systemdokumentation (Systemhandbuch)
• Verantwortlich für die Einhaltung der Qualitätsvorschriften
• Verantwortlich für Planung, Auswahl und Einführung aller Organisationsmittel</td><td></td></tr>
</table>

<table>
<tr><td>Terminlich/personell und wirtschaftlich
• Kapazitätsplanung und -steuerung
• Terminplanung und -überwachung
• Verantwortlich für den Einsatz maschineller Verfahren der Termin- bzw. Kapazitätsplanung und -überwachung
• Planung und Disposition des Einsatzes aller am Projekt beteiligten Mitarbeiter
• Verantwortung für die projektbezogene/-begleitende Weiterbildung der Mitarbeiter
• Verantwortung für Projektkosten (Planung und Überwachung)
• Durchführung von Wirtschaftlichkeitsanalysen
Weitere Einzelaufgaben
• Verantwortlich für die Berichterstattung gegenüber dem Lenkungsausschuß
• Herstellung und Pflege von Kontakten zum Beratungsausschuß und den Informationsgruppen
• Herbeiführung von Entscheidungen, die für den weiteren Projektverlauf erforderlich sind, aber die Kompetenz des Projektleiters übersteigen
• Verantwortung für die Verwendung des im Verfahrens-(Methoden-)Handbuch dokumentierten Verfahrens
• Entscheidung über die einzusetzenden Sachmittel gem. Projektbudget
• Dokumentation des Projektverlaufs im Rahmen der Projektdokumentation</td><td></td></tr>
<tr><td>Befugnisse:
• Selbständige Entscheidung im Rahmen erteilter Phasenfreigaben (Fachkompetenz, Termin- und Budgetkompetenz)
• Fachliche Personalleitung für die Mitarbeiter, die dem Projektteam zugeordnet sind
• Teilnahme an den Lenkungsausschußsitzungen</td><td>Datum:

Ersteller:

Genehmigung:</td></tr>
</table>

Abb. 5.2: Projektleiterstellenbeschreibung

All diesen angesprochenen Führungs- bzw. Managementstilen ist gemeinsam, daß der Mitarbeiter, seine Interessen und Ideen sehr stark gefragt sind und er nicht mehr als reines Ausführungsobjekt betrachtet wird. Ausdruck dafür ist sicherlich ein engagierter Kommunikationsaustausch zwischen Führungskraft und unterstelltem Mitarbeiter.

Im Rahmen des Buches soll stellvertretend für alle weiteren Konzepte nur auf das Zielmanagement detailliert eingegangen werden, da die grundsätzlichen Überlegungen aller Konzepte sich in der Idee des Projektmanagements widerspiegeln.

Ansatzpunkt für das Zielmanagement ist die Tatsache, daß Manager heutzutage sehr häufig den Blick für das Wesentliche verlieren, und statt dessen unorganisiert und ineffektiv arbeiten.

Das Zielmanagement soll die Führungskraft zu strategischem Denken und Handeln anregen, d.h. der Vorgesetzte soll sich auf wenige konkrete Punkte einstellen. Um dies zu realisieren, müssen Bereiche an Mitarbeiter übertragen bzw. mit ihnen abgestimmt werden. Dies kann aber nur dann gelingen, wenn ein ständiger Gedankenaustausch zwischen Vorgesetzten und Mitarbeitern vorliegt und alle beteiligten Personen konkret an der Zielfindung und Zielformulierung beteiligt werden.

Die Funktion von Zielmanagement läßt sich umschreiben mit einem ständigen Meinungsaustausch der Mitarbeiter untereinander und mit dem Vorgesetzten, um gemeinsam Ziele zu finden, zu formulieren und zu verwirklichen.

Vorteile des Zielmanagements:
- erhöhter Grad der Handlungsorientierung beim Vorgesetzten
- Engagement, Identifikation und Leistungsbereitschaft bei allen werden gefordert
- Grad der Selbststeuerung steigert sich
- Zusammenarbeit intensiviert sich.

Zu formulierende Ziele:
- persönliche Ziele des Vorgesetzten
- Mitarbeiterziele
- Gruppenziele.

Das Zielmanagement läßt sich nur erfolgreich umsetzen, wenn alle angesprochenen Zielfelder beachtet und umgesetzt werden.

Die Zielfelder sind vergleichbar mit einem Eisberg:

Nur die aus dem Wasser reichende Spitze des Eisberges ist über Wasser sichtbar. Der Grund für die Stabilität des Eisberges ist jedoch die sich unter Wasser befindliche restliche Eismasse.

Übertragen auf ein Unternehmen bedeutet dies, daß von außen nur das Unternehmensziel erkennbar ist. Die Stabilität des Unternehmens liegt jedoch in den Basiszielen (Mitarbeiter- und Gruppenziele). Die Zielfelder dieser Basis sind genau auf die des Unternehmensziels abgestimmt.

1. Persönliche Ziele
Hier macht sich der Vorgesetzte ganz konkret ein Bild davon, wo er steht, sowohl privat als auch beruflich. Für alle Bereiche arbeitet er sich Ziele aus, die er innerhalb einer bestimmten Periode erreichen will.

2. Mitarbeiterziele
In diesem Punkt unterscheidet sich das Zielmanagement wesentlich von den traditionellen Führungsstilen (charismatisch, partriarchalisch, autokratisch, bürokratisch). Eine ständige Kommunikation zwischen Vorgesetzten und Mitarbeitern ist unumgänglich. Ständige Kommunikation bedeutet hier aber nicht ein jährliches Beurteilungsgespräch, sondern ein regelmäßig (möglichst vierteljährlich) stattfindendes sog. Zielvereinbarungsgespräch.

Bei diesem Gespräch soll der Mitarbeiter konkret nach seinen Zielen, Absichten und Erwartungen befragt und angehört werden. Dem Mitarbeiter wird dadurch vermittelt, daß seine Meinung gefragt ist, er bekommt das Gefühl, aktiv am Geschehen beteiligt zu werden.

Dies bewirkt beim Mitarbeiter eine Sensibilisierung für seine Aufgabe, größere Motivation und im Laufe der Zeit eine größere Selbstverantwortung.

3. Gruppenziele
Das Gruppenziel ist ein schwieriges Feld des Zielmanagements, da viele Vorgesetzte, die ein Team bzw. eine Gruppe leiten, einen traditionell-autoritären Führungsstil vertreten, um die Gruppen kontrollieren zu können.

Beim Zielmanagement öffnet sich der Vorgesetzte aber konkret den Wünschen, Absichten und Zielvorstellungen der Gruppe.

Da innerhalb einer Gruppe verschiedene individuelle Mitarbeiterwünsche beachtet werden müssen, kann das Gruppenziel nicht in einem einmaligen Gespräch ausgearbeitet, sondern muß in größerem räumlichen und v. a. zeitlichen Rahmen abgesteckt werden. Hierzu eignen sich sogenannte Workshops, in denen sich Gruppen über einen Zeitraum von 1–2 Tagen zusammensetzen, um sich konkrete Pläne und Gedanken zum Unternehmensablauf zu machen.

Es ist unbedingt notwendig, daß die Führungskraft darauf achtet, daß alle Zielfelder genau und vollständig formuliert werden. Geschieht dies nicht, so ist es später nicht möglich, alle Ziele zu erreichen. Ein Scheitern des Zielmanagements wäre die Folge.

Zusammenfassend läßt sich sagen, daß das Führungskonzept des Zielmanagements im wesentlichen auf einer sehr starken Kommunikationsbereitschaft der Beteiligten beruht. Der Vorgesetzte muß sich dabei seiner Führungsaufgabe bewußt sein. Seine persönlichen Ziele und somit sein persönlicher Erfolg können auch nur über eine Akzeptierung und Umsetzung von Mitarbeiter- und Gruppenzielen erfüllt werden.

Die quantitative und vor allem qualitative Veränderung der Tätigkeitsstruktur in der Projektgruppe bringt steigende Anforderungen an die Lernbereitschaft, das Leistungsvermögen und die Kooperationsfähigkeit aller Teammitglieder.

Mechanische und repetitive Tätigkeiten treten nur noch im geringen Maße auf. Dagegen haben Tätigkeiten, bei denen nur das Ziel, aber nicht der dorthin führende Weg vorgegeben ist, an Bedeutung gewonnen.

Gegenüber Projektmitarbeitern mit steigender Qualifikation und selbstverantwortlichem Handeln muß der Vorgesetzte einen kooperativen Führungsstil entwickeln, der es den Teammitgliedern ermöglicht, einen eigenen Entscheidungs- und Handlungsspielraum zu verwirklichen.

Mitarbeiterführung heißt demnach, Ziele aufzuzeigen und Initiativen sowie Engagement der Projektmitarbeiter auf die Ziele hin zu mobilisieren.

In einem Projektteam kann der Projektleiter nicht mehr der allen Überlegene sein. Steigende Qualifikation der Teammitarbeiter führt dazu, daß sie eigenständiger und selbstbewußter werden. Projektmitarbeiter sollen keine Einzelanweisungen, sondern „Auftragspakete“ erhalten. Diese Auftragspakete enthalten Leistungsziele, die es dem Mitarbeiter ermöglichen sollen, selbständig zu arbeiten.

Gerade in qualifizierten Leistungszusammenhängen wie Projektarbeit ist ein Vorgesetzter immer mehr auf das „selbständige Funktionieren“ seiner Mitarbeiter angewiesen und damit nicht nur auf ihre fachliche Qualifikation, sondern auch auf ihr Verhalten, auf ihre Loyalität und Solidarität.

Ein solches Verhalten ist aber nicht selbstverständlich, sondern muß durch gute Führung gefördert werden. Projektmitarbeiter haben dabei ganz konkrete Vorstellungen, wie diese Führung auszusehen hat.

Berufliche Menschenführung bedeutet:

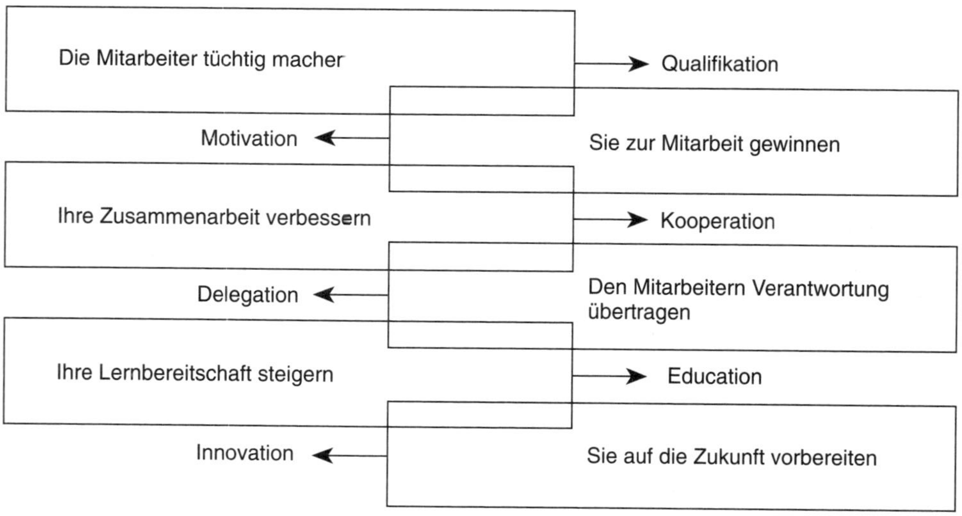

Abb. 5.3: Führung im Projektmanagement

Eine „Wunschliste“ von Projektmitarbeitern an das Projektmanagement könnte demnach folgende Punkte beinhalten:[7]

- Wir möchten eine kooperative Führung.
  (Dies gilt nicht nur für das Projektteam, sondern bezieht sich auch auf das ganze Unternehmen hinsichtlich Planung und Organisation)
- Wir möchten ausreichend informiert sein.
  (Dies gilt sowohl für projektbezogene als auch für gesamtbetriebliche Informationen)
- Wir möchten uns für höhere Aufgaben qualifizieren können.
  (Projektarbeit soll nicht in eine Karrieresackgasse führen)
- Wir möchten ein vernünftiges Maß von Freiheit und Selbständigkeit.
  (Nur so kann man Innovation und Kreativität verlangen)
- Wir möchten ein angenehmes und teambezogenes Arbeitsumfeld.
  (Projektarbeit soll ohne „Grabenkämpfe“ ablaufen können)
- Wir möchten angemessene Arbeitsbedingungen.
  (Räumlichkeiten und technische Arbeitsplatzausstattung sind in der Projektarbeit notwendig.)
- Wir möchten nützliche Projektarbeit verrichten.
  (Projekte sollen keine unausgegorenen „Schnellschüsse“ sein)
- Wir möchten eine faire und ausgeglichene Behandlung.
  (Niemand im Projektteam soll benachteiligt werden)

Aus diesem Grund sollte der Führungsstil eines Projektleiters im wesentlichen durch folgende Prinzipien geprägt sein:

- Der Mensch steht im Mittelpunkt.
- Führung nicht durch Rang, sondern durch Persönlichkeit, Überzeugung und Argumentation.
- Es herrscht das Prinzip der offenen Tür. Ein Mitarbeiter muß jederzeit über jedes Thema ein Gespräch mit dem Projektleiter führen können.
- Es gibt keine vorgegebenen Informationswege (Dienstwege), alle Informationen erfolgen direkt.
- Ergebniskontrolle statt Verfahrenskontrolle.
- Die Beurteilung des Mitarbeiters erfolgt gemeinsam mit diesem.
- Förderung von Initiative und Eigenverantwortung.
- Besondere Würdigung und angemessene Honorierung von außergewöhnlichen Leistungen.
- Probleme der Mitarbeiter genießen höchste Priorität.
- Klare Abgrenzung von Aufgaben, Befugnissen und Verantwortung für jeden Mitarbeiter des Projektteams.
- Keine Rückdelegation.

[7] Vgl. Sahm, A.: Neue Methoden zur Leistungsmotivation der Mitarbeiter. Situationsbezogene Motivationstechniken für die betriebliche Praxis, Augsburg 1979, S. 22 f.

Aufgrund dieser Prinzipien verlangt das Projektmanagement, besonders in Form der Matrixorganisation, einen partizipativen (demokratischen) Führungsstil.

Die Führungsmöglichkeiten des Projektleiters hängen im wesentlichen von folgenden fünf Faktoren ab:

1. Fähigkeit, Führungsaufgaben zu übernehmen und ihnen gerecht zu werden.
2. Umsetzung von Inhalten des Führungstrainings in die Praxis.
3. Fähigkeit, vom Spezialistentum zu abstrahieren und im Sinne des „Generalisten" zu agieren.
4. Fähigkeit, sich aus dem Kreis seiner Kollegen heraus als anerkannte Führungskraft zu profilieren.
5. Zur Verfügung gestellte Kompetenzen.

Es soll allerdings nicht die Tatsache verschwiegen werden, daß in den Unternehmen häufig eine erhebliche Diskrepanz zwischen dem offiziell propagierten Führungsstil und dem tatsächlich praktizierten besteht. Denn jeder Führungsstil wird im wesentlichen durch die ihn ausübenden Vorgesetzten charakterisiert. Es gibt wohl kein Führungselement, in das die individuelle Persönlichkeitsstruktur der beteiligten Manager so eingeht wie in den praktizierten Führungsstil.[8]

5.3 Das Projektteam

Schon Anfang der 70er Jahre stand die Idee der Gruppenarbeit – bzw. teilautonomer Gruppen, wie es damals hieß – sehr stark im öffentlichen und arbeitswissenschaftlichen Interesse. Ausgangspunkt dafür waren die von Volvo und Saab durchgeführten Versuche mit teilautonomen Arbeitsgruppen.[9]

Die ökonomischen Hintergründe hierfür waren die damaligen hohen Abwesenheits- und Fluktuationsraten der Mitarbeiter und gravierende Qualitätsmängel. Zu den Gestaltungsprinzipien der teilautonomen Arbeitsgruppen, die unter anderem die kontraproduktiven Folgen des Taylorismus auffangen und zu einer höheren Selbstbestimmung am Arbeitsplatz führen sollten, gehörten auch Job Rotation (Arbeitswechsel), Job Enlargement (Arbeitserweiterung) und Job Enrichment (Arbeitsbereicherung).[10]

Nachdem diese „Humanisierungswelle"[11] jedoch bald wieder zurückging, kamen neuere Untersuchungen über die Arbeitsorganisation in Unternehmen zu dem Schluß, daß ganz besonders Teamarbeit und Teamgeist wesentliche Kernelemente „schlanker Unternehmen" sind.[12]

[8] Vgl. Oyen, V.; Schlegel, H. B.: Projektmanagement heute. Eine Führungsalternative unserer Zeit, Speyer 1986, S. 61 f.

[9] Vgl. Bergren, Ch.: Von Ford zu Volvo, Automobilherstellung in Schweden, Berlin/Heidelberg 1991, S. 97.

[10] Vgl. Breisig, Th.: It's Team Time, Kleingruppenkonzepte in Unternehmen, Köln 1990, S. 23.

[11] Ebenda, S. 24.

[12] Vgl. Kammel, A.; Groth, U.: Lean Production – Forcierung des Teamkonzeptes im „schlanken Unternehmen", in: Personal, 44. Jg. (1992), Heft 11, S. 510.

Mit der Übernahme japanischer Lean-Production- und Lean- Management-Konzepte rückt somit das Thema Gruppenarbeit wieder in den Blickpunkt der Diskussionen sowie der betrieblichen Strategien und Perspektiven. Wie Bell und French schon 1982 definierten: „Die wichtigste Gruppe von Interventionen sind wahrscheinlich die Teamentwicklungs-Aktivitäten, deren Ziel eine verbesserte und erhöhte Leistungsfähigkeit der verschiedenen Gruppen in der Organisation ist."[13]

Um nun Teamarbeit genauer zu charakterisieren, genügt es nicht, eine bloße Definition des Begriffes „Team" wiederzugeben – was bei der Vielzahl der unterschiedlichen Definitionen auch sehr schwierig wäre –, vielmehr müssen die grundlegenden Elemente der Teamarbeit dargestellt werden, um zu verstehen, was ein Team ausmacht.

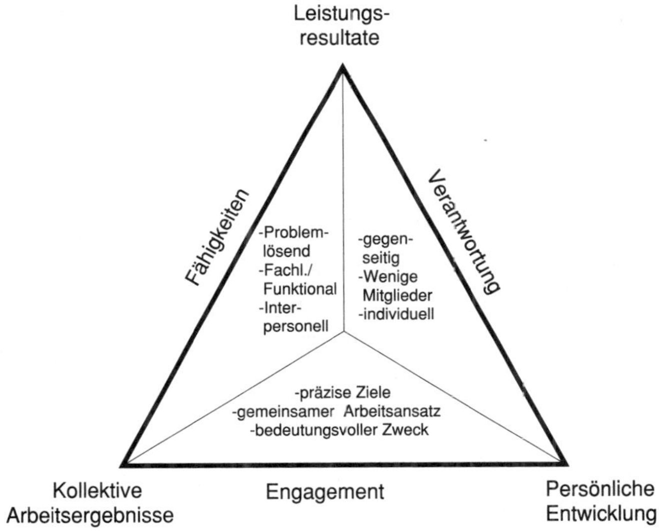

Abb. 5.4: Teamgrundsätze

Katzenbach und Smith stellen weiterhin fünf Grundsätze für die Zusammensetzung eines Teams und eine erfolgreiche Teamarbeit auf:[14]

1. eine kleine Anzahl von Personen,
2. sich ergänzende Fähigkeiten der Personen,
3. die Verpflichtung zu einem gemeinsamen Vorsatz und Leistungszielen,
4. das Engagement zu einem gemeinsamen Arbeitsansatz,
5. wechselseitige Verantwortlichkeit.

[13] Bell, C. H.; French, W. L.: Organisationsentwicklung – sozialwissenschaftliche Strategien zur Organisationsveränderung, 2. Aufl., Bern 1982, S. 142.

[14] Vgl. Katzenbach, J. R.; Smith, D. K.: The wisdom of teams: creating the high-performance organization, Boston 1993, S. 45 ff.

5.3.1 Ziele der Teamarbeit

Daß Teamarbeit eine der besten Formen der Zusammenarbeit ist, um Probleme und Aufgaben der heutigen Zeit zu meistern[15], steht außer Frage. Jedoch sollten wir nicht dem Irrglauben verfallen und annehmen, daß die Teamarbeit die einzige und universell einsetzbare Medizin zur Effizienzsteigerung im Unternehmen ist.

Vielmehr hängt es in jedem Unternehmen von den jeweiligen organisatorischen Bedürfnissen ab, und manchmal kann die klare Arbeitsteilung mit Einzelverantwortung sinnvoller als die Einführung von Teamarbeit sein.[16] In den Bereichen, in denen Teamarbeit in den Unternehmen als sinnvoll betrachtet wird, zielt die Teamarbeit auch auf die Veränderung des betrieblichen Sozialsystems und auf die Einstellung und das Verhalten der Mitarbeiter.[17]

Ziele dieser Art sind zum Beispiel:

- die Reduzierung von Abwesenheits- und Fluktuationsraten,
- die Steigerung der Arbeitsmotivation,
- die Erhöhung der Identifikation mit dem Unternehmen,
- die Verbesserung der Kommunikation und Kooperation,
- die Erhöhung der Arbeitszufriedenheit.

Es besteht selbstverständlich auch ein unternehmerisches Interesse an der Teamarbeit, nämlich die Leistung und damit den Gewinn des Unternehmens zu steigern. Die Einführung von Teamarbeit ist also nicht nur eine Humanisierungsmaßnahme zum Wohle der Mitarbeiter.[18]

Wirtschaftliche Ziele sind zum Beispiel:

- Kosteneinsparungen,
- die Steigerung der Produktivität,
- die Verbesserung der Produktqualität,
- eine effizientere Gestaltung von Produktions- und Verwaltungsprozessen.

Die Teamarbeit in den Unternehmen soll somit wirtschaftliche und soziale Ziele verwirklichen, wobei den Vorteilen für das Unternehmen die Vorteile für die Mitarbeiter gleichberechtigt gegenüberstehen sollen.[19]

[15] Vgl. Williamson, O. E.; Winter, S. G.: The Nature of the firm: origins, evolution, and development, New York 1991, S. 186

[16] Vgl. Katzenbach, J. R.; Smith, D. K.: The wisdom of teams ..., S. 247.

[17] Vgl. Breisig, Th: It's Team Time ..., S. 25.

[18] Vgl. Breisig, Th.: It's Team Time ..., S. 26.

[19] Vgl. Grün, J.: Qualifizierung und verbesserte betriebliche Kommunikation durch Gruppenarbeit, in: io Management Zeitschrift, 62. Jg. (1993), Heft 6, S. 51.

5.3.2 Teamarten

Je nach Aufgabenstellung sind bestimmte Teams für die Durchführung der notwendigen Arbeiten erforderlich. In der Literatur wird häufig zwischen verschiedenen Teamarten unterschieden:[20]

- Natürliche Teams,
  oft auch als Funktionsteams bezeichnet, sind Arbeitsgruppen, deren Mitglieder eine gemeinsame Funktion haben und deshalb organisatorisch häufig bereits zusammengefaßt sind. Dies ist zum Beispiel bei einem Gruppenleiter und seiner Gruppe gegeben.

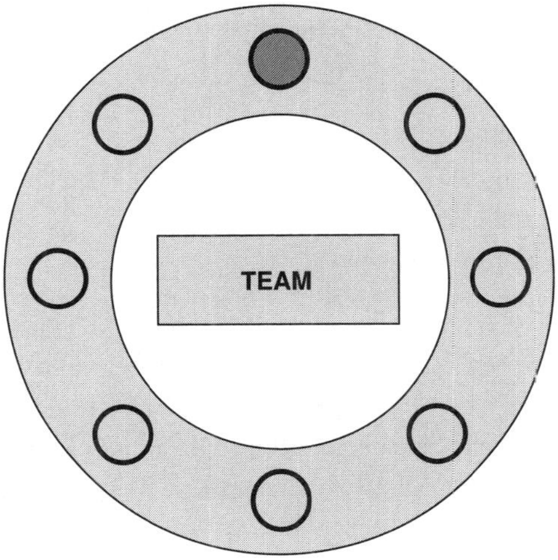

Abb. 5.5: Natürliche Teams

- Multifunktionale Teams
  bestehen aus Mitgliedern verschiedener Funktionen und Organisationseinheiten, mit der Aufgabe der Verbesserung der Produkt- bzw. Leistungsqualität im Unternehmen. Diese multifunktionalen Teams sind also funktionsübergreifend zusammengesetzt, um bei komplexen Aufgabenstellungen alle benötigten Fähigkeiten zu vereinen.
- Ad hoc-/Projekt-Teams
  bestehen aus Mitgliedern, die für die Durchführung eines bestimmten Projekts aufgrund ihrer speziellen Fähigkeiten und Erfahrungen ausgewählt werden. Diese setzen sich normalerweise aus unterschiedlichen Bereichen und Abteilungen zusammen. Teilweise werden bei dieser Form der Teamarbeit, zur Steigerung der Teamleistung, auch externe Spezialisten mit in das Team eingebunden.

[20] Vgl. Schätzle, R.: Never change a winning team!?, in: Bank Magazin, o. Jg. (1993), Heft 1, S. 27.

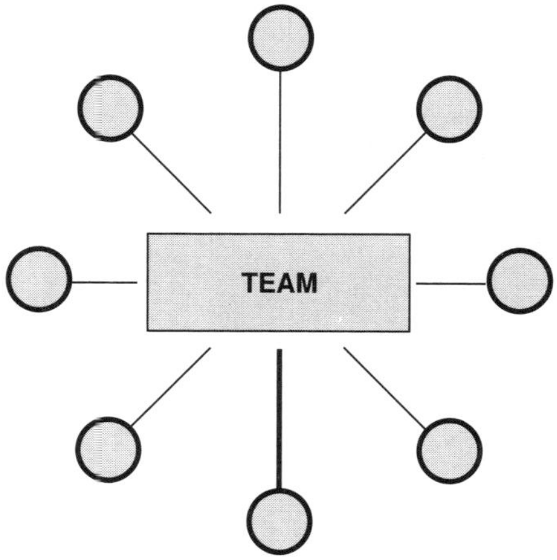

Abb. 5.6: Multifunktionale Teams

5.3.3 Teamgröße

Wie bereits erwähnt, ist eines der grundlegenden Elemente der Teamarbeit die Teamgröße. Die Praxis hat gezeigt, daß Teams aus 2–25 Mitarbeitern bestehen können. In der Mehrzahl der untersuchten Firmen war die Teamgröße aber nicht höher als zehn Mitarbeiter.[21] Auch an anderer Stelle wird vor einer Teamgröße von über 15 Mitarbeitern gewarnt, da auch bei hoher Teamfähigkeit der Mitarbeiter in großen Teams die Effektivität tendenziell zurückgeht.[22]

Die Kerngruppe sollte nach Möglichkeit acht Mitglieder nicht übersteigen.[23] Die optimale Teamgröße besteht aus 3–5 ständigen Projektmitarbeitern. Die Anzahl der zeitweise Beteiligten richtet sich nach der Intensität ihres zeitlichen Einsatzes. „Bei dieser Gruppenstärke läßt sich die bestmögliche Teameffizienz erreichen."[24]

Die vollständige Projektgruppe trifft sich nur zu Besprechungen oder Projektsitzungen. Reine Arbeitsteams bestehen meist nur aus zwei Mitarbeitern oder die einzelnen Teammitglieder arbeiten allein.

Nur wenn die Teamgröße auf die genannte Mitarbeiterzahl beschränkt wird, ist ein vollständiger Informationsaustausch möglich. Er erlaubt es, daß ein Projektteam mit einem geringen Verwaltungsaufwand arbeiten kann und den direkten Kontakt zwischen den Mitarbeitern aufrechterhält. Bei steigender Teamgröße nimmt der Aufwand für die Informationsvermittlung überproportional zu.

[21] Vgl. Katzenbach, J. R.; Smith, D. K.: The wisdom of teams ..., S. 45.
[22] Vgl. Schätzle, R.: Never change ... S. 28.
[23] Vgl. Baumgarten: Führungsstile und Führungstechniken ..., S. 179.
[24] Kuba: Computergestützte Projektorganisation, Kompendium mit Arbeitsformularen, Köln 1987, S. 77.

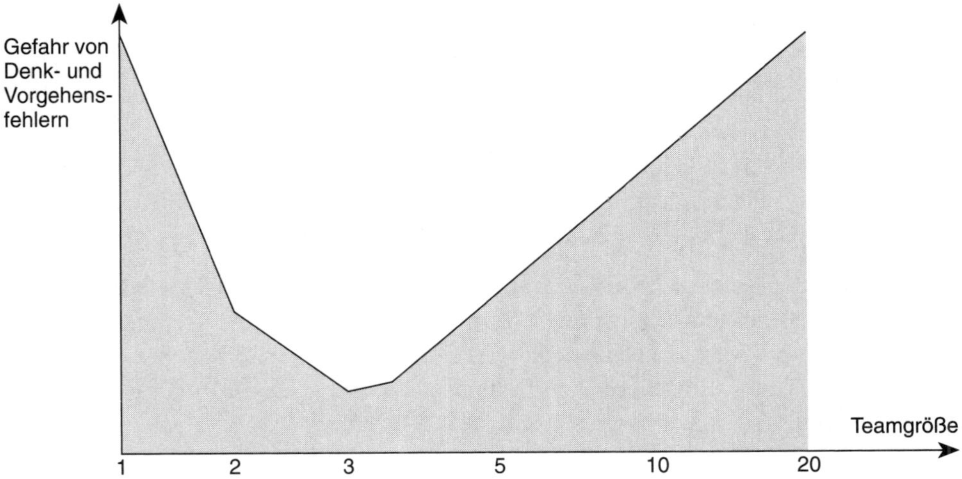

Abb. 5.7: Gefahr von Denk- und Vorgehensfehlern in Abhängigkeit von der Teamgröße

Es ist natürlich auch möglich, aus 25 und mehr Mitarbeitern ein Team zu formen, wobei dann allerdings die Gefahr besteht, daß die Ergebnisse, über die sich das Team einigen muß, um so oberflächlicher werden, je mehr Mitarbeiter dem Team angehören. Auch verursachen große Teams logistische Probleme, sei es von der Kapazität eines Raumes bis zur Koordination eines Termines für eine Teamsitzung. Deswegen werden große Teams auch von selbst in kleinere Unterteams zerfallen, um effektiv zu bleiben.[25]

5.3.4 Teamzusammensetzung

Die Frage der Teamzusammensetzung ist eines der elementaren Probleme der Teamarbeit. Ein Team ist schließlich nicht nur ein Team, weil wir es so nennen und damit die Gruppe einen motivierenden Namen trägt[26], sondern es gilt, ein Team von der Zusammensetzung her sorgfältig zu planen, um es effektiv zu machen.

„Der Sinn der Teambildung liegt darin, den Gruppeneffekt, also die kumulierten Kompetenzen der einzelnen Mitglieder zu nutzen."[27]

Ebenso wie für die Person des Projektleiters sind auch für die Mitglieder des Projektteams hochqualifizierte Mitarbeiter einzusetzen. Auch die richtige Zusammensetzung eines solchen Teams erweist sich auf weite Sicht als erfolgversprechender Faktor für den Ausgang eines Projektes.

[25] Vgl. Katzenbach, J. R.; Smith, D. K.: The wisdom of teams ..., S. 45 f.
[26] Vgl. Katzenbach, J. R.; Smith, D. K.: The Discipline of Teams, in: Harvard Business Review, o. Jg. (1993), March-April 1993, S. 111.
[27] Strasser, J.: Im Projektteam spielt jeder eine Rolle, in: io Management-Zeitschrift, Jg. 56 (1987), Nr. 6, S. 291.

Die Mitarbeiter eines Projektes können grundsätzlich aus allen Abteilungen einer Unternehmung kommen und voll oder nur teilweise am Projekt mitarbeiten. Diesen Einsatzbedarf (bei zeitweisem Einsatz unter Angabe von Zeitraum und Zeitanteil) legt der Lenkungsausschuß fest.[28]

Bei der Zusammensetzung sollte nicht nur auf die Fähigkeiten, sondern, sofern die Situation es ermöglicht, auch auf die persönlichen Eigenheiten der Mitarbeiter geachtet werden, z. B. sollten keine persönlichen Konflikte zwischen potentiellen Teammitgliedern vorliegen.[29]

Eine Möglichkeit der Teamzusammensetzung nach Schätzle ist, gemäß der Farben-Typologie zu versuchen, ein möglichst „buntes" Team zu gestalten, das heißt, Teammitglieder mit unterschiedlichen Charakteren auszuwählen. Dadurch werden zwar die Moderation und die Führung eines Teams schwieriger, aber die qualitative Leistung der „bunten" Teams liegt in der Regel höher als bei „einfarbigen" Teams.[30]

Wie schon erwähnt wurde, sollten sich die Fähigkeiten der Teammitglieder gegenseitig ergänzen. Diese sich gegenseitig ergänzenden Fähigkeiten setzen sich aus den Komponenten Wissenspotential, Erfahrung, Kompetenz und Engagement der Mitarbeiter zusammen. Die Teams sollten daher die richtige Mischung aus
- fachlicher oder funktionaler Sachkenntnis,
- problemlösenden und entscheidungsfindenden Fähigkeiten und
- zwischenmenschlichen Fähigkeiten

ihrer Mitglieder besitzen.[31]

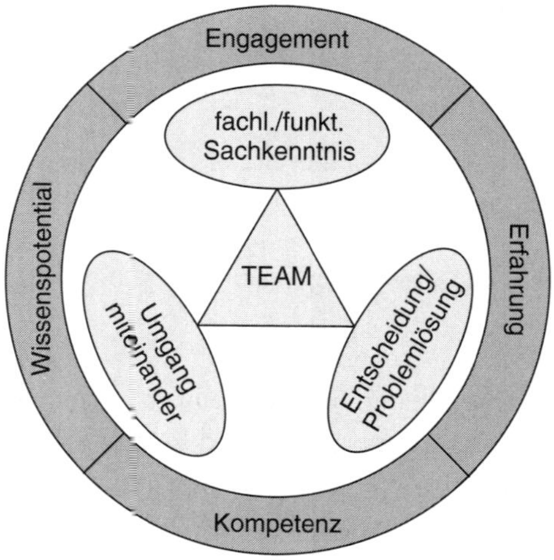

Abb. 5.8: Sich ergänzende Fähigkeiten im Team

[28] Vgl. Müller-Pleuss: Projektmanagement ..., S. 453 f.
[29] Vgl. Schätzle, R.: Never change ..., S. 27.
[30] Ebenda, S. 28.
[31] Vgl. Katzenbach, J. R.; Smith, D. K.: The wisdom of teams ..., S. 47.

Allerdings sollte man nicht nur höchst qualifizierte Mitarbeiter in Teams zusammenfassen, unter dem Motto: „Hohe Individualleistungen ergeben eine hohe Teamleistung", sondern man sollte darauf achten, daß gerade die Unterschiedlichkeiten der Teammitglieder zu kreativen Ergebnissen und Synergieeffekten führen können.

Unter dem Namen „Apollo Syndrom" ist ein Versuch bekannt geworden, in dem in einem Unternehmen Teams aus unterschiedlichen Intelligenz- und Bildungsgraden zusammengesetzt wurden. Das Team, in dem die „fähigsten" Mitarbeiter zusammengefaßt waren, wurde als Apollo-Team bezeichnet und sollte aufgrund seiner Zusammensetzung die beste Leistung erzielen. Anstatt aber die beste Leistung zu erzielen, brachte dieses Team die schlechtesten Ergebnisse hervor. Grund hierfür war, daß jeder im Team den anderen überzeugen wollte und daher zu viel debattiert, anstatt gearbeitet wurde.[32]

Sobald also die Fähigkeiten innerhalb des Teams zu einseitig werden, kann die Möglichkeit bestehen, daß das Team Gefahr läuft, ineffektiv zu werden. Ein starkes Team braucht demgemäß verschiedene Typen:

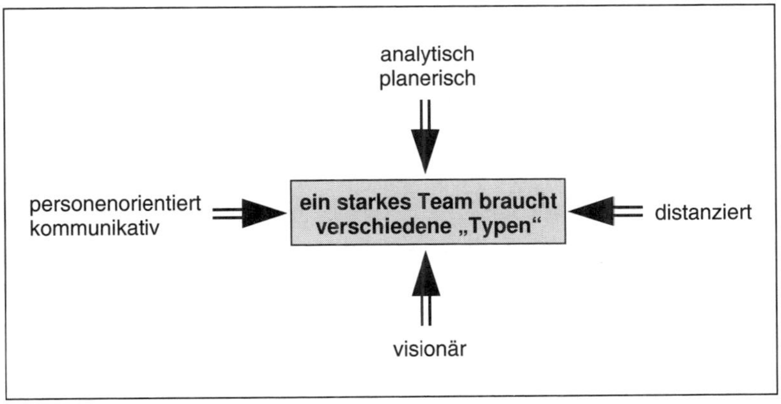

Abb. 5.9: Verschiedene Denk- und Verhaltensmuster im Team ergänzen sich wirkungsvoll

Man sollte aber die Fähigkeiten der Teammitglieder nicht zu hoch bewerten. Es gibt kein absolutes Rezept für die richtige Zusammensetzung, und Katzenbach und Smith beschreiben, daß sie bei ihrer Untersuchung kein einziges Team vorgefunden haben, in dem von Anfang an alle benötigten Fähigkeiten der Mitarbeiter vorhanden gewesen wären. Es war sogar so, daß sich die Teammitglieder die noch fehlenden Fähigkeiten während des Teamprozesses selbst beibrachten oder entwickelten.[33]

[32] Vgl. Belbin, M. R.: Management Teams – Why they succeed or fail, 10. Auflage, Oxford 1991, S. 9/10.
[33] Vgl. Katzenbach, J. R.; Smith, D. K.: The wisdom of teams ..., S. 49.

5.4 Der Beginn eines Projektes

5.4.1 Projektbeginn ist oft diffus

Projekte sind Vorhaben mit definiertem Anfang und Abschluß. Obwohl diese Definition trivial und absolut zutreffend ist, sind Anfang und Ende in der Praxis nicht immer klar erkennbar. Manches Vorhaben beginnt diffus und endet dementsprechend. Es ist von großer Bedeutung, daß ein Projekt so gründlich wie möglich von A bis Z erfaßt wird. Oft werden für ein zukünftiges Projekt schon sehr früh richtungsweisende Studien durchgeführt, die zum Zeitpunkt des offiziellen Projektbeginns manchmal fast wieder in Vergessenheit geraten sind.[34]

Welche Regeln für die Projektgründung sind aber relevant?

Die im folgenden zusammengestellten Regeln sind als Diskussionsgrundlage zu betrachten. Aus ihnen lassen sich Standards entwickeln, die eine unternehmensweite einheitliche Vorgehensweise festschreiben können.

Regel 1: Auftraggeber für das Projekt ist die Unternehmensleitung oder ein von der Unternehmensleitung nominierter Auftraggeber.

Regel 2: Der Auftraggeber nominiert den für das Projekt verantwortlichen Projektleiter. Diese Ernennung erfolgt offiziell gegenüber allen beteiligten Bereichen. Für die Dauer des Projektes wird der Projektleiter von allen anderen Aufgaben freigestellt.

Regel 3: Der Projektauftrag wird vom Auftraggeber in schriftlicher Form an den Projektleiter übergeben. Der Auftrag enthält eine exakte Aufgabenbeschreibung incl. Definition der betroffenen Unternehmensbereiche (Abgrenzung) sowie der für das Projekt gültigen Projektziele und deren Priorität.

Regel 4: Die Projektziele sind so vorzugeben, daß alle Ziele meßbare Zielgrößen enthalten und frei von Widersprüchen (Zielkonflikten) sind.

Regel 5: Der Auftraggeber legt in einem Projektrahmenplan seine Vorstellungen bezüglich Termin, Kosten und Ressourcen fest.

Regel 6: Projekte sollten den Zeitrahmen von 24 Zeitmonaten nicht wesentlich überschreiten. Bei Überschreitung des Zeitrahmens muß das Projekt in Teilprojekte aufgeteilt werden, die jeweils wieder der Regel 6 genügen.

Regel 7: Der Auftraggeber informiert alle beteiligten Bereiche bereits vor dem Projektstart darüber, daß für das Projekt Mitarbeiter bereitgestellt werden müssen (Projektteam). Die Aufgabe dieser Mitarbeiter ist es, das kompakte Fachwissen in das Projekt hineinzutragen.
Daher gilt die Voraussetzung, daß diese Mitarbeiter über sehr gute Fachkenntnisse verfügen müssen.

[34] Vgl. Madauss: Projektmanagement ..., S. 60 ff.

Regel 8: Die Anforderung des Projektleiters bezüglich der Anzahl der bereitzustellenden Mitarbeiter und deren Qualifikation sowie Beginn und Zeitdauer der Abordnung werden vor Beginn der ersten Phase in einem Gespräch zwischen den abgebenden Bereichen und dem Auftraggeber verbindlich festgeschrieben.

Regel 9: Der Projektstart erfolgt in einer konstituierenden Sitzung, an welcher der Auftraggeber, die Leiter der beteiligten Bereiche, der Projektleiter und seine Projektmitarbeiter sowie – falls erforderlich – ein Vertreter des Betriebsrates, der Revision usw. teilnehmen. Bei diesem Meeting werden vom Auftraggeber Inhalt und Zielsetzung des Projektes erläutert. Gleichzeitig werden Projektleiter und Projektteam (soweit die Mitarbeiter bereits bekannt sind) sowie deren Aufgabe den Teilnehmern vorgestellt.
Darüber hinaus dient diese Sitzung dem gegenseitigen Kennenlernen und dem Beginn der Kommunikation zwischen allen Beteiligten, die ja in den kommenden Projektmonaten von großer Wichtigkeit ist.

Bereits zu Beginn eines Projektes werden häufig Fehler gemacht. Es werden von vornherein – nicht immer deutlich und bewußt – Zeichen gesetzt. Dies kann sich darin ausdrücken, daß die Geschäftsleitung mit ihrem Verhalten zeigt, welche Meinung sie von Projektarbeit ganz allgemein und speziell vom einzelnen Projekt hat. Ein weiterer Punkt sind die Betroffenen im Fachbereich. Sie beziehen Stellung und äußern Erwartungen. Nicht zuletzt der Projektleiter; er demonstriert dem Projektteam, was er unter Führung und Zusammenarbeit versteht und welche Ziele er hat.

Es werden Ziele, Positionen, Erwartungen und Verhaltensmuster von den verschiedenen Gruppen „festgefahren", die dann oft nur mit viel Mühe wieder verändert werden können, wenn überhaupt.

Dieses Problem muß gar nicht erst auftreten, wenn der Projektleiter sich über sie im klaren ist und er daher so früh als möglich gezielt und in seinem Sinne versucht, Zeichen zu setzen.

5.4.2 Strategie zur Durchführung eines Projektes

5.4.2.1 Was ist unter einer Projektdurchführungsstrategie zu verstehen?

Projekte sind neuartig und komplex. Projektarbeit ist daher gekennzeichnet durch die Charakteristika und Anforderungen eines Problemlösungsprozesses. Vor der Ausführung der Projektaktivitäten ist nicht nur eine operative Planung notwendig, sondern zunächst ist die Durchführungs-Strategie des Projekts zu erarbeiten.

H. A. Simon, Nobelpreisträger für Wirtschaftswissenschaften, spricht von der „beschränkten Rationalität" des Menschen. Seine Untersuchungen in amerikanischen Firmen haben gezeigt: Der Mensch hat bei Entscheidungen – und damit auch bei der Planung einer Durchführungsstrategie – nur begrenzte Informationen zur Verfügung und kann auch nur begrenzte Informationen verarbeiten.

Namentlich Frederic Vester hat nachgewiesen, wie wenig Menschen ihre Welt und Umwelt steuern können, da sie kaum in der Lage sind, so „vernetzt“ zu denken, wie die technische, wirtschaftliche, ökonomische oder soziale Welt bereits heute ist.

Aufgrund dieser Erfahrungen, die gerade bei der Projektarbeit offensichtlich wurden, sind Instrumentarien zur Handhabung der Problemlösungs- und Entscheidungsprozesse komplexer Vorhaben entwickelt und erprobt worden. Sie zerlegen die menschlichen Denkprozesse in einzelne „Bausteine“ und ordnen diese in logische Schritte.

Ein mögliches Hilfsmittel zur Systematisierung dieser Denkprozesse ist die Methodik des „Logical Framework“.

Logical Framework: ein mehrstufiges Planungsverfahren, das geeignet ist, ausgehend von einer Analyse des Projektfeldes (Probleme, Ursachen und Folgen), Ziele auf verschiedenen Ebenen festzulegen (Zielmittelanalyse), den dafür benötigten Mitteleinsatz zu planen und zu steuern sowie den Zielerreichungsgrad zu überprüfen. Dieses Planungsverfahren wurde in den USA für Projektplanungen entwickelt und wird von der Weltbank als offizielles Planungsinstrumentarium eingesetzt.

Die Analyse der Informationen, die erfolgt, um sich ein „Bild“ von der Situation – von dem Projektgegenstand – zu machen, ist daher von zentraler Bedeutung bei der Projektdurchführungsstrategie, zumal Projekte durch Neuartigkeit und Komplexität gekennzeichnet sind.

Zur Analyse der Informationen bedient sich die Methode des „Logical Framework“ des systemtheoretischen Grundgedankens: Die Welt und jeder Bereich oder Ausschnitt der Welt, also auch jedes Projektfeld – sei es eine technische Anlage oder ein Unternehmensbereich –, besteht aus einer Anzahl von Komponenten und einer Vielzahl von Wirkungsbeziehungen zwischen den Komponenten.

Des weiteren wird angenommen, daß die Komponenten verschiedene Zustände (Werte) annehmen können, die als positiv oder negativ bewertet werden, also gewünscht oder unerwünscht sind.

Es entsteht ein Abbild, ein „Modell“, des Projektfeldes, indem man:
1. die Komponenten benennt (Modell der Ist-Situation),
2. die Wirkungszusammenhänge untersucht (Modell der Soll-Situation),
3. die heutigen Zustände der Komponenten erfaßt (Ist-Zustand),
4. die erwünschten Zustände der Komponenten bestimmt (Soll-Zustand).

5.4.2.2 Exakte Analyse der Ausgangssituation

Das Projektthema ist für die Teammitglieder oft eine neuartige, jedenfalls immer komplexe und daher meistens unübersichtliche Situation. Sobald nicht von Anfang an für alle Beteiligten klar ist, worum es eigentlich bei dem Projekt geht, und kein einheitliches, gemeinsames Situations- und Aufgabenverständnis besteht, ist es zweckmäßig, mit der differenzierten Situationserfassung zu beginnen.

In der Situationserfassung werden alle Situationskomponenten und Teilaspekte, die das Projekt (direkt oder indirekt) betreffen, gesammelt.

Um die Situationserfassung so umfassend wie möglich gestalten zu können, sollte der Projektleiter nachstehende Fragen klären:

- Wie heißt das Projektthema?
- Wer ist Projektteammitglied?
- Wer ist Auftraggeber?
- Welche nachprüfbaren Tatsachen (Daten) liegen vor?
- Welche Veränderungen sind eingetreten?
- Welche Ereignisse haben sich ergeben?
- Welche subjektiven Meinungen bestehen zum Projekt?
- Welche Schwierigkeiten lassen sich erkennen?
- Welche Wünsche werden von den Beteiligten geäußert?

Die Informationen werden lediglich in folgende Kategorien geordnet:

- Tatsachen: nachprüfbare Faktoren und Tatbestände (statische Komponenten).
- Ereignisse/Veränderungen: einmalige Geschehnisse (z. B. Ausscheiden eines Mitarbeiters) und Neuerungen, die sich im Laufe der Zeit ergeben. Diese Abfrage läßt sich auch in solche Ereignisse und Veränderungen unterteilen, die bereits stattgefunden haben, und in solche, die für die Zukunft abzusehen sind (dynamische Komponenten).
- Meinungen: subjektive Aussagen einzelner und/oder Gruppen zum Projektthema oder diesen unmittelbar zugeordnete Teilaspekte. Im Gegensatz zu den beiden anderen Kategorien sind Meinungen nicht abgesicherte Informationen.

Sinnvoll ist es, die Situationsbeschreibung zu vervollständigen, indem man – ohne differenzierte, systematische Hinterfragung – die Schwierigkeiten bereits festhält, die bei der Informationssammlung offensichtlich werden. So ergeben sich quasi eine problemorientierte Zusammenfassung und erste Interpretation und Analyse.

Bei komplexen Themenstellungen würde die Aufbereitung dieser Informationssammlung undifferenziert und deshalb unübersichtlich ausfallen, wenn man nicht die Aussagen zusätzlich unter bestimmten Merkmalen in unterscheidbare Segmente gliedern würde.

Zur Überprüfung der subjektiven Meinungen sind unter Umständen zusätzliche Recherchen notwendig. Ziel muß es sein, die „weichen Daten" dann in die weiteren Analyseschritte einzubeziehen, wenn sie (a) einen hohen Informationsgehalt haben und (b) zuverlässig sind.

Die Strukturierung gewährleistet durch die Verdichtung der Situationsbeschreibung, den Überblick über die Datenvielfalt zu behalten, und ermöglicht so die Verarbeitung der zusammengetragenen Informationen bei eventuell weiteren Methodenschritten. Die Bildung der den Teilaspekten übergeordneten Segmente kann auch der Prüfung dienen, ob die Situation bereits vollständig erfaßt ist, indem man fragt, welche anderen Komponenten zu diesem Segment-Bereich gehören.

5.4.2.3 Gestaltung der Projektorganisation

Die Projektorganisation ist ein elementarer Baustein der Projektdurchführungsstrategie.

Der typische Projektmitarbeiter ist keine eindimensionale Person, der außer seiner Projektarbeit nichts anderes im Leben kennt. Er führt ebenso ein Privatleben, das für ihn eine wichtige Rolle spielt. Dieses Privatleben kann er, wenn es zur Arbeit kommt, nicht einfach „an der Garderobe abgeben". Es ist Teil seiner Persönlichkeit, es macht das Individuum Projektmitarbeiter aus.

Projektmitarbeiter sind mehrdimensionale Individuen. Erkennt das Projektmanagement diese Tatsache nicht und meint, nur die Projektarbeit spielt im Leben des Mitarbeiters eine wichtige Rolle, hat das zwei Effekte.[35]

1. Das Projektmanagement ist kontinuierlich von den Mitarbeitern enttäuscht, weil sie deren unrealistische Erwartungen, z. B. regelmäßige Wochenendarbeit, nicht erfüllen.
2. Das Projektmanagement findet keine Ansatzpunkte, Projektmitarbeiter zu motivieren, weil es nicht versteht, wie der Projektmitarbeiter „funktioniert".

Es ist also die Aufgabe des Projektmanagements, Mitarbeiter als Individuen besser zu verstehen und dadurch effektive Möglichkeiten der Motivation zu entwickeln.

Psychologische Testverfahren können dies ermöglichen.

5.4.2.3.1 Psychologische Testverfahren

Über die Jahre haben Psychologen zusammen mit praxiserfahrenen Managern Tests entwikkelt, die helfen sollen, Mitarbeiter besser zu verstehen, warum sie sich gerade so und nicht anders verhalten.

Alle diese Tests basieren auf den Gesichtspunkten der menschlichen Motivation, der Entstehung von Konflikten und der menschlichen Produktivität. Diese Tests werden aus den unterschiedlichsten Beweggründen heraus durchgeführt, z. B. als Hilfestellung für Einstellungen von neuen Mitarbeitern, Abstimmung von Arbeitsplatz und Mitarbeiter, Entwicklung eines höheren Selbstwertgefühls eines Mitarbeiters in seiner Arbeitsaufgabe usw.

1. Der Briggs-Myers Indikator

Menschliche Charaktere können nicht eindeutig in Gruppen eingeteilt werden. Individuen reagieren unterschiedlich auf unterschiedliche Stimuli, d. h. ein Mensch ist einmalig und sollte nicht in eine „Schublade" gesteckt werden. Trotz dieser Erkenntnis kann man vorsichtig versuchen, grobe Einteilungen von Menschentypen vorzunehmen, um deren Arbeitsmotive besser verstehen zu können. Sie können helfen, zu erkennen, wie Menschen „funktionieren". So sind z. B. einige Menschen aggressiv, andere nicht, einige arbeiten gut mit anderen, andere nicht usw.

[35] Vgl. Frame, Davidson J.: Managing Projects in Organizations, How to Make the Best Use of Time, Techniques, and People, San Francisco 1988, S. 58.

Carl Jung, ein bekannter Schweizer Psychologe, befaßte sich lange mit der Aufgabe, eine Kategorisierung von Menschen zu entwickeln. Er publizierte 1923 eine Arbeit, in der er solche Menschentypen beschrieb. Seine Arbeit wurde von seiner Tochter und Enkelin weiter entwickelt und führte zum sogenannten Briggs-Myers-Typ-Indikator, der wiederzufinden ist in einer Vielzahl psychologischer Tests.

Der Briggs-Myers-Indikator kategorisiert Menschen auf vier verschiedenen Skalen. Diese sind:
- Extrovertiert-Introvertiert
- Rational-Intuitiv
- Denkend-Fühlend
- Entscheidend-Abwägend.

Diese vier Kategorien summieren sich zu einer Gesamtzahl von 16 unterschiedlichen Charaktertypen, denen eine Person angehören kann.

Jeder psychologische Typ hat eine Anzahl von dokumentierten Verhaltensmustern. Kennt man also den individuellen Typ eines Mitarbeiters, so kann man eine gute Vorstellung entwickeln, wie er in den unterschiedlichen Situationen der Projektarbeit reagiert. Dies kann eine große Hilfe für den Projektleiter sein.

a. Extrovertiert – Introvertiert:
Eine extrovertierte Person nach dem Briggs-Myers-Schema orientiert sich nach der äußeren Umwelt von Personen und Dingen.

Eine introvertierte Person hingegen orientiert sich mehr nach der inneren Umwelt von Konzepten und Ideen.

Extrovertierte Personen tendieren dazu, sehr praktisch zu sein. Sie können sich auch mit mehreren Dingen gleichzeitig beschäftigen.

Introvertierte Personen neigen hingegen eher dazu, kritischer zu denken.

Diese Erkenntnis ist nicht weiter interessant für einen Projektleiter, bis zu dem Punkt, wenn beide Charaktertypen im Projekt miteinander arbeiten sollen. Dann kann es passieren, daß der introvertierte Typ vom extrovertierten Typ als eine Person charakterisiert wird, die langsam, unpraktisch und ungeschickt z. B. im Umgang mit anderen Personen ist. Der Introvertierte kann vom Extrovertierten den Eindruck bekommen, er wäre nicht sonderlich intelligent und nicht ausreichend sensitiv im Umgang mit anderen Menschen. Er sieht in ihm eine Person, die zwar alles machen, aber nichts kontrollieren kann.

Dieses Szenario zeigt, wie zwei gleichermaßen intelligente Menschen eine schlechte Meinung über den jeweils anderen entwickeln können nur aufgrund einer unterschiedlichen Orientierung zu ihrer unmittelbaren Umwelt.

Ist ein Projektleiter ein extrovertierter Typ, dessen Projektmitarbeiter eher introvertierte Typen sind, und er sich dessen bewußt ist, so sollte er sich darauf vorbereiten, daß es möglicherweise Probleme z.B. mit Deadlines geben wird. Grund dafür ist, daß ein introvertierter Typ Probleme haben kann mit externen Vorgaben wie z.B. Deadlines.

Ist er über den eigenen Charakter und der der Mitarbeiter im Bilde, ist es für ihn einfacher, zu erkennen, daß Deadlines *nicht* eingehalten werden, um ihn zu ärgern, oder daß seine Mitarbeiter desorganisiert sind, sondern sie arbeiten einfach anders, als er selbst arbeitet. Ist der Projektleiter sich im klaren, daß es emotionale Unterschiede zwischen ihm und den Mitarbeitern gibt, kann er auch leichter nachvollziehen, daß die Projektmitarbeiter in ihm möglicherweise eine Person sehen, die sich zu sehr auf Deadlines fixiert, anstatt mehr z.B. auf die Qualität der Arbeit im Projekt zu achten.

Zusammengefaßt läßt sich also sagen, daß die Zusammenarbeit unterschiedlicher Charaktere reibungsloser verlaufen kann, wenn man über den jeweils anderen besser informiert ist.

b. Die „Rationalität-Intuition"-Dimension:
Der Rationalität-Charakter setzt alle fünf Sinne, Hören, Riechen, Schmecken, Tasten, Sehen ein, um seine Umwelt wahrzunehmen. Dieser Typ Mensch interessiert sich nur für Fakten. Dieser Typ Mitarbeiter hat oft große Freude, alle seine Sinne für eine Entscheidung einzusetzen.

Der Intuition-Charakter hingegen wägt Fakten nur grob ab. Er entscheidet aus „dem Bauch" heraus.

Wie bei den extrovertierten und den introvertierten Typen können große Konflikte zwischen diesen beiden Charakteren entstehen. Rationelle Typen sehen Intuitiv-Typen „fahrlässig" mit Fakten umgehen, umgekehrt meinen Intuitiv-Typen in ihrem Gegenüber einen langweiligen, phantasielosen Menschen zu erkennen.

c. Die „Denken-Fühlen"-Dimension:
Der Denker-Typ entwickelt seine Einschätzung von Situationen in einem sehr logischen, ruhigen Prozeß. Er kann mit Konzepten besser umgehen als mit Menschen. Ein rein denkender Typ ist z.B. „Mr. Spock vom Raumschiff Enterprise".

Die Basis des Fühlen-Typs ist eher subjektiver Art, gesteuert durch sein Gefühl und Herz. Er kann mit Menschen besser umgehen als mit Dingen oder Konzepten.

Die Psychologie weist dabei auf den Unterschied zwischen Männern und Frauen hin!

d. Die „Entscheidung-Abwägung"-Dimension:
Die vierte Dimension im Briggs-Myers-Schema untersucht, wie Personen zu Entscheidungen kommen. Der Entscheidungs-Typ, ist sehr schnell in seinen Entscheidungen. Er hat eine Meinung zu allem, was um ihn herum passiert. Die Idee, keine eigene Meinung zu etwas zu haben, macht ihn nervös. Er kann aber auch stur, unflexibel und beschränkt in seiner Betrachtungsweise sein. Er nimmt das Risiko einer frühen, aber dadurch möglicherweise auch falschen Entscheidung in Kauf. Das wiederum hilft ihm, mit Planung und Zielvorgaben gut zurechtzukommen.

Andere Personen wollen lieber mit ihrer Entscheidung warten, bis mehr und mehr Information zu einem Thema vorhanden ist. Sie sind flexibel und offen in ihren Meinungen. Problematisch ist, daß sie durch das Herauszögern von Entscheidungen immer wieder in Zeitnöte geraten können. Sie gelten oft als zaudernd und desorganisiert. Sie werden im Briggs-Myers-Test als Abwägungs-Typen bezeichnet.

Mit Hilfe des Briggs-Myers-Test können die Projektmitarbeiter in insgesamt 16 Kategorien eingeteilt werden. Mit Hilfe von Fragebögen kann ein solcher Test durchgeführt werden und stellt somit einen eher geringen zeitlichen Aufwand dar. Die Ergebnisse sind oft erstaunlich, die Mitarbeiter sind meist positiv überrascht, wie gut sie durch einen solchen Test in ihrem Charakter eingeschätzt wurden.

Die Informationen, die der Projektleiter mit Hilfe dieses Tests erhält, können ihm helfen, z. B. Konflikte mit den Mitarbeitern und unter den Mitarbeitern selbst zu vermeiden, die Zusammenarbeit zu verbessern und vor allem die Motivation der Mitarbeiter zu erkennen und zu fördern.

Man sollte als Projektleiter jedoch nicht der Versuchung unterliegen, sein Projektteam nur nach dem Briggs-Myers-Testergebnis zusammenstellen zu wollen. Dieser Test sagt nichts aus über Intelligenz und Kompetenz. Auch nimmt der Test keine Rücksicht auf die jeweilige Firmenpolitik, die oft mitentscheidend ist für die Zusammenstellung eines Projektteams (eine Person Marketing, eine Person Verkauf ...).

Andererseits kann der Briggs-Myers-Test auch zur Auswahl eines Projektleiters dienen. Ein Projektleiter muß koordinieren und kontrollieren können, Troubleshooting betreiben und das Projekt jederzeit überblicken können.

Allgemein formuliert muß also ein Projektmanager sehr praktisch veranlagt und sich seiner Umwelt bewußt sein. Weiterhin sollte er sehr logisch und rational denken können. Dazu braucht er Organisationstalent und muß entscheidungsfreudig sein, d.h. er sollte ein extrovertierter, rationaler, logisch-denkender und entscheidungsfreudiger Typ sein.[36]

5.4.2.3.2 Sonstige psychologische Testverfahren

Ein weiterer Test, mit dessen Hilfe das Projektmanagement mehr über den einzelnen Projektmitarbeiter erfahren kann, ist der *Thomas-Kilmann Conflict Mode Instrument-Test,* mit dem gemessen werden kann, wie sehr Mitarbeiter in Konfliktsituationen zusammenarbeiten und wie kompromißbereit sie sind.

Ein weiteres psychologisches Testverfahren ist der *Task-People-Test,* der untersucht, inwieweit Mitarbeiter sich auf die eigentliche Aufgabe in der Projektarbeit konzentrieren.

Der *FIRO-B-Awareness-Test* dagegen ist ein breiter angelegter psychologischer Test. Er untersucht die Mitarbeiter in drei Dimensionen:

[36] Vgl. Frame, Davidson J.: Managing Projects ..., S. 61 ff.

1. Zusammengehörigkeit
   („Inwieweit haben Sie das starke Bedürfnis, in Projektgruppen zu arbeiten? Möchten Sie andere Personen in die Gruppenarbeit integrieren?")
2. Kontrolle
   („Bevorzugen Sie, in einer Situation, die gut unter Kontrolle ist, zu sein? Haben Sie das starke Bedürfnis, die Kontrolle über eine Situation zu erlangen?")
3. Affektion
   („Ist es für Sie wichtig, gemocht zu werden? Drücken Sie solche Gefühle gegenüber anderen Mitarbeitern aus?")

Diese Tests können keine grundsätzlichen Organisationsprobleme lösen. Aber sofern sie in ihrer Aussagekraft nicht überschätzt werden, können sie eine hilfreiche Unterstützung des Projektmanagements darstellen, Mitarbeiter besser zu verstehen und die Motivation der Mitarbeiter in der Projektarbeit zu verbessern.[37]

5.4.2.4 Auswahl geeigneter Methoden und Techniken zur Systementwicklung

Methoden und Techniken zur Systementwicklung wurden bereits in vorhergehenden Kapiteln beschrieben. Da sie nicht direkt zum verhaltenstheoretischen Ansatz des Projektmanagements zählen, sollen sie auch hier nicht weiter erörtert werden.

Allerdings ist zu beachten, daß Systementwicklungsmethoden und auch Kommunikationsmittel unter anderem für Fachabteilungen und Systementwickler gleichermaßen sind. Die Auswahl und der Einsatz entsprechender Methoden sollte deshalb auch unter dem Aspekt erfolgen, welche Methoden die Zusammenarbeit zwischen den Abteilungen in welcher Form unterstützen.

5.4.3 Die erste Projektsitzung

Nicht nur eine gute Projektdurchführungsstrategie ist ausschlaggebend für eine erfolgreiche Projektarbeit. Eine vom Projektleiter oft als nicht sonderlich wichtig eingestufte Aufgabe ist das Führen der ersten Projektsitzung. Hier besteht die Chance für alle Beteiligten (Projektmanagement und Projektmitarbeiter), ihre Beziehungen untereinander zu klären und die ersten Voraussetzungen zu einer erfolgreichen Kooperation zu schaffen. Das Projektmanagement insbesondere kann seinen Führungswillen und seine Führungsfähigkeit zeigen.

Im ersten Projektgespräch treffen unterschiedlichste Interessen, Erwartungen und Befürchtungen aufeinander. Hier ist der Projektleiter gefordert. Er muß die Initiative ergreifen, er muß Führung demonstrieren.

[37] Vgl. Frame, Davidson J.: Managing Projects ..., S. 61 ff.

Der Projektleiter sollte folgende Punkte im ersten Projektgespräch beachten:
- Nur globale Informationen über sich selbst und das Projekt geben,
- sich auf keine Diskussionen einlassen, Kritik aufnehmen und zu gegebener Zeit darauf zurückkommen,
- keine Details besprechen, Dinge wie Arbeit delegieren in späteren Gesprächen unter vier Augen besprechen (Delegationsgespräch),
- gezielt nach persönlicher Meinung des Mitarbeiters über angehendes Projekt fragen, eine offene Atmosphäre schaffen,
- jeden Mitarbeiter zu Wort kommen lassen.

Die folgenden Ausführungen sind nicht nur bei der ersten Projektsitzung zu beachten, sondern auch bei allen kommenden.

Der Erfolg einer Sitzung liegt in der Vorbereitung. Dazu gehören die Festlegung des Ziels der Sitzung, der Themen und der Sitzungsdauer. Der Projektleiter muß weiterhin bestimmen, wer daran teilnimmt und wo sie stattfinden soll. Eine frühzeitige Information der Teilnehmer über Ziel und Inhalt der Sitzung ermöglicht auch ihnen eine unbedingt notwendige Vorbereitung.
Während der Sitzung hat der Gesprächsleiter dafür Sorge zu tragen, daß
- das Ziel erreicht wird,
- die Zeit und das festgelegte Vorgehen eingehalten werden,
- die Teilnehmer im Falle von Abschweifungen zum Thema zurückfinden,
- alle Teilnehmer zu Wort kommen und niemand bevorzugt oder benachteiligt wird,
- Störungen behoben werden, indem er sie eventuell direkt anspricht,
- am Ende der Sitzung das weitere Vorgehen festgelegt wird.[38]

Neben der Methodik der Sitzungsleitung ist auch das Verhalten gegenüber den Teilnehmern wichtig. Jeder Teilnehmer ist ein anderer Diskussionstyp, dem sich der Sitzungsleiter anpassen muß.

DISKUSSIONSTYP	VERHALTEN IHM GEGENÜBER
Der Streitsüchtige	
Widerspricht auf aggressive Art und gefällt sich im destruktiven Kritisieren.	Sachlich und ruhig bleiben, Streitgespräche vermeiden. Ihn zu einem konstruktiven Beitrag motivieren.

[38] Vgl. Kummer: Projekt-Management..., S. 119.

DISKUSSIONSTYP	VERHALTEN IHM GEGENÜBER
Der Positive	
Ist sanftmütig und selbstsicher, geht zügig und direkt auf das Ziel los.	Ihn bewußt in die Diskussion mit einbeziehen, indem er zum Beispiel gebeten wird, zu einem strittigen Punkt Stellung zu nehmen.
Der Allwissende	
Weiß alles besser und unterbricht stets mit Einwänden, Behauptungen und Zitaten.	Nie direkt auf seine Rede eingehen, er weiß es immer besser. Geschlossene Fragen stellen, die nur mit einem Wort beantwortet werden können (zum Beispiel „ja", „nein" oder „vielleicht").
Der Redselige	
Redet, redet um des Redens willen.	Ihn taktvoll unterbrechen. Festlegen von Redezeiten. Geschlossene Fragen stellen.
Der Träge	
Ist uninteressiert, wortkarg und gelangweilt; sitzt einfach da.	Direkt nach seiner Meinung fragen. Ihm Erfolgserlebnisse geben. Ihn dazu motivieren, seine Erfahrungen einzubringen.
Der Ablehnende	
Macht auf Opposition, weist alles zurück und will sich nicht in die Diskussionsrunde integrieren.	Nicht krampfhaft versuchen, ihn umzustimmen bzw. zu beteiligen. Geduld haben. Ihn von seinen Erfahrungen berichten lassen. Seine Erkenntnisse und Erfahrungen anerkennen. Ehrgeiz wecken.
Der Schüchterne	
Schweigt am liebsten und enthält sich der Meinung.	Sein Selbstvertrauen stärken, indem er Erfolgserlebnisse hat. Leichte, direkte Fragen stellen. Seine Antworten loben und seine richtigen Erkenntnisse an passender Stelle nochmals unter Namensnennung einfügen.
Der Erhabene	
Ist überheblich, eingebildet, dominierend und empfindlich auf Kritik.	Keine offenen Fragen stellen („Was meinen Sie dazu?"), sondern geschlossene. Die Ja-aber-Technik benutzen (zum Beispiel „Sie haben völlig recht, allerdings...").

DISKUSSIONSTYP	VERHALTEN IHM GEGENÜBER
Der Schlaue	
Wartet nur darauf, Sie bei der ersten Gelegenheit hinterrücks hereinzulegen.	Ruhig bleiben, konzentriert zuhören. Ihm unter Umständen andeuten, daß sein Verhalten auch Grenzen hat. Möglichst wenig direkte Antworten geben. Seine Fragen zur Stellungnahme an die anderen Sitzungsteilnehmer weitergeben.

Diese Einteilung wurde fast unverändert von Kummer übernommen.[39]

5.5 Gruppenarbeit im Projektteam

5.5.1 Leistungsvorteile der Gruppe

Die Vorteile der Gruppenarbeit kommen besonders bei kreativen Tätigkeiten (zum Beispiel Problemlösungsaufgaben) zum Tragen. Demgegenüber wirkt sich die Einzelarbeit dann vorteilhaft aus, wenn eigentliche Sachbearbeitungsaufgaben erfüllt werden müssen.

Bei Fragen der Meinungsbildung oder der Entscheidungsfindung ist es sinnvoll, wenn zuerst jedes Gruppenmitglied in Einzelarbeit die Unterlagen und Argumente erarbeitet. Wichtig ist, daß darauf geachtet wird, daß eine Ausgewogenheit zwischen Gruppen- und Einzelarbeiten besteht.[39]

Durch die Gruppenarbeit kommen folgende Vorteile zum Tragen:

- Die Gruppe weiß mehr: Die Kenntnisse der einzelnen Teammitglieder summieren sich. Das gilt besonders für spezielle Kenntnisse und praktische Erfahrungen. Die Gruppe findet dort noch neue Aspekte, wo der einzelne selbst bei sorgfältigster Überlegung kapitulieren muß.
  Bei Problemlösungsaufgaben kann die Gruppe neue Möglichkeiten des Vorgehens finden, da sich aus der Addition der Einzelerkenntnisse eine Erweiterung des Horizonts für alle Gruppenmitglieder ergibt. Dadurch, daß die Gruppe mehr weiß, hat auch der einzelne die Chance, durch die Gruppe und von ihr zu lernen.
- Die Gruppe regt an: Der Geltungsanspruch und das Leistungsniveau können durch gruppendynamische Prozesse gesteigert werden. Die Gruppe übt eine stimulierende Funktion aus. Die Wirkungsweise der Gruppendiskussion geht über die Summe der Einzelmeinungen hinaus, indem geäußerte Gedankengänge neue Denkanstöße liefern (Synergieeffekt).

[39] Vgl. Kummer: Projekt-Management ..., S. 11.10 f.

- Die Gruppe gleicht aus: Die Gruppe lebt dort vom Kompromiß, wo keine eindeutige Entscheidung im Sinne von „richtig/falsch" oder „zutreffend/unzutreffend" möglich ist. Sie gleicht durch Zustimmung und Widerspruch aus, denn gegensätzliche Auffassungen sind bei Diskussionen mit einem emotional geladenen Gegenstand fast nicht zu umgehen.
- Die Gruppe erleichtert die Kommunikation und Koordination von Experten: Experten sind auf Teilaspekte eines Problems fixiert. Das zwingt zur Kommunikation und Koordination unterschiedlicher Denkansätze. Dafür bietet das Team gute Voraussetzungen.
- Die Gruppe fördert die Realisierung und Akzeptanz von Entscheidungen: Werden die Betroffenen an der Problemlösung beteiligt, dann akzeptieren sie auch Entscheidungen als Ergebnis von Problemlösungsprozessen besser.[40]

5.5.2 Gruppendynamische Effekte

Der Gruppenzusammenhalt hängt in entscheidendem Maße von zwischenmenschlichen Beziehungen unter den Gruppenangehörigen ab. Aufgrund der durch die betriebliche Tätigkeit bedingten Kontakte entstehen solche Beziehungen zwangsläufig unter der Mehrzahl der Gruppenangehörigen. Mit der Verringerung der sozialen Distanz unter den Mitgliedern der Gruppe stellt sich zumeist ein Gruppenbewußtsein ein.

1. Entwicklung des Gruppenbewußtseins
In der Regel sind die Gruppenmitglieder in unterschiedlichem Maße an der Entwicklung des Gruppenbewußtseins beteiligt. Nicht alle Gruppenmitglieder zeigen für das gemeinsame Gruppeninteresse dasselbe Engagement. Durch diese unterschiedliche Interessenintensität entstehen innerhalb der Gruppe kleine Untergruppen. Manchen Gruppenmitgliedern gelingt es nicht, den Anschluß an andere Gruppenangehörige zu erreichen, sei es aufgrund persönlicher oder aufgrund von fachlichen Differenzen. Innerhalb der Arbeitsgruppe nehmen solche Personen einen Außenseiterstatus ein.

2. Kohäsionsfördernde Maßnahmen
Um eine Kohäsion einer Arbeitsgruppe zu erreichen, empfiehlt es sich, den Gruppenangehörigen, besonders den Personen, die einen Rand- oder Außenseiterstatus einnehmen, Gelegenheit zu geben, zu den übrigen Mitgliedern der Gruppe Kontakte zu knüpfen, nicht allein in der betrieblichen Tätigkeit, sondern auch bei anderen Aktivitäten wie betrieblichen Freizeitprogrammen u. a.

3. Beziehungen zur Außenwelt
Aus dem starken Zusammenhalt der Gruppe folgt meistens eine Vergrößerung der Außendistanz, d.h. die Beziehungen von Gruppenmitgliedern zu Mitgliedern anderer Gruppen oder sonstigen Außenstehenden wird geschwächt.

[40] Vgl. Kummer: Projekt-Management ..., S. 123 f.

Diese Schwächung basiert auf verschiedenen Faktoren. Ein wesentlicher Faktor ist der Zeitaufwand, der für die Gruppentätigkeit aufgewendet werden muß. Dies ermöglicht dem einzelnen Individuum nur noch in einem eingeschränkten Zeitpotential, den Kontakt zu anderen Gruppen bzw. sonstigen Außenstehenden zu pflegen.

4. Gruppenmoral
Gruppenmoral bedeutet die Entwicklung eines Zusammengehörigkeitsbewußtseins, das die Gruppe erheblich konfliktsicherer werden läßt, d. h. Gruppenmitglieder geben sich solidarisch gegenüber anderen Gruppenmitgliedern trotz möglicherweise kurzzeitig auftretender Konflikte. Diesbezüglich wird auch oft von einem „Wir-Gefühl", einem „Solidaritätsgefühl" oder einem „Korpsgeist" gesprochen.

5. Auto- und Heterostereotype
Aus der Kohäsion und der Konformitätsentwicklung entstehen stereotype Verhaltensweisen. Die Angehörigen kohäsiver Gruppen schreiben sich und ihresgleichen zumeist positive Eigenschaften zu, den Angehörigen anderer Gruppen zumeist weniger vorteilhafte Eigenschaften. Solche Vorstellungen bezeichnet man als „Stereotype".

Das Selbstbildnis, das die Angehörigen einer Gruppe entwerfen, nennt man *Autostereotyp*. Dieses Bild fällt meist überzogen positiv, selbstgefällig und unrealistisch aus.

Das Bild, das Gruppenmitglieder von anderen Gruppen entwerfen, bezeichnet man als *Heterostereotyp*.

Im Interesse der Zusammenarbeit zwischen den Gruppen sollten es die Führungskräfte auf jeden Fall vermeiden, Stereotype ins Leben zu rufen oder schon bestehende zu unterstützen. Sie sollten sich eher bemühen, bestehende Stereotype zugunsten realistischer Vorstellungen abzubauen.

6. Führung und Kohäsion
Bei der Führung von Mitarbeitern hat der Vorgesetzte vor allem zwei Aufgaben:
- Das betriebliche Leistungsziel muß erfüllt werden.
- Die Mitarbeiter sollen sich wohl fühlen und mit ihrer Arbeit zufrieden sein.

Wenn Arbeitsgruppen nach den Gesichtspunkten eines starken inneren Zusammenhalts (Kohäsion) und mit einem hohen Maß an Zielrichtung (Lokomotion) geführt werden, sind meist gute Arbeitsleistungen zu erzielen.

Kooperative Führung kann zur Unterstützung beider Gesichtspunkte führen – aber nur dann, wenn die Kooperation nicht bloßen Schein darstellt, sondern wenn Mitarbeiter an den tatsächlichen, ihren Aufgabenbereich betreffenden Entscheidungs-, Zielsetzungs- und Planungsprozessen mitwirken können.

7. Polarisation und Konflikte in der Gruppe und mögliche Folgen
Aufgrund einer verminderten Gruppenkohäsion kann sich zumindest vorübergehend eine Leistungsminderung der Gruppe einstellen. Schlimmstenfalls kann in Situationen absolut konträrer Standpunkte eine Spaltung der Gruppe eintreten.

Möglichkeiten der Konfliktbewältigung sind:
- Mit dem oppositionellen „Konfliktelement" wird ein Kompromiß ausgehandelt.
- Entgegengesetzte Standpunkte werden zu neuen Lösungen zusammengesetzt.
- Das oppositionelle „Konfliktelement" wird unterworfen.
- Ausschluß des oppositionellen „Konfliktelementes".

8. Gruppenrollen

Prinzipiell kann eine Unterteilung der Rollen, welche sich in Gruppen entwickeln, in
- funktionale Rollen und
- dysfunktionale Rollen vorgenommen werden.

– Funktionale Rollen

Rollen, die einen positiven Beitrag zur Realisierung der Tätigkeitsziele der Gruppe leisten, werden als funktional bezeichnet.

Hierzu zählen insbesondere die Aufgaben-, Aufbau- und Erhaltungsrollen und deren Mischformen.

Aufgabenrollen fassen alle Aktivitäten zusammen, die zur Definition und Lösung von Teamaufgaben beitragen:
- Initiative und Aktivität
  (die Formulierung des Problems; das Vorbringen von Lösungsvorschlägen und neuen Ideen etc.)
- Informationssuche
  (die Informationsweitergabe; die Meinungserkundung; die Ermutigung zu konstruktiven Beiträgen etc.)

Aufbau- und Erhaltungsrollen sind Verhaltensweisen, die als Ziele den Gruppenzusammenhalt und eine unproblematische Gruppenarbeit verfolgen (z.B. die Vermittlung gegensätzlicher Standpunkte; die Überprüfung von Gruppenentscheidungen hinsichtlich definierter Kriterien; die Überprüfung der Gruppenmeinung etc.)

– Dysfunktionale Rollen

Dysfunktionale Rollen sind Rollen mit destruktivem Charakter, d.h. sie fördern nicht, sondern blockieren den Gruppenprozeß.

Hierzu zählen in erster Linie folgende Verhaltensweisen:
- Dominanzstreben bzw. der Versuch, die Führung an sich zu reißen
- Passivität bzw. Rückzugsverhalten
- Suche nach Sympathie
- Suche nach Unterstützung eigener Ideen etc.

Es ist unstrittig, daß diese Verhaltensweisen nur die Befriedigung persönlicher Motive zum Ziel haben, ohne die Gruppeninteressen zu berücksichtigen. Die Gruppenmitglieder müssen bei Vorliegen solch störender Einflüße dazu veranlaßt werden, sich über ihr eigenes Verhalten in der Gruppe klar zu werden und mit ihren rationalen Zielen abzugleichen.

– Rang- und Führungsrollen
Infolge verschiedener Charaktereigenschaften und Verhaltensweisen der Gruppenmitglieder kristallisiert sich innerhalb jeder Gruppe zwangsläufig eine Rangordnung heraus.

Bewußt und unbewußt gliedert sich das Individuum mit seinen bestimmten Eigenschaften in eine Gruppenrangordnung ein.

Innerhalb von Gruppen, die sich aus verschiedenen Charakteren mit überwiegend gleichen Interessen zusammensetzen (z.B. Bürgerinitiativen, Vereine, Parteien), können zwei Rangordnungen festgestellt werden:

- die *Tüchtigkeitsrangordnung,* in der die Führungsrolle durch ein Individuum besetzt wird, welches sich durch seine Tüchtigkeit und überlegenes fachliches Wissen hervorhebt, und
- die *Beliebtheitsrangordnung,* in der die Führungsrolle durch ein Individuum besetzt wird, welches sich durch seine Beliebtheit und charakterlichen Eigenschaften hervorhebt.

Durch die komplizierte Überlagerung beider Rangordnungen werden sich beide Führungsrollen selten in ein und derselben Person manifestieren (Rollendivergenz), sondern sich vielmehr auf zwei unterschiedliche Individuen verteilen (Führungsdual).

Zu den oben genannten Rangordnungen kommt im betrieblichen Umfeld eine dritte, die *formale Rangordnung,* hinzu, wenn die Führungskraft durch die bestehende Unternehmenshierarchie per Anweisung die Gruppe führt.

Im Gegensatz zum Idealbild einer Führungsrolle, die alle drei Rangordnungen auf sich vereint, kann es auch hier zur Rollendivergenz kommen, bei der im Extremfall ein Führungstrial entsteht. Indem sich formale, fachliche und persönliche Rangordnung auf drei Individuen verteilen, wird die zielgerichtete Gruppenführung schwierig, wenn nicht gar unmöglich werden.

Gruppeninterne Rangordnungen unterliegen aufgrund permanenter struktureller Änderung durch personellen Zu- bzw. Abgang einem dynamischen Prozeß, so daß bei solchen Veränderungen von der Führungskraft sowohl Gruppenleistung als auch Gruppenstruktur berücksichtigt werden müssen.

9. Ausgleich in der Gruppe
Innerhalb der Gruppe ist die Tendenz zur Homogenität, d.h. zur Angleichung der Unterschiede einzelner Gruppenmitglieder, unverkennbar.

Einheitlichkeit kann auf verschiedenen Ebenen angestrebt werden:
– Leistungsorientierte Ziele
Gruppenhomogenität zeigt sich hier in Form eines durchschnittlichen Leistungsniveaus, das einerseits leistungsfördernd auf leistungsschwächere und andererseits leistungsmindernd auf leistungsfähigere Gruppenmitglieder wirken kann. Gesamtheitlich kann jedoch davon ausgegangen werden, daß meist eine gesamtheitliche Leistungsförderung der Gruppe eintritt.

Bemerkenswert ist die Tatsache, daß in stark kohäsiven Gruppen die Leistungsunterschiede geringer ausfallen als in Gruppen mit schwachem Gruppenzusammenhalt.

– Meinungsorientierte Ziele
Im optimalen Fall weist eine stark kohäsive Gruppe neben einem hohen Leistungsniveau auch eine sehr geringe oder keine Streuung gruppenindividueller Meinungen aus (Polarisation).

Im Regelfall jedoch wird ein einzelner Standpunkt der Gruppe als Ausdruck extremer Kohäsion *nicht* und statt dessen eine Verringerung der Streuung auf wenige Standpunkte erkennbar sein.

5.5.3 Vier Phasen der Gruppenentwicklung

Jede Gruppe durchläuft typische Stadien oder auch Phasen der Entwicklung. Im Verlauf eines Gruppenprozesses können immer wieder die folgenden vier Phasen, wenn auch in unterschiedlicher Stärke und Gestaltung, beobachtet werden:

1. *Formierungsphase:*
   Die Gruppe probiert Verhaltensmuster aus. Es beginnt ein gegenseitiges Abtasten. Es besteht auch Angst. In diesem Stadium sucht man oft die Nähe eines hervortretenden Gruppenmitgliedes (Schutzbedürfnis).
2. *Konfliktphase:*
   Hier bestehen Konflikte zwischen Untergruppen, Aufruhr gegen Führende, Widerstände, gegensätzliche Meinungen usw. Die Konflikte führen zur Festlegung von Gruppennormen, die für die weitere Zusammenarbeit der Gruppe wichtig sind.
3. *Normierungsphase:*
   In dieser Phase entwickelt sich der Gruppenzusammenhalt. Die Konflikte sind beigelegt und die Widerstände überwunden. Man akzeptiert sich und sorgt dafür, daß der Fortbestand der Gruppe gewährt bleibt.
4. *Arbeitsphase:*
   Jetzt ist die Energie für die eigentliche Aufgabenerfüllung verfügbar. Die persönlichen Probleme untereinander sind beseitigt, die Rollen sind flexibel und funktional.[41]

Die Formierungsphase ist nur am Beginn einer Gruppenentwicklung zu beobachten und nimmt auch nur eine begrenzte Zeit in Anspruch. Die anderen Phasen können hingegen länger dauern. Die Überwindung der Konfliktphase ist nur gewährleistet, wenn in der Normierungsphase eine Einigung erzielt wird. Die Arbeitsphase dauert so lange, bis irgend eine Störung auftritt, auch wenn diese noch so unterschwellig ist. In diesem Stadium fällt die

[41] Vgl. Kummer: Projekt-Management, S. 121.

Gruppe wieder in die Konfliktphase zurück und muß in der Normierungsphase erneut zu einer Einigung kommen, um wieder voll arbeitsfähig zu werden.

Diese Entwicklungsphasen müssen jedoch nicht linear ablaufen, d. h. auf die Konfliktphase muß nicht zwangsläufig die Normierungsphase folgen. Viele Projekte sind gescheitert, weil eine Projektgruppe nie über die Konfliktphase hinausgekommen ist. Auch kann es passieren, daß Projektgruppen durch sich ständig verändernde Situationen in eine vorhergehende Phase zurückfallen und in ihrer Arbeitsfähigkeit behindert werden.[42]

Durch Weiterbildung und Motivationstraining von Projektmitarbeitern kann eine Beschleunigung der Überwindung der ersten Projektphasen hin zur vierten, optimalen Phase erreicht werden. Weiterhin ist es möglich, durch Weiterbildung und Motivationstraining die Gefahr zu verringern, daß Projektgruppen aufgrund auftretender Konflikte Stagnationen oder gar Rückschritte in ihrer Entwicklung nehmen.

5.5.3.1 Weiterbildung

Erfolgreiche Projektarbeit setzt eine hohe Bildung der Mitarbeiter voraus. Projektmitarbeitern interne und externe Weiterbildung anzubieten ist auch Aufgabe des Projektmanagements.

Dabei ist zu berücksichtigen, daß Lernbereitschaft und Bildungswille vom Projektmanagement zu wecken sind. Der Mitarbeiter muß angespornt werden, um seine fachlichen und menschlichen Aufgaben jetzt und in Zukunft gewachsen zu sein. Dabei sollte der menschliche bzw. persönliche Bereich nicht vernachlässigt werden. Projektarbeit ist nur dann erfolgreich, wenn individuelle Verhaltensweisen der Mitarbeiter in der Gruppe einer ständigen Verbesserung unterliegen.

Die qualitative Personalplanung erhebt Lernfähigkeit und Lernbereitschaft zu entscheidenden Kriterien für die Beurteilung und Förderung der Mitarbeiter.

Sie bietet die Basis für eine Systematisierung der Bildungsarbeit und trägt dazu bei, ein Gleichgewicht zwischen Qualifikationspotential der Mitarbeiter und Qualifikationsanforderung des Betriebes zu schaffen.

Die betriebliche Weiterbildung zielt auf:
- Erhaltung
- Verbesserung
- Erweiterung

der Qualifikation des Mitarbeiters für seine jetzige und zukünftige Arbeit. Die Weiterbildung kann intern und extern erfolgen.

[42] Vgl. Kummer: Projekt-Management, S. 123.

Weiterbildung sollte sowohl die Interessen des Betriebes als auch die Bedürfnisse des einzelnen Mitarbeiters berücksichtigen. Weiterbildungsmaßnahmen gegen den Willen des Mitarbeiters sind von vorneherein zum Scheitern verurteilt.

Bildungsprogramme sollten breit gestreut sein. Schwerpunkte sind zwar zu empfehlen, einseitige Weiterbildungsprogramme aber stumpfen den Mitarbeiter ab und hemmen eine ausgewogene Weiterentwicklung.

Bildungsprogramme können unterschieden werden in:

- *Generelles Wissen und Können*
  (Gesellschafts- und Wirtschaftspolitik, Menschenkenntnis und zwischenmenschliches Verhalten)
- *Berufsbezogenes Wissen und Können*
  (hinsichtlich Lernen und Leisten, Führen und Kooperieren)
- *Fach- und funktionsbezogenes Wissen und Können*
  (technische und kaufmännische, organisatorische und Managementkenntnisse sowie -fähigkeiten)
- *Produktbezogenes Wissen und Können*
  (branchen- und marktorientierte Kenntnisse sowie Fähigkeiten)
- *Arbeitsplatzbezogenes Wissen und Können*
  (nach speziellen Tätigkeiten differenzierte Kenntnisse sowie Fähigkeiten)

Zwar ist die Personalabteilung Träger der Bildungsmaßnahmen, jedoch ist es notwendig, daß das Projektmanagement sehr eng mit der Personalabteilung zusammenarbeitet und gemeinsam über zukünftige Bildungsprogramme entscheidet.

Es muß gemeinsam geplant werden, wann und wo welche Qualifikation benötigt wird, beurteilt werden, welche Mitarbeiter sich weiterbilden lassen wollen und können, Weiterbildungsmaßnahmen besprochen, sie hinsichtlich der einzelnen Lernprozesse beraten und ihnen nach Möglichkeit auch Chancen geben, erworbenes Wissen und Können anzuwenden und so durch qualifiziertere Aufgabenstellungen Aufstiegsmöglichkeiten zu geben.[43]

5.5.3.2 Motivationstraining

Wenn Menschen zusammenarbeiten, wünschen sie sich wechselseitige Respektierung, Solidarität und Anerkennung. Sie empfinden ihre Projektarbeit befriedigender, wenn sie mit ihren Kollegen vertrauensvoll kooperieren, sich mit der Projektgruppe verstehen, deren Ziele mitbestimmen und darin ihre Fähigkeiten erfolgreich entfalten können.

[43] Vgl. Sahm, August: Neue Methoden ..., S. 67 ff.

Um eine hohe Motivation bei Projektmitarbeitern zu erreichen, ist es also notwendig, ein Klima mit mehr Vertrauen, weniger Mißtrauen, mehr Solidarität und weniger Mißgunst, mehr Partizipation und weniger Resignation zu schaffen.

Wie aber ist ein solches Klima durch das Projektmanagement zu schaffen? Ist es möglich, durch Training Fortschritte zu erzielen?

Es gibt Möglichkeiten, Verhalten zu trainieren, d. h. Lehrmethoden und Übungsformen, um die Kooperations- und Leistungsmotivation in einer Projektgruppe zu verbessern.

Voraussetzung für erfolgreiche Trainingsmethoden ist, daß sich die betroffene Projektgruppe der Problematik der bisherigen Motivationsweise bewußt ist. Selbsterfahrung in Erfolgs- und Mißerfolgserlebnissen ist dabei ein entscheidender Faktor. Aus der Erkenntnis heraus, daß Fehlverhalten in der Vergangenheit aufgetreten ist, entstehen Verbesserungswünsche.

Es gibt eine Reihe von Trainingsmethoden. Sensitivitäts-, Kommunikations- und Interaktionstraining können im Projektmanagement erfolgreich sein. Es haben sich sowohl gruppendynamische als auch individuelle Methoden bewährt.

Wer sein Verhalten verbessern will, kann das selten unmittelbar durch eine Erkenntnis und durch einen Entschluß vollbringen. Es sind Lernschritte auf der rationalen und auf der emotionalen Ebene nötig.

Trainingsseminare sind Übungen, die Verhaltensentscheidungen, Motivationstests und besonders Rollenspiele beinhalten.

Ein Motivationstraining wird sehr realistisch, wenn ein „Fall" durch ein improvisiertes direktes Gespräch in exemplarischer Form gelöst wird.

Der im Fallbeispiel geschilderte Konflikt wird von den Seminarteilnehmern gespielt, sie füllen die Rollen mit ihrer Persönlichkeit aus. Man nennt diese Form der spontanen, freien Gestaltung von Rollen das informelle Rollenspiel.

Das formelle Rollenspiel unterscheidet sich insofern vom informellen Rollenspiel, als die Spielteilnehmer ausgewählt werden, wie Schauspieler eine schriftlich fixierte und im einzelnen klar umrissene Rolle erhalten und sich auf ihre Rolle vorbereiten dürfen.

Die Zuschauer kennen nur den allgemeinen Rahmen und teilweise die Vorgeschichte der betrieblichen Situation, die das Spiel auslöst. Sie erfahren einzelne Daten, Ereignisse und Entscheidungen der Geschichte sowie Charaktere und Motivationen der Akteure erst im Spiel selbst. Ihre Aufgabe ist es, das Verhalten der Spielenden in den einzelnen Situationen zu beurteilen. Mit Hilfe eines „Beobachtungs- und Beurteilungsbogens" wird die Auswertung vereinfacht.

Mit Hilfe neuer Technologien kann ein solches Rollenspiel aufgezeichnet werden. So können die Schlüsselszenen des Spiels noch einmal betrachtet und besser analysiert werden.

Der Lernprozeß ist dann gegeben, wenn beim Zuschauer das Erlebnis der eigenen Verhaltensweise und deren Folgen, das Erkennen von Fehlern anderer und das Bewußtsein eigener Fehlaktionen und -reaktionen stattfindet.

Um den Trainingsprozeß zu arrangieren, moderieren und zu interpretieren, ist bei solchen Übungen ein kompetenter, nicht in der Projektgruppe arbeitender „Trainer" erforderlich.

Motivationstraining in Seminarveranstaltungen kann nur die Bereitschaft zur Verhaltensänderung wecken. Die Projektgruppe selbst muß zum ständigen „Trainingsraum" werden. Ein Übertragen auf die tägliche Projektarbeit ist Sinn und Zweck eines Motivationstrainings.

Bei einer ständigen Zunahme von Projekten ist es nicht mehr möglich, für jede Gruppe einen Trainer zur Verfügung zu haben. Wenn Fallstudienbesprechungen von den Projektgruppen institutionalisiert werden, d. h. Besprechungen alle 6–8 Wochen für ca. 1–2 Stunden durchgeführt werden, ist ein Trainer nicht mehr notwendig. Angesichts des Nutzens, den selbst kleine Verbesserungen im Motivationsverhalten für den Betrieb und die Projektmitarbeiter bringen, sollte dies machbar und zeitlich zu verkraften sein.

Der Vorteil der Fallstudientechnik im Vergleich zu einer Diskussion eines aktuellen Motivationskonfliktes ist es, daß die Beteiligten ruhiger und besonnener argumentieren können. Sie fühlen sich nicht direkt betroffen und können so mit etwas persönlichem Abstand zum dargestellten Fall Stellung nehmen.

Wird aber über ein konkret aufgetretenes Problem gesprochen, besteht die Gefahr, daß die Beteiligten affektiv „geladen" sind. Sie sind uneinsichtig oder wollen gar nicht über dieses „heiße Eisen" diskutieren.

In der Fallbeispielmethode besteht diese Gefahr nicht. Es werden keine eigenen Probleme, sondern die anderer Menschen geschildert und zur Diskussion gestellt. Indem der Diskussionsteilnehmer sich in eine fiktive Problematik eindenkt und einfühlt, ist er offener, und obwohl die Problematik ihn nicht unmittelbar betrifft, erkennt und erfährt er dennoch seine eigenen Fehler und Schwierigkeiten im Umgang mit seinen Arbeitskollegen.

Über Fallbeispiele, die den Mitarbeiter nicht unmittelbar betreffen, läßt sich zwar leichter reden, aber in kritischen Situationen der Projektarbeit können alle „guten Vorsätze" der Seminarübungen vergessen werden. Deshalb ist es wichtig, das Gelernte im Arbeitsprozeß umzusetzen.

Dazu ist es notwendig, bei seinen Arbeitskollegen in der Gruppe unterstützende „Hilfestellung" zu suchen. Dies kann durch persönliche, wechselseitige Vereinbarungen, durch die Absprache von „Signalen", die auf ein eventuelles Fehlverhalten rechtzeitig aufmerksam machen, geschehen. Diese Signale können eine frühe Gegensteuerung des eigenen Verhaltens mit sich bringen.

Voraussetzung dabei ist natürlich der Wille jedes einzelnen Projektmitarbeiters, mit den Menschen seiner Arbeitsumgebung problemloser zurechtzukommen und sein Fehlverhalten zu ändern. Typische Einzelkämpfermentalitäten sind dabei mehr als hinderlich. Sie müssen kontinuierlich abgebaut werden.

Motivationsbereitschaft und -fähigkeit zu verbessern, ist keine einmalige Aktion, sondern ein kontinuierlicher Lernprozeß. Schnelle Erfolge können und sollten nicht erwartet werden.

In einer Kombination von Maßnahmen, in einer Art „Regelkreis", sind Fortschritte und Erfolge der Motivationsbereitschaft und -fähigkeit am wahrscheinlichsten.

Seminarübungen, vor allem für die Projektleiter, die schließlich für das Motivationsklima in ihrer Projektgruppe verantwortlich sind, vermitteln Trainingsanleitung. In Gruppengesprächen geschieht Training ohne Trainer „vor Ort". Persönliche Vereinbarungen bringen Unterstützung für den Trainingserfolg.[44]

5.5.4 Konflikte bei der Zusammenarbeit

Um die Projektziele zu erreichen, müssen Personen aus den unterschiedlichsten Bereichen und Hierarchieebenen interdisziplinär zusammenarbeiten.

Aufgrund dieser Tatsache ist die unter Punkt 5.5.3 genannte Konfliktphase unvermeidbar.

Der erste Konfliktbereich kann bereits durch das Projektziel und die damit verbundene Aufgabenstellung entstehen. Ein nicht eindeutig definiertes Projektziel oder nicht akzeptierte Detailaufgaben können den Gruppenprozeß in hohem Maße stören. Ist den Beteiligten zum Beispiel die zu besprechende Aufgabenstellung unklar, können Besprechungen unbefriedigend verlaufen. Für das Verständnis von Sitzungsabläufen ist von Bedeutung, daß die zu diskutierenden Themen erheblichen Einfluß auf den Gruppenprozeß und auf die einzelne Person haben können. Zum Verständnis des Verhaltens in einer Arbeitsgruppe ist deshalb folgende Frage für den Projektleiter wichtig: „Welchen Einfluß haben Aufgaben und Ziele auf den einzelnen und die Gruppe?"

Weitere Probleme entstehen im psycho-sozialen Bereich bei der Projektarbeit.

Da ist zunächst einmal der einzelne, das Individuum, zu betrachten. Durch das Verhalten des Individuums können Konflikte auftreten.

Der einzelne Mensch beeinflußt mit seiner Einstellung, mit seinem Wissen, seinen langjährigen Gewohnheiten und seiner Erfahrung, mit seinen verbalen und nonverbalen Verhaltensweisen die Arbeit des Projektteams.

Ein persönlich unsicher wirkender Projektleiter, der sich nicht richtig durchsetzen kann, wird mit Sicherheit einen anderen Einfluß auf eine Gruppe ausüben wie ein souverän auftretender Projektleiter.

[44] Vgl. Sahm, August: Neue Methoden ..., S. 99 ff.

Das einzelne Mitglied kann das Klima und die Produktivität einer Arbeitsgruppe fördern oder hemmen.

Im folgenden wird auf die Hemmnisse eingegangen:

- Mangelnde Eignung zur Gruppenarbeit (Eigenbrötler).
- Grundsätzliches Unbehagen in einem Projekt (beispielsweise durch zu wenig projektorientierte Ausbildung, mangelnde Unterstützung seitens der eigenen Abteilung).
- Identifikation der Sache mit der Person: Mangelnde Sachbezogenheit läßt die Teilnehmer immer wieder eine Diskussion, „wer recht hat" anstelle „welche Idee sinnvoll ist", führen. Der einzelne identifiziert sich voll mit seinen Ideen und fühlt sich bei Kritik sogar persönlich angegriffen und in die Defensive gedrängt. Eine weitere Folge der Identifikation eines Diskussionsbeitrags mit der Person ist die Tendenz, Ideen von Personen mit hohem Status eher zu akzeptieren als Beiträge von Teilnehmern aus niedrigeren Hierarchiestufen. Oft ziehen diese Teammitglieder ihre Einfälle sogar zurück, um zu vermeiden, daß sich ein Teilnehmer mit höherem Status persönlich angegriffen fühlt.
- Persönliche Spannungen innerhalb des Projektteams:
  - Fehlende fachliche Qualifikation
  - Zu geringer Einsatz einzelner Personen
  - Autoritäres Gebaren
  - Mangelnde Zuverlässigkeit
  - Konkurrenzdenken:

    Jeder Gruppenteilnehmer empfindet Gruppensituationen mehr oder weniger als Test. Es geht darum, zu gewinnen oder zu verlieren. Der einzelne sieht sich selbst verlieren, wenn ein anderer mehr Erfolg mit seinen Ideen hat, und ist dementsprechend empfindlich gegenüber Kritik an seinen Gedanken.

    „Wenn seine Vorschläge als unbrauchbar übergangen werden, verliert er das Interesse an allem anderen, außer am Wiederherstellen seines verlorengegangenen Prestiges."[45]
    - Negatives Konkurrenzdenken:

      Häufig besteht in Diskussionen die Tendenz, stets die Mängel eines Vorschlags zu diskutieren. Es wird übersehen, daß jede Idee, und sei sie noch so schlecht, ein Spektrum von guten als auch schlechten Anteilen darstellt. Statt des negativen Konkurrenzdenkens sollte der positive Teil des Spektrums, also der Teil, der es wert ist, aufgegriffen werden (Rosinenprinzip).[46]
    - Mangelnder Schutz der Individualität:

      Niemand breitet seine Assoziationen und Gedanken in der Gruppe aus, wenn die anderen Mitglieder diese mit verstecktem Spott, Kopfschütteln oder sogar Aggression honorieren. Die oben genannten Gewohnheiten, verbunden mit einer ungenügenden Gruppenführung, können ausreichen, um die einzelnen Gruppenmitglieder daran zu hindern, aus sich herauszugehen und sich lebhaft an Diskussionen zu beteiligen.[47]

[45] Kummer: Projekt-Management ..., S. 124.
[46] Ebenda, S. 12.5.
[47] Ebenda.

– Die fehlende Fähigkeit des Zuhörens:
  In Gruppendiskussionen ist es häufig so, daß einer gerade spricht, während seine „Zuhörer" warten, um zu Wort zu kommen, und eigentlich schon im Verlauf der Rede am eigenen Gedanken hängen. Noch nicht geäußerte Ideen haben die Tendenz, das Denken desjenigen ganz zu beherrschen, der sie äußern möchte. Es wird nebenbei noch mit einem Ohr zugehört, wobei das halbwegs verstandene Argument des anderen gleichzeitig schon akzeptiert oder mißbilligt wird. In diesem Fall kann von einem echten Verstehen dessen, was der andere sagen wollte, wohl kaum die Rede sein. Daraus ergibt sich dann auch kein sinnvolles Auswerten des Gehörten.[48]

Es ist wichtig, daß der Projektleiter den einzelnen Mitarbeiter wahr und ernst nimmt. Das Individuum muß auch als solches anerkannt werden. Nur so kann sich das erforderliche Gefühl von Autonomie und Individualität entwickeln. Ist dies nicht gegeben, fühlen sich die Gruppenmitglieder austauschbar. Es wird keine Einzelverantwortung übernommen und der persönliche Einsatz in der Projektgruppe läßt nach.

Diese Probleme können eingedämmt werden, wenn die unter Punkt 5.4.2.3 „Gestaltung der Projektorganisation" aufgezeigten Hinweise beachtet werden.

Neben der kognitiven Ebene zur Steuerung des Verhaltens bilden Gefühle bei der Entstehung von Problemen eine wichtige Rolle. Gefühle sind jederzeit in jedem Menschen. Sie zu leugnen bedeutet, sich und den anderen nicht als Menschen, sondern höchstens als Werkzeug zu sehen, und ist im übrigen eine Verkennung der Realität. Gerade durch das Verständnis für die gefühlsmäßige Situation des anderen kann ein großes Potential an Produktivität und Kreativität in der gemeinsamen Arbeit erschlossen werden.

Ein weiterer Einflußfaktor, der zu Schwierigkeiten führen kann, ist der gruppendynamische Prozeß, das heißt die in der Gruppe herrschenden Beziehungsmuster und Umgangsformen. Ein offenes, angstfreies Klima fördert die Beziehung zwischen den einzelnen Personen und verstärkt die Bereitschaft, sich gegenseitig zu unterstützen.

Konflikte können zwischen verschiedenen Arbeitsgruppen innerhalb eines Projektes auftreten. Hier mangelt es vielfach an einer gezielten Projektführung und einem geeigneten Koordinationsinstrumentarium.

So kann ein zu hoher Schwierigkeitsgrad eines Projektteils dazu führen, daß die entsprechende Projektgruppe zufrieden ist, wenn sie die im eigenen Bereich auftretenden Komplikationen einigermaßen in den Griff bekommt, und nicht bereit ist, weitere Restriktionen (aufgrund von Zusammenhängen mit anderen Problemkreisen) zu akzeptieren. Dies führt zur Abkapselung.

[48] Kummer: Projekt-Management ..., S. 125.

Ungenügende zeitliche Abstimmung und falsche Prioritäten führen ebenfalls sehr oft zu Konflikten. Zum Beispiel müssen in bestimmten Projektgruppen – infolge von Sachzwängen – Entscheidungen getroffen werden, die zwar Auswirkungen auf die Arbeit anderer Gruppen haben, deren Tragweite jedoch noch nicht abgeschätzt werden kann.

Schenkt man dem gegenseitigen Informationsaustausch zu wenig Beachtung (zu wenig Koordination, mangelhaftes Projektinformations- und -kommunikationssystem) oder geht von unterschiedlichen Planungsgrundlagen aus, beziehungsweise trifft isoliert Annahmen, die einer Abstimmung bedurft hätten, dann resultieren daraus unweigerlich Probleme.[49]

Auch zwischen Auftraggeber und/oder Benutzer einerseits und Projektgruppe andererseits kann es zu Konflikten kommen.

Hierbei handelt es sich häufig um Verständigungsschwierigkeiten und Akzeptanzprobleme. Die Planer des Projektes und die vom Projekt Betroffenen gehen sehr oft von verschiedenen Kenntnissen, Ziel- und Wertvorstellungen aus:

- Der Prozeß der gemeinsamen Zielsuche wurde nicht oder nur oberflächlich durchlaufen und/oder
- die Kommunikation zwischen Planer und Betroffenen ist gestört durch
  - mangelnde Gesprächsbereitschaft seitens der Betroffenen (Angst vor Änderungen),
  - Besserwisserei und Planungs-Kauderwelsch seitens der Planer.

Ein laufender Informationsaustausch und eine aktive zeitgerechte Einschaltung der vom Projekt Betroffenen können helfen, eine derartige Situation zu vermeiden.[50]

Die Tätigkeit im Projektteam wird auch durch das Umfeld, in dem die Gruppe arbeitet, bestimmt. Zu diesem Umfeld gehört ein großes Spektrum von einzelnen Einflußfaktoren, das von räumlichen Arbeitsbedingungen bis zum Entscheidungsverhalten von Führungskräften reicht, die nicht im Projektteam mitarbeiten, durch ihre Entscheidungen die Gruppe jedoch erheblich beeinflussen.

5.5.5 Grundsätze und Regeln der Gruppenarbeit

Um die oben genannten Konflikte zu verkürzen oder sogar zu umgehen, müssen die Mitglieder des Projektteams folgende Grundsätze kennen und akzeptieren:

- Jeder erkennt jeden als vollwertiges Gruppenmitglied an.
- Eine Gruppendiskussion ist hierarchiefrei durchzuführen. Ein Status außerhalb des Teams darf sich während der Teamarbeit nicht auswirken, da er den offenen Informationsfluß, die Kritikbereitschaft und die Kreativität der Mitarbeiter beeinträchtigt.
- Jeder Teammitarbeiter soll seine Meinung offen vertreten und darf sie nicht verschleiern.
- Zur Teamarbeit gehört eine unbedingte Kooperationsbereitschaft.

[49] Vgl. Daenzer: Systems Engineering, S. 141f.
[50] Ebenda.

- Jedes Teammitglied ist berechtigt, positive Kritik zu üben, muß jedoch auch sachliche Kritik von anderen entgegennehmen.
- Das Team präsentiert sich nach außen als Gesamtheit.
- Innerhalb der Gruppe muß ein vollständiger Informationsaustausch erfolgen. Kein Mitarbeiter darf Informationen zurückhalten.
- Kein Mitglied des Teams darf die noch nicht gemeinsam abgestimmten Ergebnisse der Teamarbeit an Außenstehende weitergeben.
- Durch aktive Einbeziehung in den Meinungsbildungsprozeß findet eine Motivation jedes Teammitglieds statt.[51]

Den Spielregeln des Teams hat sich auch der Projektleiter unterzuordnen. Bei kooperativer Projektführung ergeben sich hierbei keine Gegensätze.

5.5.6 Vorgehensweise und Arbeitstechniken des Teams

Neben einer ausreichenden Gruppendynamik hängt der Wirkungsgrad der Teamarbeit auch stark von einer systematischen, durchdachten Vorgehensweise und der Kenntnis und Anwendung ergebnisorientierter Arbeitstechniken ab. Dabei sind folgende Punkte zu beachten:

- Eine ausreichende Vorbereitung der Gruppensitzungen mit klarer Verantwortungsverteilung der Vorbereitungsarbeiten.
- Ein Raum, der eine ungestörte Arbeitsweise zuläßt. Außerdem müssen Instrumente für eine Visualisierung zur Verfügung stehen (Tafel, Flipchart).
- Eine realisierbare Tagesordnung, die von allen akzeptiert wird. Dabei darf die Planungsregelung nicht außer acht gelassen werden.
- Eine eindeutige Regelung, in welchem Umfang, an welcher Stelle und unter welcher Verantwortung die gemeinsamen Teamunterlagen geführt werden.
- Die Festlegung, wer die Ergebnisse einer Teamsitzung (Protokolle) festhalten soll und wem diese zugeleitet werden müssen.
- Eine klare Regelung, wie der Lernbedarf einzelner Teammitglieder abgedeckt werden kann.
- Die Anwendung von formalisierten Ideenfindungs-, Problemlösungs- und Dokumentationstechniken, welche sich in der Praxis bewährt haben.[52]

5.5.7 Regeln zur Konfliktvorbeugung und -lösung

Selbst bei einer systematischen Gruppenarbeit und bei Beachtung der Spielregeln der Gruppendynamik werden sich Konflikte bei der Teamarbeit nicht vollständig vermeiden lassen. Konflikte schaden der Zusammenarbeit. Die zur Problemlösung eingeplante

[51] Vgl. Kuba: Computergestützte Projektorganisation ..., S. 79.
[52] Ebenda, S. 80.

und erforderliche Zeit wird mit dem Lösen zwischenmenschlicher Schwierigkeiten vergeudet; Teamarbeit wird ineffizient. Allerdings darf das nicht mit sachbezogenen Meinungsverschiedenheiten verwechselt werden. Diese sind zwangsläufiger Bestandteil und Informationsquelle jeder Gruppenarbeit und sollten mit Hilfe geeigneter Dokumentationstechniken analysiert und bereinigt werden.

Regeln und Möglichkeiten der Konfliktvorbeugung und -lösung:

- Konflikte sind auszudiskutieren und dürfen nicht ausgeklammert werden.
- Eine Konfliktaustragung darf nicht mit der abschließenden Feststellung eines „Gewinners“ enden.
- Rechtfertigungsversuche einzelner Teammitarbeiter sollten unterbleiben, da sie nur eine Verhärtung der Fronten herbeiführen.
- Konfliktbeilegung durch einen Pseudo-Kompromiß („Kuhhandel“[53]) ist unerwünscht.
- Eine Konfliktbeilegung darf nicht durch ein Machtwort eines anwesenden Statusträgers herbeigeführt werden.
- Nichtbeteiligte Teammitglieder sollten bei Konflikten vermitteln und nicht Partei ergreifen.
- Auseinandersetzungen in der Gruppe sind durch Diskussion und Argumentation, nicht durch Machtkämpfe beizulegen.
- Eine Beeinflussung der Teamergebnisse durch Außenstehende ist unzulässig und muß vom gesamten Team abgewehrt werden.
- Hält sich ein Teammitglied nicht an die vereinbarten Regeln der Gruppenarbeit, sollte es vom Teamleiter darauf hingewiesen werden.

Am Ende einer Teamsitzung sollte in einer „Manöverkritik“ rückschauend festgestellt werden, ob

- der erwartete Arbeitsfortschritt eingetreten ist,
- die Techniken der systematischen Gruppenarbeit auch in ausreichendem Maße angewendet wurden und
- die Spielregeln für eine effiziente Teamarbeit eingehalten wurden.

Ein derartiger Rückblick kann zu einer Verbesserung der künftigen Zusammenarbeit und zu einem Abbau aufgestauter Spannungen beitragen.

Dabei darf nicht vergessen werden, daß die Kenntnis von Gruppenarbeitsregeln alleine nicht ausreicht, um ein Team sicher führen zu können. Der Projektleiter muß in der Lage sein, gruppendynamische Prozesse zu verstehen und sein eigenes Verhalten als Gruppenleiter richtig einzuschätzen. Das Verhalten des einzelnen, die Arbeitsweise des Projektteams und damit letztlich das Ergebnis hängen stark von der Einstellung, den Verhaltensweisen und dem Geschick des Projektleiters ab. Er muß Vorbild für die anderen sein.

[53] Vgl. Kuba: Computergestützte Projektorganisation ..., S. 83.

5.5.8 Entscheidung

Wenn Projektgruppen gemeinsam Entscheidungen treffen, hat dies sowohl im sachbezogenen als auch im motivationalen Bereich viele Vorteile, die eine höhere Qualität bei Entscheidungen und eine größere Identifikation mit der Durchführung von Projektarbeit bewirken.

Projektgruppen treffen in zwei Fällen bessere Entscheidungen:
1. Bei komplexen Problemlagen.
2. In emotional schwierigen Situationen.

Folgende Schwierigkeiten können jedoch bei der Entscheidungsfindung durch eine Projektgruppe auftreten:

Projektgruppen setzen sich zusammen aus Mitarbeitern, die aus den verschiedensten Abteilungen eines Unternehmens kommen. Zwangsläufig haben diese Mitarbeiter einen sehr unterschiedlichen „Background" und sehen Problemstellungen, die eine Lösung verlangen, aus den unterschiedlichsten Blickwinkeln.

Da die Wünsche und Vorstellungen der einzelnen Teammitglieder stark voneinander abweichen können, brauchen Entscheidungen in der Projektgruppe mehr Zeit. Dieser Gruppeneffekt sollte jedem Projektleiter bewußt sein.

Es ist sicherlich nicht sinnvoll, als Projektleiter eine Meinung von seinen Mitarbeitern zu „erpressen". Folge einer solchen künstlichen gruppendynamischen Entscheidungsfindung wäre, daß die Projektmitarbeiter sich unter Druck gesetzt und sich in ihrem Handlungsspielraum eingeschränkt fühlen.

Die Folge einer solchen künstlich erzeugten schnellen Entscheidungsfindung kann zu erheblichen Störungen der Entwicklung des Projektes führen, da sich verschiedene Projektmitarbeiter nicht mehr mit dem Ziel des Projektes identifizieren können und keine Motivation mehr empfinden, das definierte Ziel schnell und präzise zu erreichen.

Ein externer Druck auf Projektgruppen, oft erzeugt von der Linienorganisation zur Beschleunigung von Entscheidungsprozessen in der Projektarbeit kann ebenfalls dazu führen, daß Entscheidungen, die innerhalb der Gruppe getroffen werden müssen, unter den „Teppich gekehrt" werden. Projektgruppen müssen aber Wachstumsphasen und Reifekrisen durchlaufen. Sie von außen unter Zeitdruck für dringend gebrauchte Sofortentscheidungen einzusetzen ist sinnlos und kontraproduktiv.

Es ist die Aufgabe des Projektleiters, die Projektgruppe nach außen hin zu „schützen", so daß Entscheidungen nicht unter Druck entstehen.

Projektgruppen droht die Gefahr, daß in schwierigen Situationen auf hierarchisch geprägte Verhaltensweisen zurückgegriffen wird. Durch die langjährige Gewöhnung an Einzelentscheidungen von Vorgesetzten in der Linienorganisation fällt es den Projektmitarbeitern oft schwer, kooperative Entscheidungsprozesse auch in Krisensituationen zu erhalten.

Auch hier ist der Projektleiter gefordert, Tendenzen dieser Art frühzeitig zu erkennen und gegenzusteuern.

Emotionen und Konflikte, die in der Entscheidungsfindung einer Projektgruppe zwangsläufig entstehen, werden nicht ausreichend berücksichtigt. Entscheidungen sind aber nur dann gut und sinnvoll, wenn die Projektgruppe sich nicht nur auf bloße Fakten konzentriert, sondern auch die psychische Komponente der einzelnen Projektmitarbeiter mit in die Entscheidung einfließen läßt.

Entscheidungsfindungen in der Projektgruppe können sich durch das Fehlen oder das Ausscheiden eines Projektmitarbeiters aus der Gruppe völlig verändern. Dasselbe gilt natürlich auch für einen Neuzugang. Es muß berücksichtigt werden, daß die Gruppen in ihrer Konsistenz zurückgeworfen wird und in gewisser Weise „neu" beginnen muß.

Der Projektleiter hat darauf zu achten, daß der Projektgruppe die Zeit für eine Neuorientierung zugestanden wird.

Durch die Projektgruppe mit Entscheidungskompetenz werden andere Organisationen „provoziert" und setzen sich möglicherweise zur Wehr. Dadurch entstehen Reibereien und Konflikte, die ein sensibles Konfliktmanagement nach außen notwendig machen.

Diese Aufgabe wird meist vom Projektleiter übernommen. Wird ein externes Konfliktmanagement nicht betrieben, besteht die Gefahr, daß Projektgruppen aufgrund ständiger Anfeindungen von außen „abstürzen", d.h. sie verliert den Mut, Entscheidungen zu treffen, die auf Widerstände innerhalb der Linienorganisation treffen könnten.

Entscheidungen in Projektgruppen können verschiedenartig getroffen werden. Nachfolgend sollen die unterschiedlichen Entscheidungsarten, die in einer Projektgruppe auftreten können, beschrieben werden.

5.5.8.1 Die Konsensentscheidung

Ziel in der Projektarbeit sollte es immer sein, einen Konsens zu finden, d.h. eine Lösung zu erarbeiten, die alle Projektmitglieder akzeptieren können.

Konsensfähigkeit ist erlernbar. Schon in relativ kurzer Zeit ist es möglich, daß Projektmitglieder sich um einen Konsens bemühen. Ein untrügliches Zeichen dafür, daß Projektmitglieder um einen Konsens bemüht sind, ist, wenn von Projektmitarbeitern die Aussage getroffen wird: „Nun ja, es ist zwar nicht exakt das, was ich will, aber ich kann diese Entscheidung akzeptieren und werde ihre Durchführung durchsetzen."

Die Projektgruppe wird beim Konsens gezwungen, alle Konsequenzen bei der Durchführung mit zu berücksichtigen. Meinungsverschiedenheiten sind erstens zu sehen als Gelegenheit, zusätzliche Informationen zu bekommen, zweitens als Gelegenheit zur Konfliktlösung und drittens als Zwang, bessere Alternativen zu suchen.

Konsensentscheidungen erfordern einen bedeutenden Zeitaufwand. Denn Konsens bedeutet nicht eine vorschnelle Anpassung an die dominante Gruppenmeinung, im Gegenteil: Kommt eine Gruppe immer schnell zu einer Meinung, ist das Ergebnis meist nicht befriedigend, obwohl die Projektgruppe sich dabei sicher und wohl fühlt.

Folgende Punkte zur Konsensfindung in einer Projektgruppe sind zu berücksichtigen:

- Es muß versucht werden, alle in der Projektgruppe vorhandenen Meinungen aufzudecken. Alle Betrachtungsweisen sollen in der Gruppe offen und frei diskutiert werden.
- Erfolgreiche Projektarbeit in der Gruppe ist nur dann möglich, wenn man genau zuhört, was der andere sagt, Mißverständnisse sollen vermieden werden.
- Man sollte darauf bedacht sein, voreilige Zustimmung und allzu bereitwillige Kompromisse zu vermeiden. Oft werden falsche Voraussetzungen für eine solche Reaktion angenommen, Kritikfähigkeit ist in der Projektarbeit im besonderen Maße notwendig.
- Man sollte Cliquenbildung und Gruppenspaltung innerhalb der Projektgruppe vermeiden. Eine Polarisierung der Meinungen kann die Folge sein.
- Konflikte sollten ausdiskutiert werden. Man sollte Konfliktlösungstechniken wie z.B. die Mittelwertberechnung oder den Tauschhandel („wenn ich akzeptiere, ... so zu machen, dann möchte ich aber, daß ... nach meiner Vorstellung umgesetzt wird") nutzen.
- Alle im Projektteam vorhandenen Informationen sollten eingebracht werden. Auch ruhige Projektmitglieder sollen ihre Beiträge leisten. In jedem kleinen Hinweis kann der Schlüssel zum Konsens gefunden werden.[54]

5.5.8.2 Die „demokratische" Entscheidung

Die „demokratische" Mehrheitsentscheidung wird in der Projektarbeit oft angewandt, obwohl auch sie keine echte Alternative zur Konsensentscheidung darstellt. Denn die sogenannten demokratischen Spielregeln werden oft zur Unterdrückung von Minderheitenmeinungen verwendet. Es geht also nicht darum, einen Informations- und Entscheidungsprozeß zu fördern, sondern es werden Informationen so lange zurückgehalten, bis der Entscheidungsprozeß abgeschlossen ist, bis man „gewonnen" hat.

Die Folge einer Mehrheitsentscheidung kann sein, daß die „Unterlegenen" Projektteilnehmer versuchen werden, zu beweisen, daß die Entscheidung unsinnig war, indem sie der weiteren Entwicklung des Projekts Steine in den Weg legen werden. Eine solche Gruppenkonstellation wirkt sich natürlich negativ auf die Motivation aller im Projekt beteiligten Mitarbeiter aus.

Eine Zweidrittelmehrheit für wichtige Entscheidungen kann dann die Lösung sein, wenn ein allgemeiner Konsens nicht gefunden werden kann. Der Vorteil im Vergleich zur einfachen Mehrheit liegt darin, daß meist alle Kontrahenten zum intensiven Argumentieren und Qualifizieren ihres Standpunktes gezwungen sind, um eine Zweidrittelmehrheit zu erreichen.

[54] Vgl. Heintel, P.; Krainz, E. W.: Projekt-Management. Eine Antwort auf die Hierarchiekrise?, Wiesbaden 1988, S. 113.

Für die Mitarbeiter, die sich nicht durchgesetzt haben, ist es einfacher, sich einer Zweidrittelmehrheit unterzuordnen, als von einer knappen Mehrheit von z. B. 51 % überstimmt zu werden.

5.5.8.3 Die Einzelentscheidung

Die Einzelentscheidung, getragen durch den Projektleiter, ist die vergleichsweise schlechteste Form der Entscheidung, wobei es immer wieder vorkommen kann, daß der Projektleiter allein entscheiden muß.

Die Gründe, warum diese Form der Entscheidung nicht unproblematisch ist, liegt einerseits in der Tatsache begründet, daß sie von den Projektteilnehmern nicht ausreichend akzeptiert werden kann und so die Motivation in der Ausführung der Entscheidung fehlt. Weiterhin ist es möglich, daß eine Einzelentscheidung, einmal getroffen, aus Prestigegründen nicht mehr revidiert wird. Ein Projektleiter darf nicht irren, weil er sonst indirekt zugegeben würde, daß er „fehl am Platz" ist. Es kann passieren, daß Fehlentscheidungen über einen langen Zeitraum verteidigt werden, auch wenn alle beteiligten Mitarbeiter längst wissen, daß sie falsch sind.

5.5.8.4 Vor- und Nachteile der Projektgruppenentscheidungen

Projektgruppen sollten im Konsens Entscheidungen treffen. „Echter" Konsens unter Zeitdruck ist nicht sinnvoll. Es ist sinnlos, zu versuchen, Projektgruppen als „Feuerwehr" einzusetzen. Wenn es schon lichterloh brennt, ist es für die Projektgruppe meist zu spät. Projektarbeit im Konsens braucht seine Zeit. Deshalb wird das Zeitargument oft gegen den Projektgruppenkonsens verwandt. Auf den ersten Blick ist es sicherlich richtig, daß Entscheidungsfindung in der Projektgruppe länger dauert.

Wenn man jedoch die Durchführung einer Entscheidung, die im Konsens der Gruppe getroffen wurde, in der Zeitplanung berücksichtigt, dann ergibt sich folgender Effekt:

Die Zeitverhältnisse kehren sich um. Die Einzelentscheidung eines Projektleiters ist zwar nicht sehr zeitaufwendig, sehr oft aber zieht sich dann die Zeit für die Durchführung des Projekts in die Länge, weil ständig Widerstände aus der eigenen Projektgruppe entstehen.

Bei Projektgruppenentscheidungen, die alle Mitglieder der Projektgruppe tragen, ist meist die Zeit der Durchführung erheblich kürzer. Grund dafür ist, daß alle Projektmitarbeiter motiviert sind, das Ziel zu erreichen, es ist ja das „Kind" eines jeden einzelnen Mitarbeiters. Darüber hinaus wurden in der Konsensfindung Durchführungsprobleme bereits vorweggenommen und diskutiert.

5.6 Kommunikation

5.6.1 Der Prozeß der Kommunikation

Der Vorgang der zwischenmenschlichen Kommunikation besteht aus einem Sender, der über einen Kanal eine Nachricht aussendet, auf die ein Empfänger reagiert (Feedback).

Die Kommunikation kann als ein Prozeß des Informationsaustausches bezeichnet werden.

Die zwischenmenschliche Verständigung besteht aus den Formen:

- verbale Kommunikation,
- nonverbale Kommunikation und
- schriftliche Kommunikation.

Es sind nicht alle Formen der Verständigung eindeutig. Sie bedürfen grundsätzlich der Überprüfung durch ein Feedback, um die Sicherheit zu bekommen, daß die Kommunikation im Sinne aller Gesprächsteilnehmer erfolgt ist.

5.6.2 Inhalts- und Beziehungsebene

1. Inhaltsebene
   Hier wird über Dinge, Sachen, Projekte, Termine, Leistungsziele, Organisationsprobleme etc. kommuniziert.

2. Beziehungsebene
   In der Beziehungsebene geht es um die Art und Weise, wie wir miteinander sprechen. Geprägt wird die Beziehungsebene von Sympathie, Antipathie, Emotionen, Erwartungen, Hoffnungen und Ängsten.[55]

Es ist wichtig, daß sich zwei Partner sowohl auf der Inhaltsebene als auch auf der Beziehungsebene verstehen, denn es besteht durchaus die Möglichkeit, daß auf der Inhaltsebene etwas total anderes gesagt wird, als auf der Beziehungsebene gefühlt wird. Es ist außerdem sehr schwer, sachlich miteinander zu kommunizieren, wenn über die Beziehung der Partner keine Klarheit besteht.

Es ist nicht einfach, die Beschaffenheit der Beziehungsebene zu erfassen, während die Situation auf der Inhaltsebene relativ klar abzuschätzen ist.

[55] Kummer: Projekt-Management ..., S. 133.

5.6.3 Nonverbale Kommunikation

Der Austausch von Informationen geschieht nicht ausschließlich über die Sprache, sondern auch über das Verhalten. „Auch wenn wir nichts sagen, drücken wir etwas aus.“[56] Diese Art der Kommunikation wird deshalb als nonverbale, nichtverbale oder wortlose Kommunikation bezeichnet, als Verhaltenssprache.

Auch das Schweigen, ein typisches nonverbales Verhalten, hat Mitteilungscharakter. Schweigen ist somit kein Verhalten, das einfach nichts aussagt. Eine schweigende Person kann beispielsweise folgendes mitteilen:
- Ich habe nichts zu sagen.
- Ich mag nicht sprechen, weil ich müde bin.
- Ich mag nicht sprechen, weil ich enttäuscht bin.
- Ich will nichts mit Dir zu tun haben.
- Es interessiert mich nicht, was die anderen gerade sprechen.
- Ich fühle mich mißverstanden.
- Ich verstehe den Gesprächsstoff nicht.

Außer dem Schweigen gibt es jedoch noch andere wortlose Verhalten, die Mitteilungscharakter haben, zum Beispiel:
- Mimik: lachen, weinen, zwinkern, Stirnrunzeln
- Körperhaltung: gelöst, verkrampft
- Bewegungen des Körpers: herumrutschen, vor- und zurücklehnen
- Bewegungen der Hände, der Füße, des Kopfes
- Lautstärke, Tempo und Rhythmus der Sprache
- Erröten, erbleichen, schwitzen, zittern.

Es ist wichtig, nicht nur auf das tatsächlich Gesprochene zu achten. Auch die Verhaltenssprache kann sehr viel aussagen Natürlich ist diese nicht immer eindeutig und muß deshalb in jedem Fall im Gesamtzusammenhang gesehen und geprüft werden.[57]

5.6.4 Kommunikation und Wahrnehmung

Der Sender verschlüsselt seine Nachricht in irgendeiner Form. Der Empfänger entschlüsselt diese und gibt ihr einen Sinn. Der Gesprächspartner wird dabei vor allem das aufnehmen,
- was ihm in sein Konzept paßt,
- was er aufzunehmen bereit ist,
- was ihm nützlich oder angenehm ist.

Daraus kann man ableiten, daß eine Kommunikation beiderseits verändert und verzerrt wird.

[56] Vgl. Kummer: Projekt-Management ..., S. 133.
[57] Ebenda, S. 13.3 f.

An sich klare Aussagen werden vollkommen falsch verstanden und führen zu Mißverständnissen und Fehlentscheidungen.

Der Kommunikationsablauf wird demnach ganz entscheidend von der Wahrnehmung des Senders und des Empfängers beeinflußt. Meist filtert der Gesprächspartner eine Botschaft unbewußt und nach unterschiedlichen Kriterien. Unter anderem hängt diese Filterung davon ab,

- wie vertraut sich die Gesprächspartner sind,
- welche Sympathie oder Antipathie sie zueinander hegen,
- welches Ziel sie verfolgen,
- welche Erwartungen oder Befürchtungen sie haben,
- in welcher psychischen Verfassung sie sich während der Kommunikation befinden.[58]

5.6.5 Kommunikation bei der Projektarbeit

Gerade bei der Projektarbeit spielt die Kommunikation eine ganz entscheidende Rolle. Die Arbeit im Projektteam verläuft fast ausschließlich über Kommunikationsprozesse. Der Projektleiter ist auf intensive Kommunikation angewiesen, um zu überzeugen; selten kann er durch formale Macht Entscheidungen durchsetzen, da er normalerweise nicht die Einflußmöglichkeiten eines Fachabteilungsleiters besitzt.

Allgemein gilt: je kleiner die Gruppe, um so fester die Bindungen. Je größer die Gruppe, um so mehr verringert sich die Zeit, die für Kommunikation zwischen den verschiedenen Gruppenmitgliedern zur Verfügung steht. Dafür vergrößert sich die Wahlmöglichkeit, die Gruppe differenziert sich. Gleichzeitig ergeben sich Konfliktmöglichkeiten, zum Beispiel Führungsprobleme. Betrachtet man eine Gruppe mittlerer Größe, so kann man nach der Art der Kommunikation in der Gruppe verschiedene Strukturen unterscheiden.

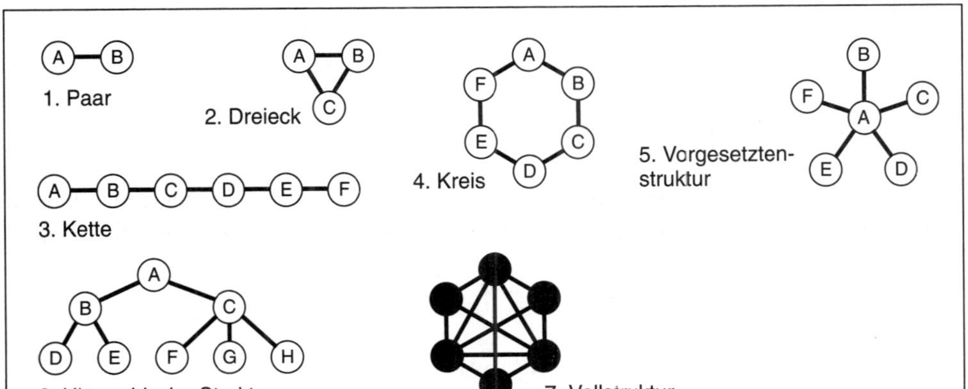

Abb. 5.10: Kommunikationsstrukturen

[58] Vgl. Kummer: Projekt-Management ..., S. 134 f.

Daß die Strukturen 1, 2 und 7 für eine Kooperation am günstigsten sind, ist leicht nachzuvollziehen: Jedes Gruppenmitglied steht in Verbindung zu jedem anderen. Weiter kann gesagt werden, daß die 3er Gruppe der 6er Gruppe aufgrund kürzerer Kommunikationswege überlegen ist.

Den geringsten Rangplatz hat die *Kettenstruktur 3:* Eine Information von A zu F müßte über vier Zwischenstationen wandern. Eine solche Struktur findet sich ihrer geringen Leistungsfähigkeit wegen bei Arbeitsgruppen nur dann, wenn die Arbeit keiner Kooperation bedarf, sondern in viele Einzeltätigkeiten aufgeteilt ist, die isoliert verrichtet werden können, wie z. B. bei der Fließbandarbeit.

In der Mitte der Kooperationsskala stehen die *Vorgesetzten-* und die *hierarchische Struktur.* Sie erlauben eine bessere Kommunikation als *Kette* oder *Kreis,* nicht aber eine so gute Kommunikation wie die *Vollstruktur.*

Die *Vorgesetztenstruktur* geht bei größerer Mitgliederzahl in eine *hierarchische Struktur* über und die Kommunikationsmöglichkeiten nehmen mit steigender Mitgliederzahl der Gruppe ab.

Gute Kommunikationsmöglichkeiten aber sind entscheidende Voraussetzung für Leistungsfähigkeit und Beweglichkeit einer Gruppe. Deshalb findet man in Arbeitsgruppen, die sich frei bilden, im allgemeinen mehr oder weniger ausgeprägte Vollstrukturen.[59]

Anspruchsvolle Projekte, die wegen ihrer Schwierigkeit und ihrer Komplexität einer intensiven Kommunikation bedürfen, sollten eine vollstrukturartige Kommunikation führen. Nur so ist eine fundierte Projektentscheidung möglich.

Auch aus Gründen der Motivation ist es sinnvoll, die vollstrukturartige Kommunikation zu wählen. Nur Projektmitglieder, die sich als gut informiert betrachten, können auch wirklich motiviert sein.

Einfachere Projekte können auch mit einem zentralen Kommunikationsnetz, z.B. der *Radstruktur* gelenkt werden. Der Vorteil, daß nicht mehr jedes Projektmitglied an jedem Lösungsprozeß beteiligt wird kann in einer schnelleren und genaueren Lösungsfindung liegen.

5.7 Gesprächsführung

Gespräche sind für das Projektmanagement ein sehr hilfreiches Instrument, die Mitarbeiter zu motivieren.

Durch die Kommunikation mit den Mitarbeitern kann ein Projektleiter einen besseren Einblick darüber gewinnen, in welchen Bereichen es Motivationsprobleme gibt (z.B. indi-

[59] Vgl. Stopp, Udo: Praktische Betriebspsychologie, Probleme und Lösungen, 3. verbesserte Auflage, Stuttgart 1988, S. 91.

viduell, gruppendynamisch, ...), wie sie zustande gekommen sind und wie sie unter Umständen durch seine Führung überwunden werden können.

Ein Projektleiter sollte gezielt auch danach ausgewählt werden, wie gut er Gespräche mit Mitarbeitern führen kann. Gesprächsfähigkeit setzt drei Befähigungen voraus:[60]

– Soziale Sensitivität
Gespür dafür, wie der andere sich fühlt.

– Kommunikation
Antennen dafür, was der andere „sendet".

– Interaktion
wechselseitige Verhaltenswahrnehmung, wie man auf andere wirkt, wie andere auf einen selber wirken.

Es gibt unterschiedliche Vorgehensweisen, ein Gespräch zu führen:

1. *Direktes* Vorgehen in einem Gespräch bedeutet, daß der Gesprächsführende etwas vorher Angenommenes durchzusetzen versucht oder bestätigt haben will.

Die direktive Gesprächsmethode arbeitet mit vorgefaßten Meinungen, die aber nicht zwangsläufig falsch sein müssen. Sie spricht deutliche Kritik durch den Gesprächsführer aus und bestimmt Lösungswege für die vorliegenden Probleme. Um zu erreichen, daß der Betreffende umgehend sein Verhalten ändert, werden Problemdeutungen und Prognosen meist bedrohlicher Art gegeben, z. B.: „Wenn sich das nicht ändert, sehe ich mich gezwungen ...".

2. Die *nichtdirektive* Haltung in einem Gespräch ist die Darlegung der Lösungsmöglichkeiten für eine bestimmte Sache nicht durch den Gesprächsführenden, also den Projektleiter, sondern durch den Mitarbeiter. Er soll die Initiative ergreifen.

Nichtdirektives Vorgehen in einem Mitarbeitergespräch bedeutet auch, daß der Vorgesetzte sich dem Mitarbeiter emotional zuwendet, d.h. er versucht, sich in ihn einzufühlen und seine Probleme zu verstehen.

Der Vorgesetzte kritisiert den Mitarbeiter nicht, sondern läßt ihn seinen Standpunkt vortragen. Er gibt dem Mitarbeiter nicht die eigenen Vorstellungen von Lösungswegen vor, sondern konzentriert sich auf dessen Einstellungen.

Der Projektleiter fühlt sich nicht für alle Probleme des Mitarbeiters kompetent, er hält sich zurück und spricht ihm Mut zu, sich selbst mit der Lösung des Problems zu beschäftigen.

Das alles aber verlangt eine Reihe von Verhaltensregeln, die nicht nur Sache der Einsicht und des guten Willens sind, sondern Übung verlangen.

[60] Vgl. Sahm, August: Neue Methoden ..., S. 80 ff.

Gesprächsbefähigung muß nicht ein Talent sein. Es läßt sich üben, mit Hilfe von Rollenspielen und durch Gesprächsübungen mit Rollentausch.

Für einen Projektleiter soll das Ziel dieser Übungen sein, zwischenmenschliche Kontaktfähigkeit, d. h. Einfühlungsvermögen in den anderen, Verständnis für den anderen und Verhalten zum anderen, zu verbessern und damit gesprächsfähiger zu werden.

5.7.1 Fragen in der Gesprächsführung

Projektleiter, die den Mitarbeitern nicht ihre Überzeugung aufdrängen wollen, sondern ihnen die Möglichkeit geben möchten, ihre eigenen Überzeugungen zu finden, sollten weniger argumentativ, sondern eher fragend vorgehen.

Um es dem Mitarbeiter zu ermöglichen, seine Gedanken und Gefühle zu äußern, seine eigenen Überzeugungen zu vollziehen, muß sich der Vorgesetzte eine ganz bestimmte Art der Fragetechnik zunutze machen. Es wird unterschieden in:[61]

1. Geschlossene Frage
Die geschlossene Frage erwartet eine präzise Antwort. Der Gefragte kann auf eine geschlossene Frage nur mit „Ja“ oder „Nein“ antworten, ggf. mit einem Fakt, d. h. einer Zahl, einem Namen, ... Sie ist die rationellste Art der Befragung von Personen.

Stellt der Projektleiter geschlossene Fragen, kann der Mitarbeiter den Eindruck bekommen, er wird vom Vorgesetzten absichtlich unter Druck gesetzt. Die Folge davon kann sein, daß der Mitarbeiter sich verschließt und seine eigentlichen Sorgen und Schwierigkeiten nicht mehr wiedergibt.

2. Fangfrage
Mit der Fangfrage möchte der Vorgesetzte seinen Gesprächspartner in die „Falle locken“. Der Fragende möchte mit Fangfragen erreichen, daß sich der Mitarbeiter in Widersprüche verwickelt. Ziel ist es meist, ein „Geständnis“ seines Mitarbeiters zu erhalten. In einem Gespräch kann diese Art der Fragestellung jedoch das bestehende Vertrauensklima belasten und eine nachträgliche Schädigung der Kooperation und Loyalität mit sich führen.

3. Suggestivfrage
Die Suggestivfrage zielt auf eine vorgegebene Antwort. Die Suggestivfrage ist so gestellt, daß der Befragte nur so antworten kann, wie der Fragende das wünscht und erwartet. Diese Art der Fragestellung ist also nicht das geeignete Mittel, Neues von seinem Gegenüber zu erfahren. Es bestätigt lediglich das, was der Fragende schon weiß oder vermutet.

[61] Vgl. Sahm, August: Neue Methoden ..., S. 82 ff.

4. Offene Frage
Die offene Frage kann nicht nur durch „Ja“ oder „Nein“ beantwortet werden. Diese Art der Fragestellung soll dem Mitarbeiter das Gefühl geben, daß er seine wahre Meinung sagen und offen über Probleme sprechen kann. Es soll eine Vertrauensbasis zwischen Vorgesetztem und Mitarbeiter entstehen.

5. Reflektierende Frage
Unter einer reflektierenden Frage versteht man, daß das vom Befragten Gesagte, Gedachte und Gefühlte vom Fragenden noch einmal in Frageform neu formuliert wird.

Ziel ist es dabei, dem Mitarbeiter das Gefühl zu geben, vom Vorgesetzten verstanden zu werden. Gleichzeitig gibt man dem Mitarbeiter die Möglichkeit, das von ihm Gemeinte aus einem anderen Mund noch einmal zu hören und dadurch mögliche Fehler und Unlogiken zu erkennen.

6. Richtungsweisende Frage
Die richtungsweisende Frage veranlaßt den Mitarbeiter, eine spezielle Phase seines Denkprozesses zu erweitern oder sie ausführlich zu erklären.

Frageform	**Frageansatz**	**Frageverhalten**	**Fragewirkung**
Geschlossene Frage	Sagen Sie, ist ...? Sind Sie der Meinung, daß ...?	beherrschend	eingehend
Fangfrage	Haben Sie jetzt gesagt, daß ...? War nicht eben Ihre Meinung, daß ...?	mißtrauisch	klimazerstörend
Suggestivfrage	Sie haben doch gesagt, daß...? Sie sind doch der Meinung, daß ...?	fremdbestimmend	von außen steuernd
Offene Frage	Was sagen Sie dazu?	partnerschaftlich	befreiend
Reflektierende Frage	Sagten Sie, daß ...? Wenn ich recht verstehe, meinen Sie, daß .. ?	vertrauend	klimaverbessernd
Richtungs-weisende Frage	Sie sagten also, daß ...? Sie meinen demnach, daß...?	Selbstbestimmung initiierend	Innensteuerung bewirkend

Zusammengefaßt läßt sich sagen, daß in der Projektarbeit anfallende Gespräche mit Hilfe der offenen, reflektierenden und richtungsweisenden Fragestellung geführt werden sollten.

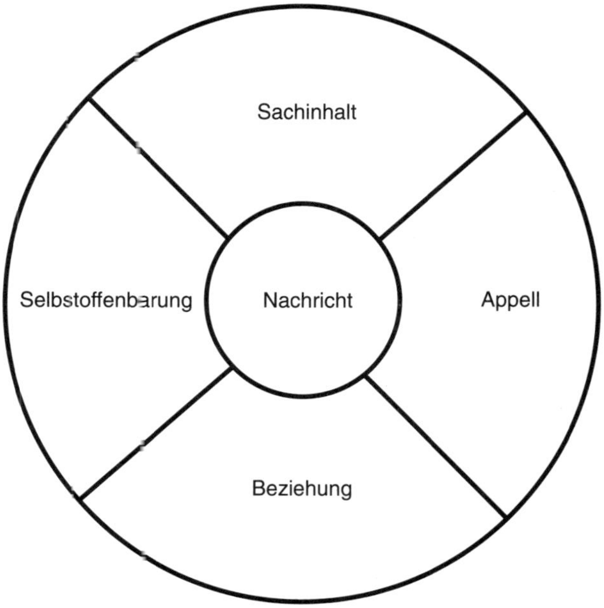

Abb. 5.11: Vier Seiten einer Nachricht

5.7.2 Vier Seiten einer Nachricht

Weshalb ist es oft so schwierig, zu verstehen, was der Gesprächspartner mitteilt? Weshalb werden Aussagen falsch verstanden, wird in einen Satz etwas hineininterpretiert, was gar nicht gemeint war? Weshalb wird die ursprüngliche Botschaft nicht gehört? Um die Aussagen anderer Personen besser zu verstehen und Fehlinterpretationen zu vermeiden, soll die Erklärung des Modells anhand eines Beispiels erfolgen:

Der Vorgesetzte kommt zu seiner Sekretärin und sagt: „Sie haben sich in diesem Brief wiederholt vertippt."

Analysiert man diese Nachricht, kann man unterschiedliche Botschaften, die der Vorgesetzte mitteilen könnte, heraushören.

- Zunächst hat die Nachricht einen Sachinhalt. Der Vorgesetzte informiert seine Sekretärin, daß sie sich vertippt hat.
- Durch die Betonung oder die Art der Formulierung kann der Vorgesetzte zum Ausdruck bringen, was er von seiner Sekretärin hält. Hier besteht die Botschaft auf der Beziehungsebene. Sie könnte zum Beispiel lauten: „Immer muß ich Sie korrigieren!"
- Der Vorgesetzte sagt auch etwas über sich selbst aus. Je nachdem, wie er seine Nachricht überbringt, ob er gelassen ist, aufgeregt oder ärgerlich. In jeder Nachricht sagt der Sender etwas über sich selbst aus, die sogenannte Selbstoffenbarung.

- Dann besteht noch die Möglichkeit, die Nachricht als Appell zu verstehen. Der Vorgesetzte kann seiner Sekretärin durch den vertippten Brief mitteilen: „Strengen Sie sich das nächste Mal gefälligst an!"

Um die Botschaft einer Nachricht zu verstehen, sollte man auf folgende Aspekte achten:
- Eine Botschaft kann durch die Körpersprache übermittelt werden, deshalb sollte auch auf die nonverbale Kommunikation geachtet werden.
- Es muß auch der Tonfall registriert werden, denn dadurch werden Nachrichten häufig qualifiziert.
- Es ist wichtig, darauf zu achten, in welchem Zusammenhang eine Aussage gemacht wird. Oft wird erst durch den Kontext, in dem die Aussage getroffen wird, die Botschaft verständlich.
  Ein Teilnehmer sagt während einer besonders langweiligen, durch Monologe bestimmten Sitzung zu einem anderen Teilnehmer: „Ich finde es gut, daß hier jeder zu Wort kommt und das gesagt wird, was jeder dazu denkt."

5.7.3 Gesprächsarten

Es gibt eine Vielzahl von Gesprächsarten. Die für den Projektleiter wichtigsten sind das Beratungs-/Förderungsgespräch, das Anerkennungs- und das Kritikgespräch.

Alle Mitarbeitergespräche sollten unter vier Augen erfolgen. Kritik- und Anerkennungsgespräche müssen spontan, unmittelbar, ehrlich, sachlich und maßvoll geführt werden.

1. Das Mitarbeiterförderungsgespräch
   Das Mitarbeiterförderungsgespräch ist eine spezielle Variante des Beurteilungsgesprächs. Es umfaßt sowohl die Beurteilung als auch konkrete Punkte zur fachlichen und persönlichen Förderung des Mitarbeiters.
   Dieses Gespräch sollte mindestens einmal im Jahr geführt werden. Bei besonderen Situationen (Wechsel der Aufgabe oder ähnliches) auch häufiger.
   Das Gespräch hat einen neutralen, eher partnerschaftlichen Charakter. Den Inhalt des Mitarbeiterförderungsgesprächs bilden die Diskussion der Gehaltsfrage für das kommende Jahr sowie der Rückblick auf die zurückliegende Zeit mit Erörterung der Stärken und Schwächen. Ebenso die Vorschau auf das bevorstehende Jahr mit operationaler Zielsetzung, welche die Stärken und die Schwächen beseitigt (Ausbildungsmaßnahmen). Der Mitarbeiter erhält eine formelle Einladung zum Gespräch und damit gleichzeitig ein Vorbereitungsblatt.
   Die Dauer eines solchen Gesprächs kann zwischen einer und vier Stunden liegen. Die Umgebung sollte so gewählt werden, daß sie ein angenehmes Klima verbreitet und Unterbrechungen unterbunden werden können. Der Gesprächsführer protokolliert das Gesagte. Vor Weitergabe an den Vorgesetzten oder der Archivierung wird es dem Gesprächspartner zur Abstimmung vorgelegt.

2. Das Anerkennungsgespräch
   Eigentlich ist dieses Gespräch das leichteste, das ein Vorgesetzter führen kann. Trotzdem wird es viel zu selten eingesetzt.
   Anlaß zur Anerkennung besteht, wenn ein Mitarbeiter bezogen auf sein persönliches Leistungsniveau eine besondere Leistung erbracht hat. Die Ziele und Wirkungen der Anerkennung sind eine Bekräftigung der Wichtigkeit der ausgeübten Tätigkeit, Förderung des Arbeitseinsatzes, Ausdruck von Wohlwollen und Sympathie, Stärkung des Selbstwertgefühls und der inneren Sicherheit des Mitarbeiters und nicht zuletzt die Gelegenheit zum persönlichen Kontakt mit ihm.

3. Das Kritikgespräch
   Für ein Kritikgespräch müssen Vorbereitungen getroffen werden. Zuerst sollten die Tatsachen festgestellt werden, dabei darf die Anhörung der anderen Seite nicht in Vergessenheit geraten. Dann muß die Schwere des Verschuldens bestimmt werden. Wichtig ist die Berücksichtigung von Einflußfaktoren wie Umstände der Tat, Beweggründe oder besondere Lage des Mitarbeiters. Es gibt verschiedene Techniken, Kritik zu üben:
   - Der indirekte Tadel (Tadel richtet sich an Drittperson)
   - Die offene Aussprache (direkte Methode)
   - Der „väterliche" Vorwurf (Nachsicht)
   - Die „diplomatische" Methode (erst Anerkennung und danach Tadel)
   - Die „schonende" Methode (sehr maßvoll, ausgesprochen sachlich)
   - Die aufbauende Frage (Anleitung für die Selbstkritik).[62]

Neben den Techniken gibt es auch Gebote[63], die zu beachten sind:

1. *Gebot: Nörgeln ist verpönt ...*
   Versuchen Sie statt dessen, objektiv, sachlich und nüchtern zu argumentieren, schalten Sie Emotionen weitestgehend aus. Scheuen Sie sich nicht, Kollegen in ihre Schranken zu verweisen.

2. *Gebot: Kommen Sie zur Sache ...*
   Denn das „Um-den-heißen-Brei-Herumreden" hilft keinem, weder Ihnen noch Ihren Gesprächspartnern. Vermeiden Sie nach Möglichkeit unangebracht-beschönigende Floskeln wie z. B. „also, ich meine ..., man könnte doch vielleicht ...". Bleiben Sie höflich, aber nennen Sie die Dinge beim Namen. Vergessen Sie nicht, Stellung zu beziehen, wenn man Sie nach Ihrer Meinung fragt. Falsche Rücksichtnahme oder ein zögerndes „Ich konnte mich mit diesem Problem noch nicht so recht befassen" halten nicht nur auf, sondern Sie laufen auch noch Gefahr, von anderen als konsequenter Mitläufer eingestuft zu werden.

[62] Vgl. Chapius, F.: Der Chef als Chef, Stuttgart–Wiesbaden, 1979.
[63] Vgl. Hennenhofer, G.; Jaensch, H.-U.: Psycho-Knigge, Reinbeck 1976, S. 186.

3. *Gebot: „… also unter uns gesagt …“*
Diese Redensart sollten Sie vergessen. Entweder Sie kritisieren und stehen dann offiziell auch zu Ihrer Kritik, oder Sie verzichten auf eine Stellungnahme. Sie können nur an Glaubwürdigkeit gewinnen, wenn Sie Ihre Meinung auch im großen Kreis und auch gerade gegenüber Ihrem Chef standhaft vertreten.

4. *Gebot: Ja-Sager sollte man gar nicht fragen …*
Denn nur ewiges Kopfnicken und beteuerndes „Ich bin genau der gleichen Meinung wie Sie“ bringen Diskussion und Entschlußfassung nicht weiter. Warum nicht auch einmal gegen die Mehrheitsansicht aller Diskussionsteilnehmer opponieren, sofern Sie entgegengesetzter Meinung sind? Die „Schande“, dann von den anderen überstimmt zu werden, gibt es nicht.

5. *Gebot: Kritik am Chef ist nicht unerwünscht …*
Oder glauben Sie, daß ein Vorgesetzter immer selbstsicher in all seinen Entscheidungen ist? Auch der bärbeißigste Chef wird Ihre sachlich vorgetragene Kritik akzeptieren müssen, auch wenn er es sich nicht sofort anmerken läßt. Sie erleiden jedenfalls keinen Prestigeverlust, eher im Gegenteil: Mitdenken hat noch keinem geschadet. Und warum sollten Sie Ihre Gedanken nicht offen äußern?

6. *Gebot: Wenn die anderen Sie kritisieren …*
Dann sollten Sie erst einmal ruhig zuhören, ohne den „Angreifer“ zu unterbrechen. – Vorausgesetzt, der Kritiker hält sich genauso wie Sie an die Grundregeln der Kritik. Und wenn man Sie dann vielleicht eines „Fehlers“ überführt oder Ihnen sachlich Vorwürfe wegen einer falschen Entscheidung macht, dann fällt Ihnen kein Zacken aus der Krone, wenn Sie Ihren „Fehltritt“ zugeben – es sei denn, Sie können mit stärkeren Argumenten Ihr Verhalten rechtfertigen.

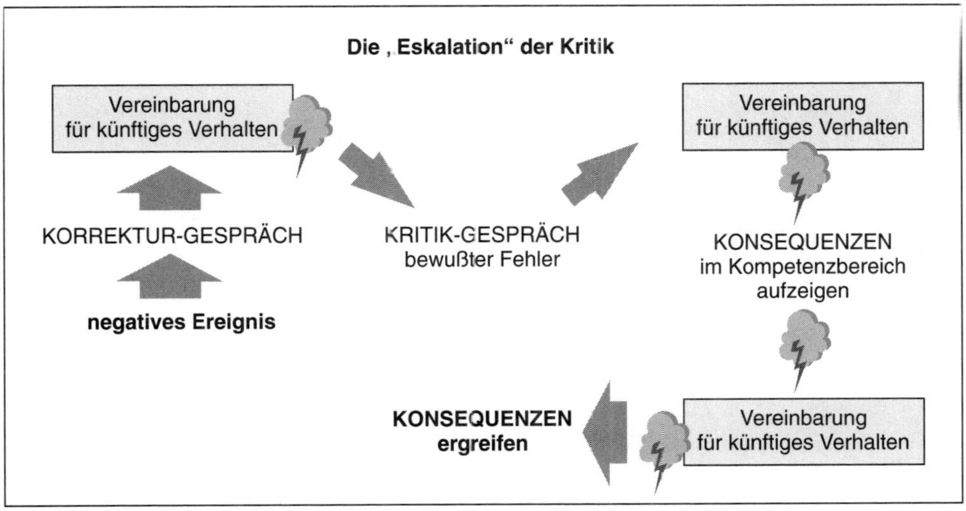

Abb. 5.12: „Eskalation“ der Kritik

5.7.4 Checkliste für das individuelle Mitarbeitergespräch

Die Checkliste für ein Mitarbeitergespräch umfaßt drei Phasen:[64]

1. Vor dem Mitarbeitergespräch
In der ersten Phase soll der Projektleiter sich auf das Mitarbeitergespräch vorbereiten und anhand folgender Fragestellungen dabei vorgehen:

- Was weiß ich über die Aufgaben des Mitarbeiters im Projekt in bezug auf:
  - Verantwortlichkeiten?
  - Besondere Pflichten?
  - Erforderliche Fertigkeiten und Kenntnisse?
  - Sinn und Zweck der Aufgaben?

- Was weiß ich über den Mitarbeiter persönlich in bezug auf:
  - Leistungsbeurteilung für das laufende Projekt?
  - Haltung/Einstellung zum Projekt?
  - Haltung/Einstellung zu den anderen Projektmitarbeitern?
  - Haltung/Einstellung zu mir?
  - Ehrgeiz und Wünsche für die berufliche Entwicklung?
  - Hauptarbeitsinteressen?
  - Hauptstärken?
  - Hauptschwächen?
  - Persönliche Besonderheiten?
  - Außergewöhnliche Probleme?

- Auf welche Art von Einwirkung reagiert der Mitarbeiter am besten?
- Welches waren die Ergebnisse des letzten Mitarbeitergesprächs?
  - Was wurde besprochen?
  - Was wurde vereinbart?
  - Wie hat der Mitarbeiter reagiert?
  - Was ist seither geschehen?

- Wo bekomme ich die erforderlichen Informationen her?
  - Durch direkte Beobachtung?
  - Durch bereits vorliegende Beurteilungen?
  - Durch Arbeitsberichte?
  - Aus der Personalakte?
  - Über Vorgesetzte aus der Linienfunktion?

- Was will ich erreichen?
  - Optimierung von Einstellungen, Fertigkeiten und Kenntnissen?
  - Herausarbeitung von Schwerpunkten in der Projektarbeit, auf die sich der Mitarbeiter konzentrieren kann?

[64] Vgl. Sahm, August: Neue Methoden ..., S. 85 ff.

  - Einen auf den Mitarbeiter zugeschnittenen Fortbildungsplan?
  - Besonderheiten, die ich vom Mitarbeiter erfahren möchte (Informationen „bottom-up“)?

- Wie gehe ich am besten vor?
  - Wann führe ich das Gespräch am besten?
  - Wann und wie mache ich meine Notizen?
  - Wie schalte ich Störungen aus?
  - Auf welche Besonderheiten muß ich achten?

- Worauf ist im Mitarbeitergespräch zu achten, um es erfolgreich zu führen?
  - Überlegen, was ich sagen will, und Argumente dementsprechend einsetzen
  - Klare und eindeutige Aussagen treffen
  - Darauf achten, daß das Thema richtig bewertet wird (keine Über- bzw. Unterschätzung der Wichtigkeit des Themas)
  - Interesse wecken
  - Feststellungen vermeiden, die von vorneherein Widerstand hervorrufen
  - Schwerpunkte setzen, Mitarbeiter nicht überfordern
  - Aufmerksam zuhören
  - Auf „zwischen den Zeilen“-Gesagtes achten
  - Dem Mitarbeiter Gelegenheiten geben, seine Ansichten kontinuierlich darzulegen
  - Antworten des Mitarbeiters bewerten, auf gefühlsmäßige Verhaltensänderungen sofort reagieren.

2. Während des Mitarbeitergesprächs

Phase zwei tritt ein während des Mitarbeitergesprächs. Es soll darauf geachtet werden, durch richtige Gesprächsführung inhaltliche Wirksamkeit zu vertiefen

- Einleitung
  - Gespräch zunächst auflockern, Widerstände abbauen, zwanglose Atmosphäre schaffen
  - Durch sachlich-klare Auskunft über Anlaß und Sinn des Gesprächs die „richtige“ Einstellung schaffen
  - Nicht „um den heißen Brei“ herumreden.

- Gesprächsführung
  - Nach der Einleitung Gelegenheit zu freier Äußerung geben, keine „Monologe“ führen
  - Durch offene Fragen zu weiteren Äußerungen anregen
  - Keine Antworten erzwingen wollen
  - Keine Suggestivfragen stellen
  - Keine Fangfragen stellen
  - Nicht vorschnell Partei ergreifen
  - Nicht auf Wortgefechte einlassen
  - Nicht durch Unmutsäußerungen demotivieren

- Richtiges Verständnis durch zusammenfassende Wiederholungen sichern (reflektierende Fragen)
- Den Gesprächspartner würdigen und seine Persönlichkeit achten.

– Beendigung, Abschluß
  - Gespräch nicht „abwürgen“, aber auch nicht künstlich verlängern, um auf Zeitsoll zu kommen; „natürliches“ Ende abwarten
  - Die wesentlichen Punkte zusammenfassen und Konsens finden
  - Positiv-versöhnlichen Ausklang schaffen, besonders nach harter Auseinandersetzung.

3. Nach dem Mitarbeitergespräch
In der dritten Phase der Gesprächsführung soll der Projektleiter eine Selbstprüfung durchführen:

- Habe ich durch das Gespräch den Willen des Mitarbeiters geweckt, mit mir besser zusammenzuarbeiten?
- Habe ich Widerstand erzeugt? Falls ja, wie hätte ich mich verhalten sollen, um diese Reaktion zu verhindern?
- Habe ich dem Mitarbeiter genügend Zeit gegeben, seine eigenen Ansichten zu artikulieren?
- Habe ich ihn sicherer gemacht, ist er unsicherer geworden?
- Hat er genau verstanden, was ich von ihm erwarte?
- Habe ich Versprechungen gemacht, die ich einhalten muß?
- Wie hätte ich den Verlauf des Gesprächs beurteilt, hätte ich auf der „anderen Seite“ gesessen?

Besonders die Phasen 1 und 3 der Gesprächsführung werden vom Projektleiter oft in ihrer Wichtigkeit unterschätzt. Es wird nicht erkannt, daß Phase 2 um so erfolgreicher verläuft, je besser der Unterbau durch die Phasen 1 oder 3 gestaltet wurde. Wenn Mitarbeitergespräche unbefriedigend verlaufen, so ist ein häufiger Grund, daß dieser Phasenplan keine oder nur eine unzureichende Beachtung erfährt.

5.7.5 Techniken der Gesprächsführung

5.7.5.1 Fehler bei der Gesprächsführung

Verläuft ein Gespräch unbefriedigend für die Beteiligten, kann das viele Gründe haben. Die Ursachen des Mißerfolgs können einerseits beim Sprechenden und andererseits beim Zuhörer liegen.

Häufige Fehler auf der Seite des Sprechenden:

– Drückt sich ungenau aus.
– Ordnet seine Gedanken nicht, ehe er spricht.

– Redet aus Unsicherheit immer weiter, ohne die Auffassungskapazität seines Gesprächspartners abzuschätzen.
– Versucht viel zu viel in einer Aussage unterzubringen, so daß sie verwirrend wirkt.
– Bringt in seinen Äußerungen zu viele Ideen ein, die untereinander oft zusammenhangslos sind.
– Übersieht gewisse Punkte der Antwort des vorangegangenen Sprechers und antwortet deshalb nicht aktuell auf das, was zuvor gesagt wurde.

Häufige Fehler auf der Seite des Zuhörers:
– Er ist unaufmerksam.
– Er hört nicht zu.
– Er denkt den Gedanken des Sprechenden schon weiter, wiederholt mehr, als der Gesprächspartner gesagt hat.
– Neigt dazu, auf Details zu hören und über sie nachzudenken, statt den ganzen Sinn und die wesentlichen Informationen zu erfassen.
– Versucht, weniger Vertrautes in seine gewohnten Denkabläufe einzuordnen und damit einseitig zu bewerten.[65]

In jedem Gespräch nehmen die beteiligten Partner abwechselnd beide Rollen wahr. Einmal die des Senders und einmal die des Empfängers. Dieser dauernde Rollenwechsel verlangt nach einer ausgeprägten Anpassungsbereitschaft, deren Grundlage das aktive Zuhören bildet.

Die Gesprächstechniken sind nicht als Patentrezepte zu betrachten, sondern als Verhaltensmöglichkeiten. Sie bilden ein Handlungsrepertoire, das situativ einzusetzen ist.

5.7.5.2 Aktives Zuhören

„Gott gab uns nur einen Mund, aber zwei Ohren, damit wir doppelt soviel zuhören können, als wir reden sollten." (Goethe)

„Das Entscheidende bei einem Gespräch ist nicht das Reden, sondern das Zuhören."[66] Zuhören bedeutet, daß man versucht, den Partner zu verstehen.

Aktives Zuhören kann durch Befolgung der folgenden Empfehlungen erlernt werden:
– Den Gesprächspartner ausreden lassen.
– Nicht sprechen, sondern wirklich zuhören.
– Dem Gesprächspartner zeigen, daß man ihm zuhört. Dies kann beispielsweise durch nonverbale Verstärker wie Nicken oder Augenkontakt geschehen.
– Auf den Gesprächspartner einstellen. Die individuelle Ausrichtung ist wesentlich beim aktiven Zuhören.
– Als Zuhörer ist man dafür verantwortlich, daß der Sprechende das Gefühl bekommt, er ist mit seiner Nachricht präzis und vollständig angekommen.
– Es muß versucht werden, äußere Störfaktoren zu vermeiden.

[65] Vgl. Kummer: Projekt-Management..., S. 135.
[66] Ebenda. S. 136.

- Als Zuhörer muß man Geduld haben. Man darf den Gesprächspartner nicht in die Defensive drängen, sondern sollte neue Anregungen in seinen Ausführungen entdecken.
- Der Zuhörer ist dafür verantwortlich, daß nicht von zwei oder mehreren Themen gleichzeitig gesprochen wird.
- Der Zuhörer sollte Fragen stellen. Damit wird nicht nur Interesse bekundet, es werden auch Mißverständnisse vermieden und außerdem kann das Gespräch beeinflußt werden.
- Gemeinsam mit dem Gesprächspartner überprüfen, ob man ihn verstanden hat.
- In einem längeren Gespräch ist es hilfreich, Wiederholungen einzubauen. Dadurch können Mißverständnisse vermieden werden.
- Auch die Körpersprache des Gesprächspartners hilft, diesen besser zu verstehen. Ebenso sollte auf Mimik und Gestik geachtet werden.
- Den Gesprächspartner verstehen heißt, den eigenen Standort verlassen können und sich dorthin stellen, wo der andere steht.

Diese Punkte erscheinen einfach, trotzdem fällt die Umsetzung in die Praxis oft schwer. Zudem verlangt aktives Zuhören einen hohen Grad an Aufmerksamkeit, deshalb sollte man sein Zuhören immer wieder einmal überprüfen.

5.7.5.3 Gesprächsstörer und Gesprächsförderer

Gesprächsstörer sind Verhaltensweisen, die häufig gar kein Gespräch aufkommen lassen. Es wird regelrecht blockiert oder in eine ganz andere Richtung gedrängt, weil das, was mit dem Gespräch ursprünglich erreicht werden sollte, verhindert wird. Zu den gängigsten Gesprächsstörern gehören:

- befehlen,
- nicht ernst nehmen, ironisieren, verspotten,
- von sich reden,
- herunterspielen,
- drohen, warnen,
- Gegenbehauptungen aufstellen,
- neugieriges Ausfragen,
- Lebensweisheiten zum besten geben,
- Vorwürfe machen,
- voreilige Vorschläge, Lösungen anbieten („Glauben Sie wirklich, daß die Mitarbeiter an der Veränderung interessiert sind? Sehen Sie, ich stelle diese Frage, weil ich erhebliche Zweifel daran habe, denn ich bin der Meinung, daß ...“).[67]

Auch sogenannte „Killerphrasen“ sind Gesprächsstörer. Für Killerphrasen typisch ist, daß sie einfach in den Raum gestellt werden, ohne den Inhalt der Aussage zu überprüfen. Der Vorschlag eines anderen soll auf diese Weise abgewürgt werden.

„Das haben wir noch nie gemacht, das geht nicht.“

„So geht das nicht, das ist praxisfern.“

[67] Vgl. Kummer: Projekt-Management ..., S. 136 f.

Um solchen oder ähnlichen Killerphrasen zu begegnen und sie absurd werden zu lassen, sollte man einfach nachfragen: „Ich verstehe Ihre Meinung nicht, könnten Sie mir diese einmal erläutern?"

Auf diese Weise ist der Gesprächspartner aufgefordert, sich mit dem Inhalt seiner Aussage zu beschäftigen, und der Fragende kann prüfen, ob sie tatsächlich richtig ist.

Die Gesprächsförderer sind Verhaltensweisen, die Interesse am Gesprächspartner und dem, was er sagt, bekunden. Solche Gesprächsförderer können sein:
- umschreiben, wiederholen, nachfragen,
- Denkanstoß geben („Ich frage mich gerade.../Was bedeutet das für Sie?"),
- Gefühle ansprechen,
- klären („Wenn ich Sie richtig verstehe..."),
- in Beziehung setzen („Einerseits..., andererseits..."),
- zusammenfassen.[68]

5.7.5.4 Konstruktive Kritik

Kaum etwas ist so schwierig wie die Kritik unerwünschter Verhaltensweisen beim Gesprächspartner. Dieser sieht die Art der Kritik oft als Tadel, Herabsetzung oder Ablehnung an. Die Gefahr besteht darin, daß der Gesprächspartner zu reaktiven Verhaltensweisen oder sogar zu Vergeltungsmaßnahmen provoziert wird. Dies ist unbedingt zu vermeiden, da sonst die Bereitschaft zu Veränderungen verlorengeht. „Das ‚WIE' des Kritisierens erhält demnach eine zentrale Bedeutung."[69]

Den Gesprächspartner zu einer Verhaltensänderung zu motivieren ist das Ziel konstruktiver Kritik. Dabei darf ihm nicht nur gesagt werden, was er falsch gemacht hat, es muß mit ihm gemeinsam nach Möglichkeiten gesucht werden, damit die gleichen oder ähnliche Fehler in Zukunft vermieden werden.

Die Kritik wird dem Gesprächspartner in Form einer Ich-Botschaft mitgeteilt. In einer solchen Ich-Botschaft teile ich dem anderen mit, was in mir vorgeht. Ich sage ihm, was mich stört oder beschäftigt. Ich informiere ihn über sein Verhalten, das mir mißfällt, und gebe ihm somit meinen Standort bekannt. Ich teile ihm mit, was sein Verhalten bei mir ausgelöst hat (zum Beispiel Ärger, Zorn).

Kritik muß immer sachbezogen erfolgen. Der Gesprächspartner darf als Persönlichkeit nicht in Frage gestellt werden. Aussagen wie „Sie sind unfähig" oder ähnliches können sehr leicht verletzend wirken und vermindern oder verhindern die Bereitschaft zu einer positiven Verhaltensänderung.

Eine konstruktive Kritik soll immer eine Hilfestellung für den Kritisierten darstellen. Aus einer negativen Erfahrung soll eine positive Entwicklung ermöglicht werden.[70]

[68] Vgl. Kummer: Projekt-Management ..., S. 137 f.
[69] Ebenda.
[70] Ebenda.

5.8 Motivation

5.8.1 Was ist Motivation?

„Motive sind unbefriedigte Bedürfnisse, welche das Verhalten des Individuums in einem bestimmten Moment steuern."[71]

Jedes menschliche Verhalten, jede menschliche Aktivität, im Privatleben wie in der beruflichen Tätigkeit, erklärt sich aus psychischen Motiven, das heißt aus geistig-seelischen Beweggründen. Ein Motiv kann als Bedürfnis bezeichnet werden, einen Bedarf im Sinne von Mangel zu decken. Das menschliche Verhalten bezweckt die Befriedigung von Motiven beziehungsweise Bedürfnissen. Aus diesem Grund richtet es sich auf Ziele in der Außenwelt, deren Erreichung mit der Befriedigung der Motive verbunden ist.

„Den Prozeß der Steuerung menschlicher Verhaltensweisen durch Bedürfnisse/Motive, um individuelle Zielsetzungen zu verwirklichen, bezeichnet man als Motivation."[72]

Motivation in der Arbeitswelt kann folgende Punkte umfassen:[73]

1. Jemanden mit Motiven ausstatten, die dieser vorher nicht hatte.
2. Jemanden an seinen Motiven „abholen" und Möglichkeiten zu ihrer Realisierung finden.
3. Begeisterung entfachen.
4. Anreizen.

Nur wer motiviert ist, wendet sich einer bestimmten Sache, Tätigkeit oder Situation aktiv zu. Eine unmotivierte Person wird dies nicht oder nur in einem geringen Ausmaß tun. Das Zuwendungsverhalten entsteht durch positiv verstärkende, anziehende, belohnende und befriedigende Faktoren, während das Abwendungsverhalten durch negative Erfahrungen, abstoßende, unangenehme und enttäuschende Einflüsse ausgelöst wird.

„Die Motivation läßt sich als Prozeß darstellen, der in fünf Phasen ablaufen kann:

1. Ein Bedürfnis entsteht (oder Mangel droht),
2. dadurch entsteht eine Spannung,
3. durch die Energien freigesetzt werden, die ein entsprechendes Verhalten bewirken. Dabei spielt die Erwartung auf Erfolg (= Befriedigung der Bedürfnisse) eine wesentliche Rolle.
4. Das entsprechende Verhalten führt zur Bedürfnisbefriedigung und bewirkt den Abbau der Spannung.
5. Nach einer bestimmten Zeit (Latenzphase) entsteht wieder ein neues Bedürfnis im Sinne der Wiederholung, der Variation oder der Weiterentwicklung (= Wachstumsbedürfnis).[74]

[71] Ulrich; Fluri: Management ..., S. 21.
[72] Engel, P.; Riedmann, W.: Die neuen Managementtechniken in Fällen, Landsberg am Lech 1982, S. 16.
[73] Vgl. Sprenger, Reinhard K.: Mythos Motivation, Wege aus der Sackgasse, 5. Auflage, Frankfurt 1993. S. 17.
[74] Kummer: Projekt-Management ..., S 142.

Es ist die Aufgabe des Managements, die ökonomischen Ziele des Unternehmens mit den individuellen Zielen des arbeitenden Menschen zu koordinieren. Notwendig hierfür sind Einsichten über menschliche Verhaltensweisen, sowohl bei betrieblichen Gruppen als auch im dualen Verhältnis Vorgesetzter und Mitarbeiter. Ein zentraler Begriff hierbei ist das Motiv. Motive sind geistig-seelische Beweggründe, die einen Bedarf im Sinne eines Mangels decken. Jede private wie berufliche Aktivität des Menschen geschieht aus bestimmten Motiven heraus, das menschliche Verhalten ist ausgerichtet auf die Befriedigung dieser Bedürfnisse.[75]

Wird ein Motiv voll befriedigt, so wird das Verhalten des Menschen so lange davon beeinflußt, wie die Befriedigung anhält. Gleichzeitig verliert das Ziel, das mit der Befriedigung des Motivs verbunden ist, an Attraktivität für den Menschen. Umgekehrt wirkt sich ein Bedürfnis, das vom Individuum nicht befriedigt werden kann, ebenfalls auf sein Verhalten aus. Das Individuum wird versuchen, sich verstärkt auf das Ziel zu konzentrieren. Kann ein Motiv über längere Zeit nicht befriedigt werden, so treten Abwehrmechanismen in Kraft, die eine Verringerung des Bedürfnisses bewirken.

Die für das Arbeitsverhalten wesentlichen Motive können unterschiedlich zusammengefaßt werden.

Eine häufig vorgenommene Zusammenfassung geht von dem Bezug der Motivbefriedigung zum Arbeitsverhalten aus. Danach wird unterschieden in:[76]

1. Extrinsische Motive
Extrinsische Motive sind Anreize, deren Befriedigung durch Folgen oder Begleitumstände der Arbeit erfolgt.

So ist z. B. bei Mehrarbeit für den einen Mitarbeiter, der gerade ein Haus baut, der Freizeitausgleich ein größerer Anreiz als irgendeine Belobigung, während für einen anderen Mitarbeiter, der bereits den Hausbau beendet hat, finanzielle Anreize (zur möglichen Schuldentilgung) wichtiger sind als ein möglicher Freizeitausgleich.

2. Intrinsische Motive
Hier handelt es sich um Motive, deren Befriedigung durch das Arbeitsverhalten selbst erfolgt. Das Motiv wird durch innere Vorgänge wie Spaß an der Arbeit oder der Herausforderung durch eine neue reizvolle Aufgabenstellung geweckt.

Beispiele für extrinsische und intrinsische Motive erhält man, wenn man zwischen konkreten inhaltlichen Zielen differenziert. Man kann folgende Arten bzw. Gruppen von Motiven unterscheiden, die beim einzelnen als Gründe beruflicher Arbeit wesentlich sein können:

[75] Vgl. Staehle, Wolfgang H.: Management. Eine verhaltenswissenschaftliche Einführung, München 1980, S. 172.
[76] Ebenda, S. 177.

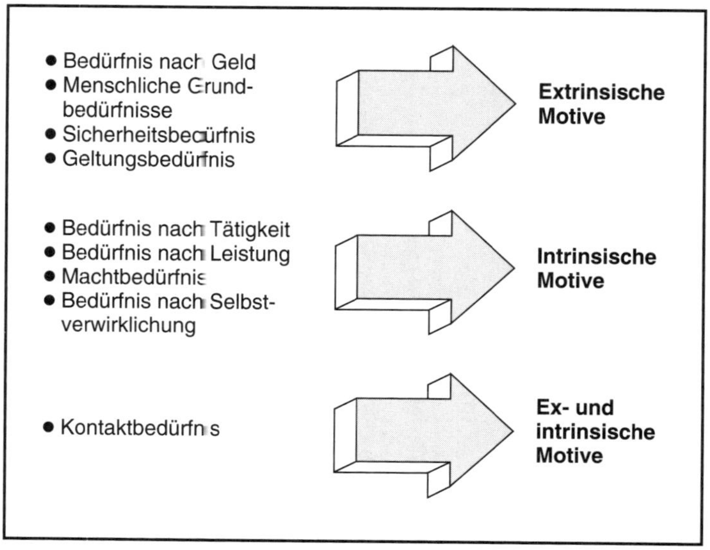

Abb. 5.13: Ex- und intrinsische Motive

Treten zwei oder mehr Motive gleichzeitig auf, so kann es zu einem Motivkonflikt kommen. Als Motivkonflikt bezeichnet man zum einen die Unvereinbarkeit zweier oder mehrerer Motive, zum anderen den Zustand einer Person, die sich zwischen zwei oder mehreren Zielen entscheiden muß, die für sie gleichermaßen anziehend bzw. abstoßend sind.

Die Konfliktpsychologie unterscheidet drei Typen von Motivkonflikten:[77]

1. Appetenz-Appetenz-Konflikt
Ein solcher Konflikt liegt vor, wenn sich eine Person für eines von zwei Zielen entscheiden muß, wobei beide eine Motivbefriedigung in Aussicht stellen.

Beispiel:
Ein Projektleiter muß sich entscheiden, ob er in seinem Projektteam einen Mitarbeiter haben möchte, den er schon jahrelang als wertvollen Mitarbeiter kennt, oder einen neuen Mitarbeiter, der aufgrund seiner Vorbildung und Erfahrung ein möglicherweise höheres Potential von Fähigkeiten besitzt.

2. Appetenz-Aversions-Konflikt
In diesem Falle sieht sich eine Person einem Ziel gegenüber, dessen Erreichung zwar mit der Befriedigung eines oder mehrerer Motive verbunden, doch mit anderen ihrer Motive nicht zu vereinbaren ist.

[77] Vgl. Stopp, Udo: Praktische Betriebspsychologie ..., S. 165 ff.

Beispiel:
Ein Projektleiter steht vor der Entscheidung, einen Mitarbeiter in das Projektteam zu berufen, der aufgrund seiner Fähigkeiten sehr wichtig für das Projekt sein kann, dies wiederum birgt aber die Gefahr in sich, daß das vorgegebene Projektbudget durch die entstehenden höheren Personalkosten überschritten wird.

3. Aversions-Aversions-Konflikt
Hierbei handelt es sich um den Fall, daß eine Person vor der Wahl steht, sich für eines von zwei Zielen entscheiden zu müssen, die für sie gleichermaßen negativ sind.

Beispiel:
Ein Projektleiter steht vor der Wahl, einen besonders tüchtigen Mitarbeiter, der jedoch einen schlechten Einfluß auf das Arbeitsklima hat, entweder aus dem Projektteam zu nehmen oder im Team zu belassen.

5.8.2 Motivationsprobleme im Projektteam

Ein Projektteam stellt ein relativ komplexes Gebilde dar. Dieses Gebilde kennzeichnet sich durch die übernommene Aufgabe und die Persönlichkeitsstrukturen der Teammitglieder. Ein neues Team wird im Normalfall relativ einfach für die zu bewältigende Aufgabe zu motivieren sein.

Mit fortschreitender Projektarbeit, vor allem bei Vergrößerung des Projektteams (Hierarchisierung) und gegen Ende des Projektes können neben den üblichen Motivationsproblemen eine Reihe erheblicher Schwierigkeiten auftreten, welche die Projektarbeit stark belasten:
- Statusprobleme bei den Teammitgliedern, die in die „dritte Reihe“ treten
- Führungsprobleme bei den neuen Teilprojektleitern (häufig: Unerfahrenheit in der Führung)
- Frustration aufgrund nicht erfolgter Teilnahme an Entscheidungsprozessen
- Akzeptanzprobleme gegenüber den Teilprojektleitern (häufig: fachlich motiviert)
- Personalwechsel im Projektteam (die ersten Mitglieder verlassen die Gruppe)
- Unsicherheit über die nächste Aufgabe
- Überforderung (zeitlicher und fachlicher Streß)
- Unterforderung (in qualitativer und quantitativer Hinsicht)
- Müdigkeit bis hin zum „Ausgebranntsein“
- Eintönigkeit
- Gefühl der Abhängigkeit vom Arbeitssystem
- Mangelnde Belohnung (zu wenig Bestätigung oder zu wenig Erfolgserlebnisse).

5.8.3 Motivation als Führungsaufgabe

Die Mitarbeitermotivation ist von wesentlicher Bedeutung, um ein zielstrebiges, ausdauerndes und initiatives Verhalten zu erreichen. Sie ist somit eine Daueraufgabe des Vorgesetzten (Projektleiters). Die Motivation der Projektmitarbeiter kann jedoch nur dann erfolgreich sein, wenn auch der Vorgesetzte selbst motiviert ist. Nur dann kann er überzeugen und auf seine Mitarbeiter Einfluß nehmen.

Der Vorgesetzte muß direkt oder indirekt als Vorbild auf die Motivation seiner Mitarbeiter einwirken. Dies ist nur möglich, wenn er sich selbst bewußt ist, was er tut, und sich selbst als entscheidenden Faktor im Motivationsprozeß sieht. Nur wenn der Vorgesetzte sich darüber im klaren ist, können Motivationsprobleme gelöst werden.

Beim Vorgesetzten setzt dies eine Grundeinstellung voraus, die aus vorangegangenen Punkten bereits bekannt ist.

Handlungsmaximen für Projektleiter:
- Ich ermuntere meine Mitarbeiter und mein Team, im Rahmen der vorgegebenen Zielsetzung eigene „Visionen" zu entwickeln und zu verfolgen, die über den Tag hinausweisen.
- Ich delegiere Aufgaben, Kompetenz und Verantwortung im Rahmen von Delegationsgesprächen.
- Ich bin für meine Mitarbeiter jederzeit erreichbar.
- Ich informiere regelmäßig und unaufgefordert über relevante Themen.
- Ich gestalte effiziente und effektive Informationskanäle und trage Sorge dafür, daß alle mitarbeiterrelevanten Informationen darauf fließen.
- Ich unterstütze und fördere jeden meiner Mitarbeiter entsprechend seinen Eignungen, Fähigkeiten und Interessen.
- Ich informiere mich über die Motivationsstruktur meiner Mitarbeiter. Aufgabendelegationen berücksichtigen auch: Selbständigkeit, Förderung der Persönlichkeit, Laufbahnentwicklung.
- Ich kritisiere, lobe und anerkenne sofort.

5.9 Widerstände gegen Veränderungsprozesse

5.9.1 Was ist Widerstand?

Menschen in Unternehmen brauchen Stabilität, aber auch Veränderung. Eine Unternehmung, die sich nicht verändert, kann sehr schnell konkurrenzunfähig werden. Ebenso wichtig wie Veränderung ist der Wunsch nach Stabilität. Oft wird eine sinnvolle Lösung erst durch die Auseinandersetzung von Stabilitätskräften und Kräften der Veränderung entwikkelt. Viele praxisgerechte Lösungen sind dadurch entstanden, weil betroffene Mitarbeiter mit dem ursprünglichen Lösungsvorschlag nicht einverstanden waren.

Die Reaktion auf einen Motivkonflikt kann Widerstand sein, der zum Beispiel eine Frustration als Ausprägung nach sich zieht. Frustration und Motivkonflikt setzen dann psychische Abwehrmechanismen in Gang. Diese unterteilt man in drei Kategorien:

1. Die Aggression

Die aggressiven Verhaltensweisen werden wiederum nach verschiedenen Kriterien unterteilt:

- *Nach dem Mittel der Aggresssion*

  Darunter fallen die brachiale Aggression, also körperliche Gewalt, und die sozialisierte oder verbale Aggression. Dazu zählen Drohung, Beschimpfung, Verwünschung, Bewitzeln, Sticheln, Kritisieren und Heruntersetzen des Aggressionsobjekts.
- *Nach dem Objekt der Aggression*

  Dabei muß man unterscheiden zwischen *direkter Aggression,* die sich unmittelbar gegen die Person oder den Gegenstand richtet, der die Frustration bzw. den Konflikt verursacht, und der *verschobenen Aggression,* die sich gegen Personen oder Gegenstände richtet, die mit der Ursache der Frustration bzw. des Konflikts in keinem oder nur mittelbarem Zusammenhang stehen.
- *Nach der Offenkundigkeit des Aggressionsobjekts bzw. der Aggressivität*

  Hierbei muß zwischen offener und verdeckter Aggression unterschieden werden. Bei der *offenen Aggression* ist sowohl das Verhalten als auch das Aggressionsobjekt deutlich erkennbar. Bei der *verdeckten Aggression* ist entweder das Aggressionsobjekt oder das aggressive Verhalten überhaupt nicht zu erkennen.

  Im Falle verdeckter Aggression spricht man von *symbolischer Aggression,* d. h. wenn zwar die aggressive Tendenz, jedoch nicht die Person oder der Gegenstand, gegen die bzw. den sich dieses Verhalten richtet, erkennbar ist. Bei der *konträr verdeckten Aggression* ist weder eine aggressive Tendenz noch ein Aggressionsobjekt offenkundig. Die Aggression äußert sich oft in übersteigert sorgfältigen Bemühungen einer anderen Person gegenüber.

2. Die Restriktion (Ausweich- oder Rückzugsreaktion)

Die Restriktion betrachtet man zweckmäßigerweise unter drei Gesichtspunkten:

- *Das Gefühl*

  Dabei unterscheidet man die *emotionale Isolation,* also eine Nichtbeteiligung an Aktivitäten und die *Gefühlsverarmung,* was eine Rückentwicklung der Fähigkeit, Gefühle zu empfinden, bedeutet. Dieser Prozeß beginnt mit der Resignation und führt über die Gleichgültigkeit (Apathie) zum Verlust von Gefühlsregungen.
- *Das Bewußtsein*

  Dabei unterscheidet man wiederum zwischen:
  - *Verdrängung*

    Als Verdrängung bezeichnet man die willentliche Annullierung von Eindrücken und Erfahrungen.

- *Derealisation*
  Als Derealisation bezeichnet man die Entwirklichung der Umwelt, die unkontrollierte Hingabe an Einbildungen (Phantastik).
- *Depersonalisation*
  Dies bedeutet die Entwirklichung der eigenen Person, z. B. Bewußtseinsveränderung durch Alkohol oder andere Rauschmittel.

– *Das Verhaltensmuster*

Hierunter versteht man den Rückfall in ein Bewußtsein, das einer früheren Entwicklungsstufe angehört. Dies äußert sich zumeist in Unbeherrschtheit, Unterwürfigkeit oder mangelnder Urteilsfähigkeit.

3. Der Kompromiß

Ein Kompromiß läßt sich in zwei Kategorien einteilen:

– *Kompensation*
  Dies bedeutet zum einen die Verfolgung eines Ersatzzieles zum Zwecke der Motivbefriedigung und zum anderen die besonderen, zumeist verkrampften Anstrengungen, persönliche Motive trotz der widrigen Umstände zu befriedigen.
– *Rationalisierung*
  Rationalisierung bedeutet die verstandesmäßige Rechtfertigung eines Mißerfolgs mit Hilfe von Scheinargumenten. Man unterscheidet hierbei:
  - *Saure-Weintrauben-Rationalisierung*
    Mit Saure-Weintrauben-Rationalisierung ist die nachträgliche Abwertung ein Ziel, das man nicht erreichen konnte, gemeint.
  - *Süße-Zitronen-Rationalisierung*
    Süße-Zitronen-Rationalisierung bedeutet, in einer eigentlich unbefriedigenden Situation Vorteile zu erkennen und in den Vordergrund zu stellen.

Jedoch sind Widerstände nicht grundsätzlich negativ zu sehen, auch wenn dies in der Praxis häufig der Fall ist. Zum Entwicklungsprozeß von Menschen, Unternehmen und anderen sozialen Systemen gehören Veränderung und Widerstand als Dimensionen der Entwicklung. Widerstandssymptome können sowohl offen als auch verdeckt auftreten. Der verdeckte Widerstand, der manchmal schwer nachvollziehbare Wege geht, kommt in der Praxis wesentlich häufiger vor als der offene.

5.9.2 Wo liegen die Gründe für Widerstand?

Der Widerstand kann sich gegen die Projektergebnisse richten. Der einzelne Mitarbeiter verliert zugunsten des Gesamtinteresses einer Unternehmung die ideelle oder materielle Position und erhält kein Äquivalent. Widerstände entstehen auch durch die Art und Weise der Projektdurchführung. In der Phase der Veränderung bekommt der Betroffene nicht die nötige Unterstützung, die ihm über seine Unsicherheit hinweghilft. Das verärgert und kränkt ihn.

Der Widerstand kann auch persönlichkeitsbedingt erklärt werden. Menschen reagieren unterschiedlich auf Veränderung: Der eine freut sich, weil er Chancen für sich erkennt, und der andere steht Veränderungen aufgrund seiner Persönlichkeitsstruktur ablehnend und skeptisch gegenüber. Auch durch negative Erfahrungen in früheren Projekten können Widerstände auftreten.

5.9.3 Wie hat der Projektleiter mit Widerständen umzugehen?

Nicht jeder Widerstand kann grundsätzlich verhindert werden. Der Projektleiter hat jedoch die Möglichkeit, zu versuchen, den Widerstand möglichst gering zu halten und dem entstandenen situativ zu begegnen.

Beim Umgang mit Widerstand gilt es, eine Grundregel zu beachten: Der Projektleiter sollte den Widerstand ernst nehmen. Er darf nicht gegen ihn, sondern muß mit ihm arbeiten! Er muß versuchen, die Botschaft des gezeigten Widerstandes zu verstehen, Ursachen ermitteln und eine situationsgerechte Lösung entwickeln.

5.10 Hierarchie und Autorität im Projektmanagement

5.10.1 Die strukturelle Seite des Hierarchieproblems

Wahrscheinlich besitzt kein anderes Thema eine solche Bedeutung für die Projektleiter wie der Einfluß von Macht und Hierarchie auf die Projektarbeit.
Die grundsätzliche Problematik bei Hierarchie und Projektarbeit besteht in folgenden Punkten:

1. Es besteht ein Spannungsfeld zwischen der hierarchischstrukturierten Organisationsform und der Projektarbeit.
2. Die Problematik von Hierarchie und Autorität muß unter zwei Aspekten betrachtet werden:
   - unter dem Aspekt der strukturellen Ursachen und
   - unter dem Aspekt der verhaltensbedingten Ursachen.

Um das Problem des Projektleiters – „ich habe die Verantwortung, aber zu wenig Kompetenzen" – zu verstehen, muß man die Entstehungsgeschichte des Spannungsfeldes betrachten. In seinem Aufsatz „Die Krise der Hierarchie im Wandel der Kooperationsformen"[78] beschreibt Bahrdt die strukturellen Ursachen der Schwierigkeiten zwischen der hierarchisch strukturierten Organisation und bereichsübergreifenden Kooperationsformen.

[78] Bahrdt, H.-P.: Die Krise der Hierarchie im Wandel der Kooperationsformen, in: Fürstenberg (Hrsg.): Industriesoziologie II, Darmstadt/Neuwied 1974, S. 133 ff.

Die bürokratische Hierarchie bildete eine wesentliche Voraussetzung für die Entwicklung, für das Wachstum und die zukünftige Existenz der Industriebetriebe.

„Als die jungen Industriebetriebe immer größere Menschenmassen an einem Ort vereinten, sich gleichzeitig in ihrem Innern durch fortschreitende Arbeitsteilung und Technisierung differenzierten, aber dennoch das Bedürfnis bestehen blieb, mit diesem kompliziert gewordenen Gebilde rationeller und effektiver zu produzieren als je zuvor“[79], war es auch nötig, eine entsprechende Organisationsform aufzubauen, die bürokratische Hierarchie. Diese Hierarchieform erwies sich als ausgesprochen leistungsfähig.

Durch die zunehmende Komplexität der Aufgaben und den sozio-kulturellen Wandel kam diese hierarchische Organisationsstruktur an ihre Grenzen. Man ging der Not gehorchend dazu über, die Aufgaben durch Projektarbeit zu lösen.

Diese neuen Prinzipien sind mit einer „sauberen Arbeitsteilung“ und mit einer „klaren Hierarchie“ unvereinbar und zum Teil sogar gegenläufig.

Ist dann eine Projektarbeit im Rahmen von hierarchisch-strukturierten Organisationsformen überhaupt durchführbar?

Viele Unternehmen, die erfolgreich Projektarbeit und Projektmanagement betreiben, beweisen, daß es möglich ist.

„Die bürokratische Hierarchie, ehemals das beweglichste Führungsinstrument, das gerade für die Steuerung der komplizierten Bewegungsvorgänge in einer dynamisierten Wirtschafts- und Arbeitswelt geeignet war, erweist sich jetzt als starr und unbeweglich.“[80]

Wenn Verhaltens- und Kooperationsweisen, die die strukturellen Probleme relativieren, auf allen Ebenen in der Unternehmung entwickelt werden, dann muß die Hierarchie nicht automatisch zu Schwierigkeiten bei der Projektarbeit führen.

Diese Konflikte werden allerdings bei hoher Arbeitsbelastung der einzelnen Abteilungen oder bei knapper Personalbesetzung ein höheres Gewicht bekommen als in „Schönwetterzeiten“, in denen es einfacher ist, miteinander zu verhandeln.

5.10.2 Die Verhaltensseite des Hierarchieproblems

Wird über Hierarchie gesprochen, geschimpft oder gestöhnt, dann ist eigentlich das Verhalten des Managements gemeint.

Die Entscheidungsträger beeinflussen durch ihr Verhalten die Projektarbeit sehr stark. Dies kann sowohl in positiver als auch in negativer Weise erfolgen.

[79] Bahrdt H.-P.: Die Krise der Hierarchie ..., S. 133.
[80] Ebenda, S. 140.

Es ist jedoch nicht nur das Management allein verantwortlich für das Hierarchieproblem. Auch die persönlichen Vorstellungen, Erwartungen, Phantasien und Vorurteile über Hierarchie, Führung, Autorität und Macht sind Bestandteil dieser Schwierigkeit, indem jeder einzelne Mitarbeiter sich einengt und seine persönlichen Grenzen steckt.

Oft äußern Mitarbeiter in Gesprächen mit Führungskräften ihre Meinung nicht klar und deutlich. Jeder wartet darauf, daß der andere etwas sagt, und da sich niemand zu Wort meldet, kommen Bedenken erst gar nicht auf den Tisch. Eine Idee oder ein Vorschlag einer Führungskraft wird als unumstößliche Anweisung gedeutet. Drückt sich die Führungskraft unklar aus, dann wird nicht nachgefragt. Statt dessen wird deren Aussage nach der Sitzung im kleineren Kreis interpretiert. Diese Interpretationen weichen nicht selten erheblich von der gemachten Aussage ab.

Den „Hierarchien“ werden Eigenschaften wie „mit denen kann man nicht reden“ zugeschrieben, anstatt sich mit der eigenen Unsicherheit, „sich gegenüber Führungskräften nicht aussprechen zu wollen“, auseinanderzusetzen.

Worin liegen die Ursachen dieser Problematik?

Es mag in den Phantasien und Vorstellungen der Mitarbeiter über Macht und Autorität liegen.

Jeder einzelne hat ein eigenes Bild über Führung:
- „Es ist besser, man widerspricht einem Vorgesetzten nicht.“
- „Die da oben interessieren sich in Wirklichkeit doch überhaupt nicht für meine Probleme.“
- „Ich denke, wenn er etwas empfiehlt, dann will er es so haben. In Wirklichkeit ist es ein Befehl, nur, er verkauft es geschickt.“
- „Es ist besser, den Mund zu halten und taktisch vorzugehen. Vorgesetzte suchen nämlich die Schwächen.“

Dies alles sind Phantasien, die sich Mitarbeiter über ihre Vorgesetzten machen.
Solche Vorstellungen bilden den Auslöser für Unsicherheiten, Mißverständnisse, Kommunikationshindernisse und Probleme der Zusammenarbeit.

5.11 Das Projektende

5.11.1 Probleme beim Projektende

Ein „mißglücktes“ Projektende kann häufig auf sachliche Ursachen, wie technologische und organisatorische Schwierigkeiten, zurückgeführt werden.

Jedoch gibt es auch Probleme, die ganz andere Hintergründe haben:
- Projekte finden kein Ende: Das Projektteam und der Projektleiter schieben das Projektende hinaus. Immer wieder tauchen neue „dringende“ Arbeiten auf. Obwohl die Fach-

abteilung bereits gut mit dem System arbeitet, feilt das Projektteam noch an Kleinigkeiten. Oft gehen dadurch viel Zeit und Geld verloren. Ressourcen, die anderweitig dringend gebraucht werden, stehen nicht zur Verfügung.

- Projekte gehen sang- und klanglos zu Ende: Es stehen noch Restarbeiten aus, die dann einem einzelnen übertragen werden. Es wird noch verzweifelt versucht, das System „ins Laufen" zu bringen.
- Mißlungene Projekte werden so schnell wie möglich „unter den Teppich gekehrt". Häufig ziehen sich seine Nachwirkungen jedoch noch in andere nachfolgende Projekte und kosten das Projektteam Nerven, Zeit und Geld.

5.11.2 Die bewußte Gestaltung des Projektendes

Um der Problematik bei Projektende zu entgehen, muß dieses bewußt gestaltet werden.

Warum gelangen manche Projekte zu keinem Ende? Jeder Mitarbeiter reagiert aufgrund seines persönlichen Erfahrungshintergrundes anders im Hinblick auf das Ende des Projektes. Ein Teil der Projektmitarbeiter hat keine Gewißheit über das, was ihn nach Abschluß des Projektes erwartet. In manchen Fällen haben die Mitarbeiter auch Kenntnis davon, aber es mißfällt ihnen.

Die Aufgabe des Projektleiters beziehungsweise der Personalverantwortlichen besteht nun darin, mit den Betroffenen Perspektiven zu erarbeiten, die akzeptabel sind. Dies sollte in einem sinnvollen Zeitraum vor dem geplanten Projektende geschehen und nicht erst im letzten Augenblick. So besteht dann auch die Möglichkeit, Maßnahmen zu entwickeln, die den Übergang für die Betroffenen erleichtern (zum Beispiel Schulungen oder persönliche Vorbereitung).

Es kann sich neben diesen psycho-sozialen natürlich auch um technologische oder methodische Ursachen handeln, wie beispielsweise technische Schwierigkeiten bei der Realisierung oder Planungsprobleme.

Für den Projektleiter ist es in allen Fällen wichtig, die Gründe im Gespräch zu ermitteln.

Warum endet ein Projekt häufig stillschweigend?

- Aufgrund von Befürchtungen über den späteren Verbleib versuchen die Teammitglieder, jede erreichbare Arbeit zu übernehmen, die sich bietet, auch wenn das Projekt noch nicht beendet ist. Hier wird deutlich, welchen Stellenwert Projekt und Projektleiter haben. Fehlen dem Projektleiter Einflußmöglichkeiten gegenüber den Entscheidungsträgern, so steht er am Ende alleine da.
- Ein weiterer Grund kann in Befürchtungen bestehen, nach Projektende unattraktive Aufgaben übernehmen zu müssen (zum Beispiel Wartungsarbeiten).
- Ferner kann die mangelnde Identifikation mit den Projektergebnissen zur Problematik beitragen. Jeder verläßt das Projekt zeitig, nach dem Motto: „Den letzten beißen die Hunde."

Kennt der Projektleiter diese Probleme, so wird es ihm leichter fallen. das Projektende bewußt zu gestalten. Weiterhin kann er den Beginn einer neuen Arbeit organisieren.

5.12 Büroumgebung

5.12.1 Das Projektbüro

Kein Unternehmen kann es sich heute noch leisten, einmal ins Rollen gebrachte strategische Projekte, wie z. B. CRM, E-Learning, Qualitäts-, Werttreiber- oder Wissensmanagement, einfach im Sande verlaufen zu lassen.

Doch wie läßt sich ein Projekt kontinuierlich am Laufen halten?

Richten Sie ein Projektbüro (Project Office) als Motor für Ihr Projekt ein. Das bringt u. a. folgenden Nutzen: schnellere Umsetzung, geringere Kosten, höhere Qualität, Prozeßsicherheit, konsequente und nachhaltige Projektunterstützung.

Ein Projektbüro in einem Unternehmen ist eine zentrale Einrichtung, die sämtliche Prozesse, Vorlagen und Anleitungen zur organisatorischen Abwicklung von Projekten den operativen Projektteams zur Verfügung stellt. Durch diese Zentralisierung verschiedener Dienstleistungen in einem Projektbüro wird die Projektarbeit standardisiert. Dadurch wird sie transparenter und kontrollierbarer.

Die Mitarbeiter des Projektbüros müssen sich dem Projekt in gleicher Weise verpflichtet fühlen wie der Projektmanager und müssen eine gute Arbeitsbeziehung zum Projektmanager und zu den Linienvorgesetzten unterhalten.

Im allgemeinen wird die Bedeutung und Wichtigkeit eines Projektbüros vom Projektmanagement in bezug auf Motivation und Produktivität unterschätzt. Untersuchungen haben jedoch ergeben, daß ein gut geführtes Projektbüro die Gesamteffektivität eines Projektteams nahezu verdoppeln kann.

Zu den Aufgaben eines Projektbüros zählen:

- Festlegung, Dokumentation und Weiterentwicklung des Projektstandards und der Methoden im Unternehmen,
- Beratung des Projektteams,
- Unterstützung der Projektteams bei der Projektverwaltung,
- Bereitstellung von Richtlinien, Vorlagen, Verträgen und anderen Hilfsmitteln für die Projektarbeit,
- Training von Projektmitarbeitern,
- Zusammenführung und Bereitstellung von projektrelevanten Informationen.

Die wichtigste Verantwortung des Projektbüros besteht darin, die Arbeiten über die verschiedenen Linienfunktionen des Unternehmens hinweg zu integrieren. Gerade die mangelhafte Integration der Linienfunktion ist die häufigste Ursache für entscheidende Fehler im Projekt.

Eine der größten Herausforderungen für den Projektmanager ist die Bestimmung der Größe des Projektbüros. Die optimale Größe ergibt sich als Kompromiß zwischen der maximalen Anzahl an Mitarbeitern, die benötigt werden, um die Anforderungen zu erfüllen, und der maximalen Anzahl an Mitarbeitern, die unter Berücksichtigung der Kostenvorgaben eingesetzt werden können. Die Anzahl der Mitarbeiter wird bedingt durch Faktoren wie Projektgröße, die benötigte interne Unterstützung, den Projekttyp (z. B. FuE, Qualifikation, Produktion), das erforderliche Maß an technischer Kompetenz und den erforderlichen Kundensupport. Außerdem spielt auch die strategische Bedeutung eines Projektes eine Rolle.[81]

5.12.2 Sonstige Räumlichkeiten

Das Projektbüro ist nur ein Teil der für ein erfolgreiches Projekt notwendigen Räumlichkeiten. Ein funktionierender Informationsfluß zwischen den einzelnen Projektmitarbeitern ist nicht nur vom Teamgeist abhängig, sondern wird entscheidend geprägt von den Räumlichkeiten, die dem Projektteam zur Verfügung stehen. Denn der Raum schafft geeignete Voraussetzungen, damit beteiligte Personen und Sachmittel ihre Leistungen erbringen können.

Die Bedeutung geeigneter Räume auf den Projekterfolg ist weit größer, als häufig angenommen wird. Voraussetzungen, um in Ruhe arbeiten zu können, sind ebenso wichtig wie Räumlichkeiten, die der Kommunikation dienen. Kurze Wege, die dem raschen Austausch von Informationen dienen, sind ebenso wichtig wie ergonomisches, ermüdungshemmendes Mobiliar. Es lohnt sich deshalb, darüber nachzudenken, welche Raumausstattung wir im Projekt brauchen und wie wir die Räume geeignet besetzen.

Das Ziel des Projektmanagements muß es sein, das Projektmanagement und die Teammitarbeiter sowie das Projektbüro in eine räumliche Einheit zu legen. Die Verbindungswege zu den wichtigsten Linienabteilungen sollten ebenfalls so kurz wie möglich gehalten werden. Weiterhin ist für das Projektteam ein Besprechungsraum dringend erforderlich. Personen, die im Projekt direkt als Team zusammenarbeiten, sollten in Büros zusammengefaßt werden. Nur so kann sich eine gute Kommunikation und enge Zusammenarbeit entwickeln.

Durch ein Zusammenlegen von Arbeitsplätzen der Projektmitarbeiter wird auch erreicht, daß Störungen, die nicht das Projekt betreffen, minimiert werden. Denn häufig hört man Mitarbeiter klagen:

[81] Vgl. Kerzner, Harold: Projektmanagement. Ein systemorientierter Ansatz zur Planung und Steuerung, Übersetzung der 8. englischsprachigen Ausgabe, mitp-Verlag, Bonn 2003, S. 148.

- „Den ganzen Tag über ist das Büro wie ein Hühnerstall!“
- „Meine besten Arbeitsergebnisse erbringe ich am frühen Morgen, bevor die anderen in die Firma kommen!“
- „An einem einzigen Abend kann ich soviel schaffen wie an zwei bis drei Tagen!“

Diese Aussagen sind ein untrügliches Zeichen dafür, daß die Büroumgebung nicht stimmt. Wenn aber ein Projektteam sich in denselben Räumlichkeiten befindet, sind Störungen durch die Linienorganisation nahezu ausgeschlossen. Störungen durch das eigene Projektteam gibt es deshalb kaum, weil die Mitarbeiter üblicherweise dieselben „Deadlines“ haben und sich somit ihr Arbeitsrhythmus gleichmäßig darstellt.

Natürlich gibt es im Rahmen eines Projektes auch viel „Kleinkram“ zu erledigen. Projektmanagement heißt nicht zuletzt, alles zu tun, um den beteiligten Personen den Rücken freizuhalten, damit sich diese auf ihre eigentliche Arbeit konzentrieren können. Die Einrichtung und Größe des Arbeitsplatzes, die Installation und Vernetzung der PCs, die Einrichtung der softwaretechnischen Produktionsumgebung, alles hat zu geschehen, bevor eine beteiligte Person an die Arbeit geht.

Wir müssen wissen, daß wir viel Unmut erzeugen oder positive Erwartungshaltungen zerstören, wenn wir in dieser Phase des Projektes einen unordentlichen Eindruck (wie soll das Projekt funktionieren, wenn nicht einmal der PC richtig eingerichtet ist?) hinterlassen. Außerdem fühlt sich jeder Mitarbeiter hofiert, und wir steigern damit seine Motivation, wenn wir ihn mit einer guten Vorbereitung verwöhnen.

Merke:

- bis zu 80 % des notwendigen Informationsaustauschs können durch ungenügende Räumlichkeiten verlorengehen.
- Die Produktivität kann in ungestörten Räumlichkeiten vier- bis fünfmal so hoch sein.

6 EDV-Unterstützung für das Projektmanagement

EDV und Projektmanagement waren bis vor kurzem noch zwei fast unvereinbare Begriffe. Bei altgedienten Praktikern wurde EDV in der Projektabwicklung noch kaum akzeptiert. Inzwischen ist die Entwicklung auf dem Gebiet der Projektmanagement-Werkzeuge so weit fortgeschritten, daß diese wirtschaftlich vertretbar auszuwählen und einzuführen sind, ohne umfangreiche Anpassungen technischer und organisatorischer Art notwendig werden zu lassen. Voraussetzung dafür ist, daß die Auswahl und Einführung der Projektmanagement-Werkzeuge aufgabengerecht, systematisch und praxisorientiert erfolgen.

6.1 Was können Werkzeuge?

Ein Werkzeug hilft einer guten Projektleitung, noch besser zu werden. Jedoch kann auch ein gutes Werkzeug aus einer schlechten Projektleitung keine erfolgreiche Projektleitung machen.

Egal, ob die Projektleitung Pinnwände, Flip-charts, Projektleitfäden oder EDV-Programme einsetzt, bei allem handelt es sich um Hilfsmittel und Werkzeuge. Sie helfen der Projektleitung, Probleme zu lösen. Sie lösen die Probleme aber nicht selbständig! Das bleibt weiterhin Aufgabe der Menschen.

Hilfsmittel, vor allem EDV, können Routinearbeiten erleichtern und beschleunigen. Was sind (Routine-)Arbeiten einer Projektleitung:
- Denken?
- Planen?
- Organisieren?
- Kommunizieren?
- Konflikte lösen?
- Dokumentieren?

Nur in einigen Tätigkeiten steckt ein großer Teil formalisierter Routinearbeit. Die Hauptaufgabe der Projektleitung bleibt das Auseinandersetzen mit Menschen und Unvorhergesehenem. Um dafür genügend Zeit zu haben, muß sich die Projektleitung bei den Routinearbeiten entlasten.

6.1.1 Unterstützen beim Ordnen

Nur das Projektteam kennt im konkreten Projekt die tatsächlich nötigen Aktivitäten, um das Projektziel zu erreichen. Die Liste dieser Aktivitäten bildet die Basis aller weiteren Projektplanung und -durchführung. Der Umgang mit dieser Liste stellt den ersten Ansatzpunkt für Werkzeugunterstützung dar.

Das Projektteam und die Projektleitung erstellen die Liste, ordnen sie, stellen um, sortieren, stellen um, ergänzen usw. Beim Erarbeiten in der Gruppe helfen Karten und Pinnwand, bei der Aufbereitung und Pflege die EDV.

Für die einzelnen Aktivitäten lassen sich die unmittelbaren Abhängigkeiten meist gut überblicken. Beim Gesamtzusammenhang, vor allem bei einer großen Menge von Aktivitäten, stellt sich das Überblicken und manuelle Ordnen als schwierig bis unmöglich dar.

Wenn das Werkzeug die Buchführung der einzelnen Abhängigkeiten übernimmt, kann sich die Projektleitung auf die sachlogischen Beziehungen zwischen den Aktivitäten konzentrieren.

PSP-Code	Aktivität	Vorgänger	Nachfolger

Ist die Liste im Rechner erfaßt, können Phasenanordnung und andere Struktur- und Ordnungsarbeiten bereits mit EDV-Unterstützung erfolgen. TippEx und Radiergummi können in der Schublade bleiben.

6.1.2 Unterstützen beim Rechnen

Je überschaubarer und abgegrenzter die Arbeitspakete oder Vorgänge sind, desto schärfer werden die Abschätzungen. Das Schätzen der Zeitaufwände und Kosten findet deshalb auf der Basis der einzelnen Aktivitäten statt.

Um die Schätzaufgabe kommen die Menschen nicht herum. Aus dem Wust an Schätzdaten für jede einzelne Aktivität die Gesamtkosten oder die Laufzeiten berechnen, das kann ein Werkzeug übernehmen.

PSP-Code	Aktivität	Vorgänger	Nachfolger	Dauer	Start	Ende

6.1.3 Unterstützen beim Darstellen

In der Visualisierung der projekt-relevanten Daten liegt ein Haupt-Vorteil der EDV-Unterstützung. Mit Hilfe der Software lassen sich schnell aktuelle Pläne, Übersichten und Berichte erzeugen.

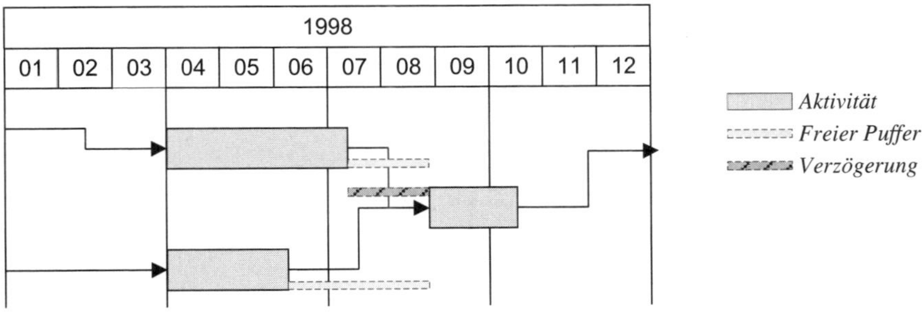

Abb. 6.1: EDV-gestützter, vernetzter Balkenplan

Diesen Vorteil muß sich die Projektleitung mit kontinuierlicher Datenpflege erkaufen. Der in der EDV gepflegte Detailgrad bestimmt entscheidend den wirklichen Nutzen, im Vergleich zum Pflegeaufwand, der EDV-Unterstützung.

6.1.4 Fazit

Was zu tun ist, müssen die Menschen wissen. Auch wie lange die einzelnen Tätigkeiten dauern und welches Ergebnis Voraussetzung für welche Folgeaufgabe ist, müssen die Menschen schätzen und festlegen. Das Tool hilft, den Überblick zu behalten, die Daten zu pflegen, den Stand der Abwicklung zu kontrollieren sowie Auswertungen, Pläne und Berichte zu erstellen.

6.2 Wesentliche Einsatzbereiche

Damit sich die Projektleitung auf die nichttechnischen und nichtbuchhalterischen Aufgaben konzentrieren kann, muß sie jede Hilfe und Unterstützung, die sie vom „Schreib-Kram" entlastet, in Anspruch nehmen. Auch wenn Werkzeuge weder das Denken noch das Entscheiden übernehmen können, findet die Projektleitung doch in einigen Bereichen Entlastung durch EDV-Werkzeuge.

1. Planung erstellen
   Die Vorbereitung und Planung erleichtert sich durch Tools beim Ordnen, Sortieren, Umplanen, Rechnen und Darstellen.

2. Pläne pflegen und fortschreiben
   Änderungen lassen sich (meist) leicht in den Datenbestand einarbeiten. Das Tool aktualisiert die Pläne und kann anzeigen, wenn sich durch die Änderungen Engpässe oder Überschneidungen ergeben.

3. Ressourcen-Management
   Wo ist welches Personal eingesetzt?
   Wo besteht Bedarf?
   Wo entstehen Konflikte?
   Wo sind Ressourcen nicht ausgelastet?
   Gerade die Ressourcen-Buchhaltung bildet ein zentrales Einsatz-Gebiet für EDV-Unterstützung des Projektmanagements.

4. Fortschritts-Kontrolle, Budget-Überwachung
   Welche Ergebnisse sollen laut Plan vorliegen?
   Wie weit ist die Arbeit tatsächlich fortgeschritten?
   Dabei interessiert weniger eine Leistungskontrolle einzelner Mitarbeiter als der Fortschritt, das Vorankommen der Projekt-Arbeit.
   Vergleichbar zu den Terminen eignen sich die EDV-Tools für die Budget-Überwachung. Beides funktioniert aber nur, wenn jemand (Projektleitung?) Soll- und Ist-Daten sorgfältig eingibt und pflegt.

5. Dokumentation und Berichtswesen
   Das Erstellen von Berichten mit aktuellen Projektdaten erleichtert ein EDV-Tool wesentlich. Die im Rechner bereits erfaßten Daten lassen sich leicht in Texte integrieren. Auf diesem Weg können einheitliche und regelmäßige Berichte mit geringem Aufwand erstellt werden.
   Bei Bedarf ergänzen Grafiken und stets aktuelle Pläne die Berichte. Selbst die beim Management sehr beliebten Trendübersichten sind meistens nur ein paar Tastendrucke entfernt.
   Ein angenehmer Nebeneffekt hilft bei der Dokumentation: Sie entsteht, weil es so leicht ist und Spaß macht, Auswertungen und schöne Pläne zu erzeugen.

Die vorgestellten Einsatzbereiche zeigen eine Reihe von Möglichkeiten, wo EDV-Unterstützung dem Projektmanagement Hilfestellung leisten kann. Die real existierenden Werkzeuge unterstützen in der Regel jedoch nur Teilbereiche. Kommen mehrere Tools zum Einsatz, verbleibt die Verknüpfung als „Handarbeit“ beim Benutzer.

6.3 Anforderungen an EDV-Werkzeuge

Das Angebot an EDV-Werkzeugen für das Projektmanagement wächst ständig. Hersteller und Vertreiber schicken gerne Prospekte und Demo-Versionen zu. Das Problem damit liegt in der Komplexität sowohl der Produkte als auch des Einsatzgebiets. Für einen echten Test muß man ein echtes Projekt abwickeln. Wer also wirklich mehrere Tools ausprobieren will, braucht eine gewisse Zeit dafür.

Folgende Liste stellt eine Reihe von Kriterien zusammen, anhand derer sich EDV-Werkzeuge für Projektmanagement beurteilen und (begrenzt) vergleichen lassen.

- Einfache Bedienung
  Das Werkzeug muß so einfach sein, daß es sich nach spätestens zwei Tagen sicher bedienen und verstehen läßt. Auch wer länger nicht am Rechner saß, muß es dann noch beherrschen. Jede Projektleitung hat wichtigeres zu tun, als ständig das Tool neu zu begreifen.

- Einheitliche Struktur
  Ein Tool kann nur einfach zu bedienen sein, wenn es einen einheitlichen Aufbau besitzt. Unabhängig, ob der Benutzer am Ablaufplan oder am Monatsbericht arbeitet, das Werkzeug muß eine ähnliche Oberfläche zeigen und auf die gleichen Befehle gleich reagieren.

- Transparenz
  Teil der Unterstützung besteht im Durchführen teilweise umfangreicher Operationen (Anordnen, Sortieren, Kalkulieren etc.). Das Werkzeug muß offenlegen, wie es zu seinen Ergebnissen kommt (Summen, Termine, Engpaß-Warnungen). Eine „Black-Box" nutzt nichts in einem komplexen Beziehungsnetz wie einem Projektplan. Sämtliche Veränderungen muß der Benutzer nachvollziehen und bei Bedarf rückgängig machen können.

- Offenheit
  Das Werkzeug muß Import- und Export-Funktionen und Schnittstellen besitzen. Nur wenn die Projektleitung die Daten einfach in die Textverarbeitung, Tabellenkalkulation, den Terminkalender und in die E-Mail übernehmen kann, unterstützt sie das Werkzeug.
  Leider nicht zu den Selbstverständlichkeiten gehört der Datenaustausch zwischen Tools verschiedener Hersteller! Dies kann vor allem die Integration mit CASE oder CAD/CAM-Werkzeugen erschweren.

- Multiprojekt-Management
  Lebt ein Unternehmen „Projekt-Orientierung", so reicht bei Planung und Abgleich der Ressourcen, Kapazitäten und Termine der Blick auf nur ein Projekt nicht aus. Für eine echte Unterstützung in dieser Einsatzumgebung benötigt das Werkzeug
  - ein Konzept für verteilte oder zentrale Datenhaltung,
  - die Fähigkeit, simultanen Zugriff mehrerer konkurrierender Benutzer auf die Plan- und Ressourcen-Daten zu realisieren.

  Viele „billige" PC-Programme erfordern gerade hier sehr teure Bypass-Lösungen und viel integrierende Handarbeit.

Als Hauptkriterium gilt jedoch die Frage: Paßt das Werkzeug mit seinen Abläufen zu den Abläufen im Unternehmen? Hier darf auch das „Bauchgefühl" der zukünftigen Nutzer des Werkzeugs bei der Beurteilung mitsprechen.

6.4 Tool or not Tool – Not the Question?

Die Projektleitung muß jede Chance nutzen, sich bei allen Schreib- und Routinearbeiten zu entlasten. EDV-Werkzeuge erleichtern und beschleunigen die Arbeit. Folglich soll die Projektleitung sie einsetzen. Dennoch darf keiner die Programme überschätzen. Es sind Werkzeuge. Ob sie etwas nutzen hängt vom Einsatz ab.

Der Kauf einer Softwarelizenz löst noch kein Problem. Gerade in projektorientierten Unternehmen nutzt der Kauf ohne unternehmensweites Nutzungskonzept nichts.

- Einzelplatz
  Benötigen nur einzelne unabhängige Projektleiter Unterstützung beim Planen, Darstellen und Überwachen?
- Multiprojekt
  Sollen sich viele (alle) Projektleitungen bei ihrer Ressourcen-, Kapazitäts- und Terminplanung mit Hilfe des Werkzeugs abstimmen?
- Integration
  Neben der Unterstützung des Projektmanagements sollen die Daten ebenfalls ohne Neuerfassen, bei Abrechnung, Buchhaltung und anderen betrieblichen Abläufen Anwendung finden. Wie lassen sich die Werkzeuge integrieren?

Das Nutzungskonzept beeinflußt stark den Auswahlvorgang für ein Werkzeug. Nur auf diesem Weg läßt sich ein Werkzeug finden, das langfristig das Projektmanagement unterstützt und nicht behindert. Kurzfristig mit einem neuen Tool eine Krise zu meistern wäre ein Zufall, denn: „Am (fehlenden) Tool scheitert kein Projekt!“

7 Einführung des Projektmanagements

Da jedes Unternehmen bei der Einführung von Projektmanagement von einem bestehenden Ist-Zustand ausgehen muß, wird einer überlegten und vorsichtigen Vorgehensweise größte Bedeutung zukommen.

„Die Projektmanagement-Einführung (PME) ist das systematische Vorgehen, das ein Problem der Projektabwicklung durch die Anwendung bisher nicht verwendeter Methoden des Projektmanagements tatsächlich löst.“[1]

Projektmanagement in einem Unternehmen einführen heißt: Veränderungsprozesse anstoßen!

Projektmanagement verändert die Verhaltens- und Arbeitsweisen der betroffenen Mitarbeiter durch neue Methoden und Verhaltensregeln. Solche Änderungen erzeugen Widerstände.

Um die Einführung erfolgreich gestalten zu können, müssen Veränderungsprozesse, der Umgang mit Widerständen und die Einbeziehung der Unternehmenskultur beherrscht werden.

Als Voraussetzung für eine Projektmanagement-Einführung ist ein gutes Gesamtkonzept unabdingbar.

Auf der Grundlage einer Ist-Analyse, klarer Ziele und der Beherrschung von Veränderungsprozessen kann ein solches Konzept erarbeitet werden. Dieses Gesamtkonzept kann in fünf Einzelkonzepte aufgelöst werden, wobei keines vernachlässigt werden darf. „Das am schwächsten gestaltete Konzept begrenzt den Erfolg der Projektmanagement-Einführung.“[2]

1. *Gesamtvorgehens-Konzept*
   Dieses Konzept bildet den Rahmen für alle weiteren Konzepte. Es beruht im wesentlichen auf folgenden Grundgedanken:
   - Die Einführung des Projektmanagements ist selbst ein Projekt.
   - Der Start der Einführung sollte in der Abteilung oder in dem Projekt liegen, in dem das Spannungsfeld von Problemlösungsbedarf und Methodenwirkung am größten ist.
   - Die Einführung von Projektmanagement betrifft die Verhaltensweisen von Menschen. Daher sind psychologische, soziologische und kulturelle Gegebenheiten zu berücksichtigen.
   - Die Projektmanagement-Einführung erfordert das Engagement der Betroffenen.

[1] Platz, J.: Projektmanagement erfolgreich einführen, Überlegungen und praktische Erfahrungen beim Aufbau eines Einführungskonzepts, in: zfo, Zeitschrift Führung + Organisation, Jg. 56 (1987), Nr. 4, S. 217.

[2] Ebenda, S. 220.

2. *Methoden-Konzept*
   Im Rahmen dieses Konzepts werden die Methoden des Projektmanagements ausgewählt, die ein tatsächliches Problem lösen helfen. Methoden sind hier vereinfachend sämtliche planmäßigen Vorgehenswege, die die Zielerreichung unterstützen.

   Erster Schritt der Methodenauswahl ist eine Problemanalyse. Die Erfahrungen einer Methodenanwendung können häufig nicht auf andere Bereiche übertragen werden. Nutzen, Aufwand und Einführbarkeit müssen situationsabhängig bewertet werden. Der Nutzen – zumindest der ersten einzuführenden Methoden – muß schnell erreichbar sein, der Formalaufwand für diese Methode möglichst gering. Konkrete Werkzeuge sind abstrakten Methoden vorzuziehen.

3. *Know-how-Konzept*
   Zur erfolgreichen Anwendung des Projektmanagements gehören sowohl das Wissen um die Zusammenhänge als auch das Beherrschen der Methoden. Beides muß im Rahmen des Know-how-Konzepts vermittelt werden. Die wichtigsten Methoden der Wissensvermittlung sind Schulung, Workshops und Projektmanagement-Handbuch.

4. *Promotions-Konzept*
   Neben den Methoden und dem Wissen über sie muß die Projektmanagement-Einführung Anreize zur Anwendung der Methoden vermitteln.

   Das Promotions-Konzept kennt zur Unterstützung der Projektmanagement-Einführung den Fachpromotor, den Machtpromotor und personenbezogene Anreize.

5. *Organisations-Konzept*
   Projekte sind temporäre Gebilde, Projektmanagement als Führungsform muß daher in der Unternehmensorganisation und -kultur so verankert werden, daß die Einführungserfolge in einem Projekt auf die folgenden übertragen werden. Eine Grundlage dafür bietet das Organisations-Konzept. Grundgedanke ist es, die Funktion Projektmanagement organisatorisch als Abteilung zu verankern.[3]

Die Einzelkonzepte werden nach dem Ablauf in Abb. 7.1 unter Berücksichtigung der vorgefundenen Situation und des Gesamtvorgehens zu einem Einführungskonzept zusammengefügt.

Ausgangspunkt ist die Zielsetzung der Projektmanagement-Einführung. Änderungen an der Reihenfolge der Erstellung können notwendig werden. Wichtig ist aber, daß alle Einzelkonzepte berücksichtigt werden.

Fehlschläge des oben genannten Vorgehens zur Einführung des Projektmanagements lassen sich immer direkt als Versäumnisse in einem der Teilkonzepte lokalisieren. Häufig beobachtete Fehler sind:

[3] Vgl. Platz: Projektmanagement erfolgreich einführen..., S. 220ff.

- Einsame Entscheidungen über eine Einführung ohne die entsprechende methodische und wissensmäßige Untermauerung bei den Betroffenen führen wohl generell zu Mißerfolgen.
- Die Unternehmenskultur wird vernachlässigt. Die Projektmanagement-Konzepte werden falsch aufgebaut und damit entstehen Akzeptanzprobleme.
- Der Machtpromotor fehlt. Ohne die Unterstützung durch ein Mitglied des oberen Managements ist in größeren Organisationen jede Veränderung nur mit erheblichen Anstrengungen durchzusetzen.
- Das Vorgehen ist nicht problemorientiert. Es wird versucht, theoretisch gute und eventuell auch praktisch erprobte Methoden einzuführen, ohne daß damit die vordringlichen Probleme des Projektes oder der Abteilung gelöst werden.

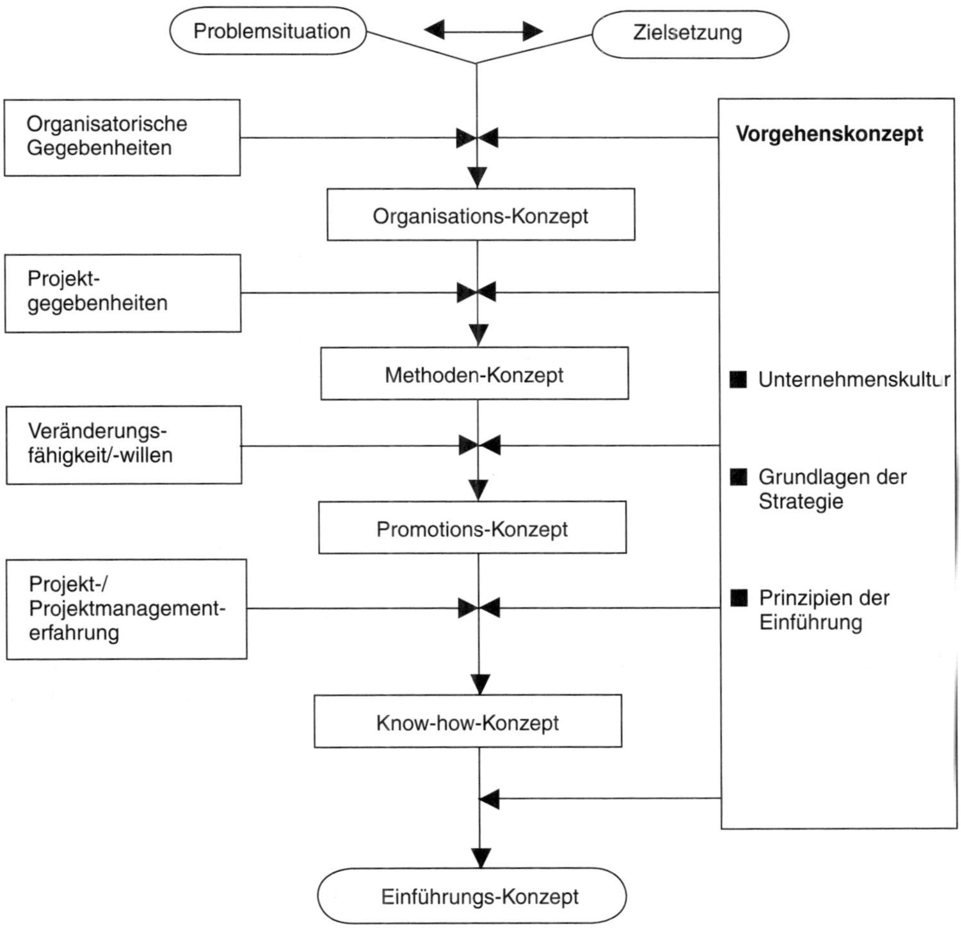

Abb. 7.1: Konzept-Erstellung für die Einführung des Projektmanagements

- Es werden hervorragende Methoden, Handbücher und Schulungen ohne laufende Rückkopplung mit der Zielgruppe erstellt und finden deshalb weder Akzeptanz noch Anwendung. (Entwicklung im „Elfenbeinturm".)
- Methoden werden perfektioniert und überfrachtet. Die Methoden sind zu umfangreich und schwerfällig, um schnell erprobt und situativ angepaßt werden zu können. Der hohe Anfangsaufwand führt zur Ablehnung bei den Anwendern.

8 Evolutionäres Projektmanagement

Zum Thema Projektmanagement sind vermehrt Kommentare zu lesen, wie: „In den USA scheiterten im Jahr 2000 72% der Informationstechnologie-Projekte" oder: „Der Anteil der fehlgeschlagenen CRM-Projekte (Customer Relationship Management) wird sich von heute 65% bis Mitte 2003 auf 80% erhöhen." Die Zahlen sind nicht immer identisch, aber im Durchschnitt besagen die Studien zu diesem Thema, daß mehr als die Hälfte aller IT-Projekte scheitern – Tendenz steigend.

Laut einer Studie der Universität Dublin können weitere 40% der Projekte nur unter erheblichen Mehrkosten abgeschlossen werden. Als Anhaltspunkt hierfür: das gemeinsame Projekt der Hotelketten Hilton und Marriott mit der Mietwagenfirma Budget. Als das Projekt abgebrochen werden mußte, waren bereits 125 Millionen USD an Kosten angelaufen. Die Liste mißlungener IT-Projekte ist lang, die finanziellen Verluste sind enorm. In Europa geben die Unternehmen jährlich rund 140,5 Milliarden USD für IT aus. Studien zur Effizienz von IT-Projekten sprechen eine deutliche Sprache: Zwei Drittel von 310 befragten Unternehmen berichten, daß die Umsetzung von E-Business bisher weder Kosten senken noch den Unternehmenserfolg steigern konnte. Die Studien bringen auf den Punkt, was viele Unternehmer beschäftigt: Die Umsetzung von IT-Ambitionen und die damit verbundenen Gefahren. Es scheint ein Mißverhältnis zu bestehen zwischen der Erwartungshaltung bezüglich der Anwendung der klassischen Projektmanagementmethodik und den tatsächlich erreichten Resultaten. Klassische Projektmanagementansätze greifen anscheinend zu kurz: Projektmanagement muß heute in weiterentwickelter Form angewendet werden. Die brennende Frage: Welche Fehler verurteilen IT-Projekte zum Scheitern? Aussagen wie: „Projekte scheitern zu 20% aufgrund von Defiziten im ‚technischen' Bereich (Hard Facts) und zu 80% aufgrund von Defiziten im ‚emotionalen' Bereich (Soft Facts)" oder „Neue Lösungen wie CRM müssen auch Veränderungen bei den Menschen mit sich bringen", zeigen, daß das Scheitern nicht nur auf technischer Ebene zu suchen ist. Das Umgehen mit Soft Facts (Zusammensetzung des Teams, Raum für Teamentwicklung, Rolle und Funktion des Projektleiters, Promotion in der Linie, Konfliktmanagement, Projektkultur etc.) ist sehr schwierig, denn Soft Facts sind der rationalen, logischen Denkwelt fremd. IT, Change- und betriebswirtschaftliches Know-how müssen zusammengewürfelt werden. Ob ein IT-Projekt zum Top oder zum Flop gerät, hängt ganz wesentlich von der Qualität des Brückenschlags zwischen IT- und jeweiliger Unternehmenswelt ab.

„Außerhalb der Projekte laufen die Uhren heute schneller als innerhalb, und das klassische Projektmanagement ist offenbar nicht in der Lage, angemessen auf solche Veränderungen zu reagieren. Eine Neuorientierung im Projektmanagement ist also dringend geboten."

8.1 Begriffsbestimmung

Evolutionäres Projektmanagement besagt, daß Projekte in ihren Wirkungszusammenhängen selbstorganisierte Systeme bilden, deren tatsächlicher Verlauf nur in begrenztem Umfang und auf eine bestimmte Art und Weise durch Planung vorbestimmt und gesteuert werden kann. Es ist gekennzeichnet durch ein evolutionäres, inkrementelles, iteratives, durch Veränderungen der Rahmenbedingungen und Anforderungen getriebenes Vorgehen.

Evolutionäres Projektmanagement baut auf Vorhandenem auf, reagiert umgehend auf Veränderungen, bezieht Erfahrungen direkt ein, nutzt aktiv Freiräume und probiert – ausgehend vom jeweils erreichten Entwicklungsstand – weitere Neuerungen aus im Sinne von „Versuch und Irrtum“. Die Bearbeitung des Projektgegenstandes und der technischen Lösung, aber auch die Einbindung der Lösung in die Zielorganisation mit allen dafür notwendigen Veränderungsprozessen wird erreicht durch eine schrittweise Zielentwicklung und Verfeinerung. Daraus resultiert das in Abb. 8.1 dargestellte prinzipielle Vorgehen. Arbeits- und Koordinationsphasen lösen sich während des Projektes zyklisch ab. In der Arbeitsphase werden, je nach Entwicklungsstand des Projektes, die gewünschten Ergebnisse erbracht, in der Koordinationsphase wird das jeweils erreichte vor dem Hintergrund neuer Entwicklungen reflektiert. Je nach Bewertung der konkreten Situation werden die Rahmenbedingungen für die folgende Arbeitsphase neu definiert. Dadurch erfolgt im evolutionären Projektmanagement eine konsequente Refokussierung von Zielen, Planung und Organisation.

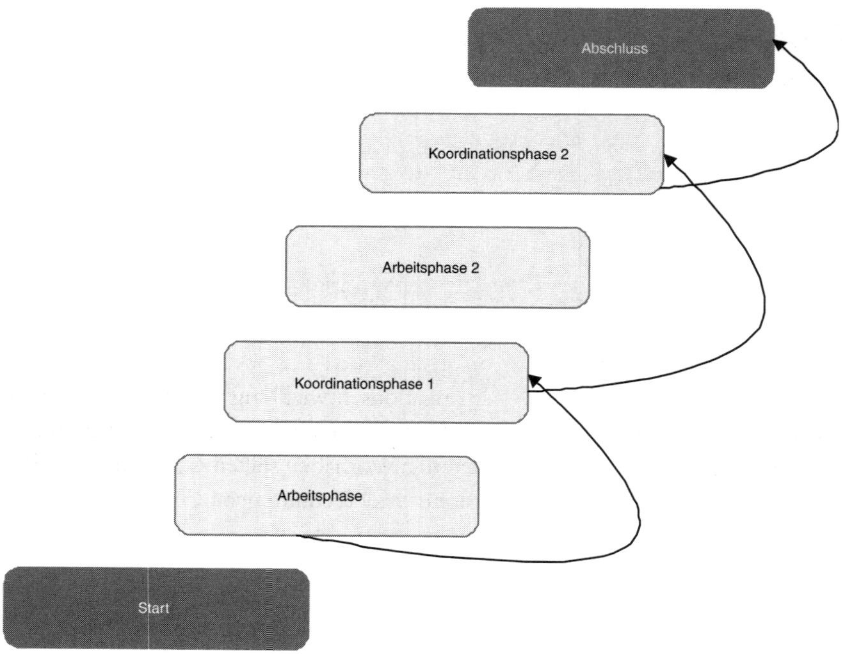

Abb. 8.1: Prinzipielles Vorgehen im evolutionären Projektmanagement

8.2 Projektmanagement im Wandel

Die Erfahrung zeigt, daß es meist Utopie ist, Projekte wie geplant abzuschließen. Häufig wird der zeitliche oder finanzielle Aufwand unterschätzt. Bei genauerer Betrachtung der Projekte, die auf erhebliche Probleme wie massive Kostenüberschreitungen oder Terminverzögerungen stoßen, stellt man fest, daß komplexe Problemstellungen nicht nur mit Routinekenntnissen oder klassischen Projektmanagementmethoden zu beherrschen sind. Das Umfeld ist dynamisch und die Entwicklungen sind kaum mit herkömmlicher, linearer Denkweise abzusehen, da bewährte Muster und Konstellationen meistens fehlen. Vor allem im Zuge der zunehmenden „Informatisierung" hat sich das Projektmanagement verändert, da IT-Lösungen typischerweise in Projektform entwickelt und umgesetzt werden.[1] Deshalb sind neue Denkweisen gefordert: denken in Kreisläufen, in Zusammenhängen, eben vernetzt statt linear. Die heutigen Auffassungen von Projektmanagement gehen wesentlich mehr in die Richtung einer ganzheitlichen, kybernetischen Betrachtungsweise. Diese Denkweise gilt es, umzusetzen. IT-Innovationen sind häufig die Auslöser komplexer Projekte, welche durch moderne Methoden und neue Projektformen bewältigt werden. Projektverantwortliche müssen in der Lage sein, Lösungsstrategien unter Einbezug vernetzten Denkens und gesamtheitlicher Betrachtung des Problems weiterzuentwickeln. Im Gegensatz zu klassischen sind bei komplexen Projekten die Zielsetzungen und auch das Umfeld permanent zu überprüfen, da das wirtschaftliche Umfeld sich mit einer hohen Dynamik verändert. Um Probleme frühzeitig erkennen und künftige Veränderungen vorwegnehmen zu können, ist es deshalb wichtig, nicht nur das Projekt in seinem Inneren zu kennen, sondern auch alle möglichen Einflüsse von außen und deren Interdependenzen in Betracht zu ziehen. Die Dynamik des Projektverlaufs und die Ausprägung der Unternehmenskultur bestimmen wesentlich den Projekterfolg. Es gilt, Strategien in immer kürzeren Zeiträumen zu entwickeln, umzusetzen und zu überdenken. Eine ganzheitliche, vernetzte Problemlösungsmethodik ist bei komplexen Veränderungsprojekten unabdingbar.[2]

8.3 Erweiterung des Projektgegenstandes

IT-Projekte werden oft einseitig aus der technischen Perspektive heraus betrachtet, aber alle größeren IT-Projekte sind auch Organisationsentwicklungsprojekte. Hierbei muß die technische Lösungsentwicklung mit dem Management eines sozialen Prozesses in der Organisation in Einklang gebracht werden. Derartige Vorhaben sollten immer mit den Prozessen der Strategieentwicklung sowie des Business und Requirement Engineerings in der Organisation aufgegriffen und durch ein sogenanntes Change Management begleitet werden, mit dem sich organisatorische Veränderungen systematisch planen und umsetzen lassen. Dies

[1] Vgl. Gomez, Peter; Fasnacht, Christian; Wasserer, Christoph; Waldispühl, Reto: Komplexe IT-Projekte ganzheitlich führen: Ein praxiserprobtes Vorgehen, Haupt, Bern/Stuttgart/Wien 2002, S. 18.

[2] Vgl. Gomez, Peter et al.: Komplexe IT-Projekte …, S. 37 f.

schließt zwar nicht alle Risiken aus, doch die Gefahr von Fehlentwicklungen sinkt deutlich. Change Management befaßt sich mit der systematischen Vorgehensweise, die komplexen Veränderungsprozesse in einem Projekt darzustellen, zu planen, zu steuern und zu kontrollieren. Entsprechend dem Change Management muß sich die Gestaltung einer neuen Organisation an der Zukunft, nicht an der Vergangenheit ausrichten und alle Maßnahmen müssen möglichst schnell umgesetzt werden.

Die Organisationsentwicklung und somit die Struktur einer Unternehmung stellen eine große Herausforderung bei komplexen Projekten dar. Veränderungsprozesse bedeuten oft einen fundamentalen Wandel, welcher bei den Betroffenen häufig Ängste auslöst. Ziele von Change Management-Maßnahmen müssen sein:

1. Eine gezielte und offene Informations- und Kommunikationspolitik.
2. Daß Betroffene zur Veränderung befähigt und bei der Erarbeitung der neuen Organisation weitestgehend beteiligt sowie in die Verantwortung genommen werden.
3. Daß projektfördernde Einstellungen und Verhaltensweisen im Unternehmen entwickelt werden.
4. Die frühzeitige Identifikation der Problem-Stakeholder.
5. Daß allgemein Konfliktpotential und Widerstände minimiert werden und präventiv und proaktiv durch gezielte Maßnahmen interveniert wird.[3]

Nicht nur das zu wenig beachtete Veränderungspotential in IT-Projekten schafft Probleme. In den meisten Unternehmungen sind IT-Verantwortung und -kompetenz in anderen Bereichen angesiedelt als die Change-Verantwortung. Oft sind es separate Welten, die voneinander abgeschottet funktionieren, aber nicht ausreichend kommunizieren. Die IT-Organisationsentwicklung will den Kunden bei der Entwicklung von Veränderungszielen unterstützen, die sich auf die Informationstechnik und zugleich auf die Organisation beziehen. Dadurch wird eine auf die Veränderungsziele des Unternehmens ausgerichtete Systementwicklung ermöglicht. Die wesentlichen Aufgaben der IT-Organisationsentwicklung werden innerhalb einer mehrstufigen Orientierungsphase bearbeitet, die in einem iterativen Prozeß über den gesamten Organisations- und IT-Entwicklungsprozeß hinweg weiterläuft. Im Sinne einer 360-Grad-Betrachtung sollten alle Aspekte des Unternehmens, die das Problem in irgendeiner Weise berühren, in die Situationsklärung einbezogen werden, also z.B. Struktur, Strategie, Personal, Know-how, Prozesse.

Komplexe Aufgaben stoßen meist auf das Problem, Mitarbeiter mit Wissen von heute und Technologien von morgen in Organisationsformen von gestern zu integrieren.[4] Die Organisationsentwicklung ist letztlich eine Herausforderung für die Mitarbeiter, die diese Prozesse tragen und heute in der „lernenden Organisation" den Wandel gestalten und den Betrieb erfolgreich machen.[5]

[3] Vgl. Gomez, Peter u.a: Komplexe IT-Projekte …, S. 68.
[4] Vgl. Ebenda, S. 69f.
[5] Vgl. Ebenda, S. 40.

8.4 Evolutionärer Prozeß

In den letzten Jahren hat sich der evolutionäre Veränderungsprozeß der Projektabwicklung vermehrt durchgesetzt, weil er auf die Veränderungen in der Umwelt und auf die neuen Erkenntnisse aus dem Entwicklungsprozeß während der Projektabwicklung eingehen und reagieren kann. Dieser Prozeß stützt sich auf die allgemeingültige evolutionäre Konzeption ab, die im Bereich der sozialen Institution wie folgt umschrieben wird:

Die evolutionäre Konzeption basiert im wesentlichen auf der Annahme, daß soziale Institutionen nicht das Ergebnis einer planenden und gestaltenden Vernunft sind, sondern das Resultat von Wachstums- und Entwicklungsprozessen. Der menschliche Konstruktionswille spielt zwar immer eine gewisse Rolle, aber die sozialen Institutionen können daraus nicht erklärt werden. Die Effektivität und Rationalität von sozialen Institutionen und Verhaltensweisen resultieren aus evolutionärer Sicht nicht in erster Linie aus vernunftgeleiteter Einsicht über die Zusammenhänge von Ursache und Wirkung oder aus einer bewußten Zweckverfolgung, sondern beruhen weitgehend auf der unbewußten faktischen Befolgung von Regeln, die ihrerseits durch Entwicklungsprozesse entstanden sind.

Die wichtigsten anwendbaren Ergebnisse der Evolutionskonzeption lassen sich wie folgt zusammenfassen: Der konkrete Verlauf von Evolutionsprozessen in der Natur ist nicht vorherzusehen; evolutionäre Prozesse sind in sozialen Systemen nur in ihren Grundzügen planbar. Daher ist ein hohes Maß an Flexibilität bezüglich der Steuerung solcher Prozesse erforderlich. Die Logik von Evolutionsprozessen beruht auf den fundamentalen Elementen von Versuch und Irrtum, denn sie stößt in Bereiche vor, über die noch keine Erfahrungen vorliegen. Daher müssen alle am Projekt Beteiligten in den entscheidenden Phasen solcher Prozesse sehr eng und intensiv zusammenarbeiten, um immer wieder aufs neue ihre gesamte Beurteilungskraft zur Einschätzung der Lage und zur Konzipierung des jeweils nächsten Schrittes einzubringen. Insbesondere ist immer wieder neu zu beurteilen, was dem Projekt zugemutet werden kann und was es in welchen Zeiträumen verkraften kann. Evolutionäre Prozesse produzieren immer Nebenwirkungen positiver und negativer Art, mit denen niemand rechnet. Aus diesem Grund ist die Mitwirkung von Personen mit ausreichenden Kompetenzen erforderlich, damit alle denkbaren Folgen erörtert und nötigenfalls Maßnahmen getroffen werden können. Wird diesen Fakten eines evolutionären Prozesses in einer Projektabwicklung Rechnung getragen, so ergibt sich daraus der namhafte Vorteil einer erhöhten Flexibilität, die Schritt für Schritt zu einem zentralen Erfolgsfaktor der Produktentwicklung wird.[6]

[6] Vgl. Jenny, Bruno: Projektmanagement in der Wirtschaftsinformatik, 5. Aufl., vdf, Hochsch.-Verl. an der ETH, Zürich 2001, S. 222 ff.

8.5 Vorgehensmodelle

„Ein gutes Projektmanagement basiert auf einem zielgerichteten Phasenmodell beziehungsweise Vorgehensmodell.“[7] Das Vorgehensmodell (siehe auch Kapitel 1.5) legt fest, in welcher Abfolge und in welcher Ausprägung die Projektaktivitäten durchgeführt werden müssen. Es standardisiert die ablauforganisatorische Gestaltung des Vorgehens. Ein Vorgehensmodell beinhaltet die notwendigen Schritte und deren Reihenfolge, um auf möglichst direktem Weg das angestrebte Ergebnis zu erreichen. Aus den einzelnen Schritten entsteht damit ein stufenweiser und in überblickbare Teiletappen gegliederter Planungs-, Entscheidungs- und Konkretisierungsprozeß. Diese Schritte werden in einer Projektdurchführung als Projektphasen bezeichnet und können nach unterschiedlichen Denkansätzen (Vorgehensmodellen) bearbeitet werden.[8]

Vorgehensmodelle können zum Beispiel als „Landkarten“ eines Projekts gesehen werden. Man kann ein Projekt mit einem Territorium vergleichen, in dem man sich zurechtfinden muß und die Karte dabei die verschiedenen Aspekte des „unbekannten Geländes“ verdeutlicht. Die Landkarte ist nicht das Territorium selbst, sie gliedert bzw. ordnet es nur. Denn ein Projekt besteht nicht aus Phasen, eine Einteilung in Phasen dient vielmehr zur Orientierung.

Im Softwareentwicklungsbereich gibt es verschiedene Vorgehensmodelle, nach denen Projekte abgewickelt werden können. Die bekanntesten Arten von Vorgehensmodellen sind das sequentielle Vorgehensmodell, auch reines Wasserfallmodell genannt, das Schleifen-Vorgehensmodell, ein Wasserfallmodell mit Rücklauf, das V-Vorgehensmodell und das Spiralen-Vorgehensmodell.

Das traditionelle Modell, bei dem die Aktivitäten zeitlich hintereinander und streng voneinander abgegrenzt geordnet werden, ist das Wasserfallmodell, auch Software Life Cycle-Modell genannt. Auf Grund einiger Kritik an diesem Modell haben sich Alternativen dazu herausgebildet. Dazu gehören unter anderem das „Prototyping“-Modell und das iterativ-inkrementelle Spiralen-Vorgehensmodell, kurz Spiralmodell. Es basiert auf einer evolutionären Vorgehensweise und ist somit für das evolutionäre Projektmanagement wichtig. Beim Spiralmodell wird das Produkt auf der Basis des evolutionären Gedankens in Form von Produktstufen (Versionen) entwickelt. Dabei wiederholen sich die einzelnen Phasen während der gesamten Lebensdauer der Software. Dieses Vorgehen kann am besten spiralförmig dargestellt werden. Jeder neue Zyklus beginnt mit der Identifikation der Entwicklungsziele der Produktstufe und gelangt über die gewonnenen Erkenntnisse aus der Vorversion und den neuen Erkenntnissen aus dem Prototyping zu einer neuen Version.[9]

Das jeweils angewendete Vorgehensmodell beeinflußt die Projektplanung, vor allem in bezug auf Flexibilität und Komplexität. Läuft die Planung beim sequentiellen Vorgehens-

[7] Ebenda, S. 63.
[8] Ebenda, S. 63.
[9] Ebenda, S. 63 ff.

modell linear ab, werden bei der Planung von evolutionären Vorgehensmodellen die neuen Erkenntnisse und die neuen Zielsetzungen laufend berücksichtigt, was sogar einen Rückschritt in frühere Phasen und somit eine Aufteilung in Versionen zur Folge haben kann. Dieser Typ von Kreislauf hat einen dynamischen Charakter und integriert fortlaufend das sich verändernde Umfeld. In diesem Zusammenhang ist auch ein effizientes Konfigurationsbeziehungsweise Änderungsmanagement von großer Bedeutung. Grundsätzlich ist es unerläßlich, neue Erkenntnisse und Zielsetzungen laufend in einen Projektablauf zu integrieren, aber es besteht auch die Gefahr, daß dadurch ein Projekt ins Unendliche angepaßt und neu strukturiert wird.[10]

8.6 Phasenmodelle

Generell wird die Planung und Abwicklung eines EDV-Anwendungsprojektes in Phasen strukturiert. Innerhalb der aufgeführten Vorgehensmodelle gibt es aufgrund von Einflußgrößen wie Projektumfang, Marktsituation und somit Beschaffungsart, verfügbare Zeit, Mittel, Lösungsansatz und Methodeneinsatz sogenannte Vorgehensausprägungen. Diese Vorgehensausprägungen beeinflussen die Arbeitsinhalte der verschiedenen Phasen. Innerhalb eines Vorgehensmodells können verschiedene Phasenmodelle entstehen, die den nachfolgend aufgeführten Einflußgrößen Rechnung tragen:[11]

1. Zeit, Mittel und Denkansatz
   - Konzeptionelles Vorgehen, Business Reengineering (Neuerstellung)
   - Empirisches Vorgehen, Kaizen (am alten System laufend Verbesserungen vornehmen)
2. Beschaffungsart
   - Eigenentwicklung
   - Evaluation
3. Methodeneinsatz
   - Prototyping-Tools oder Expertensystemwerkzeuge
   - CASE
   - Objektorientiert (OO)
4. Projektgröße
   - n-Phasen-Modell (größere Projekte)
   - 5-Phasen-Modell (größere Projekte)
   - 3-Phasen-Modell (kleinere Projekte)

[10] Vgl. Ebenda, S. 228.
[11] Vgl. Ebenda, S. 228.

Bei der Durchführung eines Softwareprojekts fallen verschiedene Arbeitsschritte an, wie etwa die Anforderungsanalyse, Spezifikation, Programmentwurf, Codierung, Qualitätssicherung, Dokumentation, Installation, Betrieb und Wartung (die Bezeichnungen können im einzelnen von anderen Definitionen, die man in der Literatur findet, abweichen). Werden diese Tätigkeiten zeitlich sequentiell geordnet, so werden sie als Phasen bezeichnet. Die Abgrenzung der einzelnen Tätigkeiten bzw. Phasen voneinander ist oft schwierig und im Detail willkürlich. In manchen Betrieben gibt es genau definierte Phasenmodelle, die als interner Standard festgelegt sind, besonders im Zusammenhang mit ISO-9000-konformen Qualitätsstandards.

Um den stets schneller werdenden Veränderungen der Umwelt (Evolution) und den daraus resultierenden, wechselnden Projektanforderungen Rechnung zu tragen, sollten heute die gewünschten Systeme mit einem „neuen“ Denk- und Lösungsansatz (Vorgehensmodell) erstellt werden.[12] Dabei sollen auch die neuen und wertvollen Erkenntnisse, die das Projektteam während der Abwicklungszeit gewinnt, möglichst schnell und kostengünstig in das neue System einfließen. Will man diesen Anforderungen entsprechen, so bedingt dies eine Methode, die einen schnellen, iterativen Umsetzungsprozeß unterstützt, also ein evolutionäres Phasenmodell.

Es basiert auf dem evolutionären Prototyping, mit dem man bei der inkrementellen Systementwicklung das Ziel verfolgt, möglichst transparente, klare Benutzeranforderungen zu erhal-

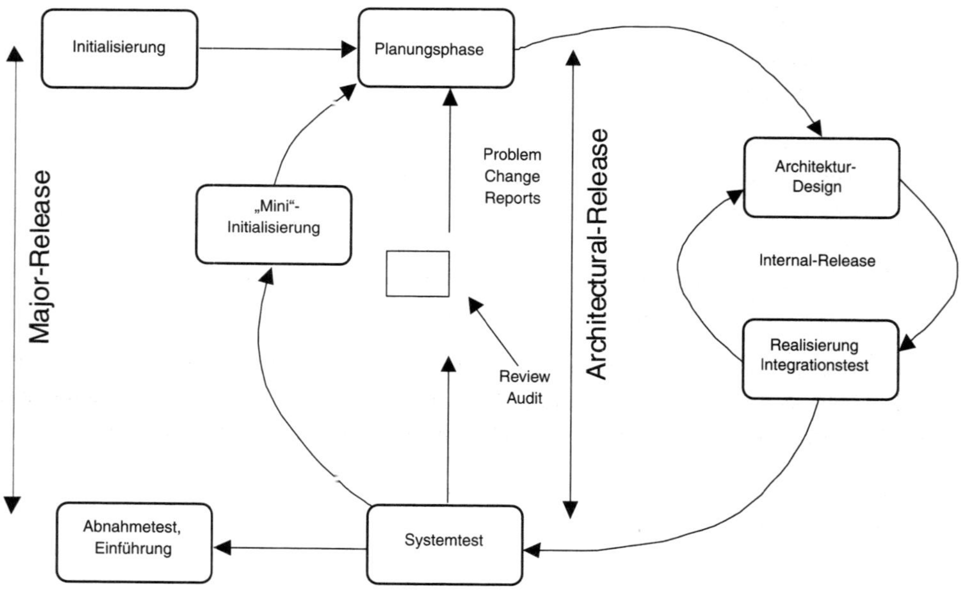

Abb. 8.2: Evolutionäres Phasenmodell

[12] Vgl. Jenny, Bruno: Projektmanagement …, S. 71.

ten, die während der Realisierung eine sukzessive Anreicherung mit neuen Funktionalitäten erbringen. Dieses Phasenmodell beruht grundsätzlich auf den Überlegungen von Booch[13] mit seinen Makro-Zyklen. Es stellt jedoch aufgrund seiner Phasenanordnung einen Kompromiß zwischen den beiden polarisierenden Ansätzen des statischen Wasserfallmodells und des evolutionären Spiralmodells dar. Die Vorgehensweise innerhalb der einzelnen Release-Entwicklungen ist durch ständige Iterationen der verschiedenen Ergebnisse geprägt.

Diese Iterationen des einzelnen Release werden durch seinen übergeordneten Release gesteuert. Auf der untersten Stufe der Internal-Release hat man eine Planungsoptik von Tagen, auf Ebene der Architectural-Releases eher Wochen und Monate. Das daraus resultierende Produkt sollte beim Anwender sinnvoll einsetzbar sein. Der Architectural-Release richtet sich nach den planerischen Vorgaben eines Major-Release aus.[14]

8.7 Übergang von sequentiellen zu evolutionären Vorgehensmodellen

Geht man von den heutigen marktwirtschaftlichen Gegebenheiten aus (starker Verdrängungsmarkt, kurze Reaktionsfristen usw.) und im Lichte der rasanten Entwicklung der EDV-Technologie, kann heute bei der Planung von Softwareprojekten nicht mehr ausschließlich vom traditionellen Life Cycle Modell ausgegangen werden, sondern es erscheint zwingend, ein Projekt auf der Basis des evolutionären Grundgedankens zu entwickeln.[15]

Beim Wasserfallmodell werden die einzelnen Projektphasen sequentiell abgearbeitet, d.h. daß eine neue Phase erst begonnen wird, nachdem die vorhergehende Phase beendet wurde. Das sequentielle Abarbeiten der Phasen kann dabei

- streng erfolgen, d.h. daß keine Rücksprünge erlaubt sind,
- flexibel gehandhabt werden, d.h. daß Rücksprünge erlaubt sind. Ein Rücksprung erfolgt dann, wenn ein Fehler einer bereits abgeschlossenen Phase in einer späteren Phase festgestellt wird. (Anm.: Sofern man Rücksprünge vornimmt, müssen alle nachgelagerten Phasen nach dem Rücksprung erneut durchlaufen werden.)

Dieses Vorgehen war bis in die 90er Jahre nicht nur weit verbreitet, sondern auch sehr beliebt. Aber die sich schnell wandelnde Wirtschaft verlangte flexiblere und dynamischere Modelle in der Entwicklung. Das Wasserfallmodell war zu statisch und zu langsam.

Die Einbringung der Wünsche der künftigen Benutzer des geplanten Systems ist bei diesem Modell nur in der Anfangsphase vorgesehen. Die Annahme, daß die Benutzer zu diesem Zeitpunkt ihre Anforderungen vollständig kennen, sie konsistent beschreiben können und

[13] Vgl. Booch, G.: Object Solutions. Managing the Object-Oriented Project, Menlo Park, CA, Addison-Wesley, 1995.
[14] Vgl. Jenny, Bruno: Projektmanagement ..., S. 71 f.
[15] Ebenda, S. 224.

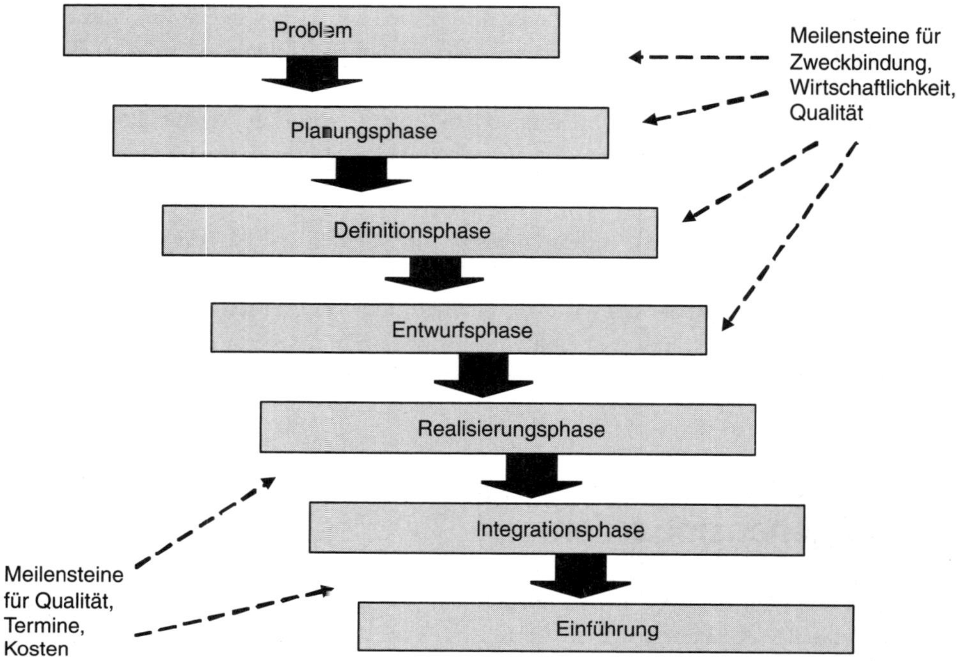

Abb. 8.3: Das Wasserfallmodell

daß sich diese Anforderungen im weiteren Verlauf des Projektes nicht mehr ändern, kann nach den Erfahrungen aus der Praxis oft nicht aufrechterhalten werden. Entwicklungsfehler werden erst am Schluß entdeckt und bilden große Risikofaktoren. Solche Risiken bleiben bei der Wasserfallmethode oft so lange verborgen, bis es zu spät ist, wirkungsvolle Gegenmaßnahmen zu ergreifen. Das führt zu umständlichen, teuren und vor allem zeitintensiven Entwicklungen. Quantitative Analysen zu diesem Thema zeigen, daß der Planung (Anforderungsanalyse) und der darauffolgenden Definition (Spezifikation), den ersten beiden Phasen beim Wasserfallmodell, eine überproportionale Bedeutung als Kostenverursachungsfaktor zukommt: Ca. 56% aller Fehler werden in dieser Anfangsphase eines Projekts gemacht. Betrachtet man die Fehlerbehebungskosten, so verstärkt sich dieser Trend noch: 82% aller Kosten werden verbraucht für die Behebung von Fehlern aus der Planungs- und Definitionsphase.

Schneller realisierte Teilsysteme könnten oft einen früheren Marktvorteil realisieren. Folglich drängen sich besonders das Prototyping mit seiner frühzeitigen (provisorischen) Erstellung des Produktes und das Spiralmodell mit seiner evolutionären Vorgehensweise auf. In den letzten Jahren haben sich die evolutionären Prozesse in der Projektabwicklung vermehrt durchgesetzt, weil sie auf Veränderungen der Umgebung, veränderte Rahmenbedingungen und Ziele und die neuen Erkenntnisse aus der Projektabwicklung rasch reagieren können und die sukzessive Bereitstellung funktionstüchtiger Teilprodukte garantieren. Im Gegensatz zum Wasserfallmodell sind die inkrementellen, evolutionären Entwicklungsmethoden wegen ihrer Flexibilität und Reaktionsfähigkeit in bezug auf die sich laufend verändernde Umwelt ideal für komplexe Projekte. Jedoch bedingt die evolutionäre, inkrementelle Entwicklungsart sehr sorgfältige Überlegungen und stellt wesentlich höhere Anforderungen an die Projektplanung als das Wasserfallmodell.

8.7.1 Prototyping

Die ersten Prototyping-Ansätze versuchten, diesem Umstand Rechnung zu tragen. „Das Prototyping geht, wie andere evolutionäre Ansätze, von einer iterativen Entwicklung aus.“[16] Das Produkt soll in verschiedenen Iterationen, die wiederum aus den Phasen des Wasserfallmodells bestehen, Stück um Stück entwickelt werden. Die prototypenorientierte Entwicklungsmethodik unterscheidet sich von der konventionellen Entwicklungsmethodik nach dem Life Cycle Modell vor allem durch die Vorgehensweise und die produzierten Ergebnisse in den einzelnen Phasen. Die Prototypenherstellung ist ein iterativer Prozeß. Zuerst wird ein Prototyp aufgrund von Resultaten vorausgegangener Aktivitäten produziert. Anhand dieses Prototyps wird durch Experimente, die den realen Einsatzbedingungen entsprechen, evaluiert, ob die Anforderungen des Anwenders erfüllt werden. Entwickler und Anwender können unter realitätsähnlichen Bedingungen ausprobieren, ob das Systemmodell Fehler hat.[17]

Die Benutzer können mit dem Modell/Prototyp experimentieren, ihre Anforderungen präzisieren, Varianten ausprobieren und den Umgang mit dem System erlernen. Die Kommunikation mit den Entwicklern kann sich auf eine konkrete Basis stützen, und die Benutzer werden aktiv in den Entwicklungs- und Umstellungsprozeß einbezogen, was zu einer wesentlichen Erhöhung der Arbeitszufriedenheit führen kann, falls betriebspsychologisch richtig vorgegangen wird.

„Eine prototypenorientierte Softwareentwicklungsstrategie unterschiedet sich nicht radikal von der sequentiellen Entwicklungsstrategie. Die beiden Strategien sind eher komplementär als alternativ. Neu ist, ... daß das Phasenmodell nicht als lineares, sondern als iteratives Modell anzusehen ist und daß vorgegeben ist, wo und in welcher Weise diese Iteration nicht nur möglich, sondern sogar notwendig ist.“[18]

Da Entwicklungsfehler bereits in frühen Prototypen eruiert werden können, führt das zu einer erheblichen Risikominderung. Die Projektplanung ist beim Prototyping überdurchschnittlich gefordert, denn aufgrund der neuen Erfahrungen mit den ersten Prototypen muß

[16] Kurbel, Karl; Strunz, Horst (Hrsg.): Handbuch der Wirtschaftsinformatik, Stuttgart 1990, S. 412.
[17] Vgl. ebenda S. 228 f.
[18] Ebenda, S. 228.

sie ständig angepaßt werden. Nach der klassischen Life Cycle-orientierten Entwicklungsmethodik wird das Produkt so spät wie möglich implementiert, nämlich dann erst, wenn alle Einzelheiten aus den vorherigen Phasen geklärt sind. Bei Anwendung der prototypenorientierten Methodik dagegen wird so früh wie möglich implementiert. Die Praxis zeigt, daß man viel eher zum Ziel kommt, wenn das Produkt schrittweise und mit Hilfe eines Modells, also anhand von ausführbaren Prototypen und nicht bloß durch statische Beschreibungen entwickelt wird. Dadurch wird das Risiko, eine Fehlentscheidung zu treffen, wesentlich verringert. Die Lerneffekte, die nun mit den „Phasenergebnissen" durch Experimentieren erzielt werden können, stellen eine neue Dimension im Hinblick auf die Qualitätssicherung dar. Mit Prototyping kann eine Verringerung der Fehlerhäufigkeit und damit der Wartungskosten erreicht werden. Das Ziel sind eine Risikominderung, eine erfolgreiche Qualitätssicherung und die Ausnutzung des Lerneffekts durch Experimente unter realen Bedingungen. Im Hinblick auf eine Rationalisierung des teuren Herstellungsprozesses ist es natürlich wünschenswert, daß wiederverwendbare Prototypen entstehen.[19]

Nachteile des Prototypings können sein, daß die Entwickler versucht sind, den Prototyp ohne große Änderungen als fertiges System zu verkaufen. Ebenso kann der Kunde auf den Entwickler einwirken, den Prototyp mit ein paar kleinen Änderungen in das fertige Produkt zu überführen, wodurch die Qualität des Produktes erheblich leiden würde. Dadurch, daß im Prototyping zunächst eine sehr vereinfachte Version des Produktes erstellt wird, besteht die Gefahr geringer Sorgfalt in konzeptioneller Hinsicht. Es kann auch passieren, daß der Kunde von der „wackligen, unprofessionellen" Lösung verschreckt wird.

Prototyping ist kein eindeutiges Verfahren, weshalb man zwischen verschiedenen Arten des Prototypings unterscheiden kann: exploratives, experimentelles und evolutionäres Prototyping. Für das Spiralmodell ist das evolutionäre Prototyping ausschlaggebend.

Evolutionäres Prototyping hat das Ziel einer inkrementellen Systementwicklung, d.h. einer sukzessiven Entwicklungsstrategie, bei der zunächst ein Prototyp für die von vorneherein klaren Benutzeranforderungen erstellt wird. Das Ergebnis dient als Basissystem für den Anwender und für den nächsten Schritt, in dem neue Benutzeranforderungen integriert werden und der Prozeß von neuem beginnt. Beim evolutionären Prototyping simulieren die Prototypen nicht das Produkt und werden in der Regel auch nicht weggeworfen, sondern schrittweise zum Produkt „hochgezogen". Evolutionäres Prototyping ist also eine permanente Adaption und Weiterentwicklung des Systems.

Prototypen sind wichtige Hilfsmittel, um die durch nichts zu ersetzende praktische Erfahrung mit einem System, sei es ein Stuhl, ein Schiff oder ein Softwareprodukt, sammeln zu können. Prototyping umfaßt alle Aktivitäten, die notwendig sind, um solche Prototypen verfügbar zu machen.[20]

[19] Ebenda, S. 229 f.
[20] Kurbel, Karl u. a.: Handbuch ..., S. 227f.

8.7.2 Spiralmodell

Ein anderes, vor allem in den USA weit verbreitetes Vorgehensmodell ist das sogenannte Spiralmodell, das auf einer evolutionären Vorgehensweise und im Prinzip auf dem evolutionären Prototyping beruht. Das „klassische" Vorgehensmodell dieser Art ist das von Boehm, welches auf einer Abfolge von evolutionär entwickelten Prototypen basiert.[21] Das Spiralmodell basiert auf einem inkrementell-iterativen Vorgehen, d.h. der Entwicklungsprozeß ist durch eine inkrementelle Vorgehensweise und einen zyklischen Ablauf gekennzeichnet, bei dem aufeinanderfolgende Versionen hergestellt und eingesetzt werden. „Merkmale des Spiralmodells sind ein weitgehender Verzicht auf Sequentialisierung und vordefinierte Zwischenergebnisse.

Beim Spiralmodell nähert man sich schrittweise dem Ziel, wobei jede Iteration aus benannten und standardisierten Entwicklungsschritten besteht, den Phasen. Für die Gestaltung der einzelnen Iterationen können andere Vorgehensmodelle herangezogen werden. In der Regel sind es benannte und standardisierte Phasen wie beim Wasserfallmodell, sie werden jedoch zyklisch mehrfach durchlaufen, bis das Produkt fertiggestellt ist. Jede der Spiralen stellt einen iterativen Zyklus derselben Schritte dar. Die Ziele für den jeweils nächsten Zyklus werden aus den Ergebnissen des vorhergehenden abgeleitet. Die evolutionäre Sichtweise ist ein bewußtes Vorgehen. Die Anforderungen, die an die Software gestellt werden, wandeln sich beim Spiralmodell, denn sie werden im Prozeß erschlossen. Dabei werden die Schwierigkeiten der initialen Anforderungsermittlung und die mit dem Projektfortschritt einhergehenden Lernprozesse berücksichtigt. Die Zwischenresultate werden durch „systematisches Probieren" in zyklisch gestufter Abfolge von Entwerfen, Realisieren und Validieren erarbeitet.

In Abb. 8.4 entsprechen diese Phasen den vier Quadraten eines Koordinatenkreuzes, die im Uhrzeigersinn ablaufen. Es beginnt mit der Planung, woraufhin die Ausführung folgt. Schließlich erfolgt eine Analyse des Erreichten (Kontrolle, Qualitätssicherung), um das nächsthöhere Etappenziel anzustreben. Aus der Kontrolle werden die nächsten Schritte (Iterationen) abgeleitet, die dann wiederum geplant werden müssen. Allmählich nähert man sich dem Endziel. Beim Spiralmodell soll mit dem Kleinsten begonnen werden und die Spirale so eng als möglich gehalten werden. Durch die zyklische Anordnung der Schritte sind Rückgriffe eingeplant, denn Fehler sind beim Spiralmodell Lernereignisse. „Das Spiralmodell orientiert sich an der „Ist-Praxis", im Gegensatz zum Wasserfallmodell, das sich an der „Soll-Praxis" orientiert. Konzepte und Realisierungsmöglichkeiten werden ausprobiert und gegebenenfalls wieder verworfen. Bereits durchlaufene „Phasen" der Entwicklung können immer wieder von neuem aufgegriffen werden.

Die Iterationen sind so festzulegen, daß deren Abschluß jeweils ein Zwischenergebnis liefert. In der Regel endet jede Iteration mit einem ausführbaren Produkt. Dabei muß der Projekt-

[21] Vgl. Karl, Herbert: Management und Controlling von IV-Projekten, München/Wien 2000, S. 83.

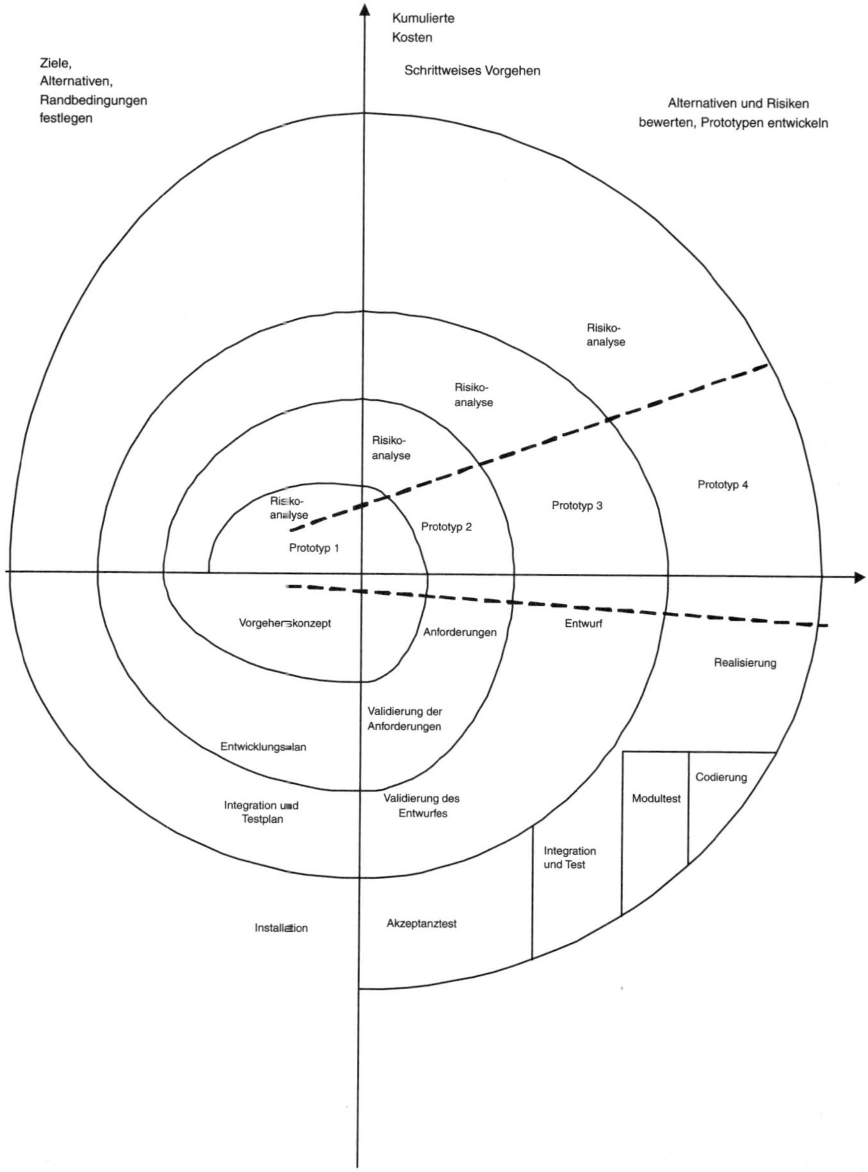

Abb. 8.4: Das Spiralmodell

leiter ein Kontrollsystem einrichten, das einerseits Erfahrungen und Erkenntnisse aus dem laufenden Projekt sofort herauskristallisiert und andererseits die Beziehung zur Zielsetzung so gestaltet, daß diesbezügliche Änderungen in die kommende Planung gezielt einfließen und daraus eventuell Versionen gestaltet werden können. Diese Versionen können sofort oder zu einem späteren Zeitpunkt über das Konfigurationsmanagement beziehungsweise mittels Änderungsmanagement eingesetzt werden.[22]

Markante Ereignisse, meist am Ende einer jeden Iteration, nennt man Meilensteine. Dadurch hat man die Möglichkeit, nach jeder Iteration bzw. bei Erreichen eines Meilensteins eine umfassende Bestandsaufnahme durchzuführen, die Ergebnisse kritisch zu beleuchten und den Trend für den weiteren Projektverlauf abzuschätzen. Das geschieht in einer Sitzung mit dem zuständigen Projektgremium. Alle aufgelaufenen Probleme, die noch nicht gelöst werden konnten und zu deren Lösung die Meinung des Auftraggebers wichtig ist, können dann vorgetragen und, falls notwendig, zur Entscheidung gebracht werden. Der Auftraggeber bzw. die Unternehmensleitung treffen dann die Entscheidung über die weitere Vorgehensweise im Projekt. In der Regel wird dabei so verfahren, daß wenn das Urteil negativ ausfällt, eine Überarbeitung vorgenommen werden muß. Dabei wird innerhalb der Spirale ein „Schritt nach innen" gemacht und somit die Iteration wiederholt. Bei Akzeptanz des erarbeiteten Projektziels gibt das Gremium den Start für die nächste Iteration frei und das Projekt bewegt sich in „Spiralform" weiter.[23] Selbst bei einem weitestgehend störungsfreien Ablauf eines Projektes sollte das Gremium regelmäßig zusammenkommen. Das Spiralmodell erfordert einen hohen Managementaufwand, da ein kontinuierlicher Entscheidungsprozess stattfindet.

Das Spiralmodell ist ein risikogetriebenes Modell, sein oberstes Ziel ist die Minimierung der Risiken. Angesichts der Schwierigkeiten, Informationsbedürfnisse von Entscheidern ex ante zu erheben, ist es offensichtlich, daß vor allem evolutionäre Ansätze der Systementwicklung Verwendung finden. So eignet sich das Spiralmodell zum Beispiel zur Erstellung von innovativen, komplexen und im voraus schwierig zu strukturierenden Informations- und Kommunikationssystemen.

Ein Vorteil des Spiralmodells sind einsatzfähige Produkte in kürzeren Zeitabständen. Damit lassen sich auch die Auswirkungen des Produkteinsatzes früher erkennen und läßt sich gegebenenfalls das Produkt überarbeiten. Die Richtung der Entwicklung ist leichter steuerbar, da es statt eines Endergebnisses mehrere Zwischenergebnisse gibt, auf die gegebenenfalls korrigierend Einfluß genommen werden kann.

In der Anfangsphase des Spiralmodells dürfen jedoch keine Kernanforderungen übersehen werden, sonst muß die gesamte Systemarchitektur überarbeitet werden.

Schwierigkeiten können auch auftreten, falls Zwischenergebnisse nur schwer an ungeplante Evolutionspfade angepaßt werden können. Ein Risiko des Spiralmodells besteht auch darin, daß Projekte, die nach einem evolutionären, inkrementellen Entwicklungsprozeß abgewickelt werden, zu einem „nie endenden Projekt" ausarten können. Dies kann geschehen, wenn kein Änderungsmanagement existiert und sich immer wieder neue Erkenntnisse

[22] Vgl. Jenny, Bruno: Projektmanagement ...S. 225.
[23] Vgl. Zielasek, Gotthold: Projektmanagement als Führungskonzept: Erfolgreich durch Aktivierung aller Unternehmensebenen, 2. Aufl., Springer, Berlin/Heidelberg 1999, S. 10 ff.

respektive Anforderungen an das Projekt ergeben oder wenn technische Komponenten so lange weiterentwickelt werden, bis sie aus rein politischen Gründen unbedingt integriert werden müssen. Auch das Risikomanagement ist von großer Bedeutung, hier können alle Transaktionskosten berechnet werden, sowie ein prozeßorientiertes Qualitäts- und Erfahrungsmanagement.

Problematisch ist auch die Tatsache, daß in der Regel zu Beginn der Projekte meist ein Fixpreis vereinbart wird, der Erkenntnisstand des Kunden aber während des Projekts kontinuierlich anwächst und er dadurch häufig neue Anforderungen an das Produkt stellt. In solchen Fällen muß man sich mit dem Kunden auf sogenannte „Change Requests“[24] einigen. Ansonsten führen Zusatzwünsche oder Projektänderungen des Kunden dann oft zu zähen Verhandlungen, die das Projekt unnötig in die Länge ziehen.

Mit den folgenden Regeln oder Entscheidungsstrukturen können die Verantwortlichen diese Gefahren umgehen. Das Projektbudget muß hinsichtlich Finanzen und Personalressourcen geprüft werden, ob der zusätzliche Aufwand möglich ist, die neuen Erkenntnisse in die Projektarbeit einfließen zu lassen. Sollten die Ressourcen nicht zur Verfügung stehen, kann eventuell eine Budgeterweiterung beantragt oder können die Erkenntnisse für die nächste Version aufbewahrt werden. Verursacht der Verbesserungsaufwand eine erhöhte Zeitnot, so muß die Planung überarbeitet werden. Wird die Projektverzögerung vom Auftraggeber nicht akzeptiert, so ist die Verbesserung wiederum für die nächste Version aufzubewahren. Das Projektteam muß immer prüfen, ob mit den neuen Erkenntnissen die Muß- und/oder Kann-Ziele des Projekts erreicht werden. Verbesserungen dürfen jedoch immer nur mit Zustimmung des Auftraggebers in die Projektdurchführung einfließen. Davor muß sichergestellt werden, daß die Verbesserungen für den betrieblichen Ablauf notwendig sind und nicht nur der Entfaltung des Entwicklers dienen.[25]

Ein heute weit verbreitetes Beispiel eines iterativen Entwicklungsvorgehens in der Softwareentwicklung ist der Rational Unified Process (RUP) der amerikanischen Firma Rational Software, die kürzlich von der IBM übernommen wurde. Ein weniger bekanntes, dafür aber sehr effektives neues Vorgehensmodell ist das „eXtreme Programming“, kurz XP genannt.

8.7.3 Rational Unified Process

Analog zum hier beschriebenen Verfahren wird beim Rational Unified Process (RUP) mit jedem Evolutionszyklus ein Teil des Gesamtergebnisses erarbeitet. Alle Aufgaben des Software-Engineerings, vom Business-Engineering bis zur Einführung des Systems, werden in jedem Zyklus durchlaufen. Ebenso sind weitere Aufgabenbereiche mit jedem Zyklus neu zu gestalten, etwa die Mitarbeiter- und Teamentwicklung oder der Aufbau und die Weiterentwicklung des Projekt-Wissensmanagements.

[24] Änderungsanträge.
[25] Vgl. Jenny, Bruno: Projektmanagement ..., S. 225.

Entstanden aus dem Objectory Process (1987), wurde bereits die erste Version von RUP bei ihrem Erscheinen 1997 zu einem großen Erfolg. Diesem Erfolg liegt nicht ein grundsätzlich neues Vorgehen zugrunde, vielmehr zeichnet sich RUP dadurch aus, daß dieser Prozess die „Best Practices" in der IT-Entwicklung nutzt und integriert. Die Best Practices sind dabei eine Ansammlung von Erfahrung und Wissen, die durch tausende Projekte entstanden sind. So ist der klassische Wasserfallansatz weiterhin präsent. Der Ablauf wird einfach mehrmals – pro Lebenszyklus einmal – durchlaufen. Am Ende jeder dieser Iterationen entsteht ein Stück ausführbare Systemarchitektur. So kann bereits in frühen Iterationen die Funktionalität praktisch getestet werden, und der Benutzer erhält bereits zu Beginn der Entwicklungszeit einen Eindruck davon, wie das System in Zukunft aussehen und funktionieren soll. Damit können bereits in den ersten Projektphasen die größten Risikofaktoren beträchtlich minimiert werden. Design- und Architekturfehler werden in der nächsten Iteration korrigiert, neue Anforderungen können schnell und flexibel mit einbezogen werden. Am Ende jeder Iteration werden die Entwicklungsdaten ausgewertet und tragen zu einer noch exakteren Planung der nächsten Phasen bei. Mit Hilfe der RUP-Best-Practices ist nicht nur ein lückenloser, integrierter Ablauf sichergestellt, sondern wird auch die Verständigung zwischen Software-Entwickler und -Anwender verbessert.[26]

8.7.4 eXtreme Programming

„XP ist eine kompakte Methode zur Entwicklung von Software in kleinen bis mittelgroßen Teams, deren Arbeit vagen oder sich rasch ändernden Anforderungen unterliegt."[27]

Es ist eine Technik, die darauf zielt, wesentliche Probleme in der Softwareentwicklung unter Kontrolle zu bringen.

Aufgrund unvollständiger Spezifikationen, nachträglicher Änderungswünsche des Kunden oder ständig neu hinzukommender Benutzerbedürfnisse kommt es dazu, daß die Entwickler das zu erstellende System vorab faktisch nie richtig verstehen.

Dieses Problem wird mit XP umgangen, indem man frühzeitige, konkrete und fortwährende Feedbacks durch kurze Zyklen bekommt. Innerhalb dieser sehr kurzen Iterationszyklen – Sekunden, Minuten und Stunden statt Wochen, Monate und Jahre – wird immer wieder ein komplettes System gebaut und möglicherweise sogar produktiv geschaltet. Dadurch bleiben die Veränderungen klein und die Entwickler können gut nachvollziehen, was gemacht wurde. So wird auch vermieden, daß am Ende der Kunde vor einer nicht seinen Vorstellungen entsprechenden Lösung steht. Voraussetzung hierfür ist allerdings das sogenannte Planungsspiel, indem beide Parteien ständig abstimmen, was zu tun ist und welche Prioritäten gesetzt werden.

[26] Vgl. Gomez, Peter et al.: Komplexe IT-Projekte …, S. 35 f.
[27] Beck, Kent.: Extreme Programming – Die revolutionäre Methode für Softwareentwicklung in kleinen Teams. Addison Wesley, München 2000.

Um eine bestimmte Sicherheit mit diesem Verfahren zu erhalten, werden Komponententests durchgeführt, die von Beginn an und kontinuierlich den Code prüfen. Und um diese Sicherheit garantieren zu können, verlangt XP, daß diese Tests immer zu 100 % erfüllt sind.

Um eine überflüssige Komplexität zu eliminieren, wird regelmäßig refaktorisiert. Damit das Design selbst eine gewisse Struktur behält, gibt es die Systemmetapher, die über den gesamten Verlauf des Projekts gleich bleiben sollte. Beispiele für solche Metaphern aus der Unix-Welt wären Filter, Pipe oder Datenstrom.[28] Ein weiterer Punkt zur Qualitätssicherung ist das Programmieren in Paaren. Diese Technik bringt einige nicht unbedeutende Vorteile mit sich: Es findet ein enorm hoher Wissenstransfer statt, das Projekt hängt nicht nur von Einzelpersonen ab, die Entwickler können sich gegenseitig verbessern und gemeinsam lernen.

So entsteht Schritt für Schritt das Netzwerk von Regeln, das eXtreme Programming ausmacht. Die klare Definition und Abgrenzung macht aus XP einen sehr leichtgewichtigen Entwicklungsprozeß. Es minimiert nicht nur bestimmte Risiken, sondern es ist auch produktiv und es macht Spaß.

8.7.4.1 Die Idee

eXtreme Programming ist ein neues Paradigma für die Programmierung, das die Abwicklung von Informatikprojekten revolutionieren soll. Projekte, die unter großem Zeit- und Kostendruck stehen, neigen dazu, fehlerhafte Software hervorzubringen. Ausschlaggebend hierfür sind oft mangelhafte oder veraltete technologische Konzepte sowie schlecht vorbereitete und nachlässig durchgeführte Tests. XP will sich dieser Problematik annehmen und einen Weg aufzeigen, wie selbst in problematischen Projekten Fehler vermieden und Kosten für die Fehlerbehebung eingespart werden können.

Auf einem schnellebigen Markt führen sich stets ändernde Gegebenheiten dazu, daß Anforderungen keineswegs über die gesamte Dauer eines Projektes konstant bleiben. Projekte, die nach einem strengen Wasserfallmodell abgewickelt werden, geraten deshalb häufig in Probleme.

XP will durch ein neuartiges, iteratives und inkrementelles Vorgehen gerade die Abwicklung solcher Projekte verbessern, die ständigen Änderungen in ihren Anforderungen unterworfen sind.

Der Kerngedanke von XP ist, die (Zwischen-)Produkte eines Projektes und den Entwicklungsprozeß so einfach wie möglich zu halten. Das Motto von XP lautet: "Do the simplest thing that could possibly work."[29]

Die Einfachheit bezieht sich nicht nur auf die Organisation eines Projektes, sondern auch auf die Methodik und ihre Grundprinzipien. Alle Prinzipien stammen aus dem langjährigen Erfahrungsschatz einiger Smalltalk- und OO-Gurus wie Ward Cunningham, Kent Beck und

[28] Wegener, Hans: Für und Wider des Extreme Programming, Report; iX, Ausg. 12/99, S. 126.
[29] Jeffries, Ron; Anderson, Ann; Hendrickson, Cet: Extreme Programming Installed; The XP Series; Beck, Kent, Addison Wesley, Longman, Amsterdam 2000, S. 74.

Erich Gamma. Wirklich neu ist an XP kaum etwas, außer vielleicht der geschickten Kombination bekannter Ideen. Die verwendeten Techniken sind zum Teil uralt und dennoch im Tagesgeschäft oft vernachlässigt, zum anderen Teil sehr unkonventionell und clever. Hinzu kommt die geschickte Kombination von verschiedenen Entwicklungswerkzeugen.

XP wurde in der Industrie bereits erfolgreich eingesetzt. Bei Chrysler haben Kent Beck und Ron Jeffries zusammen mit einem 10-Personen-Team ein großes System für die Lohn- und Gehaltsabrechnung entwickelt. Über dieses Projekt hinaus findet XP auch in anderen Firmen immer mehr Beachtung.

Das Interessante an XP ist, daß den drei wesentlichen Erfordernissen der Softwareindustrie nachgekommen wird: hohe Kundenzufriedenheit, Kontrollierbarkeit der Kosten und Schnelligkeit.

Kein anderer Prozeß neben XP stellt die Kommunikation mit dem Kunden so in den Vordergrund und macht darüber hinaus konkrete Vorgaben, wie diese Kommunikation erfolgreich durchgeführt werden kann. Dabei hat jede Seite die Verantwortlichkeit, die sie am besten wahrnehmen kann: Der Kunde ist für die geschäftlichen Entscheidungen zuständig, die Softwareentwickler sind für die technische Seite verantwortlich. So wird eine Erfolgsbalance von Verantwortung und Kommunikation hergestellt.

Durch den Einsatz von XP werden die Kosten auf eine unkonventionelle, aber höchst effektive Weise kontrolliert: Langfristige Risiken werden rigoros reduziert, Investitionen werden so schnell wie möglich in geschäftsrelevante Werte umgesetzt. Das Projekt kann zu jedem Zeitpunkt in die gewünschte Richtung gesteuert werden und wird damit kontrollierbar gemacht.

Softwareentwicklung in Internetzeit heißt, innerhalb weniger Monate lieferbare Software herzustellen und von einem Moment auf den anderen auf neue Anforderungen zu reagieren. Mit eXtreme Programming wird dieser Anforderung entsprochen, denn der Prozess beinhaltet tägliche Integration, wöchentliche Iterationen und monatliche Releases. Durch kontinuierliche Abstimmung mit dem Kunden werden immer genau die Geschäftsanforderungen umgesetzt, die gerade die höchste Priorität haben.

Entsprechend diesem extremen Ansatz bekommt die Projektplanung einen völlig neuen Stellenwert. Es wird keine kostenintensive und risikobehaftete Planung und Aufwandsschätzung durchgeführt. Die Planung in XP dient einzig und allein dazu, für einen gut überschaubaren Zeitraum die Prioritäten zuzuordnen. Die gewonnene Zeit wird in die ersten Iterationen investiert, mit dem Ergebnis, daß bereits konkret einsetzbare Ergebnisse vorliegen, wenn andere Teams noch mit der Planung beschäftigt sind. Als „Nebeneffekt" ermittelt das Team einen überprüften Wert für die Geschwindigkeit, in der Kundenanforderungen umgesetzt werden können. Das Volumen der von Release zu Release umsetzbaren Anforderungen kann so immer besser abgeschätzt werden.

Kurz gesagt, ist XP ein Paradigma, vier Projektwerte und eine Sammlung von Basistechnologien, die es einem Team erlauben, äußerst effektiv robuste Software zu entwickeln.

XP verwendet als Paradigma die Metapher des Autofahrens. Fahren ist dabei nicht, das Auto in die richtige Richtung fahren zu lassen. Beim Fahren geht es darum, ständig absolut aufmerksam zu sein und leichte Korrekturen in der einen oder anderen Weise zu machen.

Mit dem Schlagwort „Back to Basic" wird die Besinnung auf die elementaren Strukturen der SW-Entwicklung gelenkt. Vier Projektwerte spielen dabei eine Rolle:

- Kodieren
  - Klare prägnante Art der Kommunikation
  - Unmißverständlich
- Tests
  - Es gibt nichts, was nicht getestet wird
  - Auch Performance und Zusammenhalt können getestet werden
  - Der Test sagt, wann ich fertig bin
  - Gibt vor, was programmiert werden soll
- Zuhören
  - Entwickler wissen nicht, was der Kunde will
  - Aktives Zuhören (z.B. ist das, was der Kunde sagt, das, was er will)
  - Ich weiß nicht, was ich programmieren soll
- Entwerfen
  - Strukturieren von Logik
  - Gutes Design, organisiert Logik so, daß Änderungen keine Seiteneffekte bewirken
  - Funktionalität nur einmal
  - Zu hohe Komplexität ist ein Merkmal für schlechtes Design.

Wesentlich sind das Paradigma und die Projektwerte. Diese geben einen Maßstab, mit dem man entscheiden kann, welche der Techniken im eigenen Projekt abgewandelt werden können und wie. Sie ermöglichen es auch, festzustellen, ob ein Projekt „extrem" ist oder nicht.

8.7.4.2 Basistechnologien

Kent Beck versteht die Aufgabe von eXtreme Programming in der Strukturierung der vier Basisaktivitäten durch verschiedene Praktiken, von denen die eine Praktik eine Schwäche der anderen durch ihre Stärke ausgleichen kann. Dabei sind die vereinzelt widerstreitenden Prinzipien und zur gleichen Zeit die Ökonomie der Softwareentwicklung zu beachten.

XP beinhaltet eine Reihe von Basistechnologien, die zum Teil als altbewährt anzusehen sind, aber in der Konsequenz und Kombination zu einem revolutionären Ergebnis führen.

Exemplarisch möchte ich kurz die Systemmetapher, das Programmieren in Paaren und die Refaktorisierung anführen, da diese auch schon während begonnener Projekte problemlos integriert werden können:

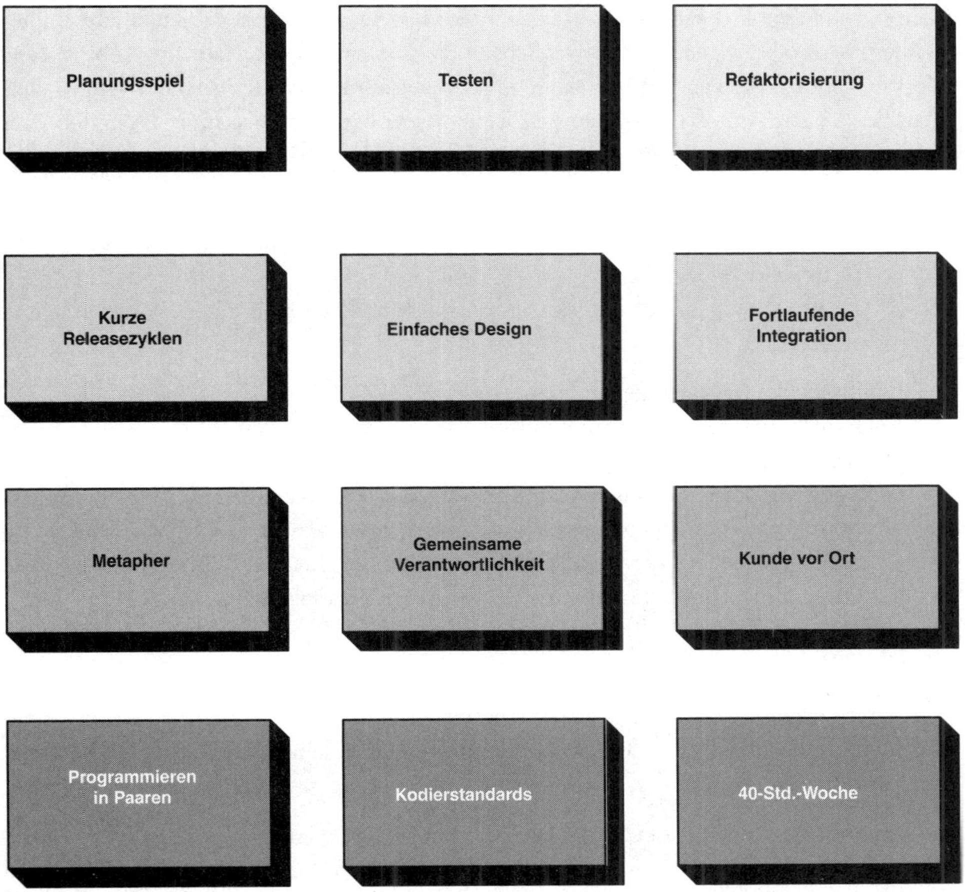

Abb. 8.5: XP-Basis-Technologien

1. Metapher

Um die Kommunikation zwischen Benutzer und Entwicklern sowie zwischen den einzelnen Entwicklern zu fördern und zu erleichtern, wird in XP das System mit Hilfe einer Metapher beschrieben. Jedes Projekt wird von einer umfassenden Metapher geleitet. Die Metapher hilft allen Beteiligten, die grundlegenden Elemente und deren Beziehungen zu verstehen. Es entsteht dadurch eine bildliche Geschichte und Architektur, um den Beteiligten eine kohärente Darstellung zu geben, die leicht von Geschäftsleuten, Entwicklern und Kunden geteilt werden kann und mit deren Hilfe man kommuniziert.

2. Programmieren in Paaren

Jeweils zwei Entwickler arbeiten an einem PC. Jede Arbeit wird von zwei Programmierern ausgeführt, die zusammen an einem Bildschirm, einer Tastatur und einer Maus sitzen.

Während der eine Programmierer überlegt, wie er diese eine Methode genau jetzt implementiert, denkt der andere mehr strategisch: Ist die Implementierung lauffähig, gibt es Testfälle, die nicht laufen, ist eine Vereinfachung des Systems möglich etc.? Manche mögen vielleicht denken, daß dieses Prinzip die Arbeit verzögern würde oder sich die Programmierer nicht verstehen könnten, aber:

- Der Codierungsstandard verhindert Konflikte über den Stil.
- Das Paar schreibt zusammen die Tests, damit sie ein gemeinsames Verständnis gewinnen, bevor sie implementieren.
- Das Paar benutzt die Metapher, um ihre Grundentscheidungen über Benennung und Design zu begründen.
- Das Paar arbeitet innerhalb des einfachen Entwurfs, damit sie beide wissen, was vor sich geht.

3. Refaktorisierung

Um das System zu jedem Zeitpunkt so einfach wie möglich zu halten, müssen bei duplizierter oder neuer Funktionalität Systemstrukturen umgeordnet werden, so dass danach die Maxime „einfaches Design" wieder erfüllt ist. Das bedeutet die regelmäßige Überarbeitung bereits erstellter Programme, dabei ist insbesondere überflüssige Komplexität zu eliminieren.

8.7.4.3 Das Konzept

Wie alle Programmiermethoden hat XP mal wieder eine eigene Terminologie und eigene Regeln, die dort Praktiken heißen, wobei keine dieser Praktiken wirklich neu ist. Neu ist die Kombination und der „extreme" Grad der Nutzung in der Anwendungsentwicklung.

Das Konzept sieht (verkürzt) wie folgt aus:

- Hochgradig iterativer Softwareentwicklungsprozeß mit einem ein- bis dreimonatigen Release-Zyklus. Kunde/Auftraggeber arbeiten Vollzeit im Projekt mit.
- Ein Release besteht aus mehreren Iterationen von 1–3 Wochen Dauer. Iterationen zerfallen wieder in Arbeitspakete von ca. 1–3 Tage Dauer. Nach jeder Iteration kann der Kunde Abweichungen von seinen Wünschen feststellen und korrigieren. Der erste Release sollte sogar ein funktionierendes Kernsystem darstellen.
- Die Planung der Iteration erfolgt im sog. Planungsspiel. Die Anforderungen werden in Form von Stories niedergelegt. Das sind Anwendungsfälle, die auf Karteikarten geschrieben werden.
- Stories werden mit Prioritäten versehen und die Entwickler geben Zeitschätzungen ab. Übersteigt der Aufwand die verfügbaren Ressourcen, ist der Kunde verpflichtet, einige Stories auf spätere Iterationen zu verschieben. Das wird so lange wiederholt, bis ein Gleichklang erreicht ist und man eine relativ realistische Planung für die kommende Iteration erhält.
- Automatisierte Tests spielen die zentrale Rolle bei XP. Da außer Stories keine Spezifikation vorliegt, wird das Wissen über die gewünschten Funktionen in Testfällen niedergelegt. Die Testfälle werden so implementiert, daß sich alle Tests automatisch ausführen lassen. Wichtig

dabei ist, daß die Entwickler erst die Tests schreiben und dann mit der Implementierung beginnen.

- Weitere Aspekte sind die Systemmetapher und die Refaktorisierung. Die Systemmetapher stellt die grundsätzliche Idee der Architektur des Systems dar und soll für Kunde und Entwickler immer leicht verständlich sein. Unter Refaktorisierung versteht XP die Vereinfachung des Systems unter Beibehaltung der Semantik. So werden keine Kommentare in den Code geschrieben. Vielmehr soll die Selbsterklärbarkeit aus der Struktur und der Namensgebung erfolgen.
- Eine weitere zentrale Praktik ist das sog. Pair-Programming (Programmieren in Paaren). Entwurf, Codierung und Test werden von zwei Entwicklern gemeinsam durchgeführt. Während der eine programmiert, prüft der andere den Code unter anderem auf Selbsterklärung und logische Fehler und testet. Die Rollen können vertauscht werden. Die Paarbildung kann für jedes Arbeitspaket neu zusammengestellt werden.

Interessant an XP ist, daß viele bekannte Einzeltechniken und Methoden zu einem schlüssigen Modell zusammengefügt wurden.

8.7.4.4 XP in der Praxis

Die Erfahrung empfiehlt, daß immer nur eine Basistechnologie auf einmal eingeführt wird, und zwar immer diejenige, die das momentan dringlichste Problem angeht. Natürlich sind dabei die Abhängigkeiten der Praktiken untereinander zu berücksichtigen. Das Management, alle Teammitglieder und der Kunde müssen sich auf die XP-Praktiken einlassen. Außerdem muß der Kunde in der Lage sein, einen qualifizierten Mitarbeiter abzustellen.

Es macht sich bemerkbar, daß XP auch in Deutschland mehr an Popularität gewinnt. XP ist ein Vorgehen, das nicht von Akademikern oder Managern entwickelt wurde, sondern von Entwicklern selbst. Dadurch wurde das existierende Problem zum ersten Mal direkt an der Wurzel angegangen und stellt eine Basislösung für die echten Probleme dar. In Amerika wurde dann diese Basislösung zu einem vollständigen Modell entwickelt.

Ergebnisse aus der Praxis zeigen, daß alle beteiligten Gruppen mit XP zufrieden sind. Entwickler berichten von hoher Motivation und Freude bei der Arbeit, das Management freut sich über die gute Termineinhaltung und die Kunden begrüßen die frühe Verfügbarkeit eines funktionierenden Systems sowie die hohe Qualität.

8.8 Konfigurationsmanagement

Evolutionäres Projektmanagement besteht aber nicht nur aus der Projektdurchführung anhand von Vorgehensmodellen. Ganz im Gegenteil, es muß zusammen mit weiteren Aufgaben zu einem integrierten Ansatz verbunden werden.

Besonders bei sehr komplexen und innovativen Projektvorhaben besteht die Gefahr, während der Projektabwicklung beziehungsweise der Produkterstellung in einem Chaos von Konzeptänderungen, bereits realisierten Produktversionen oder sonstigen aufgetretenen Problemen zu versinken. Deshalb muß der Projektleiter bei einer evolutionären, inkrementellen Vorgehensweise ein Kontrollsystem haben, das die im Projektverlauf gesammelten Erfahrungen und Erkenntnisse herausstellt und die Beziehung zur Zielsetzung gestaltet, so daß Änderungen gezielt in die kommende Planung einfließen können und eventuell als Version gestaltet werden können. Dafür wurde das sogenannte Konfigurationsmanagement entwickelt.

„Die Grundidee des Konfigurationsmanagements ist es dabei, den Prozeß der Projekterstellung als eine Abfolge von Änderungen gegenüber ursprünglich erstellten Vorgaben aufzufassen."[30] „Mit einem funktionierenden Software-Konfigurations-Management werden die in einem Projekt anfallenden Entwicklungsergebnisse aufgenommen, gesteuert, überwacht und verwaltet (dokumentiert)."[31] Konfigurationsbetrachtungen sind notwendig, um zu bestimmen, welche Teile in welchen Versionen kombiniert beziehungsweise verändert werden sollen.

Die Aufgabe des Konfigurationsmanagements ist es demnach, die Konfiguration von Softwaresystemen über die gesamte Projektlaufzeit so zu überwachen und zu verwalten, daß der jeweils aktuelle Stand allen an der Entwicklung Beteiligten zugängig ist und Änderungen bzw. Versionen jeweils bis auf die Ausgangskonfiguration zurückverfolgt werden können. Diese Aufgabe läßt sich in folgende Teilschritte untergliedern:

- Definieren der Ausgangskonfiguration, die als Bezugs- oder Referenzkonfiguration für alle nachfolgenden Änderungen gilt; deren Dokumentation erfolgt zweckmäßigerweise in einer Produkt- bzw. Programmbibliothek.
- Konfigurationsmanagement mit den Schritten:
  1. Beantragung und Begründung von Änderungsanforderungen.
  2. Beantragung und Bewertung der Änderungsanforderungen, insbesondere Analyse von deren Auswirkungen auf den Projektverlauf sowie auf andere Projekte und auf die bestehenden Anwendungssysteme.
  3. Entscheidung über die Annahme von Änderungen, Abstimmung der Änderungsanforderungen untereinander und Bildung von Änderungspaketen zwecks Umsetzung en bloc.
  4. Information der Beteiligten über durchgeführte Änderungen und der Antragsteller über dadurch verursachte zusätzliche Projektdauer und Kosten.

[30] Corsten, Hans: Projektmanagement, Oldenbourg, München/Wien 2000, S. 21.
[31] Jenny, Bruno: Projektmanagement ..., S. 178.

– Konfigurationsdokumentation zu Zwecken der Registrierung der durch Änderungen verursachten Versionen und der dadurch ausgelösten Projekt- und Produkthistorie."[32]

„Das Konfigurationsmanagement unterwirft Änderungen folglich einem formalisierten Genehmigungsprozeß und leistet damit einen wesentlichen Beitrag zur Transparenz der Projektrealisation."[33] Es ist Aufgabe der Projektverwaltung, eine vollständige fachlich-inhaltliche Definition/Beschreibung des Produkts zu erstellen, die in Dokumenten niedergelegt ist und die benötigt wird, um das Produkt zu fertigen sowie über seinen gesamten Lebenszyklus hinweg nutzen und warten zu können.[34] Eine Projektbibliothek ist eine notwendige Voraussetzung für das Funktionieren des Konfigurationsmanagements. Die Projektbibliothek ist ein Dateisystem, das alle im Projektablauf anfallenden Dokumente speichert und verwaltet. Mit der Projektbibliothek ist die Dokumentation gewährleistet und die Projekttransparenz gegeben. Der Projektstand ist einfach zu ermitteln, die Projektmitarbeiter können sich über Schnittstellen und benachbarte Teilprojekte informieren. Eine Projektbibliothek muß für jedes Projekt formal und inhaltlich neu konzipiert werden. Zwingend erforderlich ist eine Computerunterstützung der Projektbibliothek.

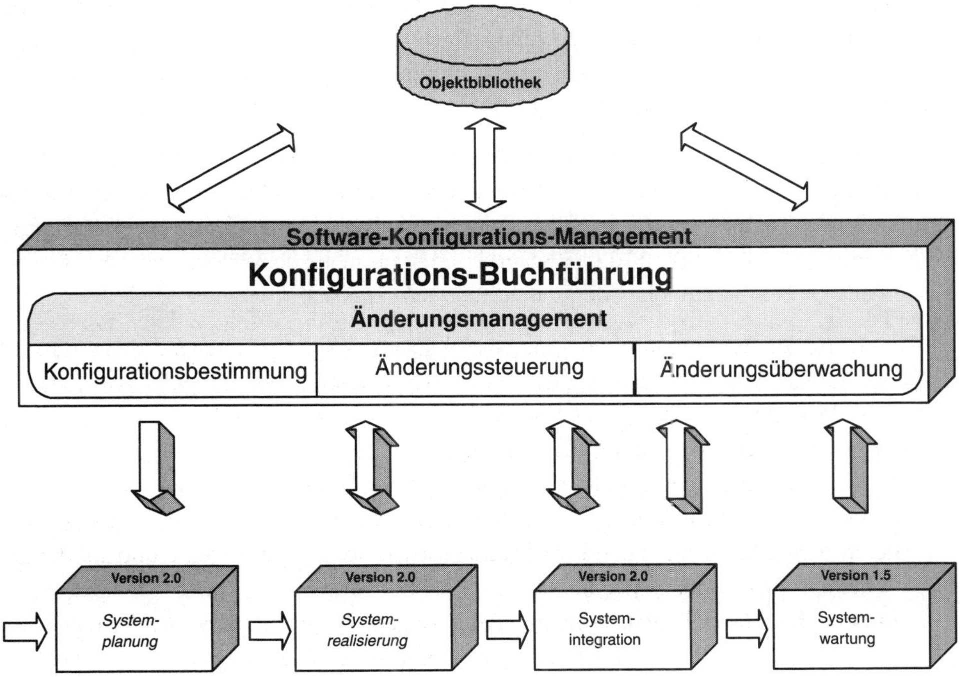

Abb. 8.6: Hauptfunktionen des Konfigurationsmanagements

[32] Vgl. Kargl, Herbert: Management und Controlling von IV-Projekten, Oldenbourg, München/Wien 2000, S. 174f.
[33] Corsten, Hans: Projektmanagement ..., S. 21.
[34] Heinrich, Lutz J.: Management von Informatikprojekten, Oldenbourg, München/Wien 1997, S. 477.

Das Konfigurationsmanagement unterstützt mit seinen Verfahrensbestimmungen den Projektleiter in der Planung, damit er den evolutionären Prozeß bzw. die daraus resultierenden Erkenntnisse vollständig umsetzen kann. Das heißt zum Beispiel, daß er einerseits die laufenden Arbeiten weiterführen und andererseits gleichzeitig eine neue System-Version einplanen muß. Durch die Anwendung des evolutionären Planungskreislaufs und mit Unterstützung durch ein aktiv gehaltenes Konfigurationsmanagement wird der Gesamtprojektleiter befähigt, im Projekt zwei oder mehrere Versionen zu managen.[35]

8.9 Vernetztes Denken und Multi-Perspektiven-Denken

Das vernetzte Denken bietet die Möglichkeit, eine Vielzahl miteinander verknüpfter Einflußfaktoren in ihren Abhängigkeiten zu erfassen. Dies ist besonders für die zunehmend interdisziplinären Aufgabenstellungen beim Projektmanagement und die evolutionäre Vorgehensweise, mit ihrer ständigen Einbeziehung der veränderten Projektsituation, von Bedeutung. Das übliche Ursache-Wirkungs-Denken wird ersetzt durch das Denken in Kreisläufen. Diese zur Methode ausgearbeitete Denkweise ermöglicht es, geeignete Maßnahmen zu finden und dabei möglichst viele Wechselwirkungen und Regelkreise der Problemsituation zu berücksichtigen. Um dem Ansatz des ganzheitlichen Denkens und der mehrdimensionalen Betrachtung von Unternehmen als offene, dynamische, zweck- und zielorientierte, autonome, produktive und soziale Systeme gerecht zu werden, ist eine Analyse der Umwelten, in die das Unternehmen eingebunden ist, und der Beziehungen, die es zu diesen Umwelten unterhält, unumgänglich. Dazu zählen die ökonomische, die technologische, die soziokulturelle, die politisch-gesetzliche und die ökologische Umwelt. Wichtige betriebswirtschaftliche Entscheidungen können nur getroffen werden, wenn ganzheitlich und vernetzt gedacht wird und somit alle möglichen Aspekte der Unternehmensumwelten in die Projekte mit einbezogen werden. Zwischen der Unternehmung und den Umwelten sowie auch zwischen den Umwelten selbst bestehen Beziehungen, das heißt eine Einwirkgröße aus einer Umwelt bewirkt eine Reaktion innerhalb der Unternehmung, aber auch unternehmensübergreifend in einer weiteren Umwelt. Alte, lineare Denkmuster betrachten oft nur die ökonomische Dimension als Umwelt. Die neue Form der Managementlehre mit dem Ziel der dauerhaften, nachhaltigen Erhaltung der Unternehmung und der Erwirtschaftung von Gewinn unter Nebenbedingungen setzt sich mit allen Dimensionen auseinander. Die Unternehmung muß die Umwelten und deren Veränderungen permanent beobachten. Neben der ökonomischen, ökologischen und sozialen Umwelt ist speziell die technologische Umwelt zu berücksichtigen. Da sich im Informationszeitalter die Technologie in sehr kurzen Zeitabständen weiterentwickelt, ist es unabdingbar, die eingesetzten Technologien kontinuierlich auf ihre Aktualität hin zu überprüfen, um zu wissen, welche Auswirkungen dies auf die eigenen Herstellungsverfahren oder Prozesse hat. Außerdem ist es für die Unternehmung von großer Bedeutung, zu wissen, wie sich die Nachfrage nach den eigenen Produkten und Dienstleistungen entwickelt, um allenfalls auf veränderte Marktbedingungen

[35] Vgl. Jenny, Bruno: Projektmanagement …, S. 224.

frühzeitig reagieren zu können und Projekte gegebenenfalls an die veränderte ökonomische Umwelt anzupassen. Durch Analyse der sozialen Umwelt erhält die Unternehmung Informationen, welche Bedürfnisse und Forderungen die Stakeholder, inklusive des Staates, an die Unternehmung haben. Erkenntnisse darüber, welche Einflüsse die Unternehmung auf die natürliche Umwelt hat, kann die Unternehmung aus der ökologischen Umwelt beziehen, damit sie umweltfreundlich und damit ethisch korrekt handeln kann.[36]

Die Entscheidungsfindung innerhalb des Projektmanagements wird durch das ganzheitliche, vernetzte Denken beeinflußt. Durch die Einbeziehung sämtlicher Unternehmensumwelten weichen vor allem in interdisziplinären Projekten Kategorien wie „richtig" und „falsch" mehr und mehr einem „Sowohl-Als-auch". Der richtige Standpunkt wird abgelöst durch eine vielfältige Interpretation der Lage, die unterschiedliche Handlungsoptionen mit ihren jeweiligen Vor- und Nachteilen eröffnet. Statt eines einzigen richtigen Weges gibt es verschiedene („multi") Perspektiven, aus denen heraus eine Situation betrachtet und in ihren Konsequenzen durchdacht werden kann. Die individuelle Sichtweise einzelner Mitarbeiter mit unterschiedlichem Wissens- und Erfahrungshintergrund hilft dabei, zu einem reichhaltigeren Bild zu gelangen. Anhand Abb. 8.7, ein mehrdimensionales Business Engineering-Modell, soll der Einfluß der Unternehmensumwelten beispielhaft aufgezeigt werden.

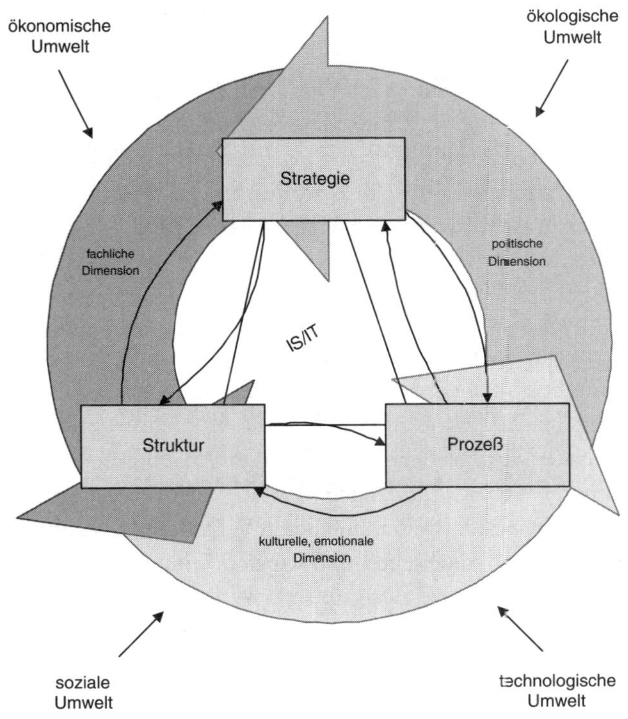

Abb. 8.7: Mehrdimensionales Business Engineering-Modell

[36] Vgl. Gomez, Peter et al.: Komplexe IT-Projekte ..., S. 78 ff.

8.10 Systemdenken und Kybernetik

Projekte müssen als eigenständig lebensfähige Systeme angelegt werden. Dann können sie aus sich heraus die äußere Dynamik durch Anpassung und Weiterentwicklung der inneren Strukturen nachvollziehen. Bezüglich der Steuerung von (evolutionären) Projekten sind die Erkenntnisse des Systemdenkens und der Kybernetik unumgänglich. Systemdenken ist ein Werkzeug zur Gestaltung von komplexen Systemen, mit dessen Hilfe das System und die darin vorkommenden Probleme transparenter werden. „Das Systemdenken beinhaltet Begriffe zur Beschreibung komplexer Gesamtheiten und Zusammenhänge, modellhafte Ansätze, um reale komplexe Erscheinungen zu veranschaulichen, sowie Ansätze, die das gesamtheitliche Denken unterstützen.“[37]

Will man das Systemverhalten und die Dynamik eines Systems abbilden, kommt man um die Grundkenntnisse der Kybernetik[38] nicht herum. „Kybernetik ist die Wissenschaft von Kommunikation und Kontrolle in und zwischen Lebewesen und Maschinen.“ Wird ein System unter Einbezug beider Theorien betrachtet, wird dafür der Begriff „ganzheitliches Denken“ verwendet.

Systemtheorie und Kybernetik verstehen die Unternehmung als ein offenes, soziotechnisches System und die Aufgabe des Managements ist es, dieses System zu gestalten und zu lenken. In dem System Unternehmung sollen dessen Elemente so gesteuert werden, daß das System nicht aus dem Gleichgewicht gerät. Dies kann am besten anhand eines Regelkreises dargestellt werden. Das in Abb. 8.8 dargestellte Gesamtmodell von Stafford Beer zeigt die Struktur eines Systems, das in einer dynamischen, sich ständig in unvorhersehbarer Weise verändernden Umwelt entstehen kann. Im Zentrum dieser Theorie stehen Anpassungsfähigkeit, Flexibilität, Lernfähigkeit, Evolution, Selbstregulierung und Selbstorganisation. Das Bild zeigt vereinfacht auf, wie es durch die bewußte kybernetische Verknüpfung der drei Systeme (Portfolioverwaltungssystem, Projektabwicklungssystem, produktives System) möglich wird, eine Störung in jedem der drei Systeme sofort zu erkennen und auszubalancieren oder aber gezielt in die anderen Systeme weiterzulenken.

Für den Projektleiter ist es enorm wichtig, die vertikale Verknüpfung des Systems zu verstehen und die Abhängigkeiten zu erkennen, da er dadurch mit den soziotechnischen Umsystemen „Projektauftraggeber“ und „Benutzer“ direkt verknüpft ist. Die Möglichkeit der sofortigen Berücksichtigung von neuen Situationen im Projektumfeld erhöht die Reaktionsgeschwindigkeit, was letztendlich das Ziel erfolgreichen Führens darstellt.[39]

Führung durch Systemsteuerung basiert also auf den Theorien der Kybernetik, d.h. der Lehre von Regelkreisen und stellt eine Mischung aus verschiedenen anderen Führungsmodellen

[37] Jenny, Bruno: Projektmanagement ..., S. 6.
[38] Der Begriff Kybernetik (aus dem griechischen → Steuermann) heißt die Lehre der Steuerung und Regelung von Mechanismen.
[39] Vgl. Jenny, Bruno: Projektmanagement ..., S. 226 f.

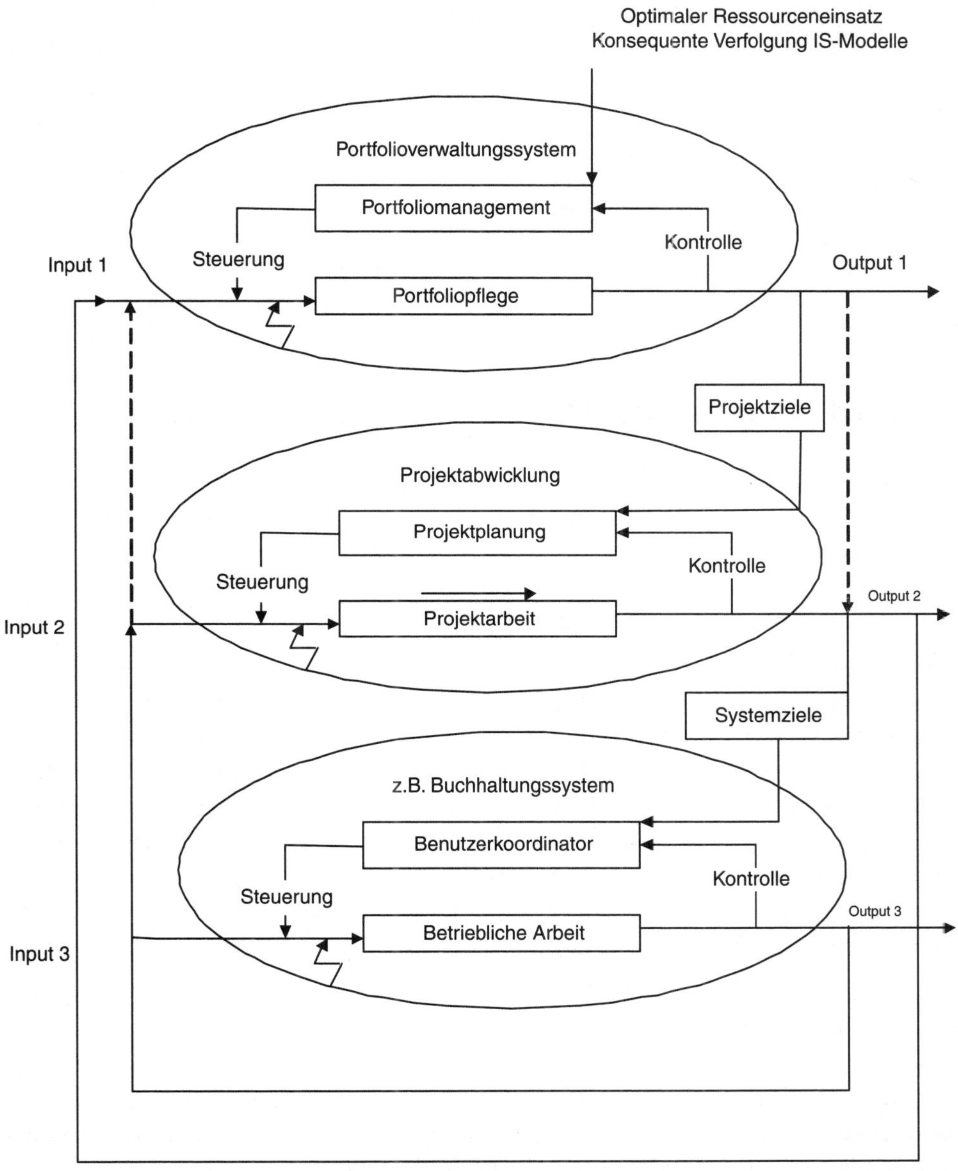

Abb. 8.8: Verknüpfung des Projekts mit seinen wichtigsten Umsystemen

dar. Kennzeichnend für einen Regelkreis sind die Eigensteuerung und Rückmeldung von Ergebnissen. Der Regler (Führung) soll nur in Ausnahmefällen (Management by Exception) in den Regelkreis der selbststeuernden Einheiten (Management by Delegation) eingreifen. Die Ergebnisse sind laufend zu kontrollieren und rückzumelden (Management by Results). Das St.-Gallener Führungsmodell (Hans Ulrich) basiert auf diesen Überlegungen.[40]

Um ein auf der evolutionären, kybernetischen Theorie aufgebautes, geschlossenes System anzuwenden, bedingt dies aber in vielen Unternehmen einen neuen organisatorischen Denkansatz (z.B. Business Process Engineering) und dessen Akzeptanz in der gesamten Unternehmung.

8.11 Wissensmanagement

„Da in Zukunft der Fokus nicht mehr nur auf Produkte, sondern vor allem auf Wissen, Innovationen und Ideen gelegt wird, gewinnt das Wissensmanagement in den Unternehmen an Bedeutung.“[41] Kurz gesagt ist Wissensmanagement das zielgerichtete, integrierte Gestalten des organisationalen Wissens und der planmäßige computerunterstützte Umgang mit der Ressource Wissen zur Erreichung der Unternehmensziele.

Die steigende Informationsflut, die per E-Mail und Internet über die Unternehmen hereinbricht, führt oft zu überflüssiger Informationshaltung. Immer mehr Daten werden elektronisch erfaßt, daher herrscht in vielen Unternehmen häufig kein Mangel, sondern eher ein Überfluß an Informationen. So geht der Überblick über projektrelevantes Wissen schnell verloren, die Suche nach Informationen dominiert den Projektalltag und es wird zusehends schwieriger, die für Unternehmensentscheidungen relevanten Daten aus der Vielzahl der Informationen bereitzustellen. „Die Hoffnung, daß sich Komplexität durch immer mehr Informationen reduzieren läßt, setzt auf einen Kreislauf, der sich mit der Kumulation der Informationsmenge im Laufe der Zeit aufhebt.“[42]

Wissensmanagement stellt in vielen Unternehmen zunächst einmal eine neue Aufgabe dar, hierfür wird aber bislang verdecktes Wissen offengelegt. „Wissen ist dadurch von Informationen abzugrenzen, daß man es in seiner vollen Komplexität in bezug auf das Handeln sieht.“[43] Es gilt, den gesamten Wissensverarbeitungsprozeß von der Identifikation von relevantem Wissen über die Schaffung neuen Wissens, die Verteilung, Nutzbarmachung und tatsächliche Nutzung bis hin zur Bewahrung und Wiederverwertung von Wissen zu betrachten. Wichtig ist dabei, zu beachten, daß diese Prozesse sowohl individuelles Lernen als auch Lernen im Team und in der Organisation betrachten. Wissensmanagement findet dabei auf

[40] Schneck, Ottmar: Lexikon der Betriebswirtschaftslehre, 3. völlig überarb. und erw. Aufl., Beck im dtv, München 1998, S. 481.
[41] Gomez, Peter et al.: Komplexe IT-Projekte ..., S. 17.
[42] Ebenda, S. 55.
[43] Franken, Rolf; Gadatsch, Andreas: Integriertes Knowledge Management, 1. Aufl., Vieweg, Braunschweig/Wiesbaden 2002, S. 4.

verschiedenen Ebenen statt. Auf kultureller Ebene werden Voraussetzungen dafür geschaffen, daß Wissen im Unternehmen wachsen und gedeihen kann. Auf strategischer Ebene wird ein Fokus auf zentrale Wissensfelder gelegt und für eine entsprechende Infrastruktur gesorgt. Auf operativer Ebene wird Wissen in Kundennutzen umgewandelt. Aufgabenfelder des Wissensmanagements sind die Schaffung einer Lernkultur, die Definition wesentlicher Wissensinhalte, die interne und externe Vernetzung des Unternehmens, eine permanente Optimierung der Lernprozesse sowie ein Wissenscontrolling auf individueller und organisatorischer Ebene.[44]

Heute gibt es gute Wissensmanagementlösungen, die auf die Projektarbeit zugeschnitten sind und „jede Aufgabe innerhalb eines Prozesses mit den nötigen Informationen über Kunden, Konkurrenten, Produkte etc. und den Prozeß selbst versorgen".[45] Sie stellen neue Kommunikationsmethoden und wirksame Wissensmanagementfunktionen bereit. So zum Beispiel das virtuelle Projekt-Office im Internet, in denen das Team die Projektakten findet, Botschaften hinterlassen oder virtuelle Meetings abgehalten werden können, Teamkalender, Kontakt- und Aufgabenlisten, Diskussionsforen, Agententechnik zur automatischen, individuellen Benachrichtigung und vieles mehr sind Werkzeuge, die von überall her im Internet erreichbar sind, geschützt durch spezielle Zugangsverfahren. Da der Faktor Mensch als Wissensträger und Wissenskonsument eine große Rolle spielt, sollte dabei nicht der persönliche Kontakt der Projektmitarbeiter verlorengehen, der nach wie vor unersetzlich ist. Der Einsatz von Wissensmanagement wird in Zukunft nachhaltig die Leistungsfähigkeit von Unternehmen beeinflussen.

8.12 Projektkultur

„Komplexe Projekte setzen nicht nur eine Struktur voraus, in der sie sich realisieren lassen, sondern verlangen auch eine entsprechende Projektkultur."[46]

„Das kooperative Projektmanagement betont insbesondere die weichen, das heißt die menschlichen Managementfaktoren. Im Mittelpunkt steht die Betrachtung des Projektmanagements als sozialen Prozeß. Dieser umfaßt sowohl die Projektkultur, bestehend aus Faktoren wie Besprechungen und Mitarbeiterführung, als auch das kommunikative Projektmanagement, welches alle Formen der internen und externen Kommunikation eines Projektes abbildet."[47] Im wesentlichen geht es um ein gegenseitiges, kooperatives bzw. partnerschaftliches Verhalten aller am Projekt Beteiligten, ungeachtet organisatorischer Fach- und Hierarchiebarrieren. „Komplexe Aufgabenstellungen, wie sie bei Projekten üblich sind, kön-

[44] Waniczek, Mirko: Berichtswesen optimieren – So steigern Sie die Effizienz in Reporting und Controlling, Redline Wirtschaft bei Ueberreuter, Frankfurt/Wien 2001, S. 86 ff.
[45] Gomez, Peter et al.: Komplexe IT-Projekte …, S. 17.
[46] Ebenda S. 41.
[47] Wischnewski, Erik: Modernes Projektmanagement, 7. Aufl., Vieweg, Braunschweig/Wiesbaden 2001, S. 403.

nen eben nur durch das Zusammenwirken verschiedener Fachdisziplinen auf partnerschaftlicher Ebene erfolgreich bewältigt werden.“[48] Demnach wird zum Beispiel die Bedeutung einer Projektgruppe, die interdisziplinär mit dem Ziel des Erfahrungsaustausches sowie der anschließenden Lösungssuche gebildet wurde, in Frage gestellt, wenn Entscheidungen nur von Personen getroffen werden können, die höher in der Hierarchie stehen. Komplexe Aufgabenstellungen verlangen von allen Beteiligten emotionale Kompetenzen. Sie können nur interdisziplinär durch intensive und qualifizierte kooperative Zusammenarbeit erfolgreich durchgeführt werden.[49] Grundsätzlich sollte ein kooperativer, gruppenorientierter und partizipativer Führungsstil stärkere Berücksichtigung finden. Anhand verschiedener Experimente wurde gezeigt, daß kooperativ arbeitende Teams im Vergleich zu konkurrenzorientierten Gruppen in der Regel effektiver arbeiten.[50]

Bei IT-Projekten wird ein hoher Bedarf an Kommunikation vor allem durch die Schnittstellenproblematik deutlich. Deshalb muß eine laufende Kommunikation zwischen den Projektbeteiligten stattfinden. Hilfreich kann ein projektübergreifendes Jour fixe Meeting sein, in dem alle Projektmitarbeiter kurz ihren Arbeitsstand darstellen sowie auf (eventuelle) Probleme hinweisen. „Die Verbesserung der Kommunikation, das heißt des Informationsflusses, wird die Anzahl und Schwere von Mißverständnissen reduzieren. Dadurch können unnötige Kosten für Doppelarbeit und Korrekturen vermieden werden.“[51]

Kooperatives Projektmanagement ist auf der Basis einer von allen Beteiligten akzeptierbaren Projektmanagement-Konzeption (Führungskonzept) zu praktizieren. Dabei sind vor allem Eigeninitiative, Kreativität, Selbständigkeit, Teamarbeit sowie Verantwortungsbereitschaft und damit eine unternehmerische Denkweise (Ganzheitsbetrachtung) gefragt. Das ist sowohl durch entsprechendes Führungsverhalten, Verantwortungsbewußtsein und geeignete Gestaltung des Arbeitsumfeldes zu fordern als auch durch Einsatzbereitschaft in Anspruch zu nehmen. Unter Beachtung der in einer fairen Partnerschaft selbstverständlichen Verhaltensweisen ergeben sich bezüglich offener und bereitwilliger Information, Kooperation, Koordination und Teamarbeit zwangsläufig beste Voraussetzungen für eine effiziente und erfolgreiche Projektarbeit.[52]

8.13 Evolutionäres Management

Die Aufgaben des klassischen Projektmanagements bleiben beim evolutionären Projektmanagement zum Großteil erhalten, doch ihre inhaltliche Gestaltung und auch die Systematik ihres Zusammenwirkens werden sich verändern. Durch die schrittweise Zielentwicklung und Verfeinerung beim evolutionären Projektmanagement lösen sich vereinfacht dargestellt

48 Zielasek, Gotthold: Projektmanagement als Führungskonzept: Erfolgreich durch Aktivierung aller Unternehmensebenen, 2. Aufl., Springer, Berlin/Heidelberg 1999, S. 46.
49 Vgl. Gomez, Peter et al.: Komplexe IT-Projekte ..., S. 41.
50 Zielasek, Gotthold: Projektmanagement ..., S. 46.
51 Vgl. Wischnewski, Erik: Modernes ..., S. 372.
52 Vgl. Zielasek, Gotthold: Projektmanagement ..., S. 191.

Arbeits- und Koordinationsphasen zyklisch ab. Wie in Punkt 8.1 bereits kurz erwähnt, bringt die Arbeitsphase die Ergebnisse hervor, die Koordinationsphase dient zur Reflexion des erreichten Standes, zur Neuorientierung und zur Redefinition der Ziele. Dies kann anhand der Abb. 8.9 beispielsweise so aussehen.

→ Arbeitsphase

- Strategie/Geschäftsmodell
- Geschäftsprozeßentwicklung
- Systementwicklung
- Projektteam- und Mitarbeitermanagement
- Projekt-Wissensmanagement

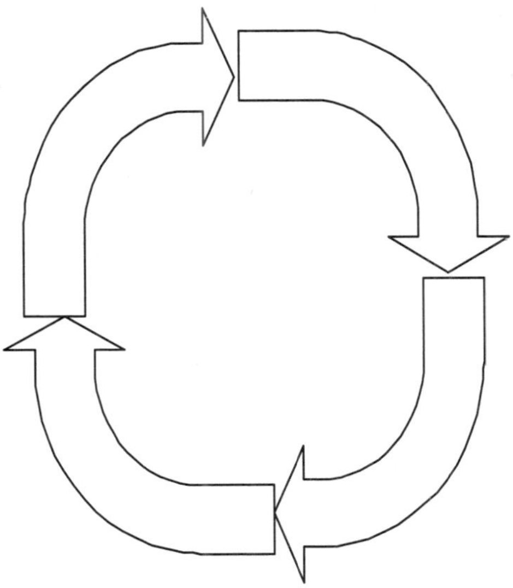

→ Koordinationsphase

- Umweltveränderungen aufnehmen
- Risiken und Chancen erkennen
- 360-Grad-Bewertungen verdichten
- Zielpräzisierung und Redefinition
- Projektplanung iterieren
- Projektorganisation entwickeln
- Rahmenbedingungen anpassen
- Termine und Meilensteine festsetzen
- Vertragsgestaltung

Abb. 8.9: Iterationszyklus im evolutionären Projektmanagement

Im klassischen Projektmanagement werden Zielvorgaben als wesentliche Voraussetzung angesehen. Bei der evolutionären Vorgehensweise werden ebenfalls Ziele definiert, sie werden jedoch nach jedem Zyklus kritisch hinterfragt, es werden Veränderungen des Projektumfeldes aufgegriffen, Erfahrungen aktiv eingebunden und somit die ursprünglich definierten Ziele mit fortschreitendem Projekt verstärkt in Frage gestellt. Dies führt zu einer evolutionären Zielentwicklung, feste Zielvorgaben würden das Einbinden von Lernleistungen und die Anpassung an veränderte Gegebenheiten verhindern. Projekte brauchen dafür autonome Entscheidungs- und Koordinationsinstanzen und eigenständige Überwachungsinstanzen, die Abweichungen systematisch erfassen und bewerten. Selbstorganisierte Systeme sind anpassungsfähiger, sie können wesentlich mehr Information verarbeiten als eine hierarchische, auf differenzierten Leitungsfunktionen basierende Struktur. Zudem sie eine höhere Anzahl von Außenbeziehungen konstruktiv einbinden und auf Veränderungen der Lage schnell und adäquat reagieren. Dies ist vor allem bei komplexen Aufgabenstellungen von entscheidender Bedeutung.[53]

[53] Vgl. Frick, Andreas: Evolutionärs Projektmanagement – Mit neuem Denken zum Projekterfolg, Fachartikel aus ExperPraxis 2003/2004, 10. 03. 2003.

„Evolutionäres Projektmanagement verändert zudem aktiv die Projektorganisation, sobald Veränderungen des Projektumfelds dies erfordern. Mit jedem Entwicklungszyklus wird streng genommen das Projekt reorganisiert. Im Gegensatz zu hierarchischen Strukturen werden hier vernetzte interdisziplinäre Strukturen bevorzugt."[54]

Evolutionäres Projektmanagement versteht Planung als Orientierungs- und Kommunikationsmittel, da Prognosen aufgrund der sich wandelnden Umweltbedingungen ohnehin nur eingeschränkt möglich sind. Entscheidend ist dabei ein leistungsfähiges internes Informations- und Kommunikationssystem sowie ein autonomes „Input-System" zur Aufnahme jeder aus Projektsicht relevanten Information. „Streng genommen werden im evolutionären Projektmanagement nur deswegen Pläne gemacht, um von ihnen abzuweichen. Vor dem Hintergrund der aktuellen Veränderungen dienen die Projektpläne dazu, Vorstellungen zu Lösungswegen jeweils neu darzustellen. Auf diese Weise unterstützen Pläne die Kommunikation und Orientierung und bilden die Grundlage für die erforderlichen Lern- und Anpassungsprozesse."[55]

Beim evolutionären Projektmanagement ändert sich auch die Art des Projektcontrollings. Projektcontrolling im klassischen Sinn basiert auf der Ermittlung des Projekt-Ist-Zustandes anhand von quantitativ meßbaren und interpretierbaren Größen. „Planabweichungen werden erkannt und Steuerungsmaßnahmen entwickelt. Die Komplexität und Dynamik heutiger Projekte lassen sich jedoch nicht allein durch meßbare Größen erfassen. Im evolutionären Projektmanagement werden deshalb neben einigen quantitativen auch qualitative Größen (Soft Facts) zu einer Gesamtbewertung verbunden. Qualitative Bewertungen lassen jedoch unterschiedliche Interpretationen zu."[56] Dies ist auch gewollt, denn die unterschiedlichen Sichtweisen und Kompetenzen verschiedener Personen sollen in die Situationsbewertung einfließen. „Entscheidend ist, die Systematik der Erhebung sicherzustellen, verschiedene Sichtweisen abzugleichen sowie die Bewertungen zu interpretieren und rückzukoppeln."[57] Dies bedeutet, daß keine eindeutige Bewertung erfolgen kann, denn der evolutionäre Controllingprozeß eröffnet immer mehrere Handlungsoptionen.

„Die Steuerung sozialer Systeme ist aufgrund ihrer Komplexität immer ein Vorgang mit offenem Ausgang. Eine kontinuierliche Beobachtung und Rückkoppelung ist daher essentiell. Direkte Eingriffe in die Autonomie des sozialen Systems würden das eigenständige und eigenverantwortliche Handeln gefährden. Steuerungsmaßnahmen sollten sich deshalb möglichst darauf beschränken, Rahmenbedingungen zu definieren und Regeln auszugestalten."[58] Im herkömmlichen Projektmanagement versucht die Projektsteuerung dagegen, direkten Einfluß auf die im Zieldreieck dargestellten Größen Qualität, Kosten und Zeit zu nehmen.

Ein wichtiges Steuerungsinstrument des Projektmanagements ist die Gestaltung der Informationslage und der Kommunikation im Projekt. Abhängig vom zeitlichen Status des Projekts sind unterschiedliche Themen wichtig. Neben den fachlichen Projektinhalten müssen auch

[54] Ebenda.
[55] Ebenda.
[56] Ebenda.
[57] Ebenda.
[58] Ebenda.

weitere Aspekte in einer 360-Grad-Beobachtung aufgegriffen werden, wie Kundenperspektive, Projektumwelt, interne Prozesse, Qualität, Lernen und Wachstum etc.[59]

„Evolutionäres Projektmanagement kann und will sich nicht von der Gesamtverantwortung lossagen.“[60] Diese muß auch beim evolutionären Projektmanagement weiter in unternehmerischer Verantwortung liegen und kann nicht durch selbstgesteuerte Systeme ersetzt werden. In der Verknüpfung und der ganzheitlichen Betrachtung unternehmerischer Initiative, Change-Management und Knowledge-Management liegt ein wesentlicher Erfolgsfaktor. Die Unternehmensführung stellt die entscheidende treibende Kraft dar, während das Change-Management die kulturellen Veränderungen bewirkt und das intellektuelle Kapital transferierbar macht. Das kumulierte Wissen aller Business Units stellt das gesamte unterneh-

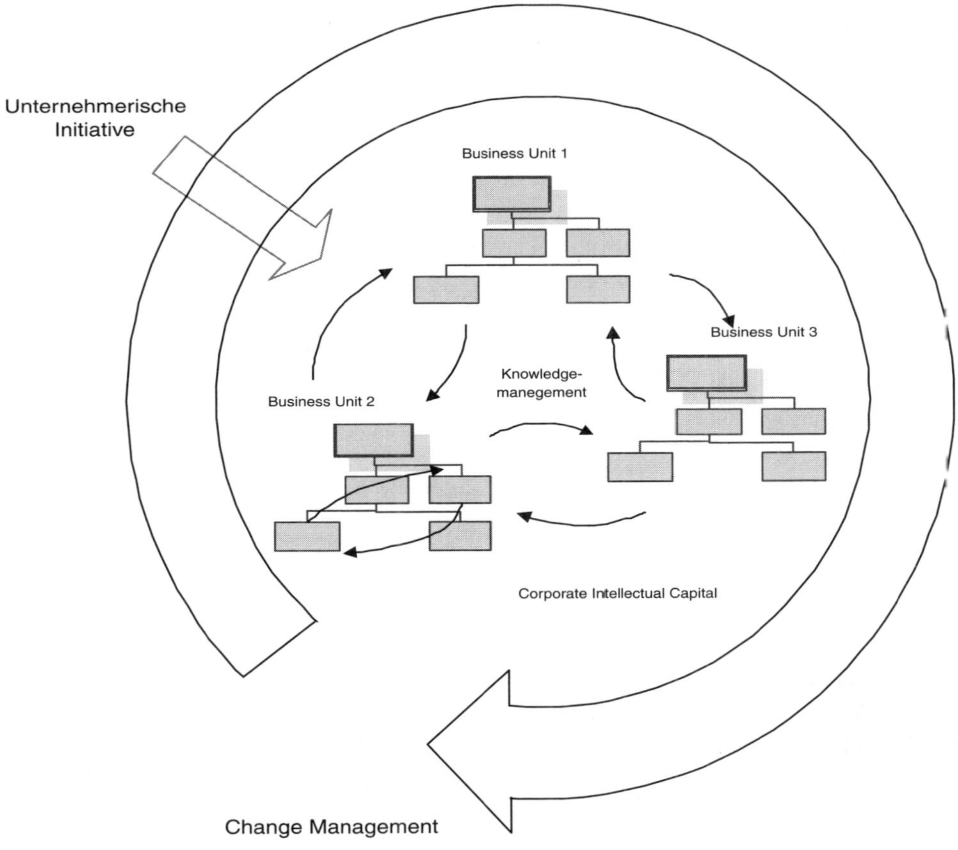

Abb. 8.10: Verknüpfung von Knowledge- Change-Management und unternehmerischer Initiative

[59] Ebenda.
[60] Ebenda.

mensweite intellektuelle Kapital dar. Voraussetzung für das Ausschöpfen dieses Potentials sind unterstützende, kontinuierliche Change-Management-Maßnahmen, getrieben und getragen von unternehmerischer Initiative. In Form eines Transformationsmanagements werden alle Ebenen, Dimensionen und Umwelten während des Veränderungsprojektes integrativ und iterativ berücksichtigt. Das für komplexe Veränderungsprojekte verantwortliche Projektmanagement hat so die Möglichkeit, Problemen und Konflikten vorzubeugen, sofern es die Initiative ergreift.[61]

[61] Vgl. Gomez, Peter u.a.: Komplexe IT-Projekte ..., S. 168ff.

9 Kritische Würdigung

Mit der vorliegenden Abhandlung wurde der Versuch eines ganzheitlichen Ansatzes unternommen. Es wurden sowohl Methoden und Verfahren des Projektmanagements als auch die Verhaltensseite der Betroffenen und Beteiligten aufgezeigt.

Im Interesse der angestrebten Zielsetzung, nämlich das Aufgabengebiet des Projektmanagements als Gesamtlehre darzustellen, wurde bewußt in Kauf genommen, daß nicht alle Themen in der Ausführlichkeit und Tiefe behandelt werden konnten, wie sie der jeweilige Spezialist für seinen Teil benötigt. In diesem Zusammenhang wird auf das umfangreiche Literaturverzeichnis verwiesen.

Die einzelnen Elemente des Projektmanagements, die hier kapitelweise aufeinanderfolgen, stehen nicht losgelöst nebeneinander, sondern sind in vielfältiger Weise logisch, operativ und zeitlich miteinander verbunden.

Das Projektmanagement ist mit Sicherheit keine Wunderwaffe, wenn es um die Abwicklung innovativer Vorhaben geht.

Viele Unternehmen glauben jedoch, mit der Einführung dieses Führungskonzepts, und selbst dabei machen sie Fehler, alle Probleme gelöst zu haben und ihre ehrgeizigen Projekte in Null Komma nichts zu einem erfolgreichen Abschluß zu bringen.

Die Unternehmen vergessen allzu häufig, daß Projektmanagement „gelebt“ werden muß. Die Projektorganisation muß optimal in die bestehende Unternehmensorganisation eingegliedert werden. Die Methoden und Techniken müssen unternehmensspezifisch angepaßt sein. Sie müssen von allen Beteiligten akzeptiert, beherrscht und konsequent angewandt werden.

Sämtliche Mitarbeiter müssen Spezialisten sein, die sich zudem noch zur Gruppenarbeit eignen.

Ganz besonders ist auf die richtige und frühzeitige Wahl des Projektleiters zu achten.

Ein Projektleiter ohne genaue Abgrenzung seiner Aufgaben zu denen der Linie – gemeint ist hier die ständige Unternehmensorganisation – müßte ein Supermann sein, der an Takt und Feinfühligkeit jeden Diplomaten übertreffen würde, an analytischem Denkvermögen jeden Universitätsprofessor in den Schatten stellen könnte, die Ausstrahlung eines Volkstribunen besäße und die Durchsetzungskraft und Dynamik eines Frontgenerals sein eigen nennen dürfte.

Natürlich muß man sich darüber im klaren sein, daß es kaum gelingen wird, einen Menschen zu finden, der diesen Wunschbildern, ja nicht einmal vollständig bestimmten zweckgerichteten Idealvorstellungen entspricht. Die Lösung dieses Problems kann jedoch schon in der Methodik des Projektmanagements liegen. Je methodischer und systematischer Projekte erfaßt und geplant werden, um so aussichtsreicher lassen sich auch komplexe, ungewöhnliche Vorhaben in den Griff bekommen und um so eher werden dann auch „normalbegabte" Führungskräfte in der Lage sein, der Problematik Herr zu werden.

In jedem Fall ist ein Projektleiter gut beraten, wenn er ein breites Kreuz und ein dickes Fell hat. Gleichzeitig braucht er elastische Ohren, an denen die Geschäftsleitung ziehen will, wenn etwas schiefgeht.

Es darf nicht vergessen werden, daß das Projektmanagement Konflikte nicht eliminiert, sondern sie in das Vorfeld der Planung und Entscheidung verlagert, sie transparent und damit handhabbar macht.

Dem anfänglichen Elan bei der Einführung von Projektmanagement muß nicht zwangsläufig eine Enttäuschung folgen. Es muß nicht sein, daß alles komplizierter, schwieriger und kaum besser wird. Man kann aus der Erfahrung anderer lernen und manches Hindernis von vornherein vermeiden oder geschickt umgehen.

Allerdings dürfen wir uns auf dem erreichten Stand der Anwendung des Projektmanagements nicht ausruhen. In Zukunft werden wir noch effizientere Methoden im Management unserer Projekte brauchen, um weiterhin im internationalen Wettbewerb bestehen zu können.

Projektmanagement wird nicht auf Luft- und Raumfahrt, auf Unternehmen und soziale Einrichtungen beschränkt bleiben. Wir werden Projektmanagement anwenden müssen, um unsere aus dem Gleichgewicht geratene Umwelt auch für nachfolgende Generationen als Existenzgrundlage zu erhalten. Wenn die derzeitige Entwicklung in diesem Maße voranschreitet, werden wir die besten Methoden, Techniken und Verhaltensweisen brauchen, um das „Projekt Erde" zu bewältigen.

Projektmanagement muß die Botschaft glaubhaft machen, „nur miteinander geht es!".

ANHANG

Formulare für die Projektakte

DV-PROJEKTAKTE		FORMULARE – DECKBLATT			
Sachgebiet	Projektbezeichnung	Phase	Verfasser	Datum	Seite

1. Formulare – Deckblatt
2. Formularrahmen

ANTRÄGE

3. Projektantrag
4. Änderungsantrag

PLANUNG

5. Projektauftrag
6. Anlagen zum Projektauftrag
7. Mitarbeiter
8. Voraussetzungen
9. Schnittstellen
10. Aktivitäten und Termine
11. Meilensteine
12. Balkenplan

DURCHFÜHRUNG

13. Phasenabschluß
14. Statusbericht
15. Besprechungsprotokoll 1
16. Besprechungsprotokoll 2
17. Aktivitätenkontrolle
18. Aufwandserfassung
19. Aufwandsübersicht

ANLAGEN

20. Anlagen

AUSFÜLLANWEISUNGEN FÜR DIE FORMULARE DER PROJEKTAKTE

Die Formulare sind durch Anlagen zu ergänzen, wenn der Platz einzelner Rubriken nicht ausreichend bemessen ist (siehe Formular FORMULARRAHMEN).

Allgemeine Ausfüllanweisungen für den Formularrahmen

Sachgebiet
Kennzeichnung der DV-Anwendung, des Arbeitsgebietes oder Eintragung des zuständigen Fachbereiches/-abteilung.

Projektbezeichnung
Titel oder Stichwort des Projektes.

Phase
Nummer oder Bezeichnung der Projektphase.
In der Regel ist hier die jeweils aktuelle Phase – Stand des Projektes – einzutragen. Es kann auch die Phase, ab der das Formular gültig wird (Änderung der Organisation und Planung), oder die Phase(n), für die das Formular gilt (Planung), eingetragen werden. Ein Zusatzwort „ab“ oder „für“ kann diese abweichende Bedeutung veranschaulichen.

Verfasser
Nachname oder Kurzzeichen des Ausfüllers.

Datum
Tag, an dem das Formular ausgefüllt wurde.
Wird ein Formular überarbeitet, ist hier das jeweilige Änderungsdatum einzutragen. Die ältere Version ist aufzubewahren und kann bei Bedarf über das Datum chronologisch zugeordnet werden.

Seite
Dieses Feld dient zum Durchnumerieren mehrseitiger Vorlagen.

DV-PROJEKTAKTE

Sachgebiet	Projektbezeichnung	Phase	Verfasser	Datum	Seite

Ausfüllanweisung zum Formular FORMULARE - DECKBLATT

Das Formular enthält außer dem Formularrahmen keine auszufüllenden Felder.
Das Formular enthält ein Verzeichnis der zur Führung der Projekte vorliegenden Formulare und dient zur Gliederung der Projektakte.

Ausfüllanweisung zum Formular FORMULARRAHMEN

Das Formular ist als „Blanko"-Formular zur freien Benutzung gedacht.

Das Formular kann als Anlage benutzt werden, wenn der Platz einzelner Rubriken auf anderen Formularen nicht ausreicht.

Das Formular enthält außer den Feldern des Formularrahmens (siehe Ausfüllanweisung) keine weiteren vorgegebenen Felder.

DV-PROJEKTAKTE					PROJEKTANTRAG
Sachgebiet	Projektbezeichnung	Phase	Verfasser	Datum	Seite
Verantwortlich		Unterschrift			
Zielsetzung					
Beschreibung					
Begründung					
Termine und Kosten					
Sonstiges					
Anlagen					

Ausfüllanweisung zum Formular PROJEKTANTRAG

Bei der Erstellung von Projektanträgen sind die gültigen Vorschriften zu beachten.
Der Verfasser muß den Projektantrag durch Eintragung und Unterschrift des Verantwortlichen genehmigen lassen.

Verantwortlich
Vorgesetzter des Antragstellers, Abteilungsleiter oder Hauptabteilungsleiter, der zum Stellen von Projektanträgen berechtigt ist.

Unterschrift
Unterschrift des Verantwortlichen.

Zielsetzung
Aufzählung der Ziele, die mit dem Projekt erreicht werden sollen.

Beschreibung
Ausführliche Beschreibung des Vorhabens oder des Problems.
Hinweise auf bekannte Ideen und Lösungsansätze.
Zielsetzungen und Möglichkeiten, die nicht erwünscht sind oder ausgeschlossen werden.

Begründung
Genaue Begründung für den Antrag. Der künftige Nutzen ist zu beschreiben und abzuschätzen.
Gegebenheiten bzw. deren Änderungen, die zwingend zu beachten sind, z. B. Gesetze, Vorschriften, Geräte.
Hinweise auf Prüfungsberichte oder ähnliches, die zwingend zu beachten sind.
Nachteilige Auswirkungen, die eintreten, wenn der Antrag nicht ausgeführt wird.

Termine und Kosten
Ausführungen über terminliche Erfordernisse, z.B. Fristen, Abhängigkeiten.
Angabe der Kosten soweit bekannt und Kostenschätzung soweit erforderlich.

Sonstiges
Gegebenheiten, die zu beachten sind, sofern sie nicht unter „Begründung“ aufgeführt wurden.

Anlagen
Verzeichnis der beigefügten Anlagen.

DV-PROJEKTAKTE			ÄNDERUNGSANTRAG		
Sachgebiet	Projektbezeichnung	Phase	Verfasser	Datum	Seite
A Änderungsantrag		Änderungsantrag Nr.			
Verantwortlich		Unterschrift			
Zielsetzung					
Beschreibung					
Begründung					
B Auswirkung auf Zielsetzung, Termine, Kosten					
C Stellungnahme des Projektleiters Empfehlung					
D Entscheidung durch ◯ **Projektleiter** ◯ **Lenkungsausschuß** ◯ angenommen ◯ abgelehnt Datum Unterschrift					

Ausfüllanweisung zum Formular ÄNDERUNGSANTRAG

A Änderungsantrag
Bei der Einreichung von Änderungsanträgen ist das gültige Verfahren zur Durchführung von Änderungen im Projekt zu beachten. Der Verfasser erstellt den Abschnitt A und läßt sich den Änderungsantrag durch Eintragung und Unterschrift des Verantwortlichen genehmigen.

Nummer des Änderungsantrages
Die Änderungsanträge zu einem Projekt müssen fortlaufend numeriert werden.

Verantwortlich
Vorgesetzter des Antragstellers, Abteilungsleiter oder Hauptabteilungsleiter, der zum Stellen von Projektanträgen berechtigt ist.

Unterschrift
Unterschrift des Verantwortlichen.

Zielsetzung
Aufzählung der Ziele, die mit dem Änderungsantrag erreicht werden sollen.

Beschreibung
Ausführliche Beschreibung des Vorhabens oder des Problems. Hinweise auf bekannte Ideen und Lösungsansätze. Zielsetzungen und Möglichkeiten, die nicht erwünscht sind oder ausgeschlossen werden.

Begründung
Genaue Begründung für den Änderungsantrag. Hinweise auf Gegebenheiten und deren Änderungen, die zwingend zu beachten sind, z. B. Gesetze, Vorschriften, Verfahren, Geräte. Nachteilige Auswirkungen, die eintreten, wenn der Antrag nicht ausgeführt wird.

B Auswirkungen auf Zielsetzung, Termine, Kosten
Der Änderungsantrag laut Abschnitt A wird durch die Projektgruppe geprüft. Ausführungen der Projektgruppe bzw. der zuständigen Projektmitarbeiter über Veränderungen des Projektzieles, der Termine und Kosten werden im Abschnitt B eingetragen.

C Stellungnahme des Projektleiters
Der Projektleiter beurteilt den Änderungsantrag und die Auswirkungen auf das Projekt und begründet die nachfolgend aufgeführte Empfehlung.

Empfehlung
Empfehlung des Projektleiters, ob der Änderungsantrag genehmigt oder abgelehnt werden soll.

D Entscheidung
Während der Projektphasen 0 bis 2 können Änderungsanträge durch den Projektleiter genehmigt werden, wenn der geschätzte Projektaufwand nicht oder nicht wesentlich verändert wird. In allen anderen Fällen muß eine Genehmigung durch den Lenkungsausschuß eingeholt werden.
Das Zutreffende ist anzukreuzen:
- Entscheidung durch Projektleiter/Lenkungsausschuß
- Entscheidung, ob der Änderungsantrag angenommen oder abgelehnt wird.

Datum / Unterschrift

DV-PROJEKTAKTE					PROJEKTAUFTRAG
Sachgebiet	Projektbezeichnung	Phase	Verfasser	Datum	Seite

A Auftraggeber	
Verantwortlich	Unterschrift
Zielsetzung	
Begründung	
B Auftragnehmer	DV-Auftragsnr.
Projektleiter	Unterschrift
C Genehmigung durch DV-Ausschuß	
Datum	Unterschrift
Verteiler	
Anlagen: siehe Formularanlagen zum Projektauftrag	

Ausfüllanweisung zum Formular PROJEKTAUFTRAG

A Auftraggeber
Der Verfasser erstellt den Abschnitt A, den Verteiler und die Anlagen und beschafft sich die Unterlagen von dem bzw. von den zuständigen Mitarbeitern.

Verantwortlich
Vorgesetzter des Verfassers, Abteilungsleiter oder Hauptabteilungsleiter, der zur Durchführung von Projekten berechtigt ist.

Unterschrift
Unterschrift des Verantwortlichen.

Zielsetzung
Aufzählung der Ziele, die mit dem Projekt erreicht werden sollen.

Begründung
Genaue Begründung für den Auftrag. Gegebenheiten bzw. deren Änderungen, die zwingend zu beachten sind, z. B. Gesetze, Vorschriften, Geräte. Hinweise auf Prüfungsberichte oder ähnliches, die zwingend zu beachten sind.

B Auftragnehmer
Im Abschnitt B erklärt sich der Auftragnehmer zur Durchführung des Projektauftrages bereit.

DV-Auftragsnummer
Nummer des DV-Auftrages.

Projektleiter
Nachname des Projektleiters.

Unterschrift
Unterschrift des Projektleiters.

C Genehmigung durch den DV-Ausschuß
Nach der Genehmigung des Projektes und der Annahme durch den Projektleiter kann der DV-Ausschuß das Projekt freigeben.

Datum
Datum der Freigabe des Projektes durch Unterschrift des DV-Ausschusses.

Unterschrift
Unterschrift des verantwortlichen Mitgliedes des DV-Ausschusses.

Verteiler
Über den Projektauftrag sind die Betroffenen – DV-Ausschuß, Lenkungsausschuß, Projektgruppe und Kontrollinstanzen – zu informieren.

Anlagen
Die beigefügten Anlagen sind im Formular ANLAGEN ZUM PROJEKTAUFTRAG aufzuführen.

DV-PROJEKTAKTE		ANLAGEN ZUM PROJEKTAUFTRAG			
Sachgebiet	Projektbezeichnung	Phase	Verfasser	Datum	Seite

Nr.	Anlage
	PROJEKTORGANISATION Mitarbeiter Berichtsweg Voraussetzungen Schnittstellen **PROJEKTVORSCHLAG** Lösungsvorschlag Aktivitäten und Termine Meilensteine Balkenplan Kostenschätzung Wirtschaftlichkeitsrechnung

Ausfüllanweisung zum Formular
ANLAGEN ZUM PPOJEKTAUFTRAG

Nr.
Die beigefügten Anlagen sind fortlaufend zu numerieren.

Anlage
Verzeichnis der erforderlichen und erstellten Anlagen.
Die vorgedruckten Anlagen sind gegebenenfalls um andere erforderliche Anlagen zu ergänzen.

DV-PROJEKTAKTE				MITARBEITER	
Sachgebiet	Projektbezeichnung	Phase	Verfasser	Datum	Seite

Abteilung	Name	LENKUNGSAUSSCHUSS	

Abteilung	Name	KONTROLLINSTANZEN	Funktion

Abteilung	Name	PROJEKTGRUPPE	Aufgabe

Ausfüllanweisung zum Formular MITARBEITER

Lenkungsausschuß
Tabellarisches Verzeichnis der Mitglieder des Lenkungsausschusses.
Der Leiter des Lenkungsausschusses wird zuerst eingetragen und durch Unterstrich kenntlich gemacht.

Abteilung
Abteilungskennung des Mitgliedes des Lenkungsausschusses.

Name
Nachname des Mitgliedes des Lenkungsausschusses.

Kontrollinstanzen
Tabellarisches Verzeichnis der Mitglieder der Kontrollinstanzen.

Abteilung
Abteilungskennung oder Fachbereich des Mitgliedes der Kontrollinstanz.

Name
Nachname des Mitgliedes der Kontrollinstanz.

Funktion
Kontrollfunktion im Rahmen des Projektes in Stichworten.

Projektgruppe
Tabellarisches Verzeichnis der Mitglieder der Projektgruppe.
Der Projektleiter wird zuerst eingetragen und durch Unterstrich kenntlich gemacht.

Abteilung
Abteilungskennung oder Fachbereich des Mitgliedes der Projektgruppe.

Name
Nachname des Mitgliedes der Projektgruppe.

Aufgabe
Aufgaben im Rahmen des Projektes in Stichworten.

DV-PROJEKTAKTE			VORAUSSETZUNGEN		
Sachgebiet	Projektbezeichnung	Phase	Verfasser	Datum	Seite
ORGANISATION					
SOFTWARE					
HARDWARE					

Ausfüllanweisung zum Formular VORAUSSETZUNGEN

Organisation
Beschreibung der organisatorischen Maßnahmen, Veränderungen oder Annahmen für das Projekt.

Software
Beschreibung der vorausgesetzten oder angenommenen Software für das Projekt, wie Betriebssystem, Compiler, vorhandener oder nicht im Projekt zu entwickelnder Module.

Hardware
Beschreibungen der vorausgesetzten oder angenommenen Hardware für das Projekt, vorhandene oder zu beschaffende Geräte, wie Rechner, periphere Geräte und sonstige Hilfsmittel.

DV-PROJEKTAKTE			SCHNITTSTELLEN		
Sachgebiet	Projektbezeichnung	Phase	Verfasser	Datum	Seite

zu Sachgebieten

zu Projekten

zu ...

Ausfüllanweisung zum Formular SCHNITTSTELLEN

zu Sachgebieten
Beschreibung der Abgrenzung des Projektes zu den betroffenen Sachgebieten.

zu Projekten
Beschreibung der Abgrenzung des Projektes zu anderen Projekten.

zu ...
Beschreibung besonderer Abgrenzungsmerkmale des Projektes.

DV-PROJEKTAKTE		AKTIVITÄTEN & TERMINE			
Sachgebiet	Projektbezeichnung	Phase	Verfasser	Datum	Seite

Nr.	Aktivitäts-bezeichnung	Auf-wand	Mitarbeiter	Einsatz-anteil	Termin Start	Termin Ende	nach Nr.	vor Nr.

Ausfüllanweisung zum Formular AKTIVITÄTEN & TERMINE

Nr.
Laufende Numerierung der Aktivitäten.

Aktivitätsbezeichnung
Bezeichnung (Stichwort) der Aktivität.

Aufwand
Zeitlicher Aufwand geschätzt auf der Basis von Stunden (Mannstunden bzw. Mitarbeiterstunden/Nettoaufwand je Person).

Mitarbeiter
Ausführender Mitarbeiter.

Einsatzanteil
Angabe der prozentualen Verfügbarkeit des Mitarbeiters für das Projekt.

Starttermin
Geplanter Beginn der Aktivität (Datum).

Endtermin
Geplantes Ende der Aktivität (Datum).

nach Nr.
Der Start dieser Aktivität ist vom Ende der hier einzutragenden Aktivität (lfd. Nr.) abhängig. Es sollen hier nur einfache oder wichtige Abhängigkeitsbeziehungen aufgeführt werden. Zur Darstellung umfangreicher Abhängigkeitsbeziehungen müssen andere Verfahren gewählt werden.

von Nr.
Vom Ende dieser Aktivität ist der Start der hier einzutragenden Aktivität (lfd . Nr.) abhängig. Es sollen hier nur einfache oder wichtige Abhängigkeitsbeziehungen aufgeführt werden. Zur Darstellung umfangreicher Abhängigkeitsbeziehungen müssen andere Verfahren gewählt werden.

DV-PROJEKTAKTE			MEILENSTEINE		
Sachgebiet	Projektbezeichnung	Phase	Verfasser	Datum	Seite

Nr.	**Termin**	**Bezeichnung**	**Bedeutung**

Ausfüllanweisung zum Formular MEILENSTEINE

Nr.
Laufende Numerierung der Meilensteine.

Termin
Geplanter Endtermin für den Meilenstein.

Bezeichnung
Kennwort für den Meilenstein.

Bedeutung
Beschreibung wichtiger Merkmale des Meilensteins.

DV-PROJEKTAKTE BALKENPLAN

Sachgebiet	Projektbezeichnung	Phase	Verfasser	Datum	Seite

Jahr

Kalenderwoche

◯ Aktivitäten ◯ Phasen

Nr.	Bezeichnung	1 27	2 28	3 29	4 30	5 31	6 32	7 33	8 34	9 35	10 36	11 37	12 38	13 39	14 40	15 41	16 42	17 43	18 44	19 45	20 46	21 47	22 48	23 49	24 50	25 51	26 52

Ausfüllanweisung zum Formular BALKENPLAN

Das Formular kann entweder detailliert zur Darstellung der Aktivitäten innerhalb einer Phase oder übergreifend zur Darstellung der Phasen des Projektes benutzt werden. Das Zutreffende ist anzukreuzen.

Jahr
Planungsjahr.

Kalenderwoche
Tabelle der geplanten Kalenderwochen.
Die Liste der geplanten Kalenderwochen je Spalte kann durch Streichen der vorgedruckten Nummern oder durch eigene Eintragungen im Kopf und Fuß der Tabelle erzeugt werden.
Die Tabelle der Kalenderwochen enthält je Aktivität (oder Phase) eine Zeile, in die die zeitliche Planung als Balken einzutragen ist.
Die Höhe der Zeile ermöglicht es, mehrere Balken (z. B. je Fachbereich) einzutragen.
Die geplanten Endtermine sind mit einem „!" in der Tabelle einzutragen.

Aktivitäten/Phasen
Die zutreffende Bezeichnung ist anzukreuzen, die nichtzutreffende Bezeichnung kann gestrichen werden.

Nr.
Nummer oder Kennung der Aktivität oder Phase.

Bezeichnung
Bezeichnung oder kurze Beschreibung der Aktivität oder Phase.

DV-PROJEKTAKTE		PHASENABSCHLUSS			
Sachgebiet	Projektbezeichnung	Phase	Verfasser	Datum	Seite

A Bericht des Projektleiters: Stand, Termine, Kosten

B Stellungnahme durch Lenkungsausschuß

C Entscheidung des Lenkungsausschusses

○ Die Phase wird nicht abgenommen.
Die nächste Phase kann nicht beginnen.

○ Die Phase wird abgenommen.
Die nächste Phase kann beginnen.

D Beschluß des Lenkungsausschusses

Datum	Unterschrift

Ausfüllanweisung zum Formular PHASENABSCHLUSS

A Bericht des Projektleiters: Stand, Termine, Kosten
Im Abschnitt A des Formulars sind die Ausführungen des Projektleiters zu den Punkten Stand, Termine und Kosten zum Phasenabschluß des Projektes einzutragen.
Entsprechend dem Statusbericht sind Angaben über abweichende Projektergebnisse, Termine und Kosten hier aufzuführen oder ist auf andere Unterlagen zu verweisen.

B Stellungnahme durch Lenkungsausschuß
Im Abschnitt B sind die Gründe zur nachfolgenden Entscheidung und zum Beschluß des Lenkungsausschusses einzutragen.

C Entscheidung des Lenkungsausschusses
Die zutreffende Entscheidung ist anzukreuzen.

D Beschluß des Lenkungsausschusses
Im Abschnitt D können Beschlüsse, die bei der Fortführung des Projektes zu berücksichtigen sind, eingetragen werden.

Datum/Unterschrift
Das Formular ist durch einen Berechtigten des Lenkungsausschusses abzuzeichnen.

DV-PROJEKTAKTE			STATUSBERICHT		
Sachgebiet	Projektbezeichnung	Phase	Verfasser	Datum	Seite
◯ **Projektstatusbericht**		Berichtsnr.			
◯ **Meilensteinbericht**		Unterschrift			
Situation				Status	
Termine					
Kosten					
Besondere Probleme			Maßnahmen		
Status: = **A**=Aufforderung **B**=Beschluß **E**=Empfehlung **F**=fertig **I**=Information, Feststellung **O** =offen					

Ausfüllanweisung zum Formular STATUSBERICHT

Die Statusberichte sind periodisch und fallweise zu erstellen. Als Richtlinie gilt ein monatlicher Berichtszyklus; andere Vereinbarungen sind dem Berichtsweg des Projektes zu entnehmen.

Projektstatusbericht/Meilensteinbericht
Die zutreffende Berichtsart ist anzukreuzen, die nichtzutreffende Berichtsart kann gestrichen werden.

Berichtsnr.
Die Berichte eines Projektes sind fortlaufend zu numerieren. Die Numerierung kann je Berichtsart erfolgen.

Unterschrift
Unterschrift des für den Statusbericht Verantwortlichen.

Situation
Beschreibung der erreichten Projektergebnisse und der Abweichungen zu den geplanten Ergebnissen.

Status
Zur schnelleren Orientierung sind hier die unten im Formular vorgesehenen Symbole einzutragen.

Termine
Angaben über abweichende Termine.

Kosten
Angaben über abweichende Kosten.

Besondere Probleme
Angaben von nicht geplanten Ereignissen.

Maßnahmen
Angaben der zur Lösung von Problemen getroffenen Maßnahmen.

DV-PROJEKTAKTE		BESPRECHUNGSPROTOKOLL 1			
Sachgebiet	Projektbezeichnung	Phase	Verfasser	Datum	Seite

◯ **Einladung** ◯ **Protokoll** **zur Besprechung**		
Datum	Ort	Protokollnr.
Beginn	Ende	Unterschrift

Teilnehmer

Tagesordnung

Verteiler

Teilnehmer

Anlagen

Besprechungsprotokoll 2

Ausfüllanweisung zum Formular BESPRECHUNGSPROTOKOLL 1

Einladung/Protokoll zur Besprechung
Das Zutreffende ist anzukreuzen. Die Art der Besprechung (z. B. Projektgruppe, Lenkungsausschuß, Review) kann dahinter in das restliche Feld eingetragen werden.

Datum/Ort
Datum und Ort der Besprechung.

Beginn/Ende
Uhrzeiten vom Beginn und Ende der Besprechung.

Protokollnr.
Laufende Nummer der Besprechung.

Unterschrift
Unterschrift des für die Einladung oder das Besprechungsprotokoll Verantwortlichen.

Teilnehmer
Verzeichnis der Besprechungsteilnehmer.

Tagesordnung
Liste der Tagesordnungspunkte.

Verteiler
Verteiler für die Einladung oder das Besprechungsprotokoll.

Anlagen
Verzeichnis der Anlagen.
Bei einer Einladung ist „Besprechungsprotokoll 2" zu streichen.

DV-PROJEKTAKTE			**BESPRECHUNGSPROTOKOLL 2**		
Sachgebiet	Projektbezeichnung	Phase	Verfasser	Datum	Seite
Datum der Besprechung		Protokollnr.			

Nr.	**Text**	**zuständig**	**Termin**	**Status**

Status: = **A**=Aufforderung **B**=Beschluß **E**=Empfehlung **F**=fertig **I**=Information, Feststellung **O** =offen

Ausfüllanweisung zum Formular BESPRECHUNGSPROTOKOLL 2

Datum der Besprechung
Datum der Besprechung.

Protokollnr.
Laufende Nummer der Besprechung.

Nr.
Laufende Nummer des Besprechungspunktes.

Text
Thema, Problem, Beschluß u. a. zu dem Besprechungspunkt.

zuständig
Angabe des zur Durchführung der Aktivität oder vom Tagesordnungspunkt betroffenen zuständigen Fachbereiches oder Mitarbeiters.

Termin
Angabe eines geplanten Endtermins der besprochenen Aktivität.

Status
Angabe eines Symbols zum besprochenen Tagesordnungspunkt zur besseren Orientierung. Die möglichen Symbole und ihre Bedeutung sind im Formular unten auf der letzten Zeile eingetragen.

DV-PROJEKTAKTE AKTIVITÄTENKONTROLLE

Sachgebiet	Projektbezeichnung	Phase	Verfasser	Datum	Seite

Jahr		Kalenderwoche																								
		1 27	2 28	3 29	4 30	5 31	6 32	7 33	8 34	9 35	10 36	11 37	12 38	13 39	14 40	15 41	16 42	17 43	18 44	19 45	20 46	21 47	22 48	23 49	24 50	25 51	26 52
Mitarbeiter	O																										
Aktivität	#																										
Zeitaufwand	X																										
Mitarbeiter	O																										
Aktivität	#																										
Zeitaufwand	X																										
Mitarbeiter	O																										
Aktivität	#																										
Zeitaufwand	X																										
Mitarbeiter	O																										
Aktivität	#																										
Zeitaufwand	X																										
Mitarbeiter	O																										
Aktivität	#																										
Zeitaufwand	X																										
Mitarbeiter	O																										
Aktivität	#																										
Zeitaufwand	X																										
Mitarbeiter	O																										
Aktivität	#																										
Zeitaufwand	X																										
Mitarbeiter	O																										
Aktivität	#																										
Zeitaufwand	X																										
Zeitaufwände in Stunden																											

Balkenplan oder Zeitaufwände für:
O=Erstplanung, **#**=revidierte Planung, **X**=Ausführung (Ist), **!** =Termine

Ausfüllanweisung zum Formular AKTIVITÄTENKONTROLLE

Jahr
Planungsjahr.

Kalenderwoche
Tabelle der geplanten Kalenderwochen.
Die Liste der geplanten Kalenderwochen je Spalte kann durch Streichen der vorgedruckten Nummern oder durch eigene Erfahrungen im Kopf und Fuß der Tabelle erzeugt werden. Die Tabelle der Kalenderwochen enthält je Mitarbeiter und Aktivität drei Zeilen. Entweder werden die Zeilen einfach mit den Symbolen als Balkenplan geführt oder die Felder werden detailliert mit den zeitlichen Aufwänden auf der Basis von Stunden (Mann-/Mitarbeiterstunden/Nettostunden) ausgefüllt.
Die erste Zeile stellt die Erstplanung, die zweite eine überarbeitete Planung und die dritte Zeile die tatsächliche Ausführung dar.

Mitarbeiter
Nachname des Mitarbeiters, der an der aufgeführten Aktivität beteiligt ist.

Aktivität
Nummer, Kennung oder Bezeichnung der Aktivität.

Zeitaufwand
Der geplante zeitliche Gesamtaufwand auf der Basis von Stunden (Mann-/Mitarbeiterstunden/Nettostunden) zur Ausführung der Aktivität durch den Mitarbeiter.

DV-PROJEKTAKTE AUFWANDSERFASSUNG

Sachgebiet	Projektbezeichnung	Phase	Verfasser	Datum	Seite
Mitarbeiter		Jahr		Kalenderwoche	

Aktivität		**Zeitaufwand** (Stunden)							**Summe** (Stunden)	**Rest-bedarf**
Nr.	**Bezeichnung**	**Mo**	**Di**	**Mi**	**Do**	**Fr**	**Sa**	**So**		

Bemerkungen

Ausfüllanweisung zum Formular AUFWANDSERFASSUNG

Mitarbeiter
Nachname des Mitarbeiters, der mit den aufgeführten Aktivitäten beschäftigt war.

Jahr
Jahr der erfaßten Aktivitäten.

Kalenderwoche
Kalenderwoche der erfaßten Aktivitäten.

Aktivität
Nr.
Nummer oder Kennung der Aktivität.

Bezeichnung
Bezeichnung oder Stichworte der Aktivität.

Zeitaufwand (Stunden), Mo Di Mi Do Fr Sa So
Tabelle der erfaßten Zeitaufwände des Mitarbeiters je Aktivität und Wochentag in Stunden.

Summe (Stunden)
Die Summen der erfaßten Zeitaufwände des Mitarbeiters je Aktivität und Woche in Stunden.

Restbedarf
Die noch zur Fertigstellung erforderlichen, geschätzten Zeitaufwände des Mitarbeiters je Aktivität in Stunden.

Bemerkungen
Erläuterungen oder Hinweise zu den erfaßten Zeitaufwänden (sofern erforderlich).

DV-PROJEKTAKTE AUFWANDSÜBERSICHT

Sachgebiet	Projektbezeichnung	Phase	Verfasser	Datum	Seite

Soll-Start	Soll-Ende

Aktivität	**Mitarbeiter**	**Feldübersicht**	**Soll**	**Ist**								
		Woche										
		Verbrauch										
		kum. Verbrauch										
		Restbedarf										
		Abweichung										
		Start										
		Ende										
		Verbrauch										
		kum. Verbrauch										
		Restbedarf										
		Abweichung										
		Start										
		Ende										
		Verbrauch										
		kum. Verbrauch										
		Restbedarf										
		Abweichung										
		Start										
		Ende										
		Verbrauch										
		kum. Verbrauch										
		Restbedarf										
		Abweichung										
		Start										
		Ende										

Ausfüllanweisung zum Formular AUFWANDSÜBERSICHT

Soll-Start
Geplanter Beginn der Projektphase.

Soll-Ende
Geplantes Ende der Projektphase.

„Freiraum"
Keine Eintragungen vorgesehen.

Aktivität
Nummer oder Kennung der Aktivität.

Mitarbeiter
Nachname des Mitarbeiters (der Mitarbeiter); der (die) mit der aufgeführten Aktivität beschäftigt war(en).

Feldübersicht – Soll
Die Spalte „Soll" bildet eine Tabelle der je Mitarbeiter und Aktivität geplanten Werte. In den Zeilen Verbrauch werden die geplanten zeitlichen Aufwände auf der Basis von Stunden (Mann-/Mitarbeiterstunden/Nettostunden) je Mitarbeiter und Aktivität eingetragen. Die Zeilen kum. Verbrauch, Restbedarf und Abweichung bleiben frei. Start und Ende werden mit den geplanten Terminen ausgefüllt.

Feldübersicht – Ist
Die Spalten „Ist" bilden eine Tabelle der je Mitarbeiter und Aktivität verbrauchten zeitlichen Aufwände auf der Basis von Stunden (Mann-/Mitarbeiterstunden/Nettostunden). In der Kopfzeile der Spalten „Ist" werden die aktuellen Wochennummern eingetragen. In den nachfolgenden Zeilen werden je Woche die nachfolgenden Werte für die in der Kopfzeile vermerkte Wochennummer eingetragen.

Verbrauch
Wochensummen der Aufwände des Mitarbeiters je Aktivität – siehe Formular AUFWANDSERFASSUNG.

kum. Verbrauch
Gesamtsummen der Aufwände des Mitarbeiters je Aktivität und Phase. Dieser Wert ergibt sich aus der Fortschreibung der Wochensummen.

Restbedarf
Die zur Fertigstellung noch vom Mitarbeiter zu leistenden Aufwände je Aktivität. Dieser Wert wird vom Mitarbeiter geschätzt – siehe Formular AUFWANDSERFASSUNG.

Abweichung
Differenz zwischen der Summe aus dem kumulierten Verbrauch und dem Restbedarf des Mitarbeiters je Aktivität und dem geplanten Verbrauch (kum. Verbrauch + Restbedarf-Soll).

Start
Datum, wann mit der Aktivität begonnen wurde.

Ende
Datum, wann die Aktivität beendet wurde.

DV-PROJEKTAKTE		ANLAGEN			
Sachgebiet	Projektbezeichnung	Phase	Verfasser	Datum	Seite

Nr.	**Bezeichnung**	**Beschreibung**

Ausfüllanweisung zum Formular ANLAGEN

Nr.
Laufende Nummer der Anlage.

Bezeichnung
Kennung oder Stichwort zur Bezeichnung der Anlage.

Beschreibung
Wichtige Merkmale der Anlage in Stichworten.

Glossar

Amortisationsvergleichsrechnung
Mit Hilfe der Amortisationsvergleichsrechnung wird der Zeitraum ermittelt, der notwendig ist, um die Ausgaben für die Anschaffung eines Anlagegutes durch seine jährlich erzielten Überschüsse auszugleichen. / (Projektplanung)

Analogie-Methode
Ein Verfahren zur Aufwandsschätzung, das auf Erfahrungswerten beruht. / (Projektplanung)

Annuitätenmethode
Im Gegensatz zu der Kapitalwertmethode sollen mit der Annuitätenmethode die durchschnittlichen jährlichen Ausgaben gegenübergestellt werden. Zu diesem Zweck wird zunächst der Kapitalwert der Investition ermittelt, der dann mit dem Kapitalwiedergewinnungsfaktor multipliziert wird, woraus sich die Annuität ergibt. / (Projektplanung)

Aufwand-pro-Einheit-Methode
Ein Verfahren zur Aufwandsschätzung, das auf der Kenntnis von Leistungskennzahlen beruht. / (Projektplanung)

Aufwandsschätzung
Die Aufwandsschätzung bildet im Rahmen des Managements von Projekten die Grundlage der Kapazitäts- und Terminplanung. Ein weiteres Einsatzgebiet ist die Unterstützung der Investitionsentscheidungen während des Projektablaufs (Kalkulation der Kosten, Kosten-Nutzen-Analyse, Entscheidung über Selbsterstellung oder Fremdbezug von Gesamt- oder Teilleistungen. / (Projektplanung)

Balkendiagramm
Horizontale Darstellung von Aktivitäten auf einer Zeitachse (Aktivitäten werden als Balken dargestellt. / (Projektplanung)

Brainstorming
Zuruf von Ideen zur Lösung eines bestimmten Problems. Ziel: Produktion von möglichst vielen Ideen. / (Übersicht über das Projektmanagement)

Brainwriting
Schriftliche Form des Brainstormings. / (Übersicht über das Projektmanagement)

Briggs-Myers-Indikator
Der Briggs-Myers-Indikator kategorisiert Menschen auf vier verschiedenen Skalen. Diese sind: Extrovertiert-Introvertiert, Rational-Intuitiv, Denkend-Fühlend, Entscheidend-Abwägend. / (Verhaltenstheoretischer Ansatz des Projektmanagements)

EDV-Ausschuß
Der EDV-Ausschuß ist ein ständiges, strategisches Gremium, das Grundsatzentscheidungen von Organisation und EDV diskutiert und trifft. Zu solchen Entscheidungen gehören unter anderem: Prioritäten in der Realisierung des DV-Rahmenplans, gravierende Hardware-Entwicklungen (Systemablösungen usw.), Zentralisierung/ Dezentralisierung. / (Projektorganisation)

Einfluß-Projektorganisation
Die Einflußprojektorganisation ist eine Minimalausstattung einer Projektorganisation, indem innerhalb der Primärorganisation die funktionale Hierarchie unverändert bestehen bleibt und lediglich durch eine Stabsstelle, den Projektkoordinator (Projektleiter im Stab), ergänzt wird. / (Projektorganisation)

Entwicklung
Entwicklung beinhaltet die erstmalige oder neuartige Nutzung von Forschungsergebnissen, um zu neuen oder verbesserten Materialien, Geräten, Produkten, Systemen, Verfahren oder Dienstleistungen zu gelangen. / (Übersicht über das Projektmanagement)

Evolutionäre Software-Entwicklung
Software-Lifecycle, bei dem die Wartungsphase durch einen Durchlauf durch den Software-Lifecycle ersetzt wird, auch spiralförmiges Software-Lifecycle-Modell genannt.

eXtremes Programmieren (XP)
Ein Prozeßmodell für die objektorientierte Software-Entwicklung, das von Beck, Cunningham und Jeffries entworfen und durch Erprobung in Projekten weiterentwickelt wurde. / (Evolutionäres Projektmanagement)

Forschung
Gewinnung neuer wissenschaftlicher Erkenntnisse auf technischen oder naturwissenschaftlichen Gebieten. / (Übersicht über das Projektmanagement)

Forschung, angewandte
Gewinnung neuer wissenschaftlicher oder technischer Erkenntnisse. Sie bezieht sich vornehmlich auf eine praktische Zielsetzung oder Anwendung. / (Übersicht über das Projektmanagement)

FuE-Projekte
Dieser Begriff umfaßt Projekte der angewandten Forschung, der Neu- und Weiterentwicklung. Auf eine weitergehende Differenzierung soll verzichtet werden. / (Übersicht über das Projektmanagement)

Function-Point-Verfahren
Verfahren zur Aufwandsschätzung. Beruht auf der Ermittlung der zu realisierenden Funktionen. Setzt Funktionen anhand einer Funktionskurve in Kapazität um. / (Projektplanung)

Ganzheitlich-situative Projektarbeit
Die Arbeitsprozesse in einem Projekt erfordern die gesamtheitlich-situative Bewältigung der strukturellen, organisatorischen, logischen und psychologisch-sozialen Komponente. / (Verhaltenstheoretischer Ansatz des Projektmanagements)

Geschäftsfeld-Portfolio
Mit dem Geschäftsfeld-Portfolio wird die eigene Marktposition auf bestimmten Geschäftsfeldern betrachtet, um daraus geeignete Strategien für die eigene Geschäftsfeldplanung in der Zukunft abzuleiten. / (Übersicht über das Projektmanagement)

Gesprächsarten
Es gibt eine Vielzahl von Gesprächsarten. Die für den Projektleiter wichtigsten sind das Beratungs-/Förderungsgespräch, das Anerkennungs- und das Kritikgespräch. / (Verhaltenstheoretischer Ansatz des Projektmanagements)

Gewichtungsmethode
Bei diesem Verfahren muß zunächst ein System derjenigen Faktoren erstellt werden, die den Aufwand entscheidend beeinflussen. Diese Faktoren sind objektiv (z. B. Vorliegen bestimmter Bedingungen) oder subjektiv (z. B. Personalqualität) zu bewerten. Einer solchen Bewertung liegen entsprechende Wertparameter zugrunde, welche den zu erwartenden Gesamtaufwand nach vorgegebener mathematischer Verknüpfung liefern sollen. / (Projektplanung)

Gewinnvergleichsrechnung
Die Gewinnvergleichsrechnung stellt eine Erweiterung der Kostenvergleichsrechnung durch Einbeziehung der Erlöse dar. / (Projektplanung)

Grundlagenforschung
Gewinnung neuer wissenschaftlicher Erkenntnisse, ohne überwiegend an dem Ziel einer praktischen Anwendbarkeit orientiert zu sein. / (Übersicht über das Projektmanagement)

Hilfsmittelplanung
Die Hilfsmittelplanung ist die Planung der erforderlichen methodischen und arbeitstechnischen Hilfsmittel, die das Projektteam benötigt, um die gestellte Aufgabe möglichst effizient ausführen zu können. / (Projektplanung)

Informationsplanung
Beinhaltet die Planung aller projektrelevanten Informationsarten, -wege, -frequenzen. / (Projektplanung)

Informationswesen
Das Informationswesen umfaßt alle projektinternen und projektexternen Berichte und Informationen, die während des Projektverlaufs regelmäßig und sporadisch abgegeben werden. / (Projektplanung)

Interne Zinsfußmethode
Mit Hilfe der internen Zinsfußmethode soll der Zinsfuß ermittelt werden, der für das Anlagegut zu einem Kapitalwert 0 führt. Die so effektive Rendite ist mit dem mindestens geforderten Kalkulationszinsfuß zu vergleichen. / (Projektplanung)

Investitionsrechnung
Investitionsrechnungen sind Rechenverfahren, deren Zweck es ist, festzustellen, ob ein Investitionsobjekt der Zielsetzung des Investors entspricht, und welches von mehreren Investitionsobjekten die Zielsetzung am besten erfüllt. / (Projektplanung)

Kapazität
Menge, die während der Dauer eines Zeitraumes erbracht werden muß. / (Projektplanung)

Kapazitätsplanung
Die Kapazitätsplanung beinhaltet in erster Linie die Ermittlung des Aufwandes, der erforderlich ist, um den einzelnen Vorgang (Aktivität) fertigzustellen. / (Projektplanung)

Kapitalwertmethode
Bei der Kapitalwertmethode werden alle einer Investition zuzurechnenden Einnahmen und Ausgaben mit einem gegebenen Kalkulationszinsfuß abgezinst. / (Projektplanung)

Kommunikation
Die Kommunikation kann als ein Prozeß des Informationsaustausches bezeichnet werden. / (Verhaltenstheoretischer Ansatz des Projektmanagements)

Komplexität
Komplexität wird durch die Art, Zahl und Zustände seiner Elemente (Projektgegenstand, Personen, beteiligte Stellen u.a.) sowie durch Zahl und Verschiedenheit der Beziehungen zwischen den Elementen bestimmt. / (Übersicht über das Projektmanagement)

Kosten-Nutzen-Vergleich
Bewertungstechnik, Verfahren für die Wirtschaftlichkeitsanalyse. Stellt einmalige und laufende Kosten dem Nutzen gegenüber. / (Projektplanung)

Kostenvergleichsrechnung
Die Kostenvergleichsrechnung dient der Gegenüberstellung von zwei oder mehr Investi-

tionsalternativen mit dem Ziel, die kostengünstigste Alternative zu ermitteln. Dabei sind nach Möglichkeit alle anfallenden Kosten in den Vergleich einzubeziehen. / (Projektplanung)

Kybernetik
Lehre von Kommunikation, Steuerung und Regelung in Organismen und Maschinen. / (Evolutionäres Projektmanagement)

Lenkungsausschuß
Der Lenkungsausschuß ist ein temporäres, projektbegleitendes Gremium, das in der Matrix-Projektorganisation die vorgesetzte Instanz von Projektleiter und Projektteam darstellt (Berichtsinstanz). Das bedeutet, daß es für jedes größere Projekt einen entsprechenden Lenkungsausschuß gibt, der seine Arbeit nach Abschluß der Projektaufgabe auch wieder beendet. / (Projektorganisation)

Logical Framework
Ein mehrstufiges Planungsverfahren, das geeignet ist, ausgehend von einer Analyse des Projektfeldes (Probleme, Ursachen, Folgen), Ziele auf verschiedenen Ebenen festzulegen (Ziel-Mittel-Analyse), den dafür benötigten Mitteleinsatz zu planen und zu steuern sowie den Zielerreichungsgrad zu überprüfen. / (Verhaltenstheoretischer Ansatz des Projektmanagements)

Lösungssuche
Die Lösungssuche vollzieht sich vor allem in der Hauptprojektphase. Die Lösungssuche beinhaltet die eigentlichen kreativen Prozesse der Ideenfindung. Obwohl die Ideenfindung auch in Zukunft ganz besonders auf spontane individuelle Beiträge angewiesen ist, kann in der Praxis festgestellt werden, daß die Erfolgschancen und Effizienz bei der Lösungssuche stark durch ein methodisches Vorgehen gesteigert werden können. / (Übersicht über das Projektmanagement)

Management
Management ist die Leitung soziotechnischer Systeme in personen- und sachbezogener Hinsicht mit Hilfe von professionellen Methoden. In der sachbezogenen Dimension des Managements geht es um die Bewältigung der Aufgaben, die sich aus den obersten Zielen des Systems ableiten, in der personenbezogenen Dimension um den richtigen Umgang mit allen Menschen, auf deren Kooperation das Management zur Aufgabenerfüllung angewiesen ist. Management ist ein eindeutig identifizierbarer Prozeß, bestehend aus den Phasen Planung, Organisation, Durchführung, Kontrolle, der über den Einsatz von Menschen zur Formulierung und Erreichung von Zielen führt. / (Übersicht über das Projektmanagement)

Matrix-Projektorganisation
Wie der Begriff Matrix besagt, wird hier die vertikale (nach Funktionen) gegliederte Organisationsstruktur von einer horizontal strukturierten projektinternen Organisation überlagert. Die Matrix-Projektorganisation beruht auf der Kompetenzaufteilung zwischen

dem funktionsorientierten (Linie) und dem projektorientierten Leistungssystem. / (Projektorganisation)

Meilenstein
Der Abschlußpunkt einer Phase definiert einen sogenannten Meilenstein. Hierunter wird ein definiertes termingebundenes Sachergebnis verstanden. Ein solcher Meilenstein gilt erst dann als erreicht, wenn das geforderte Ergebnis vollständig und durch die Qualitätssicherung abgesegnet vorliegt. / (Übersicht über das Projektmanagement)

Methode 635
Kreativitätstechnik zur zielgerichteten Ideenfindung. / (Übersicht über das Projektmanagement)

Morphologischer Kasten
Zwei- bzw. dreidimensionale Kreativitätstechnik. / (Übersicht über das Projektmanagement)

Motivation
Den Prozeß der Steuerung menschlicher Verhaltensweisen durch Bedürfnisse/Motive, um individuelle Zielsetzungen zu verwirklichen, bezeichnet man als Motivation. / (Verhaltenstheoretischer Ansatz des Projektmanagements)

Motive
Motive sind unbefriedigte Bedürfnisse, welche das Verhalten des Individuums in einem bestimmten Moment steuern. / (Verhaltenstheoretischer Ansatz des Projektmanagements)

Multiprojektmanagement
Aufgabe des Multiprojektmanagements ist es, einen wirksamen Steuerungsmechanismus zu etablieren, der die Verteilung der verfügbaren Ressourcen zwischen den einzelnen Projekten plant und steuert. / (Projektorganisation)

Netzplantechnik
Spezielle Terminplanungstechnik, die die sachlichen und zeitlichen Abhängigkeiten der Aktivitäten berücksichtigt. / (Projektplanung)

Neuentwicklung
Erstmalige oder neuartige Anwendung von Erkenntnissen der angewandten Forschung und die Entwicklung von Prototypen, Labormustern, Modellen. / (Übersicht über das Projektmanagement)

Nonverbale Kommunikation
Der Austausch von Informationen geschieht nicht ausschließlich über die Sprache, sondern auch über das Verhalten. Auch wenn wir nichts sagen, drücken wir etwas aus. Diese Art der

Kommunikation wird deshalb als nonverbale, nichtverbale Kommunikation bezeichnet, als Verhaltenssprache. / (Verhaltenstheoretischer Ansatz des Projektmanagements)

Nutzenkategorien
Errechenbarer, abschätzbarer, schwer quantifizierbarer Nutzen. / (Projektplanung)

Nutzwertanalyse
Die Nutzwertanalyse ist eine analytische Bewertungstechnik von Objekten aufgrund der subjektiven Nutzwerte der einzelnen Funktionen beziehungsweise Eigenschaften und deren Verwirklichung in bestimmten Lösungen. / (Projektplanung)

Parametrische Schätzgleichungen
Verfahren zur Aufwandsschätzung. Basiert auf unterschiedlichen Tabellen, mit denen die einzelnen Aufwände ermittelt und dann über eine Formel zusammengefügt werden. / (Projektplanung)

Personalplanung
Die Personalplanung beinhaltet alle Überlegungen, die im Zusammenhang mit dem konkreten Einsatz der Mitarbeiter im Projektteam stehen. / (Projektplanung)

Phasenfreigabe
Die Phasenfreigabe ist die konkrete Genehmigung für die Aufnahme der Arbeit für die erste (nächste) Phase. / (Projektplanung)

Phasenweiser Projektablauf
Als allgemeingültige Lebensphasen eines Projektes werden definiert: Phasen der Problemanalyse, Phase der konzeptionellen Grundlegung, Phase der detaillierten Gestaltung, Phase der Realisation, Phase der Nutzung, Phase der Außerdienststellung. Ein Projekt muß nicht alle Lebensphasen aufweisen. / (Übersicht über das Projektmanagement)

Problemlösungszyklus
Problemlösungszyklus bedeutet, daß ein Problem in einem sich wiederholenden, zyklischen Vorgang während der verschiedenen Projektphasen einer Lösung zugeführt werden soll. / (Übersicht über das Projektmanagement)

Produktlebenszyklus
Beim Produktlebenszyklus wird davon ausgegangen, daß die Nachfrage nach einem Produkt unterschiedliche Sättigungsphasen bis zu dem Zeitpunkt durchläuft, wo es vom Markt genommen wird. / (Übersicht über das Projektmanagement)

Projekt
Als Projekt kann jede Aufgabe bezeichnet werden, die einen definierbaren Anfang und ein de-

finierbares Ende besitzt, die den Einsatz mehrerer Produktionsfaktoren für jeden der einzelnen, miteinander verbundenen und wechselseitig voneinander abhängigen Teilvorgänge erfordert, die ausgeführt werden müssen, um das dieser Aufgabe vorgegebene Ziel zu erreichen.
Nach DIN 69 901 ist ein Projekt ein Vorhaben, das im wesentlichen durch eine Einmaligkeit der Bedingungen in ihrer Gesamtheit gekennzeichnet ist, wie z. B.: Zielvorgabe; zeitliche, finanzielle und personelle oder andere Bedingungen; Abgrenzung gegenüber anderen Vorhaben; projektspezifische Organisation. / (Übersicht über das Projektmanagement)

Projektantrag
Der Projektantrag beinhaltet alle Aktivitäten, die erforderlich sind, um ein neues Projekt durch die Genehmigungsstufen zu bringen. / (Projektplanung)

Projektbüro
Das Projektbüro ist die zentrale Einrichtung einer Projektorganisation. / (Verhaltenstheoretischer Ansatz des Projektmanagements)

Projektfreigabe
Die Projektfreigabe beinhaltet die Genehmigung des Projektantrages. Mit ihr wird das gesamte Projekt grundsätzlich genehmigt. / (Projektplanung)

Projektgröße
Die Definition des Merkmales Projektgröße wird in der Praxis recht unterschiedlich gehandhabt und erfolgt jeweils unternehmensspezifisch. / (Projektorganisation)

Projektkostenplanung
Die Projektkostenplanung beinhaltet die Ermittlung aller Kosten, die im Zusammenhang mit der Erstellung des künftigen Systems anfallen. / (Projektplanung)

Projektleitung
Der Projektleitung obliegt die Zielklärung, Organisation, Planung, Überwachung, Steuerung und Koordination des Gesamtprojektes. / (Verhaltenstheoretischer Ansatz des Projektmanagements)

Projektmanagement
Das Projektmanagement ist als Leitungs- und Organisationskonzept zu verstehen, mit dem versucht wird, die vielen, sich teilweise gegenseitig beeinflussenden Projektelemente und -geschehen nicht dem Zufall oder der Genialität einzelner Personen zu überlassen, sondern sie ganz gezielt zu einem festen Zeitpunkt herbeizuführen. / (Übersicht über das Projektmanagement)

Projekt-Management-Systeme (PMS)
EDV und Projektmanagement waren bis vor kurzem noch zwei fast unvereinbare Begriffe. Bei altgedienten Praktikern wurde EDV in der Projektabwicklung noch kaum akzeptiert.

Inzwischen ist die Entwicklung auf dem Gebiet der Projekt-Management-Systeme (PMS) so weit fortgeschritten, daß diese wirtschaftlich vertretbar auszuwählen und einzuführen sind, ohne umfangreiche Anpassungen technischer und organisatorischer Art notwendig werden zu lassen. Voraussetzung dafür ist, daß Auswahl und Einführung der PMS-Softwarepakete aufgabengerecht, systematisch und praxisorientiert erfolgen. / (EDV-Unterstützung für das Projektmanagement)

Projektorganisation
Unter Projektorganisation wird die mit der Durchführung eines Projektes beauftragte Organisation und ihre Eingliederung in die bestehende Firmen-Organisation verstanden. / (Projektorganisation)

Projektplanung
Projektplanung meint die systematische Informationsgewinnung über den zukünftigen Ablauf des Projektes und die gedankliche Vorwegnahme des notwendigen Handelns im Projekt. Die Planung beginnt mit der Ermittlung sämtlicher zukünftiger Aktivitäten, die zur Erreichung des Projektziels dienen. Hierbei ist es wesentlich, die richtigen und wichtigen Aktivitäten zu erkennen, nicht die gewählten Aufgaben richtig anzugehen. Ohne eine angemessene Projektplanung ist die Grundlage für einen Projektmißerfolg mit Terminverzögerungen, Qualitätsmängeln und unkontrollierter Hektik bei der Projektdurchführung gelegt. / (Projektplanung)

Projektsteuerung
Die Projektsteuerung beinhaltet alle projektinternen Aktivitäten des Projektleiters, die erforderlich sind, um das geplante Projekt in seinem Verlauf im Rahmen der Planungswerte abzuwickeln und damit erfolgreich durchzuführen. / (Projektüberwachung und Projektsteuerung)

Projektstrukturplan
Entspricht der Systemstruktur, wobei die Detaillierungsebene entsprechend den Erfordernissen der Planung und Kontrolle des Projektes gewählt wird. / (Projektplanung)

Projektüberwachung
In der Projektüberwachung werden die Sollvorgaben der System- und Projektplanung mit den im Projektablauf erreichten Ist-Werten verglichen und eventuelle Planabweichungen festgestellt. Die Überwachung bezieht sich auf den Projektgegenstand und andererseits auf den Projektablauf. / (Projektüberwachung und Projektsteuerung)

Projektziel
Ein Ziel ist ein gedanklich vorweggenommener Soll-Zustand, der in der Zukunft liegt, der real sein soll, dessen Erreichen wünschenswert ist, der bewußt gewählt wird und der nur durch Handlung erreicht werden kann. / (Übersicht über das Projektmanagement)

Prototyping
Prototyping bedeutet, daß bereits während der Systemplanungsphase ein anwendbares Beispielsystem erstellt wird, das die wesentlichen Merkmale des späteren Endproduktes aufweist. Ziel ist es, schon möglichst früh eine anwendbare Näherungslösung zu haben, an der man die Stärken und Schwächen des Systems erkennen und Fehler gleich beheben kann. / (Übersicht über das Projektmanagement)

Prozentsatz-Methode
Verfahren zur Aufwandsschätzung. Basiert auf der Kenntnis des prozentualen Anteils einzelner Phasen an dem Gesamtaufwand des Projektes. / (Projektplanung)

Qualität
Qualität ist die Gesamtheit der Eigenschaften und Merkmalswerte einer Einheit bezüglich ihrer Eignung, festgelegte und vorausgesetzte Erfordernisse zu erfüllen. / (Projektplanung)

Qualitätsplanung
Setzt sich mit der projektindividuellen Festlegung des inhaltlichen Qualitätsniveaus auseinander. / (Projektplanung)

Qualitätssicherung
Qualitätssicherung ist eine zentrale Aufgabe des Projektmanagements. Dabei muß der Grundsatz gelten: Qualität kann nicht erprüft, sondern muß entwickelt werden. / (Projektplanung)

Rational Unified Process (RUP)
Ein Muster für eine Vorgehensmethode zur Herstellung von Software mit dem Anspruch auf Vereinheitlichung. Der erste Namensteil verweist auf eine Firma gleichen Namens. Rational Unified Process ist die begleitende Methode zu dem Beschreibungsstandard UML (**U**nified **M**odelling **L**anguage). Die Methode ist sehr stark an den Use Cases (Anwendungsfall) orientiert. Sie ist sozusagen „Use Case Driven". / (Evolutionäres Projektmanagement)

Reine Projektorganisation
Bei dieser Organisationsform wird für ein Projekt eine praktisch eigenständige Organisation gebildet, die vom Projektleiter in voller Eigenverantwortung selbständig geleitet wird. / (Projektorganisation)

Relationen-Methode
Bei diesem Verfahren wird das zu schätzende Projekt, ebenso wie bei der Analogie-Methode, mit ähnlichen Projekten verglichen. Der Unterschied liegt in der Vorgehensweise bei der Aufwandsanpassung. / (Projektplanung)

Rentabilitätsvergleichsrechnung
Mit Hilfe der Rentabilitätsvergleichsrechnung soll die durchschnittliche jährliche Verzinsung eines Investitionsobjektes ermittelt werden. / (Projektplanung)

Risikoanalyse
Die Risikoanalyse ist eine systematische Darstellung aller Risiken, die im Rahmen des Projektes auftreten können. / (Projektplanung)

Situationsanalyse
Unter Situationsanalyse verstehen wir die systematische Durchleuchtung (Analyse) einer intuitiv als problematisch empfundenen Gegebenheit oder eines im Projekt-Auftrag angegebenen Sachverhaltes (Situation) zu Beginn der Planungstätigkeit. / (Übersicht über das Projektmanagement)

Strategische Projektplanung
Einer strategischen Projektplanung kommt die Aufgabe zu, gezielt nach neuen und lukrativen Geschäftsfeldern zu suchen. Das Projektmanagement hat diese Planung operativ umzusetzen. / (Übersicht über das Projektmanagement)

System
1. Kurzbezeichnung für ein realisiertes Anwendungssystem.
2. Besteht aus Elementen mit bestimmten Eigenschaften, wobei die Elemente durch Beziehungen miteinander verknüpft sind. / (Übersicht über das Projektmanagement)

Systemorganisation
Methodik der Vorgehensweise bei der Gestaltung soziotechnischer Systeme. / (Übersicht über das Projektmanagement)

Teamarbeit
Die Teamarbeit in den Unternehmen soll wirtschaftliche und soziale Ziele verwirklichen, wobei den Vorteilen für das Unternehmen die Vorteile für die Mitarbeiter gleichberechtigt gegenüberstehen sollen. / (Verhaltenstheoretischer Ansatz des Projektmanagements)

Technologie-Lebenszyklus
Genau wie Produkte unterliegen auch Technologien einem Lebenszyklus. Dieser Technologie-Lebenszyklus läßt sich beschreiben durch den Vergleich der technischen Leistungsfähigkeit für die Produktentwicklung mit dem dafür notwendigen Aufwand für eine Weiterentwicklung. / (Übersicht über das Projektmanagement)

Technologie-Portfolio
Neben einer Betrachtung der Attraktivität von Geschäftsfeldern kann mit Hilfe eines Portfolios auch eine Betrachtung der eigenen Technologiebefähigung vorgenommen werden.

Zweck des dabei entstehenden Technologie-Portfolios ist die vergleichende Darstellung von Technologien von Geschäftsbereichen, Geschäftsfeldern und Produkten. / (Übersicht über das Projektmanagement)

Termin

Unter Termin wird ein Zeitpunkt verstanden (z. B. ein bestimmter Tag). Im Rahmen des Projektmanagements kann zwischen folgenden Terminen unterschieden werden: Anfangs-, Endtermine, Stichtag (Termin der aktuellen Betrachtung, time-now date), Meilenstein (Stichtag für ein wesentliches Projektergebnis). / (Projektplanung)

Terminplan

Der Terminplan ist eine einfache Auflistung aller Aktivitäten mit den geschätzten Dauern und den Start- und Endterminen für jede Aktivität. / (Projektplanung)

Terminplanungs- und -überwachungstechniken

Techniken, die die Terminierung unterstützen (Terminliste, Balkendiagramm, Netzplan-Projektplanung) / (Projektplanung)

Trendanalysen

Trendanalysen versetzen die Projektüberwachung in die Lage, negative Trends im Projektverlauf bereits zu einem frühen Zeitpunkt wahrzunehmen. Sie sind als ein Warninstrument anzusehen, das auf Mißstände hinweist, woraufhin rechtzeitig Korrekturmaßnahmen eingeleitet werden können. / (Projektüberwachung/-steuerung)

Unternehmenskultur

Unter diesem Begriff ist die Gesamtheit der Wertvorstellungen, Leitmotive, Denkhaltungen und Normen in einer Organisation zu verstehen. Sie beeinflußt im wesentlichen das Verhalten der Mitarbeiter, ihre Identifikation mit den Unternehmens- und Projektzielen, die Atmosphäre und den Führungsstil in einem Unternehmen. Die Unternehmenskultur bestimmt unter anderem, welchen Stellenwert das Projektmanagement hat, wie über Projektmanagement gedacht wird und wie man es praktiziert. / (Übersicht über das Projektmanagement)

Weiterentwicklung

Anwendung von bereits genutzten technischen Erkenntnissen und/oder von Erkenntnissen aus der experimentellen Entwicklung auf die Realisierung oder Verbesserung von Materialien, Geräten, Produkten, Systemen, Verfahren, Dienstleistungen. / (Übersicht über das Projektmanagement)

Widerstand

Die Reaktion auf einen Motivkonflikt kann Widerstand sein, der zum Beispiel eine Frustration als Ausprägung nach sich zieht. Frustration und Motivkonflikt setzen dann psychische Abwehrmechanismen in Gang. / (Verhaltenstheoretischer Ansatz des Projektmanagements)

Widerstandskräfte
Die Kräfte, die zur Stabilität, zur Beibehaltung eines Zustandes bei Personen, Gruppen und bei Unternehmen wirken, können wir als Widerstandskräfte verstehen. / (Verhaltenstheoretischer Ansatz des Projektmanagements)

Wirtschaftlichkeitsanalyse
Die Wirtschaftlichkeitsanalyse dient der Ermittlung des betriebswirtschaftlichen Nutzens eines Projektes. / (Projektplanung)

Wissensmanagement
Systematische und zielorientierte Nutzung, Entwicklung und Anwendung von Wissen und Fähigkeiten von Einzelpersonen oder einer Organisation, um diese handlungsfähiger, innovativer und effizienter zu machen und einem Erfahrungsverlust durch Personalwechsel vorzubeugen. Durch Schaffung personenunabhängiger Lernsysteme kann das von den Organisationsmitgliedern geteilte Wissen weiterentwickelt werden. Es gibt acht Bausteine des Wissensmanagements: Wissensziele definieren, Wissen identifizieren, Wissen erwerben, Wissen entwickeln, Wissen (ver)teilen, Wissen bewahren, Wissen nutzen, Wissen bewerten. / (Evolutionäres Projektmanagement)

Zielformulierung
Die Zielformulierung soll Zielvorstellungen bereinigen, systematisch strukturieren, auf Vollständigkeit prüfen, ergänzen und letztendlich in einer verbindlichen Form festhalten. / (Übersicht über das Projektmanagement)

Zielhierarchie
Unter diesem Begriff ist eine hierarchische Strukturierung eines ungeordneten Zielkatalogs vom Groben zum Feinen zu verstehen. Damit wird ein besserer Überblick über die Anforderungen, die an eine neue Lösung gestellt werden, erreicht und Doppelspurigkeiten und Widersprüche sind leichter zu bereinigen. Zudem wird gleichzeitig eine wichtige Vorarbeit im Hinblick auf die spätere Bewertung geleistet. / (Übersicht über das Projektmanagement)

Zielmanagement
Die Funktion von Zielmanagement läßt sich umschreiben mit einem ständigen Meinungsaustausch der Mitarbeiter untereinander und mit den Vorgesetzten, um gemeinsame Ziele zu finden. / (Verhaltenstheoretischer Ansatz des Projektmanagements)

Literaturverzeichnis

Angus, Robert et al.: Planning, Performing, and Controlling Projects: Principles and Applications, Prentice Hall, Upper Saddle River, NJ 1999.

Ansoff, Harry I.: Implanting strategic management, 2nd ed., London 1990.

Baguley, Philip: Erfolgreiches Projektmanagement, Falken, Niedernhausen 1999.

Baguley, Philip: Teach Yourself Project Management, NTC Publishing Group 2000.

Bahrdt, H.-P.: Die Krise der Hierarchie im Wandel der Kooperationsformen, in: Fürstenberg (Hrsg.): Industriesoziologie II, Darmstadt/Neuwied 1974, S. 133 ff.

Baker, Sunny; Baker, Kim: The Complete Idiot's Guide to Project Management (Complete Idiot's Guide), Alpha Books, New York 1997.

Balzer, Harald: Der Erfolg im Visier. Unternehmenserfolg durch Multi-Projekt-Management, Logis Verlag, Stuttgart 1998.

Bauermann, R.: Auswirkungen und Implementierungsprobleme organisatorischer und softwaretechnologischer Methoden, in: zfo, Zeitschrift Führung + Organisation, Jg. 56 (1987), Nr. 4, S. 233–240.

Baumgarten, R.: Führungsstile und Führungstechniken, Berlin 1977.

Beck, Kent: Extreme Programming, Die revolutionäre Methode für Softwareentwicklung in kleinen Teams, Addison Wesley, München 2000.

Beck, Kent: Extreme Programming Explained, Embrace Change; The XP Series, Beck, Kent, Addison Wesley, Longman, Amsterdam 2000.

Beck, Kent; Fowler, Martin: Planning Extreme Programming; The XP Series, Beck, Kent, Addison Wesley, Longman, Amsterdam 2000.

Belbin, M. R.: Management Teams – Why they succeed or fail, 10. Aufl., Oxford 1991.

Bell, C. H.; French, W. L.: Organisationsentwicklung – sozialwissenschaftliche Strategien zur Organisationsveränderung, 2. Aufl., Bern 1982.

Bergren, Ch.: Von Ford zu Volvo, Automobilherstellung in Schweden, Berlin/Heidelberg 1991.

Birker, Klaus: Projektmanagement, Cornelsen, Düsseldorf 1999.

Bläsing, Jürgen P.: Computer Aided Quality Management, Qualitätssicherung unter CIM-Zielen, Braunschweig/ Wiesbaden 1990.

Bläsing, Jürgen P.: Das qualitätsbewußte Unternehmen, Total Quality Management, Stuttgart 1991.

Bleicher, K.: Organisation, Formen und Modelle, Wiesbaden 1981.

Blohm, H.; Lüder, K.: Investition, 5. Aufl., 1983.

Bockraht, Joseph: Contracts and the Legal Environment for Engineers and Architects (McGraw-Hill Series in Construction Engineering and Project Management), McGraw Hill College Div., New York 1999.

Boulmetis, John; Dutwin, Phyllis: The ABCs of Evaluation: Timeless Techniques for Program an Project Managers (Jossey-Bass Business and Management Series), Jossey-Bass Publishers, San Francisco 1999.

Boutellier, Roman; Gassmann, Oliver; Voit, Eugen: Projektmanagement in der Beschaffung. Zusammenarbeit von Einkauf und Entwicklung. 2., vollst. überarb. Aufl., Hanser, 2002.

Boy, Jacques: Checklisten Projektmanagement, TÜV Rheinland, Köln 1997.

Bramsemann, R.: Handbuch Controlling, Methoden und Techniken, 1987.

Brandt, Thomas: Projektcontrolling, Verbesserungsprojekte analysieren und bewerten; Pocket Power, Hanser, 2002.

Breisig, Th.: It's Team Time, Kleingruppenkonzepte in Unternehmen, Köln 1990.

Bretschneider, K.: Akquisition im Anlagenbau durch strukturiertes Projektmanagement, in: DBW, Die Betriebswirtschaft, Jg. 46 (1986), Nr. 5, S. 557–567.

Brockhoff, Klaus: Forschung und Entwicklung, Planung und Kontrolle, 3. überarb. und erw. Aufl., München/Wien 1992.

Brockhoff, Klaus: Kontrolle der Forschung und Entwicklung, in: Handwörterbuch der Revision, Stuttgart 1983.

Bronner, A.: Einsatz der Wertanalyse in Fertigungsbetrieben, 1989.

Brooks, F. P.: The Mystical Man–Month, Datamation 20, 1974, 12, S. 30ff.

Brown, Mark: Business Basics. Erfolgreiches Projektmanagement in 7 Tagen, Mvg, München 1997.

Büchel, A.: Projektmanagement, Lehrschrift, Betriebswissenschaftliches Institut (BWI), Eidgenössische Technische Hochschule (ETH) Zürich, Zürich 1987.

Bühner, R.: Die Matrix-Organisation ist nur bedingt geeignet, in: io, Management-Zeitschrift, Jg. 54 (1985), Nr. 4, S. 178–180.

Burghardt, Manfred: Einführung in Projektmanagement. Definition, Planung, Kontrolle, Abschluss, Siemens AG, Erlangen 1999.

Burghardt, Manfred: Projektmanagement, Leitfaden für die Planung, Überwachung und Steuerung von Entwicklungsprojekten, Siemens AG, Berlin/München 1988.

Cantor, Murray: Object-Oriented Project Management with UML, John Wiley & Sons, New York 1998.

Chapius, Fredy: Der Chef als Chef, Stuttgart/Wiesbaden 1979.

Cleland, David I.; Ireland, Lewis R.: Project Manager's Portable Handbook, McGraw-Hill, New York 1999.

Cohn, R.: Von der Psychoanalyse zur themenorientierten Interaktion, Stuttgart 1980.

Corsten, Hans: Projektmanagement, Oldenbourg, München/Wien 2000.

Cremer, Jörg: Motivation in Projekten. Eine empirische Erforschung von Motivations- und Erfolgsursachen im Projektmanagement. Diss., Dustri, 2002.

Daenzer, W.-F. (Hrsg.): Systems Engineering. Ein Leitfaden zur methodischen Durchführung umfangreicher Planungsvorhaben, 3. Aufl., Zürich 1982.

DeMarco, T.: The Deadline: A Novel About Project Management, Dorset House, New York 1997.

DeMarco, T.; Lister, T.: Wien wartet auf Dich. Der Faktor Mensch im DV-Management, München 1991.

DER GROSSE DUDEN: Fremdwörterbuch, Band 5, 2., verb. Aufl., Mannheim 1971.

Dinsmore, Paul: The Ama Handbook of Project Management, Amacom, New York 1993.

Dinsmore, Paul C.: Winning in Business With Enterprise Project Management, Amacom, New York 1998.

DIN: DIN 55 350 Teil 11, Begriffe der Qualitätssicherung und Statistik, Deutsches Institut für Normung, Frankfurt 1987.

DIN: DIN 69 900, Netzplantechnik, Deutscher Normenausschuß, Frankfurt 1983.

DIN: DIN 69 901, Projektmanagement, Begriffe, Deutsches Institut für Normung, Frankfurt 1987.

DIN: DIN 69 901, Projektmanagement, Berlin 1980.

DIN: DIN ISO 9000 (EN 29 000), Qualitätsmanagement- und Qualitätssicherungsnormen, Leitfaden zur Auswahl und Anwendung, Deutsches Institut für Normung, Frankfurt 1987.

Doppelfeld, V.: Projektmanagement am Beispiel eines ausgeprägt funktional gegliederten Einprodukt-Unternehmens, in: zfo, Zeitschrift Führung + Organisation, Jg. 54 (1985), Nr. 1, S. 28–32.

Dörfel, Frank: DV-Projektmanagement und Fuzzy Logic, in: DV-Management, Zeitschrift für Strategie, Organisation, Controlling und Sicherheit der Informationsverarbeitung, 1/92, S. 40–47.

Dörfel, Hans-Jürgen: Projektmanagement. Aufträge effizient und erfolgreich abwickeln, Expert Verlag, Renningen 1999.

Dreger, Brian: Function Point Analysis, Prentice Hall, 1989.

Dreyer, A.: Nutzwertanalyse als Entscheidungsmodell bei mehrfacher Zielsetzung, 1975.

Dülfer, E.: Projekte und Projektmanagement im internationalen Kontext. Eine Einführung, in: Dülfer, E. (Hrsg.): Projektmanagement International, Stuttgart 1982.

Dülfer, E.: Projektmanagement International, Stuttgart 1982.

Elbeik, Sam; Thomas, Mark: Project Skills (New Skills Portfolio), Butterworth Heinemann, Oxford, Boston 1998.

Emerick, Donald; Round, Kimberlee: Exploring Web Marketing and Project Management, Prentice Hall, Upper Saddle River, NJ 1999.

Engel, P.; Riedmann, W.: Die neuen Managementtechniken in Fällen, Landsberg am Lech 1982.

Falkenhausen, H. von: Prinzipien und Rechenverfahren der Netzplantechnik, Kiel 1968.

Fisch, Rudolf; Boos, Margerete (Hrsg.): Vom Umgang mit Komplexität in Organisationen, Konstanzer Beiträge zur sozialwissenschaftlichen Forschung, Bd. 5, Konstanz 1990.

Fisher, Roger; Sharp, Alan: Führen ohne Auftrag. Wie Sie Ihre Projekte im Team erfolgreich durchsetzen, Campus Verlag, Frankfurt 1998.

Frame, D. J.: Managing Projects in Organizations, How to Make the Best of Time, Techniques, and People, San Francisco 1988.

Franken, Rolf; Gaddatsch, Andreas: Integriertes Knowledge Management, 1. Aufl., Vieweg, Braunschweig/Wiesbaden 2002.

Frese, E.: Grundlagen der Organisation, Die Organisationsstruktur der Unternehmung, 2. Aufl., Wiesbaden 1984.

Frese, E.: Projektorganisation, in: Handwörterbuch der Organisation, Stuttgart 1980.

Frick, Andreas: Evolutionäres Projektmanagement – Mit neuem Denken zum Projekterfolg, Fachartikel aus ExperPraxis 2003/2004, 10. 3. 2003.

Gehrke, H.: Informationspolitik im Rahmen von Organisationsprojekten, in: ZO, Zeitschrift für Organisation, 1981, Nr. 7, S. 393–396.

Gido, Jack; Clements, James: Successful Project Management, South-Western College Publishing, Cincinnati 1998.

Gloor, P.; Simma, B.: Innovative Unternehmung. Aktuelle Herausforderung – Unternehmerische Antworten – Gesellschaftliches Umfeld, in: zfo, Zeitschrift Führung + Organisation, Jg. 57 (1988), Nr. 1, S. 18–24.

Goldberg, W. H.: Zur Organisation interner Innovationsvorhaben in älteren und größeren Unternehmungen, in: DBW, Die Betriebswirtschaft, Jg. 46 (1986), Nr. 2, S. 128–139.

Gomez, Peter; Fasnacht, Christian; Wasserer, Christoph; Waldispühl, Reto: Komplexe IT-Projekte ganzheitlich führen: Ein praxiserprobtes Vorgehen, Haupt, Bern/Stuttgart/Wien 2002.

Goodman, Louis; Rufino, S. Ignacio: Engineering Project Management: The Ipqms Method and Case Histories, CRC Press, Boca Raton, Fla. 1999.

Gorog, Mihaly; Smith, Nigel J.: Project Management for Managers, Project Management Institute, Newton Square, Pa. 1998.

Gould, Frederick E.; Joyce, Nancy: Construction Project Management, Prentice Hall, Upper Saddle River, NJ 1999.

Greunke, Uwe: Erfolgreiches Projektmanagement, Deutscher Fachverlag, Frankfurt 1999.

Groth, R.; Erbslöh, F. D.; Hugelshofer, H. J.; Strombach, M. E.: Projektmanagement in Mittelbetrieben, Planung und Durchführung einmaliger großer Vorhaben, Köln 1983.

Grün, J.: Qualifizierung und verbesserte betriebliche Kommunikaton durch Gruppenarbeit, in: io, Management-Zeitschrift, 62. Jg. 1993, Heft 6, S. 51.

Grupp, Bruno: Qualifizierung zum Projektleiter. DV-Projektmanagement im Wandel, MITP, Bonn 1998.

Gsell, P.: Standardablauf für Entwicklungsprojekte, in: io, Management-Zeitschrift, Jg. 53 (1984), Nr. 12, S. 541–543.

Hagenkötter, V.: Projektmanagement-Unterstützung, Planung, Koordination und Organisation im Projektmanagement, in: zfo, Zeitschrift Führung + Organisation, Jg. 54 (1985), Nr. 7, S. 387–393.

Hauser, E.: Psychologische Projekt-Barrieren, in: io, Management-Zeitschrift, Jg. 54 (1985), Nr. 7/8, S. 329–331.

Haynes, Marion: Project Management (Fifty Minute Book), Crisp Publications Inc., Menlo Park, CA. 1997.

Heinrich, Lutz J.: Management von Informatikprojekten, Oldenbourg, München/Wien 1997.

Heintel, P.; Krainz, E. W.: Projekt-Management. Eine Antwort auf die Hierarchiekrise?, Wiesbaden 1988.

Heitkamp, E.: Kybernetische Matrixorganisation, Steuerung der Entscheidungsprozesse durch Rückkopplung am Beispiel einer Bauunternehmung, in: zfo, Zeitschrift Führung + Organisation, Jg. 57 (1988), Nr. 4, S. 265–270.

Helfrecht, M.: Projektmanagement heißt auch: Mut zum Risiko!, in: io, Management-Zeitschrift, Jg. 54 (1985), Nr. 5, S. 255.

Hemmrich, Angela; Harrant, Horst: Projektmanagement, In 7 Schritten zum Erfolg, Hanser, München 2002.

Hennenhofer H.; Jaensch, H.-U.: Psycho-Knigge, Reinbek 1976.

Hentze, J.; Brose, P.: Organisation, Landsberg am Lech 1985.

Hertz, D. B.: Risk Analysis in Capital Investment, 1964.

Herzog, Dagmar; Reinke, Helmut: Jedes Projekt gelingt! Vom MindMapping zur reibungslosen Projektdurchführung, Hanser, München, 2002.

Hirzel, M.: Innovation mit Projektmanagement oder: Wenn ein Team „innovationsfähig" ist ..., muß es noch „änderungsfähig" werden, in: io, Management-Zeitschrift, Jg. 55 (1986), Nr. 12, S. 505–507.

Hirzel, M.: Miteinander stark, Linien- und Projektmanagement als Partner. Wie lassen sich Fehler beim Projektmanagement vermeiden?, in: zfo, Zeitschrift Führung + Organisation, Jg. 57 (1988), Nr. 4, S. 261–264.

Hirzel, M.: Projektmanagement mit ganzheitlicher Entscheidungsorganisation, in: zfo, Zeitschrift Führung + Organisation, Jg. 52 (1983), Nr. 5/6, S. 267–272.

Hirzel, M.: Projektmanagement mit Standard-Struktur-Plänen, in: zfo, Zeitschrift Führung + Organisation, Jg. 54 (1985), Nr. 7, S. 394–400.

Hirzel, M.: Warnung! Projektmanagement hat seine Tücken, in: io, Management-Zeitschrift, Jg. 57 (1988), Nr. 4, S. 175–177.

Hoffman, Mark; Beaumont, Ted: Application Development: Managing the Project Life Cycle, Midrange Computing, Carlsbad, CA 1997.

Holten, Roland: Entwicklung von Führungsinformationssystemen. Ein methodischer Ansatz, Deutscher Universitätsverlag, Wiesbaden 1999.

Hoobs, Peter: Project Management (Self-Development for Success), Amacom, New York 2000.

Hürten, Robert: Function-Point-Analysis – Theorie und Praxis. Die Grundlagen für modernes Softwaremanagement, Expert Verlag, Renningen 1999.

Jeffries, Ron; Anderson, Ann; Hendrickson, Cet: Extreme Programming Installed; The XP Series, Beck, Kent, Addison Wesley, Longman, Amsterdam 2000.

Jenny, Bruno: Projektmanagement in der Wirtschaftsinformatik, 5. Aufl., vdf, Hochsch.-Verl. An der ETH, Zürich 2001.

Kammel, A.; Groth, U.: Lean Production – Forcierung des Teamkonzepts im schlanken Unternehmen, in: Personal 44. Jg. (1992), Heft 11, S. 510.

Kargl, Herbert: Management und Controlling von IV-Projekten, Oldenbourg, München/Wien 2000.

Karnovsky, Hans; Zsifkovits, Helmut E.: EDV-Werkzeuge für das Projektmanagement, Expert Verlag, Renningen 1999

Katzenbach, J. R.; Smith, D. K.: The wisdom of teams, creating the high-performance organization, Boston 1993.

Katzenbach, J. R.; Smith, D. K.: The Discipline of Teams, in: Harvard Business Review, o. J. (1993), March–April 1993, S. 111.

Kellner, Hedwig: Projekte konfliktfrei führen. Wie Sie ein erfolgreiches Team aufbauen, Hanser, München 2000.

Kellner, Hedwig: Kreativität im Projekt, Hanser, München 2001.

Kerzner, Harold: Applied Project Management: Best Practices on Implementation, John Wiley & Sons, New York 1999.

Keßler, Heinrich; Winkelhofer, Georg A.: Projektmanagement. Leitfaden zur Steuerung und Führung von Projekten, Springer-Verlag, Berlin 1999.

Kharbanda, O. P.: What Made Gertie Gallop?: Lessons from Project Failures, Van Nostrand Reinhold Company, New York 1996.

Kieser, A.: Die innovative Unternehmung als Voraussetzung der internationalen Wettbewerbsfähigkeit, in: WiSt, Wirtschafts-Studium, 1985, Nr. 7, S. 354–358.

Kieser, A.; Kubicek, H.: Organisation, 2. Aufl., Berlin 1983.

Kleinaltenkamp, Michael (Hrsg.); *Plinke, Wulff* (Hrsg.): Auftrags- und Projektmanagement, Springer, Berlin Heidelberg 1998.

Kliem, Ralph; Ludin, Irwin S.: Tools and Tips for Today's Project Manager, Project Management Institute, Newton Square, Pa. 1999.

Klose, Burkhard: Projektabwicklung. Arbeitshilfen. Projektanalyse. Fallbeispiele. Checklisten, Ueberreuter Wirtschaftsverlag., Frankfurt/Wien 1999.

Knöll, H.-D.; Busse, J.: Aufwandsschätzung von Software-Projekten in der Praxis, Bl-Wissenschafts-Verlag, 1991.

Knopf, H. S.: Projektmanagement, Das Umfeld muß stimmen, in: zfo, Zeitschrift Führung + Organisation, Jg. 54 (1985), Nr. 8, S. 431–437.

Kolks, U.: Konfigurationsmanagement, Eine Methode zur Bewältigung von Änderungsprozessen in Softwareprojekten, in: zfo, Zeitschrift Führung + Organisation, Jg. 56 (1987), Nr. 4, S. 249–254.

Koreimann, Dr. Dieter S.: Grundlagen der Softwareentwicklung; 3. Auflage; Oldenburg, München 2000.

Kraus, Georg; Westermann, Reinhold: Projektmanagement mit System, Gabler Verlag, Wiesbaden 1997.

Krüger, Andreas: Projektmanagement als kundenorientierte Führungskonzeption. Management mit Projekten und Management von Projekten, Schäffer-Poeschel, Stuttgart 1999.

Krüger, W.: Problemangepaßtes Management von Projekten, Problemlage – Lösungsschwerpunkte – Anwendungsprofil, in: zfo, Zeitschrift Führung + Organisation, Jg. 56 (1987), Nr. 4, S. 207–216.

Kruschwitz, L.: Investitionsrechnung, 3. Auflage, 1987.

Kuba, R. W.: Computergestützte Projektorganisation, Kompendium mit Arbeitsformularen, Köln 1987.

Kummer, W.; Spühler, R. W.; Wyssen, R.: Projekt-Management, Leitfaden zu Methode und Teamführung in der Praxis, 2. Aufl., Zürich 1986.

Kunz, H. U.: Spitzenleistungen im Team, Menschen erfolgreich führen, Aufgaben methodisch lösen, 2. vollst. überarb. Aufl., Zürich 1994.

Kurbel, Karl (Hrsg.); *Strunz, Horst* (Hrsg.): Handbuch der Wirtschaftsinfomatik, Poeschel, Stuttgart 1990.

Lahrtz, Stephanie: Gentechnik und Medikamentenentwicklung, in: NZZ Online, 31. Oktober 2001

Lauterburg, C.: Vor dem Ende der Hierarchie, Modelle für eine bessere Arbeitswelt, 2., überarb. Aufl., Düsseldorf/Wien 1980.

Lewis, James P.: Mastering Project Management: Applying Advanced Concepts of Systems Thinking, Control and Evaluation, Resource Allocation, McGraw-Hill, New York 1998.

Lewis, James P.: The Project Manager's Desk Reference: A Comprehensive Guide to Project Planning, Scheduling, Evaluation and Systems, McGraw-Hill, New York 1999.

Lewis, James P.: Project Planning, Scheduling & Control: A Hands-On Guide to Bringing Projects in on Time and on Budget, Irwin/McGraw-Hill, New York 1995.

Lientz, Bennet: Project Management for the 21st Century, Academic Press Inc., San Diego 1998.

Linnebrügger, W.: Projektmanagement – Schlüssel zum Erfolg, in: ZO, Zeitschrift für Organisation, o. J., S. 33 bis 36.

Litke, Hans-Dieter, Kunow Ilonka: Projektmanagement, WRS Verlag, München 1998.

Litke, Hans-Dieter: Projektmanagement, Gräfe und Unzer Verlag, München 2002.

Litke, Hans-Dieter: DV-Projektmanagement, Zeit und Kosten richtig einschätzen, Hanser Verlag, München 1996.

Lock, Dennis: Project Management, John Wiley & Sons, New York 1996.

Lockemann, P. C.; Schreiner, A.; Trauboth, H.; Klopprogge, M.: Systemanalyse, DV-Einsatzplanung, Berlin 1983.

Loftus, Jack: Project Management of Multiple Projects and Contracts, Amer Society of Civil Engineers 1999.

Lomnitz, Gero; [Ed.]: Multiprojektmanagement, Projekte planen, vernetzen und steuern, verlag moderne industrie, 2001.

Lüder, K.: Risikoanalyse bei Investitionsentscheidungen, in: Angewandte Planung 3, 1979.

MacKenzie, Kyle: Making It Happen: A Non-Technical Guide to Project Management, John Wiley & Sons, New York 1998.

Madauss, B. J.: Projektmanagement. Ein Handbuch für Industriebetriebe, Unternehmensberater und Behörden, 2., unveränd. Aufl., Stuttgart 1984.

Madauss, B. J.: Handbuch Projektmanagement mit Handlungsanleitungen für Industriebetrieb, Unternehmensberater und Behörden, 4., unveränd. Aufl., Stuttgart 1991.

Management-Enzyklopädie: Band 7, 2. Aufl., Landsberg am Lech 1984.

Martino, R. L.: Project Management and Control, Vol. 1, Finding the Critical Path, New York 1964.

Masing, Walter: Einführung in die Qualitätslehre, 7. Aufl., Berlin 1989.

Mauthe, Karl-Dieter; Roventa, Peter: Versionen der Portfolio-Analyse auf dem Prüfstand, in: ZfO, Zeitschrift für Führung und Organisation, Jg. 51 (1982), Heft 4, S. 191–204.

Mayr, Herwig: Projekt Engineering, Ingenieurmäßige Software-Entwicklung in Projektgruppen, Hanser, München 2001.

McBreen, Pete; McBreen Consulting: Tutorial #23, Applying the Lesson of eXtreme programming; OOPSLA – Conference on Object-Oriented Programming, Systems, Languages, and Applications; October 15–19, 2000; Mineapolis Convention Center; Minneapolis, Minnesota, USA.

Meredith, Jack; Mantel, Samuel J.: Project Management: A Managerial Approach, 4th Edition, John Wiley & Sons, New York 1999.

Mörsdorf, Maximilian: Konzeption und Aufgaben des Projektcontrolling, Deutscher Universitätsverlag, Wiesbaden 2000.

Morgan, Gareth: Bilder der Organisation, Cottasche, J. G. Buchhandlung Nachfolger GmbH, 1996.

Müller-Pleuss, J. H.: Projektmanagement. Ein Beispiel aus der Praxis, in: zfo, Zeitschrift Führung + Organisation, Jg. 54 (1985), Nr. 8, S. 443–454.

Murch, Richard: Project management: Best practices for IT professionals, Prentice Hall, Upper Saddle River (NJ) 2001.

Neher, A.: Internes Projektmanagement in Großbetrieben, in: zfo, Zeitschrift Führung + Organisation, Jg. 54 (1985), Nr. 8, S. 438–442.

New Cheryl C.; New Cheryl: Grant Winner's Toolkit: Project Management and Evaluation (Wiley Nonprofit Law, Finance and Management Series), John Wiley & Sons, New York 1999.

Noth/Kretzschmar: Aufwandsschätzung von DV-Projekten, Springer, Berlin 1987.

O'Connell, Fergus: How to Run Successful High-Tech Project-Based Organizations, Artech House Publishers, Boston 1999.

Olfert, K.: Finanzierung, 6. Auflage, 1987.

Oltman, Iris: Projektmanagement. Zielorientiert denken, erfolgreich zusammenarbeiten, rororo, Reinbek 1999.

o.V.: Das wird die Welt verändern, in: DER SPIEGEL 15/1991, S. 139–149.

o.V.: Gabler Wirtschafts-Lexikon, 12. vollst. neu bearb. u. erw. Aufl., Wiesbaden 1988.

o.V.: Strategien für eine erfolgreiche Zukunft, in: intern, Informationen für Mitarbeiter der Mercedes-Benz AG, Heft 2/1992, Nr. 143, S. 24–27.

Oyen, V.; Schlegel, H. B.: Projektmanagement heute. Eine Führungsalternative unserer Zeit, Speyer 1986.

Pennypacker, James; Adams, John R.: The Principles of Project Management, Project Management Institute, Newton Square, Pa. 1997.

Petersen, D.: Projektmanagement – zur gezielten Veränderung der Organisationskultur?!, in: io, Management-Zeitschrift, Jg. 55 (1986), Nr. 12, S. 513–514.

Pfeiffer, P.: Methoden und Techniken des Projektmanagements. Eine empirische Untersuchung über Einsatzbedingungen sowie Anwendungsvorteile und -probleme, in: zfo, Zeitschrift Führung + Organisation, Jg. 56 (1987), Nr. 4, S. 227–232.

Phillips, Dwayne: The Software Project Manager's Handbook: Principles that Work at Work, Institute of Electrical & Electronic Engineer 1998.

Pinto, Jeffrey K.: The Project Management Institute: Project Management Handbook (Jossey-Bass Business & Management Series), Jossey-Bass Publishers, San Francisco 1998.

Platz, J.: Projektmanagement erfolgreich einführen, Überlegungen und praktische Erfahrungen beim Aufbau eines Einführungskonzepts, in: zfo, Zeitschrift Führung + Organisation, Jg. 56 (1987), Nr. 4, S. 217–226.

Platz, J.; Schmelzer, H.: Projektmanagement in der industriellen Forschung und Entwicklung, Einführung anhand von Beispielen aus der Informationstechnik, Berlin, Heidelberg, New York 1986.

Probst, A. R.: Projekt-Management – mit modernen Werkzeugen ergiebiger und schneller! Der Einsatz eines Informationssystems zur interaktiven Projektplanung und -überwachung, in: io, Management-Zeitschrift, Jg. 52 (1983), Nr. 1, S. 13–18.

Probst, Gilbert J. B.: Selbstorganisation, 1987.

Projektmanagement. Der Leitfaden der Stiftung BWI zur Teamführung und Methodik, Orell Füssli, Zürich 1999.

Projekt Management Institute: Design Procurement Construction for the Project Manager: A Primer, Project Management Institute, Newton Square, Pa. 1998.

Reuter, Alexander; Wecker, Claus: Projektfinanzierung, Schäffer-Poeschel, Stuttgart 1999.

Richter, M.: Ein Handbuch für Projektmanager mit dem Schwerpunkt internationale Projekte, Leitfaden mit zahlreichen Checklisten, Darstellungen und Informationen, Ravensburg 1985.

Ricketts, Ian: Managing Your Software-Project. A Student's Guide, Springer-Verlag, Berlin 1998.

Ricketts, Ian W.: Software-Projektmanagement kompakt. Für Studium und Praxis, Springer-Verlag, Berlin 1998.

Rinza, P.: Projektmanagement, Planung, Überwachung und Steuerung von technischen und nichttechnischen Vorhaben, 2., neubearb. u. erw. Aufl., Düsseldorf 1985.

Rinza, P.: Projektmanagement, Springer-Verlag, Berlin 1998.

Rosenau, Milton: Successful Project Management: A Step-by-Step Approach with Practical Examples, 3rd Edition, John Wiley & Sons, New York 1998.

Rosenstiel L. von; Molt, W.; Rüttger, B.: Organisations-Psychologie, 6., neubearb. Aufl., Stuttgart/Berlin/Köln/Mainz 1986.

Roth, Erwin: Erfolgreich Projekte leiten. Überlegt planen, entscheiden, kommunizieren und realisieren, Vieweg, Wiesbaden 1998.

Roth, Erwin: Erfolgreich Projekte leiten: Überlegt planen, entscheiden, kommunizieren und realisieren, 2. überarb. Aufl., Vieweg, Braunschweig Wiesbaden 1999.

Roth, George; Kleiner, Art: Car Launch: The Human Side of Managing Change (The Learning History Library), Oxford University Press 1999.

Royce, Walker: Software Project Management: A Unified Framework (The Addison-Wesley Object Technology Series), Addison Wesley Publishing Company, Reading, Mass. 1998.

Rüsberg, K.-H.: Systems Project Management, Methodik – Planung – Durchführung – Instrumentarium – Systeme – praktische Erfahrungen, Landsberg am Lech 1985.

Rüssel, L.; Herweg, R.: Expertensysteme im Projektmanagement, in: Online, 1988, Nr. 6, S. 54–55.

Sahm, A.: Neue Methoden zur Leistungsmotivation der Mitarbeiter. Situationsbezogene Motivationstechniken für die betriebliche Praxis, Augsburg 1979.

Saynisch, M.: Auftragsmanagement bei projektorientierten Unternehmen, in: Beiträge zum Projektmanagement-Forum-90, 1990.

Saynisch, M.: Konfigurationsmanagement, Entwurfssteuerung, Dokumentation und Änderungswesen im ganzheitlichen Projektmanagement, Köln 1984.

Saynisch, M.; Schelle, H.; Schub, A.: Projektmanagement, Konzepte, Verfahren, Anwendungen, München/Wien 1979.

Schätzle, R.: Never change a winning team!?, in : Bank Magazin, o. J. (1993), Heft 1, S. 27f.

Scheuring, H.: Die Projektorganisation muß transparent sein, in: io, Management-Zeitschrift, Jg. 56 (1987), Nr. 6, S. 286–290.

Scheuring, H.: Praxisgerechtes Projektmanagement ... verlangt mehr als nur externe Schulung von Projektleitern, in: io, Management-Zeitschrift, Jg. 54 (1985), Nr. 7/8, S. 321–324.

Schifmann, Richard et al.: Multimedia-Projektmanagement, Springer-Verlag, Berlin 2000.

Schlick, Gerhard: Projektmanagement. Gruppenprozesse. Teamarbeit, Expert Verlag, Renningen 1999.

Schmitz, H.; Windhausen, M. P.: Projektplanung und Projektcontrolling, Planung und Überwachung von besonderen Vorhaben, 3., neubearb. u. erw. Aufl., Düsseldorf 1986.

Schneck, Ottmar: Lexikon der Betriebswirtschaft, 3. völlig überarb. und erw. Aufl., Beck im dtv, München 1998.

Schneeweiß, H.: Entscheidungskriterien bei Risiko, 1967.

Schröder, H.: Projekt-Management, Wiesbaden 1970.

Schupp, W. N.: Praktische Erfahrungen mit dem Konfigurationsmanagement bei Softwareprojekten, in: zfo, Zeitschrift Führung + Organisation, Jg. 56 (1987), Nr. 4, S. 255–260.

Schwager, Mario; Haar, Jens: Erfolgsstrategien für eine dynamische Organisation. Projekt- und prozeßorientierte Unternehmensführung, Haufe, Freiburg 1996.

Schwarz, G.: Kulturelle Einflußgrößen des Projektmanagements, Problemfelder und Gestaltungsansätze, Ergebnisse einer Befragung, in: zfo, Zeitschrift Führung + Organisation, Jg. 56 (1987), Nr. 4, S. 241–248.

Seibert, Siegfried: Technisches Management. Innovationsmanagement, Projektmanagement, Qualitätsmanagement, Teubner, Stuttgart 1998.

Seicht, G.: Moderne Kosten- und Leistungsrechnung, 6. Aufl., 1990.

Seidel, T.; Kohn, L.: So lassen sich Forschungs- und Entwicklungsprojekte besser bewerten, in: io, Management-Zeitschrift, Jg. 54 (1985), Nr. 1, S. 28–30.

Singer Dobson, Michael: The Juggler's Guide to Managing Multiple Projects, Project Management Institute, Newton Square, Pa. 1999.

Smith, Karl A.; Smith, Karl: Project Management & Teamwork (B.E.S.T.) Series, McGraw-Hill, New York 2000.

Sokolovsky, Z.: Projektcontrolling. Projektbegleitende Wirtschaftlichkeitskontrollen bei großen DV-Projekten, in: zfo, Zeitschrift Führung + Organisation, Jg. 56 (1987), Nr. 4, S. 261–268.

Solaro, D.; Bürgel, H. D.; Feuerbaum, E.; Funk, J.; Gerke, W. F.; Kunkowsky, H. R.; Wiederstein, A.: Projekt-Controlling, Planungs-, Steuerungs- und Kontrollverfahren für Anlagen- und Systemprojekte, Stuttgart 1979.

Spinner, Manuel Pete: Elements Of Project Management: Plan, Schedule, And Control, Prentice Hall, Upper Saddle River, NJ 1998.

Sprenger, R. K.: Mythos Motivation, Wege aus der Sackgasse, 5. Aufl., Frankfurt 1993.

Spühler, R.: Top-Management. Unterstützen Sie Ihre Projektleiter besser, in: io, Management-Zeitschrift, Jg. 52 (1983), Nr. 4, S. 152–154.

Staehle, W. H.: Management. Eine verhaltenswissenschaftliche Einführung, München 1980.

Steiner, G.: Top Management Planung, 1971.

Stopp, Udo: Praktische Betriebspsychologie, Probleme und Lösungen, 3. verb. Aufl., Stuttgart 1988.

Strasser, J.: Im Projektteam spielt jeder eine Rolle, in: io, Management-Zeitschrift, Jg. 56 (1987), Nr. 6, S. 291–292.

Symposium Phasenorientiertes Projektmanagement, TÜV Rheinland, Köln 1998.

Tannenbaum, R.; Weschler, J. R.; Massarik, F.: Leadership and Organization, New York 1961.

Tinnirello, Paul C.: Project Management, Auerbach Publications 1999.

Tumuscheit, Klaus D.: Überleben im Projekt. 10 Projektfallen und wie man sie umschifft, Orell Füssli, Zürich 1998.

Tylors, James: A Survival Guide for Project Managers, American Management Association, New York 1998.

Ulrich, P.; Fluri, E.: Management. Eine konzentrierte Einführung, 3., neubearb. Aufl., Bern/Stuttgart 1984.

Valadares, Tavares L.: Advanced Models for Project Management (International Series in Operations Research & Management Science, 16), Kluwer Academic Publishing, Boston, MA 1999.

Wallmüller, Ernest: Software-Qualitätsmanagement in der Praxis, Software-Qualität durch Führung und Verbesserung von Software-Prozessen, Hanser, München 2000.

Walter, Martin: Strategische Kontrolle von Forschungs- und Entwicklungsprojekten, Konzeption und Implementierung eines Projekt-Controllings für Neuentwicklungen und angewandte Forschung im Unternehmen, Technological economics Bd. 32, Berlin 1989.

Waniczek, Mirko: Berichtswesen optimieren: So steigern Sie die Effizienz in Reporting und Controlling, Redline Wirtschaft bei Ueberreuter, Frankfurt/Wien 2001.

Wegener, Hans: Für und Wider des Extreme Programming, Report; iX, Ausg.: 12/99, S. 126.

Weinert, A. B.: Lehrbuch der Organisationspsychologie, 2., erw. Aufl., München/Weinheim 1987.

Williamson, O. E.; Winter, S. G.: The nature of the firm: origins, evolution, and development, New York 1991.

Winkelhofer, Georg A.: Methoden für Management und Projekte, Springer-Verlag, Berlin 1999.

Wischnewski, Erik: Modernes Projektmanagement, 7. Aufl., Vieweg, Braunschweig/Wiesbaden 1999.

Wischnewski, Erik: Modernes Projektmanagement. Eine Anleitung zur effektiven Unterstützung der Planung, Durchführung und Steuerung von Projekten, 2. verb. Aufl., Braunschweig/Wiesbaden 1992.

Wischnewski, Erik: Modernes Projektmanagement, 7. Aufl., Vieweg, Braunschweig/Wiesbaden 2001.

Witschi, Urs: Projektmanagement. Der BWI-Leitfaden zur Teamführung und Methodik, Orell Füssli, Zürich 1999.

Wöhe, G.: Einführung in die Allgemeine Betriebswirtschaftslehre, 16. Aufl., 1986.

Wolf, Marx L.J.; Mlekusch, Rudolf: Projektmanagement live. Prozesse in Projekten durch Teams gestalten, Expert Verlag, Renningen 1999.

Womack, James P.; Jones, Daniel T.; Roos, Daniel: Die zweite Revolution in der Autoindustrie, Konsequenzen aus der weltweiten Studie aus dem Massachusetts Institute of Technology, 5. Aufl., Frankfurt/New York 1992.

Wyler, A.: Richtiges Projektmanagement verhindert Katastrophen, in: io, Management-Zeitschrift, Jg. 54 (1985), Nr. 2, S. 93–96.

Wysocki, Robert K. et al.: Effective Project Management, 2nd Edition, John Wiley & Sons, New York 2000.

Young, Trevor: Dreißig (30) Minuten bis zum erfolgreichen Projektmanagement, GABAL, Offenbach 1998.

Zangenmeister, Ch.: Nutzwertanalyse in der Systemtechnik, 4. Aufl., 1976.

Zielasek, Gotthold: Projektmanagement als Führungskonzept: Erfolgreich durch Aktivierung aller Unternehmensebenen, 2. Aufl., Springer, Berlin/Heidelberg 1999.

Zogg, A.: Systemorientiertes Projekt-Management, Zürich 1974.

Abbildungsverzeichnis

Stichwortverzeichnis